# 500kV 变电站二次回路分析

王宏芳　于慧军　主 编
刘洋　申超　张永峰　张斌　副主编

中国电力出版社
CHINA ELECTRIC POWER PRESS

## 内 容 提 要

本书详细分析了500kV变电站的二次回路。全书共十六章，主要内容有500kV常规变电站概述，二次回路识图，35kV站用变压器、电抗器及电容器二次回路，220kV线路二次回路，220kV母线保护二次回路，500kV线路二次回路，500kV母线保护二次回路，主变压器部分二次回路，500kV变电站安全稳定装置二次回路，500kV智能变电站概述，继电保护系统采样回路，500kV智能变电站测控二次回路，500kV智能变电站500kV保护二次回路，500kV智能变电站220kV保护二次回路，500kV智能变电站主变压器保护二次回路，以及GIS设备二次回路。本书的内容是编者多年现场工作的经验和总结，实用性强。

本书不仅可以作为保护专业和变电站运行人员的现场培训教材，还可以作为电气工程类的本科和专科院校现场技能学习的参考书，同时可供从事相关管理工作的技术人员拓宽视野。

**图书在版编目（CIP）数据**

500kV变电站二次回路分析/王宏芳，于慧军主编．—北京：中国电力出版社，2022.12
（2024.3重印）

ISBN 978-7-5198-5332-7

Ⅰ.①3…　Ⅱ.①王…　②于…　Ⅲ.①变电所-电气回路-二次系统　Ⅳ.①TM645.2

中国版本图书馆CIP数据核字（2021）第019906号

---

出版发行：中国电力出版社
地　　址：北京市东城区北京站西街19号（邮政编码100005）
网　　址：http：//www.cepp.sgcc.com.cn
责任编辑：肖　敏
责任校对：黄　蓓　李　楠
装帧设计：王红柳
责任印制：石　雷

---

印　　刷：北京天泽润科贸有限公司
版　　次：2022年12月第一版
印　　次：2024年 3 月北京第二次印刷
开　　本：787毫米×1092毫米　16开本
印　　张：18.5
字　　数：445千字
印　　数：2001—2500册
定　　价：69.00元

---

# 编写人员

| | | | | | |
|---|---|---|---|---|---|
| **主　　任** | 安盛东 | | | | |
| **副 主 任** | 刘　博 | 赵　飞 | 付占威 | | |
| **委　　员** | 王亚平 | 武剑灵 | 方国宝 | 刘　鹏 | 张　毅 |
| | 王利兵 | 范继锋 | 王靖宇 | 魏阿明 | |
| **顾　　问** | 张全元 | 单广忠 | | | |
| **主　　编** | 王宏芳 | 于慧军 | | | |
| **副 主 编** | 刘　洋 | 申　超 | 张永峰 | 张　斌 | |
| **编写人员** | 郭　琦 | 汤　超 | 王　灏 | 白　皓 | 温锦华 |
| | 王　影 | 于殿宗 | 肖永刚 | 刘　鹏 | 赵兆林 |
| | 李　昕 | 王志亮 | 姜　文 | 刘晓宇 | 赵梓宏 |
| | 郭鹏宇 | 孙瑞龙 | 王慧源 | 刘晓亮 | 武天宇 |
| | 达布希拉图 | | 陆艺文 | 范文伯 | 张武君 |
| | 史海峰 | 孙国安 | 韩少锋 | 王晓东 | |

# 前言

500kV 变电站是电网的重要组成部分，继电保护是电网的核心部分。从事继电保护的专业人员和变电站的运维人员需要对 500kV 变电站的二次回路有深入的了解。继电保护培训是培训工作的重点和难点。调查发现，很多电力从业人员希望对继电保护和安全自动装置的二次回路方面的知识有更深入、全面的掌握。为了提高继电保护和变电运维人员的业务技能和综合素质，作者结合现场实际，编写了《500kV 变电站二次回路分析》。

本书的编写均以 500kV 变电站现场实际设备为准，对站内二次回路进行了详细的分析，内容基本涵盖 500kV 变电站全部二次回路，具有指导性强、适用性广的特点，可使保护和运行人员能够方便、快速地掌握继电保护二次回路知识，提高其二次识图以及分析和判断故障的能力。本书不仅可以作为保护专业和变电站运行人员的现场培训教材，还可作为电气工程类本科和专科院校现场技能学习的参考书，同时可供从事相关管理工作的人员拓宽视野。

本书共十六章，主要内容有 500kV 常规变电站概述，二次回路识图，35kV 站用变压器、电抗器及电容器二次回路，220kV 线路二次回路，220kV 母线保护二次回路，500kV 线路二次回路，500kV 母线保护二次回路，主变压器部分二次回路，500kV 变电站安全稳定装置二次回路，500kV 智能变电站概述，继电保护系统采样回路，500kV 智能变电站测控二次回路，500kV 智能变电站 500kV 保护二次回路，500kV 智能变电站 220kV 保护二次回路，500kV 智能变电站主变压器保护二次回路，以及 GIS 设备二次回路。

为方便现场人员对照学习，本书最大限度保留了相关图纸资料中电气设备的旧符号表达，相关常用电气设备的规范性新符号可参见本书附录 A 中的常用电气设备文字符号对照表。

本书在编写和审核过程中得到了张全元老师、内蒙古超高压供电公司各级专业人员、有关规程制度和设备说明书的作者及有关设备制造厂家的大力支持和帮助，在此致以衷心的感谢！

由于经验和理论水平有限，书中难免有不妥之处，敬请读者批评指正。

编者

2022 年 12 月

# 目录

# 第一章 500kV常规变电站概述

本章简要介绍变电站的作用、500kV 变电站主接线图及其典型保护配置。

## 第一节 变电站的作用及500kV变电站主接线图

变电站是电力系统中变换电压、接受和分配电能、控制电能流向和调整电压的场所，它通过变压器将各电压等级的电网联系起来。变电站中起变换电压作用的设备是变压器，除此之外，变电站中还有断路器、隔离开关、接地开关、无功补偿装置、接地保护装置、汇集电流的母线、计量和控制用电流互感器和电压互感器、仪表、继电保护装置、安全自动装置和调度通信等设备。

500kV 电网已经成为省级电网和区域电网的主网架，承担着远距离输电和区域供电的重要任务。500kV 变电站电压等级分为 500、220kV 和 35kV，接线方式大多为：500kV 系统采用 3/2 断路器接线，双母线并列运行，线路电压互感器为三相，母线电压互感器为单相，断路器两侧套管内部有电流互感器；220kV 系统采用双母线双分段接线方式，线路电压互感器为单相，母线电压互感器为三相；35kV 系统采用单母线接线方式，主变压器采用 500kV 自耦变压器。

本书所述 500kV 变电站一次设备主接线示例如图 1-1 所示，该站有主变压器 2 台，容量为 750MVA；500kV 出线 2 条，220kV 出线 14 条；站用变压器 3 台，每台容量为 1250kVA；0 号站用变压器为备用变压器，空载运行；无功补偿设备 4 组，其中有 35kV 电容器 2 组，35kV 电抗器 2 组。

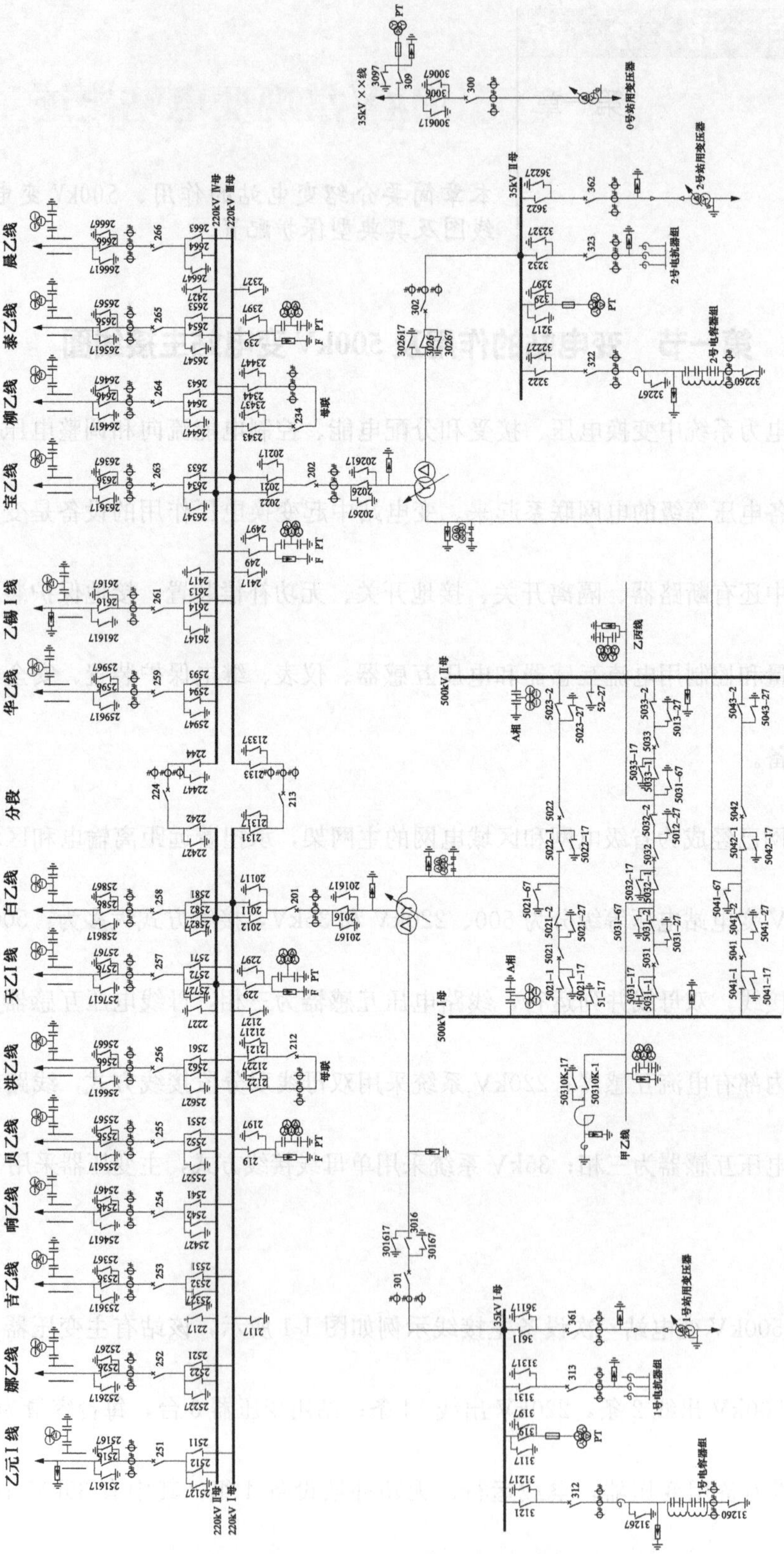


图 1-1 500kV变电站一次设备主接线示例

## 第二节　35～500kV变电站保护配置

本节主要介绍35～500kV变电站一次设备的保护配置，便于后面章节对相关保护装置及二次回路进行分析。

### 一、主变压器保护配置

本书所述变电站主变压器为单相自耦、强迫油循环风冷变压器，型号为ODFPSZ—250000/500，保护配置：一套为南京南瑞继保电气有限公司（简称“南瑞继保”）的RCS-978变压器成套微机型保护装置，另一套为北京四方继保自动化股份有限公司（简称“四方股份”）的CSC-326C数字式变压器保护装置及南瑞继保的RCS-974变压器非电量及辅助保护装置。

### 二、500kV线路保护配置

（1）本书所述变电站两条500kV线路保护配置相同，配有四方股份的CSC-103A数字式线路保护装置和CSC-125A数字式故障启动装置，南瑞继保的RCS-931超高压线路电流差动保护装置和RCS-925过电压保护及故障启动装置，断路器保护为四方股份的CSC-121A和JFZ-22F型分相操作箱。

（2）由于甲乙线路安装了线路高压并联电抗器（简称“高抗”），其高抗保护装置为国电南京自动化股份有限公司（简称“国电南京”）的WDK-600微机电抗器保护装置两套，另一套是非电量保护装置。

### 三、220kV线路保护配置

本书所述变电站14条220kV线路保护配置相同，配有两面保护屏，分别是四方股份的CSC-103B数字式线路保护装置和南瑞继保的RCS-931B电流差动保护装置。CSC-103B保护配有JFZ-11F分相操作箱，RCS-931B保护配有CZX-12R2分相操作箱。

### 四、35kV设备保护配置

本书所述变电站两台站用变压器配置四方股份的CSC-241C保护装置，两组35kV电容器配置四方股份的CSC-221B保护装置，两组35kV电抗器配置四方股份的CSC-231保护装置。备用电源自动投入（简称“备自投”）装置采用CSC-246型保护。

### 五、安全稳定系统配置

根据地区电网运行方式，本书所述变电站500kV甲乙线路配置南瑞继保的RCS-925AMM远切装置，500kV乙丙线路配置南瑞继保的RCS-993B失步解列装置。

# 第二章 二次回路识图

本章简要介绍二次回路图的分类和识图方法，并且举例进行详细说明。

## 第一节 二次回路图分类

二次回路图分为原理图、展开图和安装接线图。

### 一、原理图

原理图将一次设备和二次设备的相关部分以整体的形式画在一起，并将各电气元器件也以整体的形式画在一起，表明各设备的组成和相互之间的逻辑关系。二次回路原理图示例如图 2-1 所示。

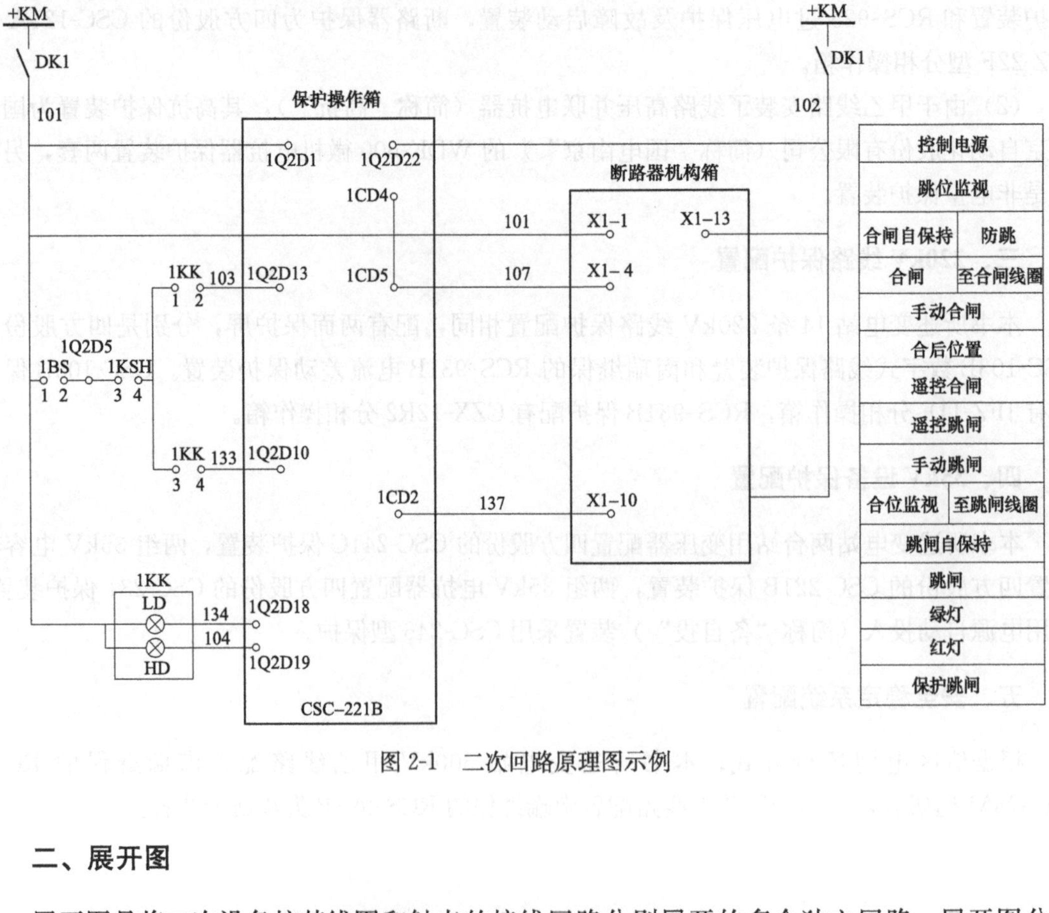


图 2-1　二次回路原理图示例

### 二、展开图

展开图是将二次设备按其线圈和触点的接线回路分别展开的多个独立回路。展开图分为交流回路展开图和直流回路展开图。交流回路分为电流回路和电压回路，每个回路均以 A、B、C、N 相序排列。直流回路分为控制回路、合闸回路、测量回路、保护回路及信号回路等。这些回路中的继电器是按照从上到下、从左到右的顺序动作的。电压回路展开图示例如图 2-2 所示。

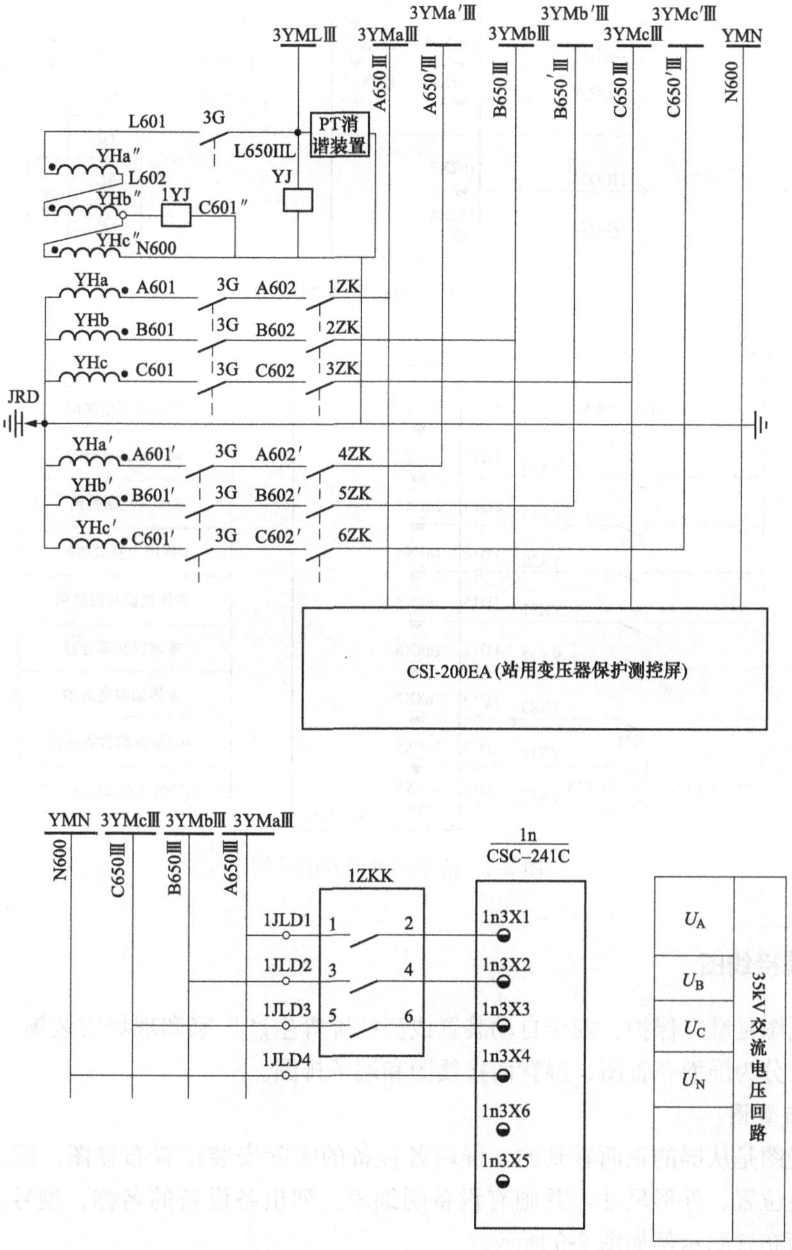


图 2-2 电压回路展开图示例

电流回路展开图示例如图 2-3 所示。

信号回路展开图示例如图 2-4 所示。

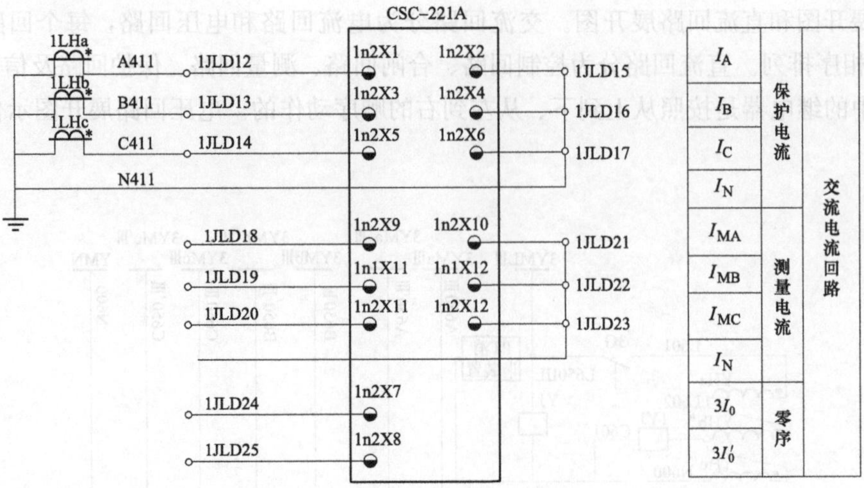


图 2-3　电流回路展开图示例

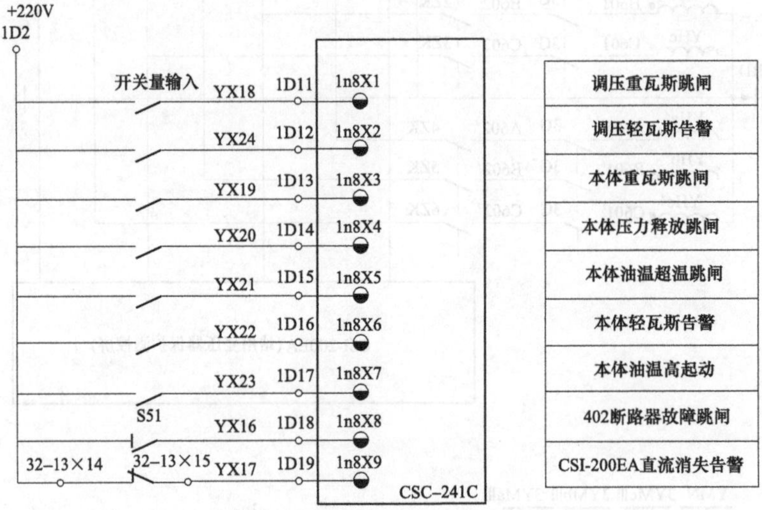


图 2-4　信号回路展开图示例

## 三、安装接线图

安装接线图是继电保护、安全自动装置或测控屏等生产厂家和现场安装施工使用的图纸。安装接线图又分为屏面布置图、屏背面接线图和端子排图。

1. 屏面布置图

屏面布置图是从屏的正面看到的，屏内各设备的实际安装位置布置图。图上画出了屏上各设备的安装位置、外形尺寸，并画有设备明细表，列出各设备的名称、型号、数量及技术参数等。屏面布置图示例如图 2-5 所示。

2. 屏背面接线图

屏背面接线图是从屏的后面看到的，屏内各设备的引出端子之间的连接情况以及端子和端子排之间的连接关系图。屏背面接线图示例如图 2-6 所示。

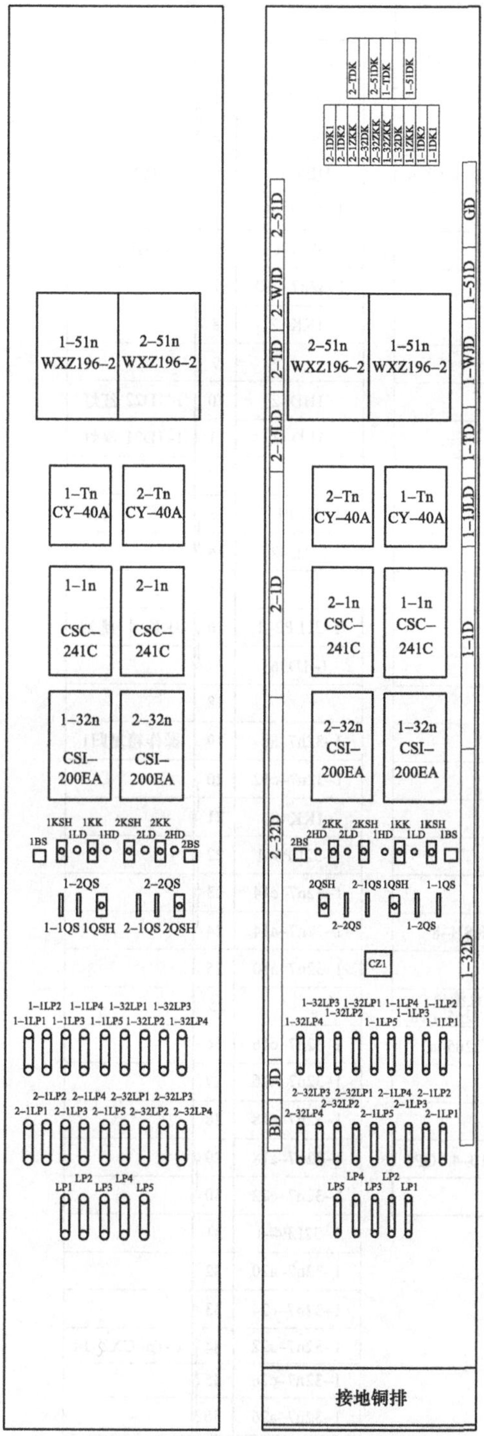


正面　　背面

| 序号 | 符号 | 名称 | 型号 | 数量 | 备注 |
|---|---|---|---|---|---|
| 17 | | 小母线座 | RJM1-2.5 | 56 | |
| 16 | 1～2-1～2QS | 小拨轮 | R492 | 4 | |
| 15 | 1～2QSH | 万能转换开关 | LW21-16/9-2201.2 | 2 | |
| 14 | CZ1 | 互联插座 | | 1 | |
| 13 | 1～2-TDK | 自动空气开关 | S252S-C3 | 2 | 装于柜后 |
| 12 | 1～2-1DK1,1～2-32DK,1～2-51DK,1～2-1DK2 | 自动空气开关 | S252S-C3DC | 8 | 装于柜后 |
| 11 | 1～2-1LP1～5，1～2-32LP1～4，LP1～5 | 连接片 | RSH-25/2 | 23 | LP1～5备用 |
| 10 | 1～2-ZKK,1～2-32ZKK | 自动空气开关 | S253S-C1 | 4 | 装于柜后 |
| 9 | 1BS,2BS | “五防”锁 | | 2 | 用户自供 |
| 8 | 1KSH,2KSH | 转换开关 | LW12-16/9.2202.2 | 2 | 远方/就地 |
| 7 | 1KK,2KK | 控制开关 | LW12-16D/49.6201.2 | 2 | 分/合 |
| 6 | 1HD,2HD | 信号灯 | AD11-16/21-6R | 2 | |
| 5 | 1LD,2LD | 信号灯 | AD11-16/21-6G | 2 | |
| 4 | 1～2-Tn | 有载调压控制器 | CY40A | 2 | 用户提供 |
| 3 | 1～2-51n | PT消谐装置 | WXZ196-2 | 1 | |
| 2 | 1～2-32n | 测控装置 | CSI-200EA | 1 | C15M20201J1201T12P2X2 |
| 1 | 1～2-1n | 微机站用变压器保护装置 | CSC-241C | 1 | |

图 2-5　屏面布置图示例

| 1-32-1D | | |
|---|---|---|
| 1-32ZKK-1 | 1 | $U_A$ |
| 1-32ZKK-3 | 2 | $U_B$ |
| 1-32ZKK-5 | 3 | $U_C$ |
| 1-32n1-b10 | 4 | $U_N$ |
| | 5 | |
| | 6 | |
| | 7 | |
| 1-32n1-a1 | 8 | $I_A$ |
| 1-32n1-a2 | 9 | $I_B$ |
| 1-32n1-a3 | 10 | $I_C$ |
| 1-32n1-b1 | 11 | $I_N$ |
| 1-32n1-b2 | 12 | |
| 1-32n1-b3 | 13 | |
| | 14 | |
| | | |

| 1-32-13D | | |
|---|---|---|
| 1-32DK-2<br>1-32n13-a20 | 1 | 直流正 |
| 1KSH-7<br>1QSH-1 | 2 | 1-Tn-CX2-7 |
| | 3 | |
| | 4 | |
| | 5 | |
| | 6 | |
| | 7 | |
| | 8 | |
| | 9 | |
| 1QSH-2 | 10 | |
| | 11 | |
| 1-32DK-4<br>1-32n13-a26 | 12 | 直流负 |
| 1-32-5D28 | 13 | |
| 1-32n13-a16 | 14 | 直流消失 |
| 1-32n13-c16 | 15 | 直流消失 |
| | | |

| 1-32-5D | | |
|---|---|---|
| 1-32n5-c2 | 1 | 1-Tn-CX2-1 |
| 1-32n5-c4 | 2 | 1-Tn-CX2-2 |
| 1-32n5-c6 | 3 | 1-Tn-CX2-3 |
| 1-32n5-c8 | 4 | 1-Tn-CX2-4 |
| | 5 | |
| | 6 | |
| | 7 | |
| | 8 | |
| 1-32n5-c20<br>1-1QS-1 | 9 | |
| 1-32n5-c22<br>1-1QS-3 | 10 | |
| 1-32n5-c24<br>1-2QS-1 | 11 | |
| 1-32n5-c26<br>1-2QS-3 | 12 | |
| 1-32n5-a2 | 13 | |
| 1-32n5-a4 | 14 | |
| 1-32n5-a6 | 15 | |
| 1-32n5-a8 | 16 | |
| 1-32n5-a10 | 17 | |
| 1-32n5-a12 | 18 | |
| 1-32n5-a14 | 19 | |
| 1-32n5-a16 | 20 | |
| 1-32n5-a20 | 21 | |
| 1-32n5-a22 | 22 | |
| 1-32n5-a24 | 23 | |
| 1-32n5-a26 | 24 | 1KSH-8 |
| | 25 | |
| 1-32n5-c28 | 26 | 直流负<br>1-32n5-c18 |
| 1-32n5-a28 | 27 | 1-32n5-a18 |
| 1-32-13D13 | 28 | |
| | 29 | |
| 1-32n5-c30 | 30 | GD10-4 GPS |
| | | |

| 1-32-7D | | |
|---|---|---|
| 1KSH-3 | 1 | 1-1D4 +KM1 |
| 1-32n7-c6 | 2 | |
| 1-32n7-a6 | 3 | |
| 1HD-1 | 4 | 1LD-1 |
| 1-32n7-c2 | 5 | |
| 1-32n7-c8 | 6 | 1-32n7-a2 |
| 1-32n7-c10 | 7 | |
| 1KK-7 | 8 | |
| | 9 | |
| 1HD-2 | 10 | 1-1D22 红灯 |
| 1LD-2 | 11 | 1-1D21 绿灯 |
| | 12 | |
| 1-32LP1-1 | 13 | 1KK-2 合闸 |
| 1-1D42 | 14 | |
| | 15 | |
| 1-32LP2-1 | 16 | 1KK-4 跳闸 |
| 1-1D36 | 17 | |
| | 18 | |
| 1-32n7-a8 | 19 | 操作箱复归1 |
| 1-32n7-c12 | 20 | |
| 1KK-8 | 21 | |
| 1-32LP3-1 | 22 | |
| 1-32n7-c14 | 23 | |
| 1-32n7-a14 | 24 | |
| 1-32n7-a10 | 25 | |
| | 25′ | |
| 1-32n7-c16 | 26 | |
| 1-32n7-a16 | 27 | |
| 1-32n7-c18 | 28 | |
| 1-32n7-a18 | 29 | |
| 1-32n7-c22 | 30 | |
| 1-32LP4-1 | 31 | |
| 1-32n7-a20 | 32 | |
| 1-32n7-c24 | 33 | |
| 1-32n7-a22 | 34 | 1-Tn-CX2-14 |
| 1-32n7-c26 | 35 | |
| 1-32n7-a26 | 36 | |
| 1-32n7-a24 | 37 | 1-Tn-CX2-11 |
| 1-32n7-c28 | 38 | 1-Tn-CX2-12 |
| 1-32n7-a28 | 39 | 1-Tn-CX2-13 |
| | | |

图 2-6 屏背面接线图示例

屏背面接线图与屏面布置图的左右正好相反。

3. 端子排图

端子排图是从屏的后面看到的，屏内设备接线所需各类端子排以及和屏外设备连接关系的示意图。端子排图示例如图 2-7 所示。

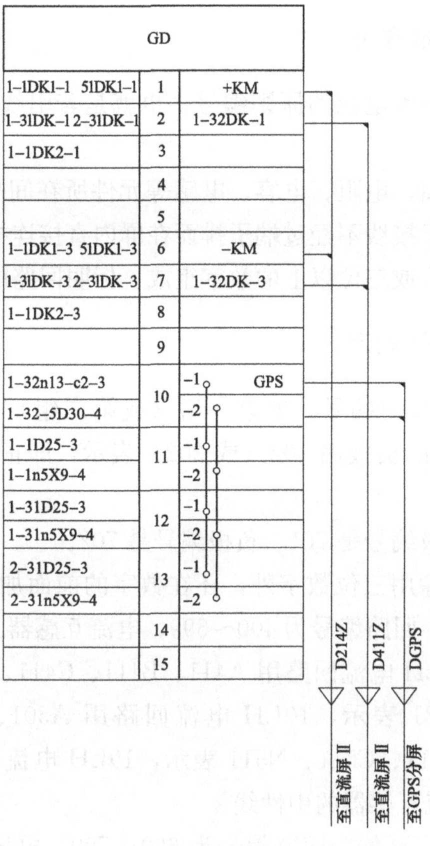


图 2-7　端子排图示例

## 第二节　二次回路识图方法

会读变电站图纸资料是继电保护人员和运行值班人员的一项基本能力，是分析二次回路异常和处理故障的基础技能。本节主要讲解二次识图的方法。

要掌握二次回路内容，首先需要了解变电站一次设备主接线情况，包括母线、线路、断路器、隔离开关、电流互感器、电压互感器及变压器等。在了解这些设备功能的基础上，熟悉它们保护的配置情况，包括功能配置和保护范围。

安装接线图中的各种设备、仪表、继电器、指示灯等元器件以及连接导线，都是按照它们的实际位置和连接关系绘制的。所有设备的端子和连线都是按照二次回路编号法和相对编号法的原则进行标注编号的。

二次回路的所有设备之间的连线都要进行编号，这些编号就是二次回路编号。编号一般采用数字和文字相结合的形式，表明回路的性质和用途。展开图的每个元件之间的线段都要进行编号，称为回路编号，用于表明回路的用途。在屏柜或者端子箱等的端子排的端子接线头处均有回路编号，此处的回路编号与展开图中的回路编号对应。所谓相对编号法就是，如果甲乙两个端子是连在一起的，那么就在甲的端子接头上标注乙端子的编号，而在乙端子的接头上标注甲端子的编号。

## 一、二次回路编号的基本方法

（1）在同一个间隔，按照等电位的原则编号，也就是若引线在回路中的电阻为零，则回路编号相同。

（2）元器件的触点、线圈、电阻、电容、电感等元件所在间隔的线段，视为不同的线段，一般用不同的编号表示，对于接线不经过端子排而在屏内直接连接的回路，不用编号。

（3）二次回路编号由三位或三位以上的数字组成，标明回路的相别或某些其他主要特征。

## 二、二次回路常用的编号规定

（1）控制回路电源正负极的编号。如第一组（或第二组）控制电源的正极用 101（或 201）表示，相对应控制电源的负极用 102（或 202）表示，即正极用奇数编号，负极用偶数编号。

（2）信号回路电源的正极编号是 701、负极编号是 702。

（3）交流二次回路编号除用三位数字外，还在数字的前面加字母符号表示相别。其特点是电流回路以数字 400 开始，回路编号为 400～599，电流互感器二次线圈在原理图中用 1LH、2LH、3LH 等表示。例如 1LH 电流回路用 A411、B411、C411、N411 表示，2LH 电流回路用 A421、B421、C421、N421 表示，10LH 电流回路用 A501、B501、C501、N501 表示，11LH 电流回路用 A511、B511、C511、N511 表示，19LH 电流回路用 A591、B591、C591、N591 表示，其中 N 代表电流互感器的中性线。

（4）电压回路以数字 600 开始，回路编号为 600～799。电压回路按照 A、B、C、L、N 排列。编号 L 用于电压平口三角接线回路中，N 代表电压互感器的中性线。常用编号规则如下：

1）A601、B601、C601、N600 表示从电压互感器本体引出来的一个电压回路，同理 A602、B602、C602、N600，A603、B603、C603、N600 以及 A601′、B601′、C601′、N600 表示从电压互感器本体引出来的另一个电压回路的编号。

2）35kV 电压等级的Ⅰ段母线电压以 A630Ⅲ、B630Ⅲ、C630Ⅲ、N600Ⅲ表示。35kV 电压等级的Ⅱ段母线电压以 A640Ⅲ、B640Ⅲ、C640Ⅲ、N600Ⅲ表示。35kV 电压等级的Ⅲ段母线电压以 A650Ⅲ、B650Ⅲ、C650Ⅲ、N600Ⅲ表示。35kV 0 号站用变压器高压侧电压用 A630Ⅳ、B630Ⅳ、C630Ⅳ、N600 表示。

3）220kV 电压等级的Ⅰ段母线电压以 A610、B610、C610、L610、N600 表示。220kV 电压等级的Ⅱ段母线电压以 A620、B620、C620、L620、N600 表示。220kV 电压等级的Ⅲ段母线电压以 A630、B630、C630、L630、N600 表示。220kV 电压等级的Ⅳ段母线电压以 A640、B640、C640、L640、N600 表示。

4）500kV 电压等级的Ⅰ段母线电压以 A650Ⅰ、A651Ⅰ、A652Ⅰ、L650Ⅰ、N600 表示，

500kV 电压等级的Ⅱ段母线电压以 A650Ⅱ、A651Ⅱ、A652Ⅱ、L650Ⅱ、N600 表示。

5）500kV 线路电压以 A651、B651、C651、N600，A652、B652、C652、N600，A653、B653、C653、N600，A654、B654、C654、N600，A655、B655、C655、N600 和 A656、B656、C656、N600 表示。

（5）跳闸回路用 133、233、137、237 等编号表示，合闸回路用 7、33、103、107 等编号表示。

（6）信号回路用 YX1、YX2、YX3 等编号表示。

（7）二次回路中的触点（动合触点或动断触点）状态指对应的继电器、接触器在不带电状态下时，各触点的状态。断路器、隔离开关、接地开关的位置触点状态，指断路器、隔离开关、接地开关在断开位置时触点的状态。压力触点、温度触点、热继电器等，指正常情况下的状态。

### 三、二次识图的技巧

二次识图除了需要弄清楚图纸上各种符号代表的设备，以及每个元器件、继电器的动作原理外，还需要掌握的识图技巧为："先一次，后二次；先交流，后直流；先电源，后接线；先线圈，后触点；先上后下，先左后右"。

（1）"先一次，后二次"：当图中有一次接线和二次接线时，先看一次部分，弄清是什么性质的设备，再看二次部分。

（2）"先交流，后直流"：当图中有交流和直流回路时，先看交流回路，再看直流回路。

（3）"先电源，后接线"：不管是交流回路还是直流回路，二次设备的动作都是由电源驱动的，所以在看图时，首先找到对应的电源。

（4）"先线圈，后触点"：分析触点的动作情况，必须找到对应继电器的线圈，只有线圈带电后，其触点才会闭合或者断开，从而引起回路的变化。

（5）"先上后下，先左后右"：二次回路是按照保护或回路从上到下、从左到右的逻辑顺序设计的，所以识图时也按此顺序看，符合保护动作逻辑。

## 第三节　二次回路识图举例

端子排图中将不同的设备以及不同回路的不同端子相连接，从而使各个二次回路实现各自的功能。端子排按照不同的回路从上至下依次排列。下面以 35kV 电容器间隔为例，分别介绍电流、电压、保护、控制、遥信等端子排图的识图方法。

### 一、电流回路端子排图的识图

35kV 电容器断路器端子箱内部接线如图 2-8 所示。

图 2-8 中左侧是交流引入电缆，每一根电缆底部都有一个编号牌，用此说明该电缆两头分别接到哪里。右侧是交流端子排，上面是电流二次回路端子排，下面是从 35kV 设备区某交流动力电源箱引进来的 380V（或 220V）动力电缆端子排。端子箱最下面是接地端子排。以断路器端子箱内 A 相电流电缆为例，介绍电缆编号牌包含的信息。A 相电流电缆编号牌如图 2-9 所示。

图 2-8 35kV 电容器断路器端子箱内部接线

图 2-9 中，5DR-160A 代表这根电缆的回路编号。型号中 ZRC 代表阻燃电缆，阻燃等级是 C 级；KVVP2 代表聚氯乙烯绝缘聚氯乙烯护套铜带屏蔽控制电缆；7×6 代表电缆有 7 芯，每一根芯都是 $6mm^2$。起点和终点是这根电缆两端的位置，表明电缆是从 5 号电容器断路器端子箱，引出接到 A 相电流互感器，这是一根完整的电缆，中间没有经过任何端子或者设备的转接。电流互感器电流回路的原理图如图 2-10 所示。

图 2-10 中所示的电流互感器二次有两组线圈，分别用 1LH、2LH 表示。1LH 电流回路电缆分别用 A411、B411、C411、N411 表示，2LH 电流回路用 A421、B421、C421、

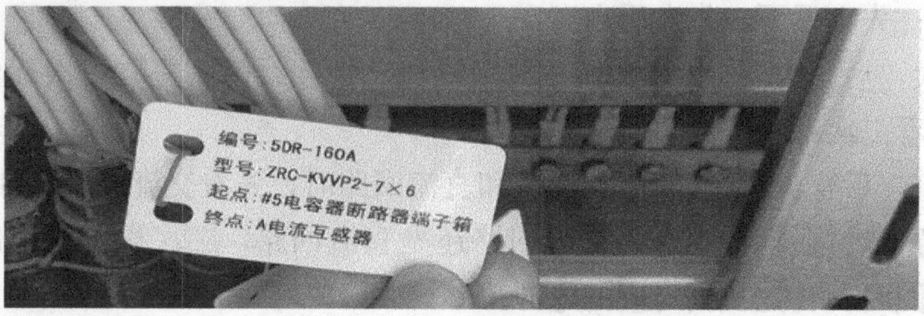


图 2-9　A 相电流电缆编号牌

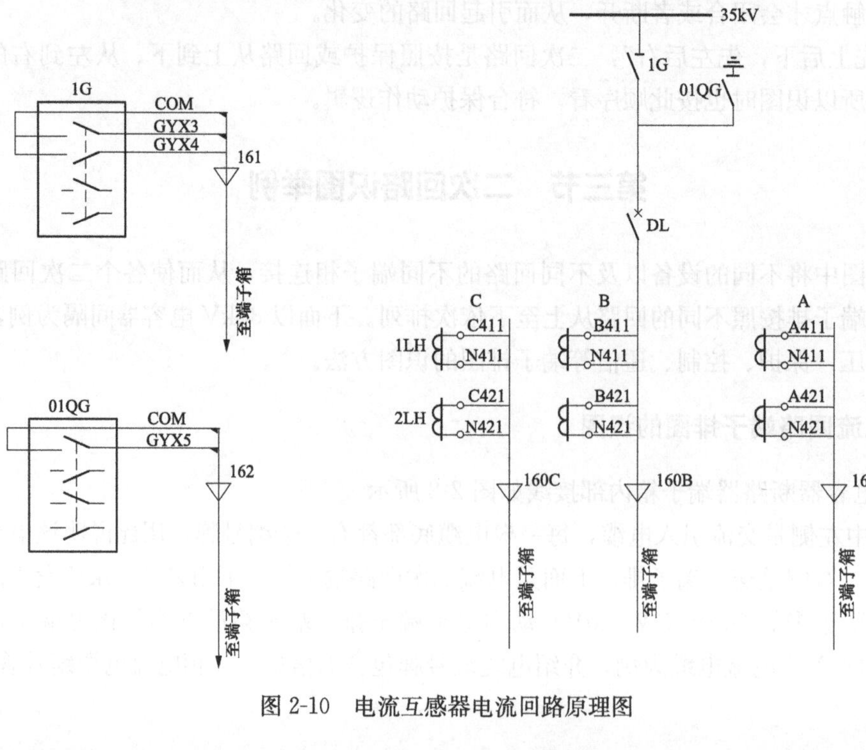


图 2-10　电流互感器电流回路原理图

N421 表示。图 2-10 中，161 和 162 编号的电缆分别是电容器间隔隔离开关和接地开关分合位置遥信电缆。交流电流回路，按照电流互感器各个二次线圈 A、B、C、N 的相序进行排列。电流互感器二次电缆基本都接到对应间隔断路器端子箱内。

断路器端子箱内交流电流端子排图如图 2-11 所示，图中纵横电缆的直角三角形交汇处有倒三角形标识的，表示这根电缆在右侧或者左侧对应端子中有一根接线。在端子排图中，如果某个端子号即阿拉伯数字后有小圆圈，且这个小圆圈与邻近端子号后的小圆圈用竖线相连接，表示这几个端子是相互短接的。同一个端子号左右两个端子之间是相互连通的。

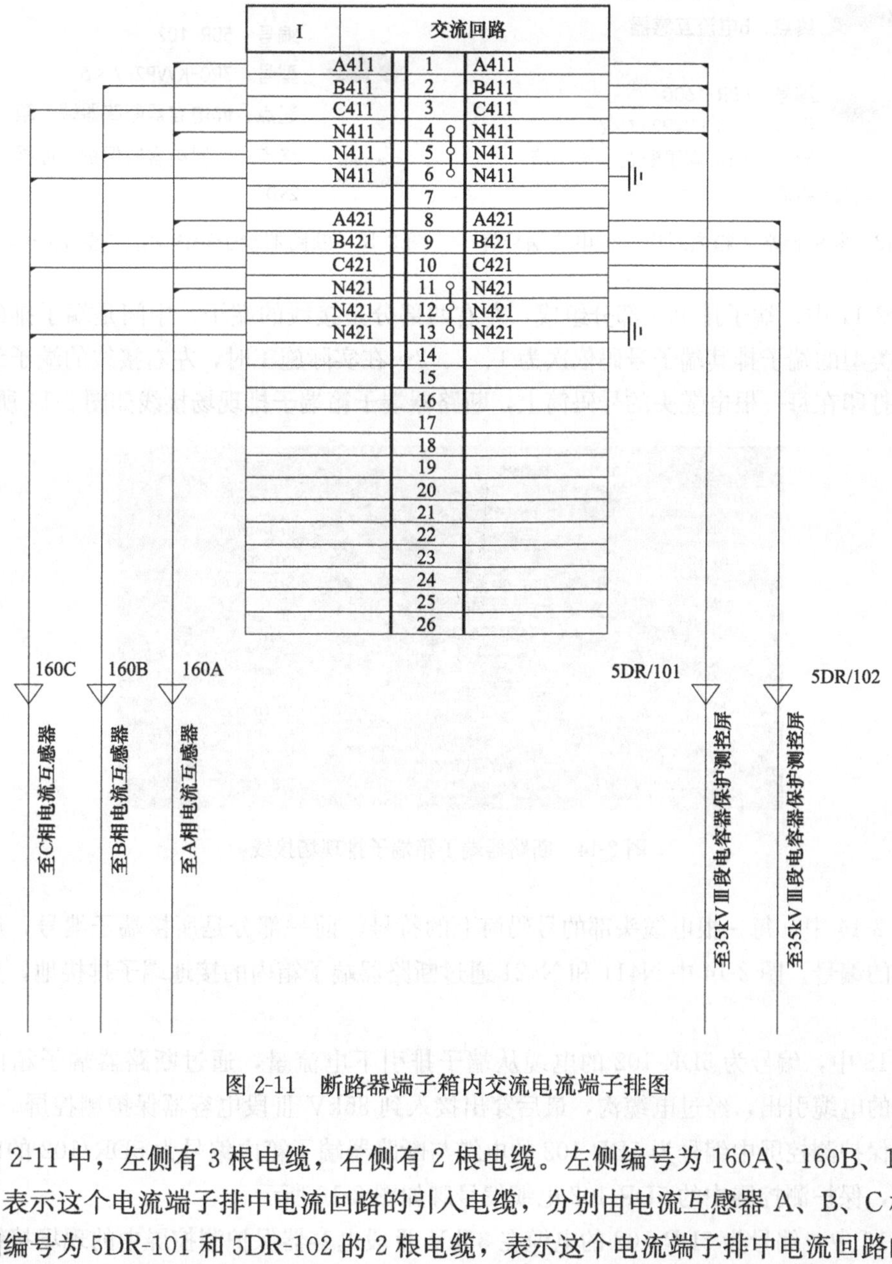

图 2-11 断路器端子箱内交流电流端子排图

在图 2-11 中，左侧有 3 根电缆，右侧有 2 根电缆。左侧编号为 160A、160B、160C 的 3 根电缆，表示这个电流端子排中电流回路的引入电缆，分别由电流互感器 A、B、C 相本体引来。右侧编号为 5DR-101 和 5DR-102 的 2 根电缆，表示这个电流端子排中电流回路的引出电缆，分别接到 35kVⅢ段电容器保护测控屏中。断路器端子箱内对应的左、右侧电缆编号牌分别如图 2-12 和图 2-13 所示。

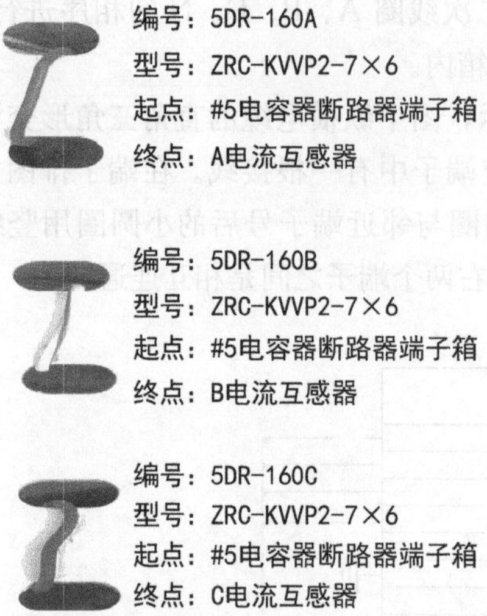


图 2-12　断路器端子箱内对应左侧电缆编号牌

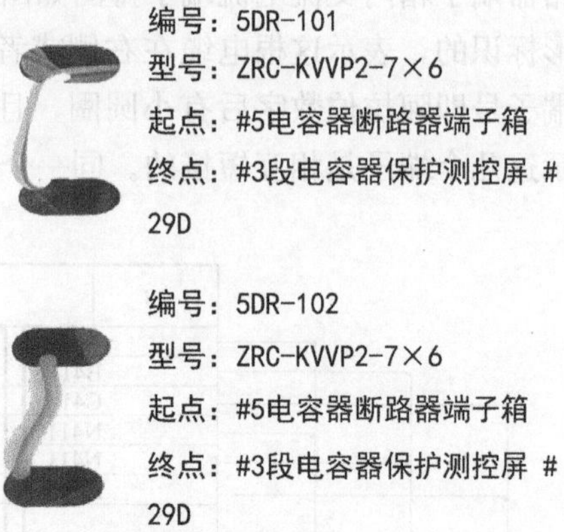


图 2-13　断路器端子箱内对应右侧电缆编号牌

在图 2-11 中，端子排由三部分组成，左右两部分是接线的端子，中间是端子排的端子号码。同一类型的端子排其端子号码依次为 1、2、3…在实际施工时，左右接线的端子编号和电缆编号都打印在每一根电缆头的号码筒上，断路器端子箱端子排现场接线如图 2-14 所示。

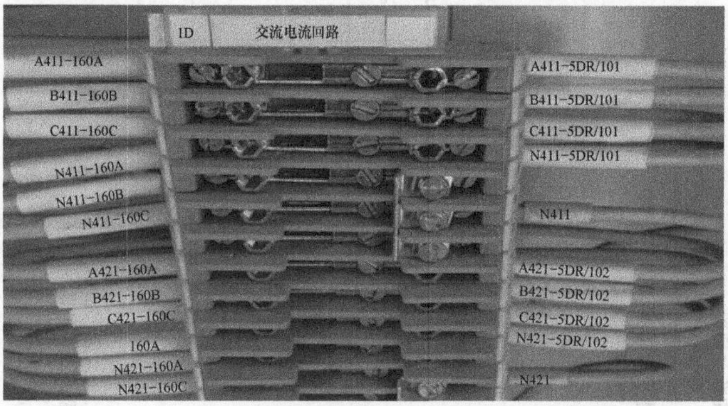


图 2-14　断路器端子箱端子排现场接线

在图 2-14 中，每一根电缆头部的号码筒上的符号，前一部分是所接端子编号，后一部分代表电缆的编号。图 2-14 中 N411 和 N421 通过断路器端子箱内的接地端子排接地，如图 2-15 所示。

图 2-13 中，编号为 5DR-102 的电缆从端子排引下电流量，通过断路器端子箱内编号为 5DR-102 的电缆引出，经过电缆沟，最后穿出接入到 35kV Ⅲ段电容器保护测控屏。35kV Ⅲ段电容器保护测控屏中编号为 5DR-102 的电缆与断路器端子箱内编号为 5DR/102 的电缆是同一根电缆，保护测控屏中的 5DR-102 电缆编号牌如图 2-16 所示。

图 2-16 中，编号为 5DR-102 的电缆在 35kV Ⅲ段电容器保护测控屏中的现场接线如图 2-17 所示。

图 2-15 N411 和 N421 通过接地端子排接地

编号：5DR-102

型号：ZRC-KVVP2-7×6

起点：3段电容器保护测控屏 #

29D

终点：#5电容器断路器端子箱

图 2-16 保护测控屏 5DR-102 电缆编号牌

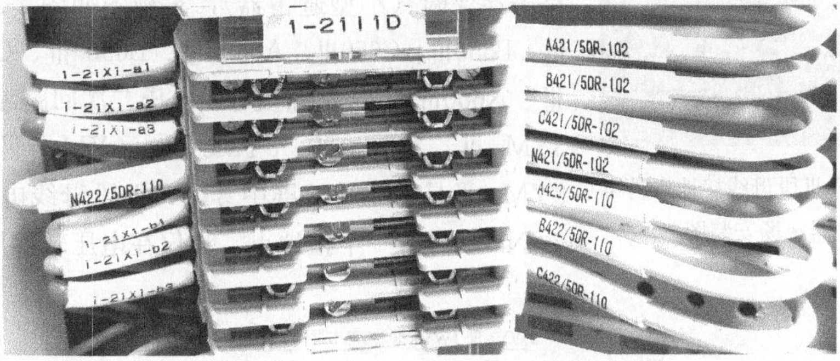


图 2-17 保护测控屏 5DR-102 电缆现场接线

注意：电流回路不能开路，所以电流回路不串联进任何空气开关。

## 二、电压回路端子排图的识图

35kV Ⅲ段母线电压互感器端子箱内部前面布置图如图 2-18 所示。最上面 6 个小空气开关是电压互感器二次小开关，分别是 1ZK 保护 A、2ZK 保护 B、3ZK 保护 C、4ZK 计量 A、5ZK 计量 B、6ZK 计量 C，现场安装图如图 2-19 所示。中间继电器是电压互感器开口三角形处所接的 35kV Ⅲ段母线接地告警电压继电器 YJ，现场安装图如图 2-20 所示。端子箱最下面是接地排。注意电压回路中 N600 的接地点不在电压互感器端子箱内接地，全站 N600 的接地点只在保护小室的电压转接屏内一点接地。

图 2-18　35kV Ⅲ段母线电压互感器端子箱内部前面布置图

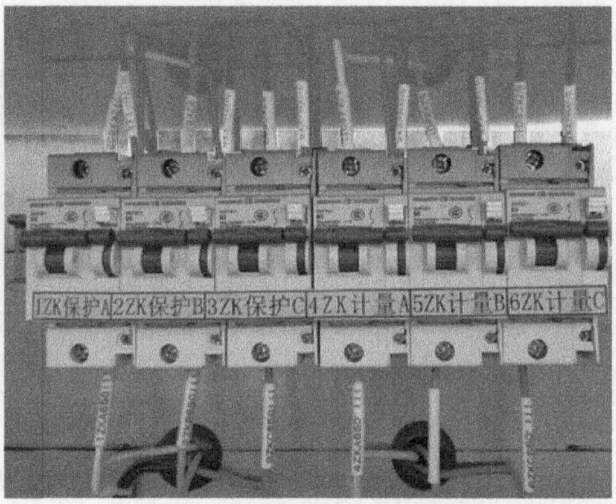


图 2-19　空气开关现场安装图

图 2-20　35kV Ⅲ段母线接地告警电压继电器现场安装图

35kV Ⅲ段母线电压互感器二次接线原理图如图 2-21 所示。图 2-21 中，YHa、YHb、YHc，YHa′、YHb′、YHc′，YHa″、YHb″、YHc″分别代表电压互感器二次的 3 个线圈，前两个采用星形接线，后一个采用三角形接线，每一个二次线圈接线的极性端如图中绕组头尾部小圆点所示。3G 是电压互感器对应隔离开关的辅助触点。BMS 是端子箱后面的“五防”验电口，实物图如图 2-22 所示。JRD 是击穿保险（小型避雷器），实物图如图 2-23 所示。A650Ⅲ、B650Ⅲ、C650Ⅲ，A650′Ⅲ、B650′Ⅲ、C650′Ⅲ，L650Ⅲ、N600Ⅲ是 35kV Ⅲ段母线电压二次回路编号。3YMLⅢ、3YMaⅢ、3YMbⅢ、3YMcⅢ、3YMa′Ⅲ、3YMb′Ⅲ、3YMc′Ⅲ是电压转接屏中 35kV Ⅲ段母线电压母线排。全站 N600 只有一个接地点，且仅在电压转接屏上。

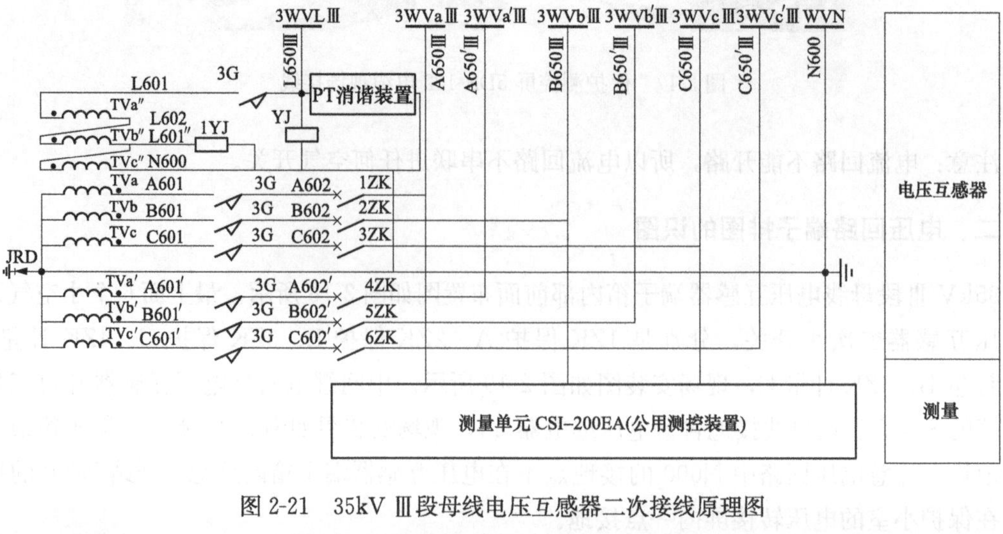


图 2-21　35kV Ⅲ段母线电压互感器二次接线原理图

图 2-22 BMS 实物图

图 2-23 JRD 实物图

图 2-23 中 N600 所接的设备就是 JRD 击穿保险，N600 经过击穿保险后在保护小室一点接地。这是因为电压互感器二次绕组离保护小室的接地点比较远，需要在现场端子箱将中性点经击穿保险后接地。图 2-20 所示电压互感器开口三角形处所接的 35kV Ⅲ段母线接地告警电压继电器 YJ，现场接线如图 2-24 所示。上面两根接线是 35kV Ⅲ段母线接地告警回路线，下面两根接线是电压继电器 YJ 的电源线。

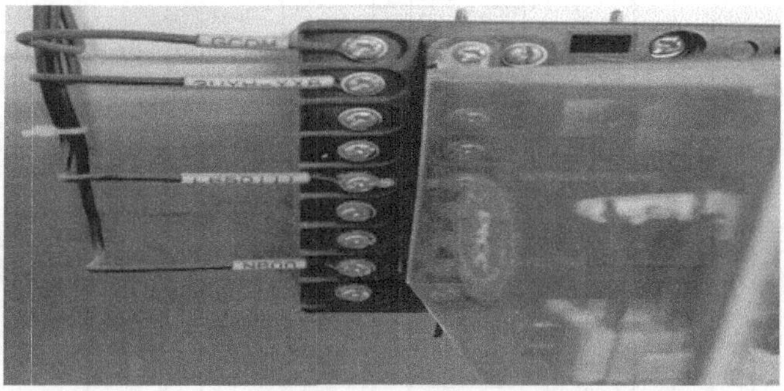

图 2-24 35kV Ⅲ段母线接地告警电压继电器现场接线

35kV Ⅲ段母线电压互感器端子箱内电压端子排图如图 2-25 所示，图中左侧编号为 180A、180B、180C 的电缆指从电压互感器本体 A、B、C 相引来的电压电缆（电缆编号牌见图 2-26）；右侧编号为 101、102、103 的电缆是电压电缆，它们将要引出到主变压器无功小室电压转接屏；右侧编号为 104 的电缆是直流遥信电缆，它将要引出到公用测控屏。35kV Ⅲ段母线电压互感器端子箱内引出电缆编号牌如图 2-27 所示。

35kV Ⅲ段母线电压互感器端子箱内电压端子排图施工接线图如图 2-28～图 2-30 所示。

图 2-28 中 1ZKA650Ⅲ端子连接的 A650Ⅲ-101、2ZKB650Ⅲ端子连接的 B650Ⅲ-101、3ZKC650Ⅲ端子连接的 C650Ⅲ-101 电压量用于保护，35kV 母线上连接设备保护用的电压量均从这里取。

图 2-29 为电压互感器开口三角形接线现场接线图，按照端子头相对编号规律，开口三角接法为 180C-C601″→C601″-180B→180B-L602→L602-180A→180A-L601→3G L601/181→3G L650Ⅲ/181。图 2-29 中 L650Ⅲ线和 N600 中性线之间接如图 2-24 所示的电压继电器，C601″和 N600 之间接如图 2-22 所示的“五防”验电口 BMS。图 2-29 中 N600 中性线经图 2-23 所示的击穿保险后在保护小室的电压转接屏接地。

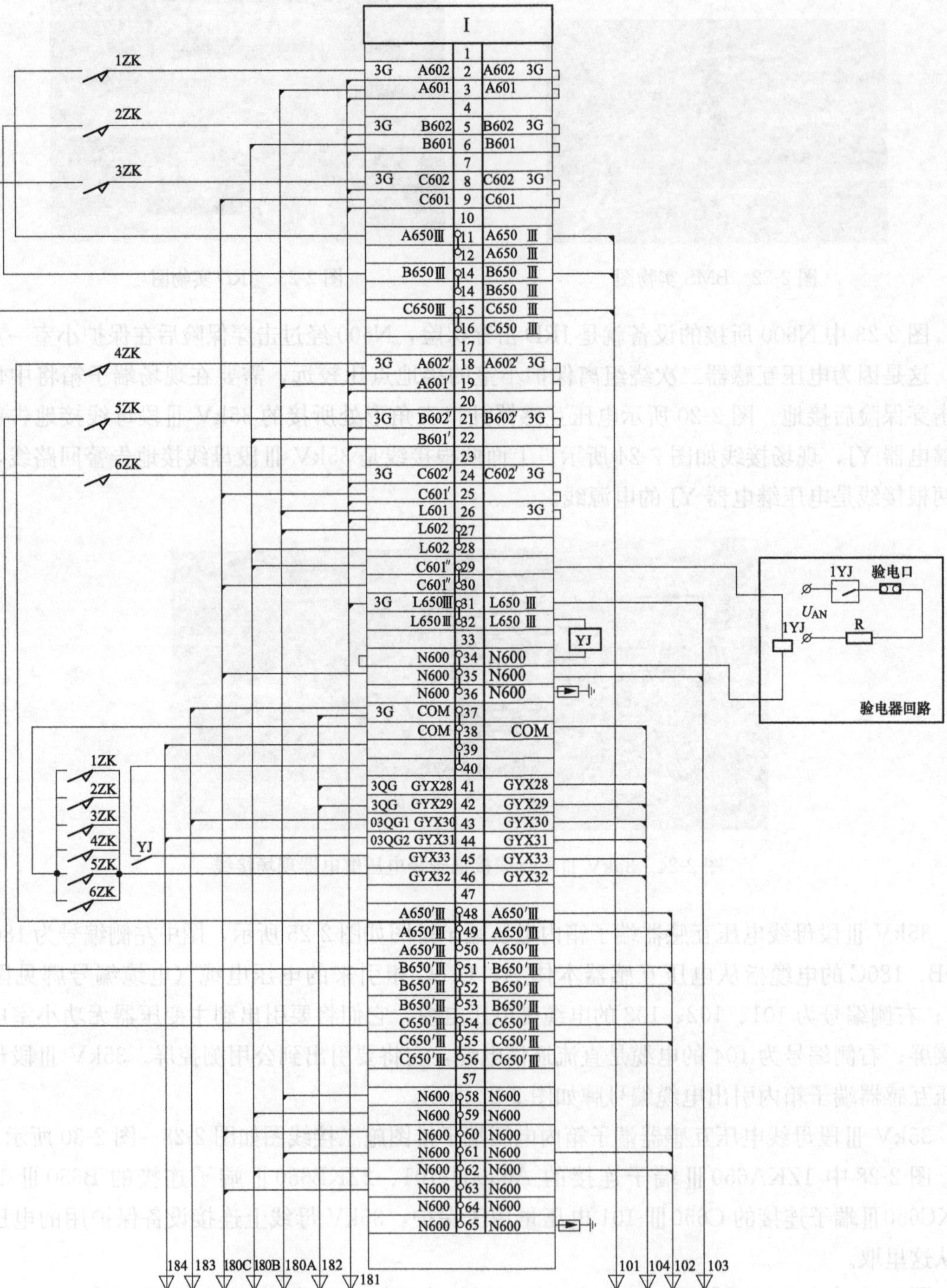


图 2-25 35kV Ⅲ段母线电压互感器端子箱内电压端子排图

图 2-26　180A、180B、180C 电缆编号牌

图 2-27　35kV Ⅲ段母线电压互感器端子箱内引出电缆编号牌

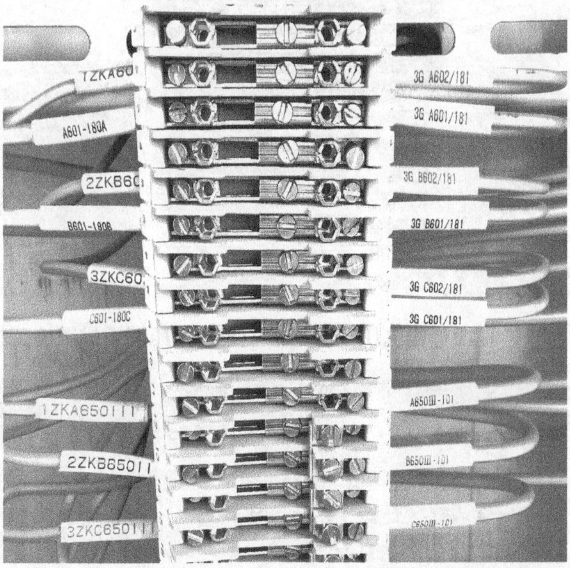


图 2-28　35kV Ⅲ段母线电压互感器端子箱内电压端子排图施工接线图 1

图 2-30 中 4ZKA650′Ⅲ端子连接的 A650′Ⅲ-102、5ZKB650′Ⅲ端子连接的 B650′Ⅲ-102、6ZKC650′Ⅲ端子连接的 C650′Ⅲ-102 电压量用于测量，35kV 母线上连接设备测量用的电压量均从这里取。从电压互感器端子箱中引出的编号为 101、102、103 的 3 根电压电缆接入到电压转接屏中，电压转接屏中引入 35kV Ⅲ段母线 3 块电压电缆编号牌如图 2-31 所示。

电压转接屏中引入 35kV Ⅲ段母线电压电缆施工接线图分别如图 2-32 和图 2-33 所示。

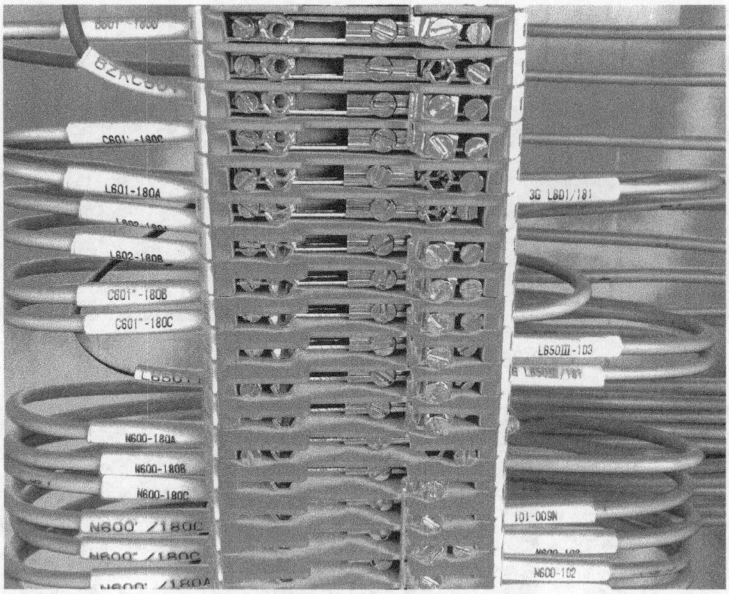


图 2-29　电压互感器开口三角形现场接线

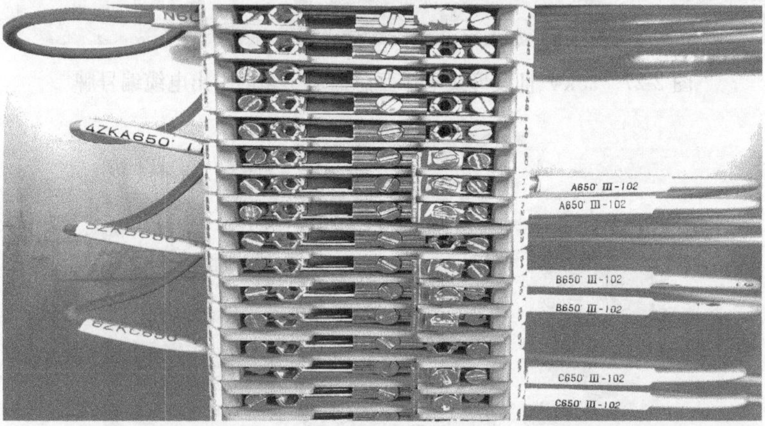


图 2-30　35kV Ⅲ段母线电压互感器端子箱内电压端子排图施工接线图 2

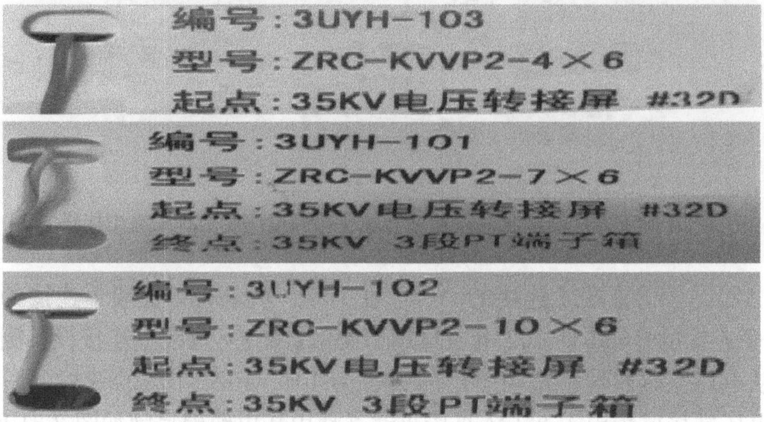


图 2-31　电压转接屏中引入 35kV Ⅲ段母线 3 块电压电缆编号牌

图 2-32　电压转接屏中引入 35kV Ⅲ段母线电压电缆施工接线图 1

图 2-32 中，从电压互感器第一组电压绕组中引出的电压量 A650Ⅲ/3UYH-101、B650Ⅲ/UYH-101、C650Ⅲ/UYH-101 分别接到 41、52 号和 63 号端子中。同样 A650Ⅲ表示回路号，3UYH-101 表示电缆编号。下面以 A 相电压量为例，其他两相类似，41～50 号端子之间用短联片相互短联，从 41 号的 A650Ⅲ/3UYH-101 电缆，转接出 41～46 号共计 6 根电压电缆，分别是 A650Ⅲ/3UYH-130、A650Ⅲ/UYH-131a、A650Ⅲ/UYH-131b、A650Ⅲ/3UYH-132、A650Ⅲ/UYH-133 和 A650Ⅲ/UYH-134。这 6 根电缆分别接到不同保护测控装置发挥作用，其中 A650Ⅲ/UYH-134 电缆接到电容器保护测控屏中，供电容器保护装置和测控装置用。

图 2-33 中，从电压互感器第二组电压绕组中引出的电压量 A650′Ⅲ/3UYH-102、B650′

图 2-33　电压转接屏中引入 35kV Ⅲ段母线电压电缆施工接线图 2

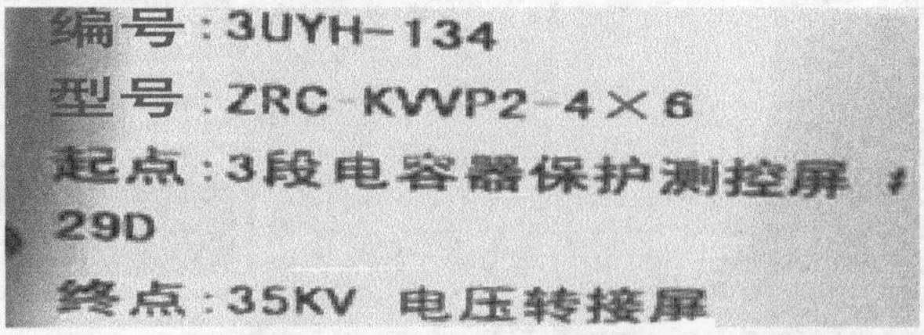


图 2-34 3UYH-134 电缆编号牌

Ⅲ/UYH-102、C650′Ⅲ/UYH-102 分别接到 74 号和 75 号、81 号和 82 号、88 号和 89 号端子中。同样 A650′Ⅲ表示回路号，3UYH-102 表示电缆编号。下面以 A 相电压量为例，其他两相类似，74～79 号端子之间用短联片相互短联，从 74 号的 A650′Ⅲ/3UYH-102 电缆，转接出 74 号和 75 号共计 2 根电压电缆，分别是 A650′Ⅲ/3UYH-140、A650′Ⅲ/UYH-142，这 2 根电缆分别接到不同电度表屏用作计量。

35kV Ⅲ段电容器保护测控屏后，1-1ZKK 电压空气开关接保护电压，1-21ZKK1 电压空气开关接测量电压。这两个空气开关上口电压来自电压转接屏编号为 3UYH-134 的电缆。回路号为 A650Ⅲ、B650Ⅲ和 C650Ⅲ。3UYH-134 电缆编号牌如图 2-34 所示，保护电压端子排现场接线如图 2-35 所示，测量电压端子排现场接线如图 2-36 所示。

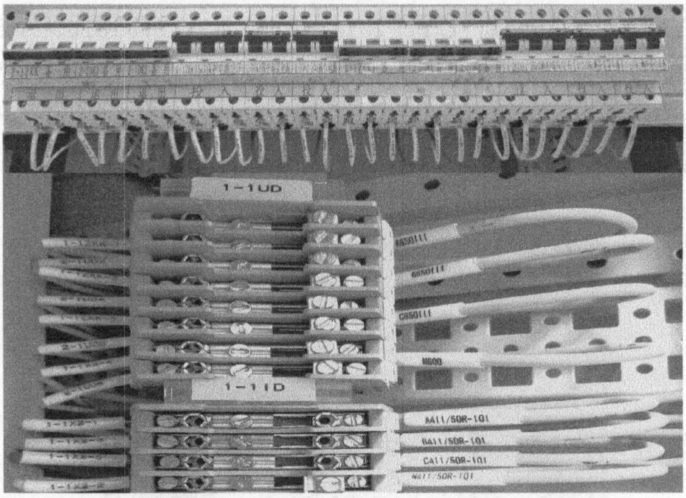


图 2-35 保护电压端子排现场接线

图 2-35 中 1-1UD 端子排接保护电压量，1-1ID 端子排接保护电流量。

图 2-36 中 1-21U1D 端子排接测控电压量，1-21I1D 端子排接测控电流量。

## 三、断路器端子箱内交流动力电源端子排图识图举例

电容器断路器端子箱内部交流动力电源端子排图如图 2-37 所示，这部分电源为断路器机构箱中储能电动机、除潮加热和照明设备所用。

在图 2-37 中，165 和 U3JL-03 都是电缆编号，其中 U3JL-03 是交流动力电源的进线电缆，165 是交流动力电源的出线电缆。交流动力电源的进线电缆编号牌如图 2-38 所示。

图 2-36 测量电压端子排现场接线

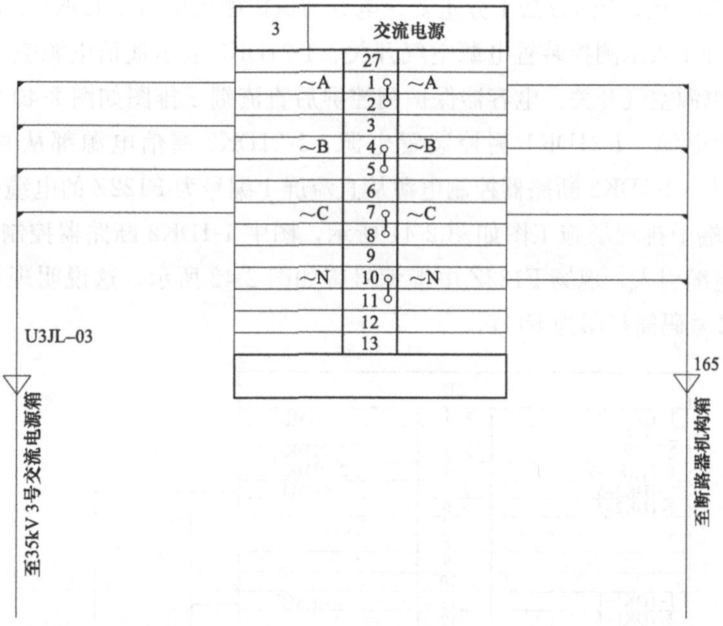


图 2-37 电容器断路器端子箱内部交流动力电源端子排图

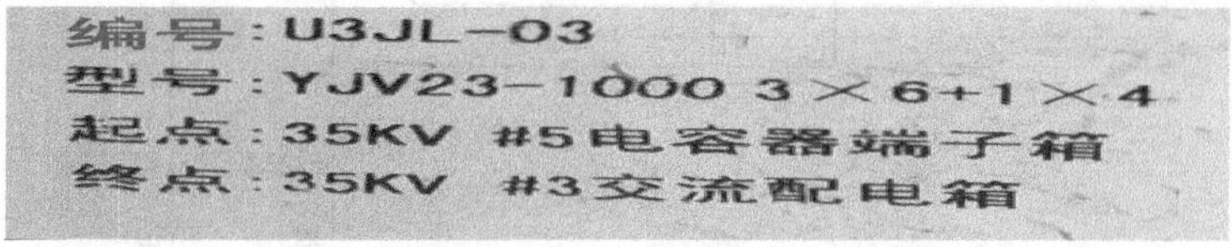


图 2-38 交流动力电源的进线电缆编号牌

图 2-38 电缆型号 YJV23-1000 3×6+1×4 含义：交联聚乙烯绝缘钢带铠装聚乙烯护套电缆，耐压 1000V，4 芯电缆，有 3 芯是 $6mm^2$，1 芯是 $4mm^2$。电缆施工现场接线如图 2-39 所示。

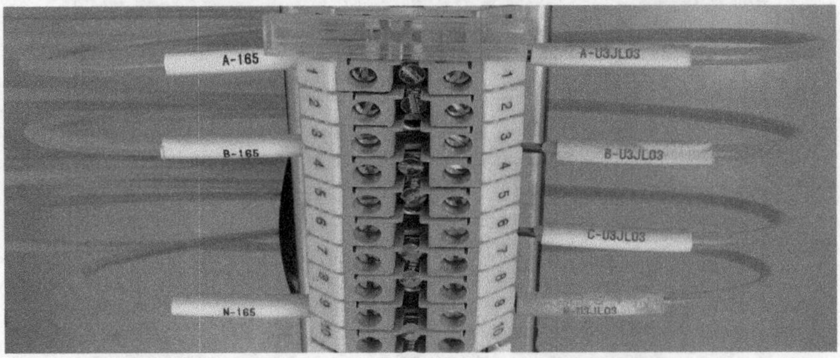


图 2-39　YJV23-1000 3×6＋1×4 电缆施工现场接线

## 四、保护测控装置直流电源端子排图识图举例

电容器保护测控屏中保护装置电源、控制电源、测控装置电源以及遥信电源均采用直流电，因此掌握直流端子排识图方法十分重要。电容器保护测控屏后 1-1DK1 表示保护装置电源空气开关、1-21DK1 表示测控装置电源空气开关、1-21DK2 表示遥信电源空气开关、1-1DK2 表示断路器控制电源空气开关。电容器保护测控屏后直流端子排图如图 2-40 所示。从图可知 1-1DK1 保护装置电源、1-21DK1 测控装置电源、1-21DK2 遥信电源都从直流 2 屏编号为 F223Z 的电缆引入。1-1DK2 断路器控制电源从直流屏 1 编号为 F122Z 的电缆引入。电容器保护测控屏后直流端子排现场施工图如图 2-41 所示，图中 1-1DK2 断路器控制电源从直流屏 1 编号为 F117 的电缆引入，现场 F122Z 电缆编号牌如图 2-42 所示，这说明现场施工人员误将图 2-41 中 F122Z 号码筒打印为 F117。

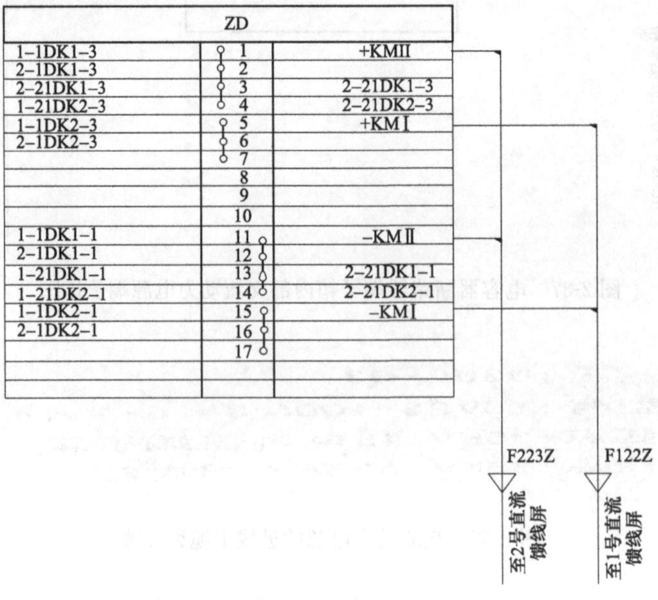


图 2-40　电容器保护测控屏后直流端子排图

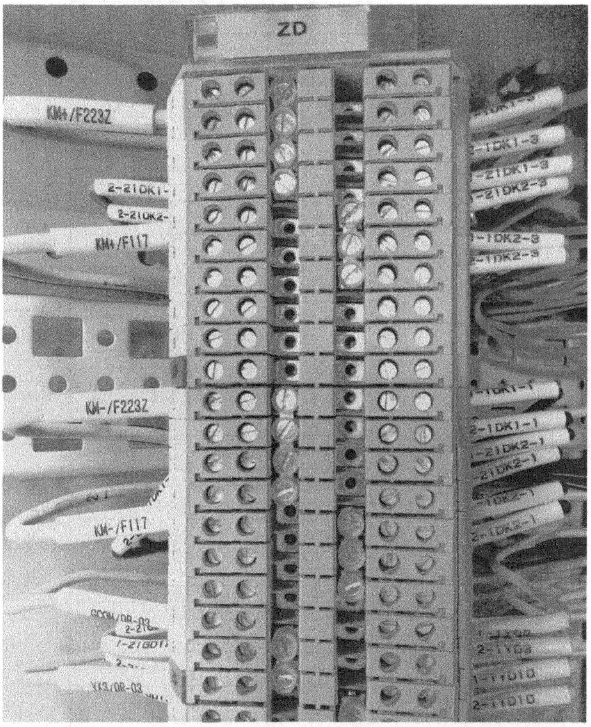


图 2-41　电容器保护测控屏后直流端子排现场施工图

图 2-42　F122Z 电缆编号牌

## 五、断路器分合闸控制回路和信号回路端子排图识图举例

断路器端子箱内控制和信号回路端子排图如图 2-43 所示。

图 2-43 中 COM 是遥信回路的公共端，YX 后加数字 1、2、3 等表示第几个遥信。101、102 是直流控制回路的正极和负极。107、137 分别代表合闸和分闸回路。图 2-43 中除了 104 电缆是控制回路电缆外，其余 103、161、162、163、164 都是遥信电缆。从电容器保护测控屏发送来的断路器分合闸命令，通过 104 电缆接入 29 和 31 端子中，然后通过编号为 163 的电缆接入到断路器的机构箱中。电容器保护测控屏后分合闸回路电缆接线端子排现场施工图如图 2-44 所示。

图 2-44 中 1-1X7-4、1-1X7-5、1-1X7-6 分别对应电容器保护中 X7/TRIP 跳闸模块内部的第 4、5、6 端子，具体接线图即 X7/TRIP 跳闸模块背面接线图如图 2-45 所示。

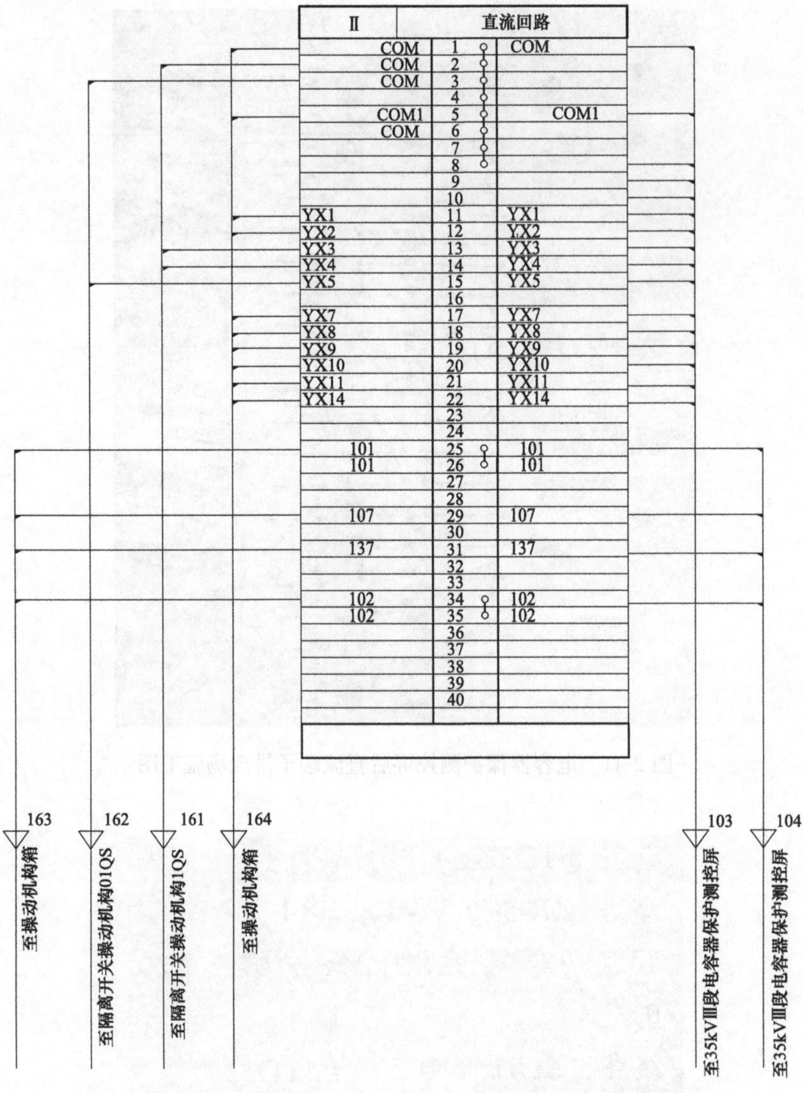


图 2-43　断路器端子箱内控制和信号回路端子排图

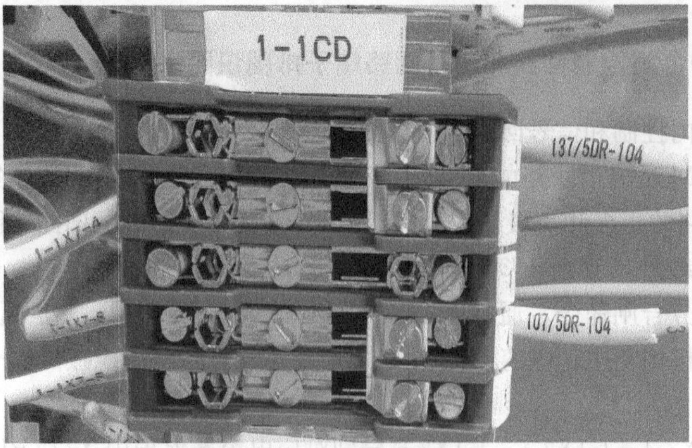


图 2-44　电容器保护测控屏后分合闸回路电缆接线端子排现场施工图

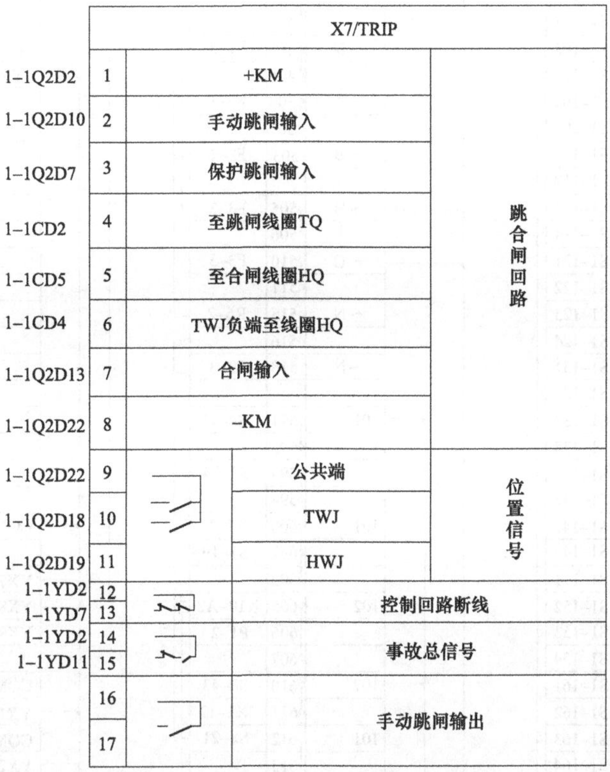

X7/TRIP
1-1Q2D2
1
+KM
1-1Q2D10
2
手动跳闸输入
1-1Q2D7
3
保护跳闸输入
1-1CD2
4
至跳闸线圈TQ
1-1CD5
5
至合闸线圈HQ
1-1CD4
6
TWJ负端至线圈HQ
1-1Q2D13
7
合闸输入
1-1Q2D22
8
-KM
跳合闸回路
1-1Q2D22
9
公共端
1-1Q2D18
10
TWJ
1-1Q2D19
11
HWJ
位置信号
1-1YD2
12
1-1YD7
13
控制回路断线
1-1YD2
14
1-1YD11
15
事故总信号
16
17
手动跳闸输出


图 2-45　X7/TRIP 跳闸模块背面接线图

TWJ—跳闸位置继电器；HWJ—合闸位置继电器；YD—遥信端子

断路器机构箱中分合闸回路电缆端子排图如图 2-46 所示，合闸回路 107 接到 X1 端子排 610 号端子中，通过右侧端子 S8-43 端子接到合闸回路上。分闸回路 137 接到 X1 端子排 632 号端子中，通过右侧端子 S8-33 接到分闸回路端子上。

信号回路如图 2-47 和图 2-48 所示，图 2-47 中 COM1 是遥信回路正电源，CSC-221B 是电容器保护装置，右侧汉字代表遥信具体内容。YX14 弹簧未储能是从断路器机构中引出的，YX1～YX5 是从断路器端子箱中引出的，分别是电容器间隔断路器、隔离开关和接地开关分合位置指示信号。

图 2-48 中 COM 是遥信回路正电源，YX7～YX11 是从断路器机构箱中引出信号的，具体内容见右面汉字。YX16～YX19 是从电容保护装置中引出信号的，具体内容见右侧汉字标注。

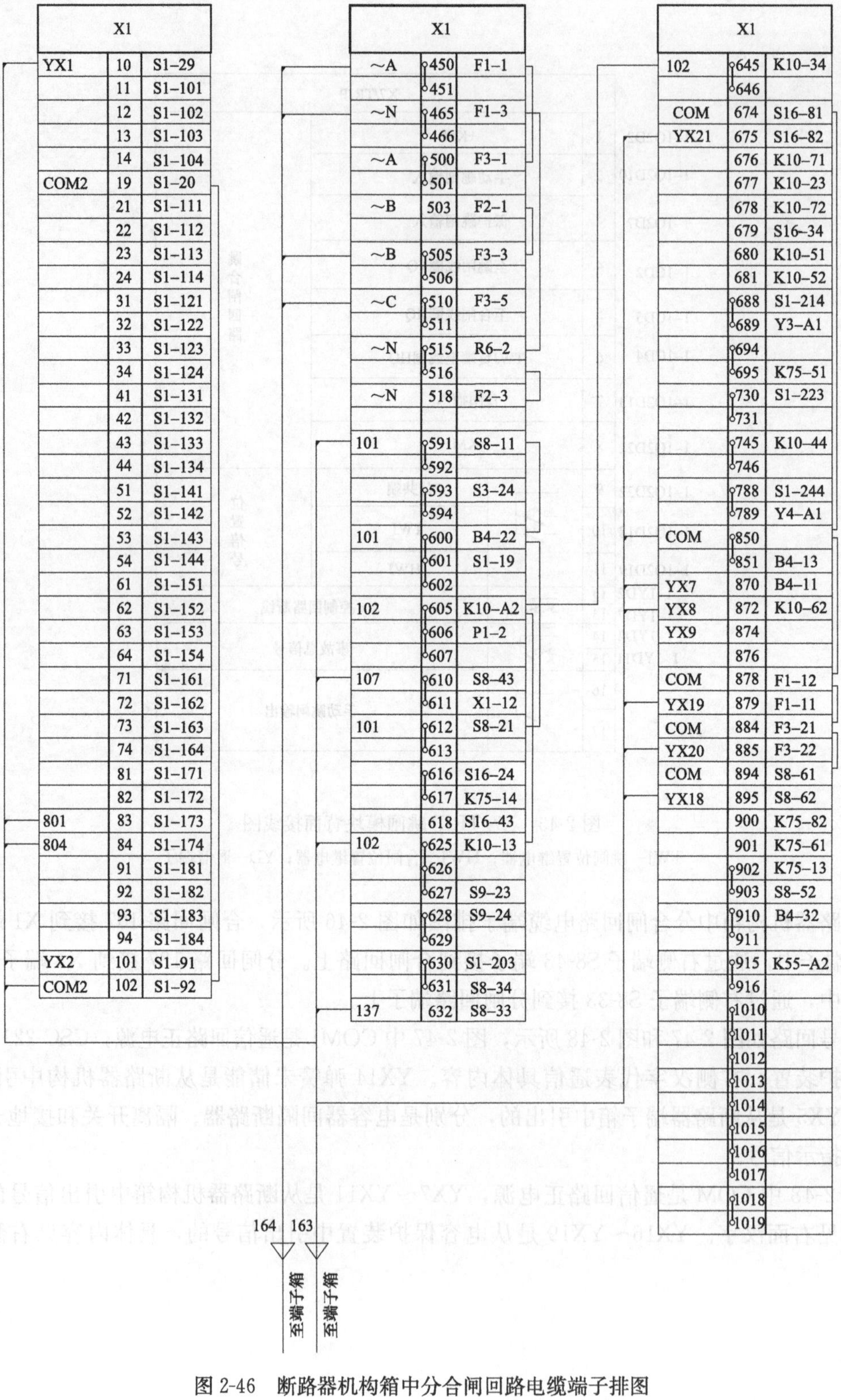
X1
YX1 10 S1-29
11 S1-101
12 S1-102
13 S1-103
14 S1-104
COM2 19 S1-20
21 S1-111
22 S1-112
23 S1-113
24 S1-114
31 S1-121
32 S1-122
33 S1-123
34 S1-124
41 S1-131
42 S1-132
43 S1-133
44 S1-134
51 S1-141
52 S1-142
53 S1-143
54 S1-144
61 S1-151
62 S1-152
63 S1-153
64 S1-154
71 S1-161
72 S1-162
73 S1-163
74 S1-164
81 S1-171
82 S1-172
801 83 S1-173
804 84 S1-174
91 S1-181
92 S1-182
93 S1-183
94 S1-184
YX2 101 S1-91
COM2 102 S1-92
X1
~A 450 F1-1
451
~N 465 F1-3
466
~A 500 F3-1
501
~B 503 F2-1
~B 505 F3-3
506
~C 510 F3-5
511
~N 515 R6-2
516
~N 518 F2-3
101 591 S8-11
592
593 S3-24
594
101 600 B4-22
601 S1-19
602
102 605 K10-A2
606 P1-2
607
107 610 S8-43
611 X1-12
101 612 S8-21
613
616 S16-24
617 K75-14
618 S16-43
102 625 K10-13
626
627 S9-23
628 S9-24
629
630 S1-203
631 S8-34
137 632 S8-33
X1
102 645 K10-34
646
COM 674 S16-81
YX21 675 S16-82
676 K10-71
677 K10-23
678 K10-72
679 S16-34
680 K10-51
681 K10-52
688 S1-214
689 Y3-A1
694
695 K75-51
730 S1-223
731
745 K10-44
746
788 S1-244
789 Y4-A1
COM 850
851 B4-13
YX7 870 B4-11
YX8 872 K10-62
YX9 874
876
COM 878 F1-12
YX19 879 F1-11
COM 884 F3-21
YX20 885 F3-22
COM 894 S8-61
YX18 895 S8-62
900 K75-82
901 K75-61
902 K75-13
903 S8-52
910 B4-32
911
915 K55-A2
916
1010
1011
1012
1013
1014
1015
1016
1017
1018
1019
164 163
至端子箱
至端子箱

图 2-46　断路器机构箱中分合闸回路电缆端子排图

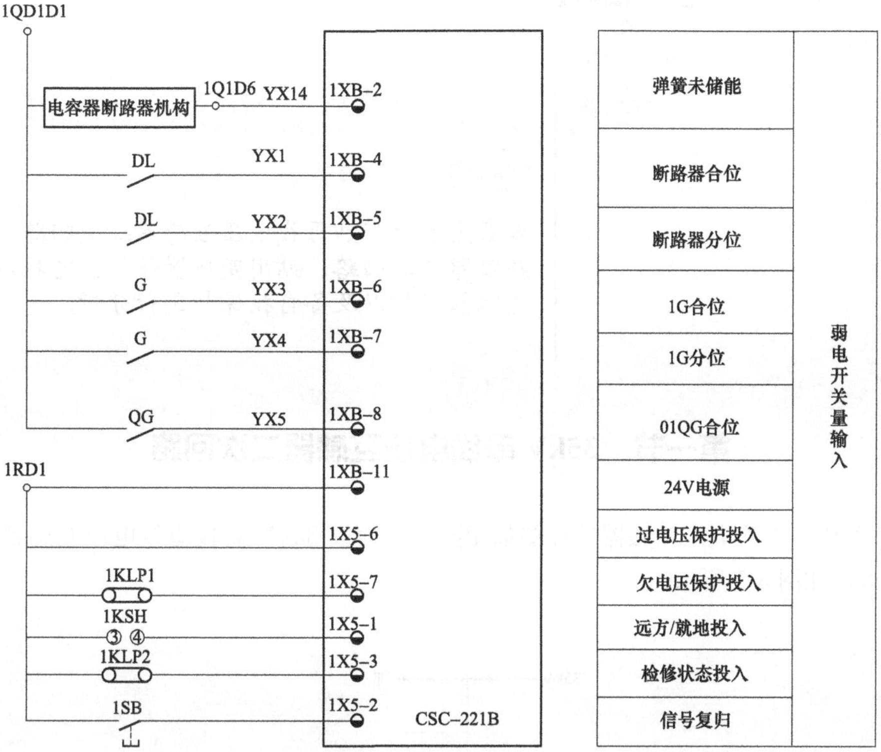


图 2-47　信号回路 1

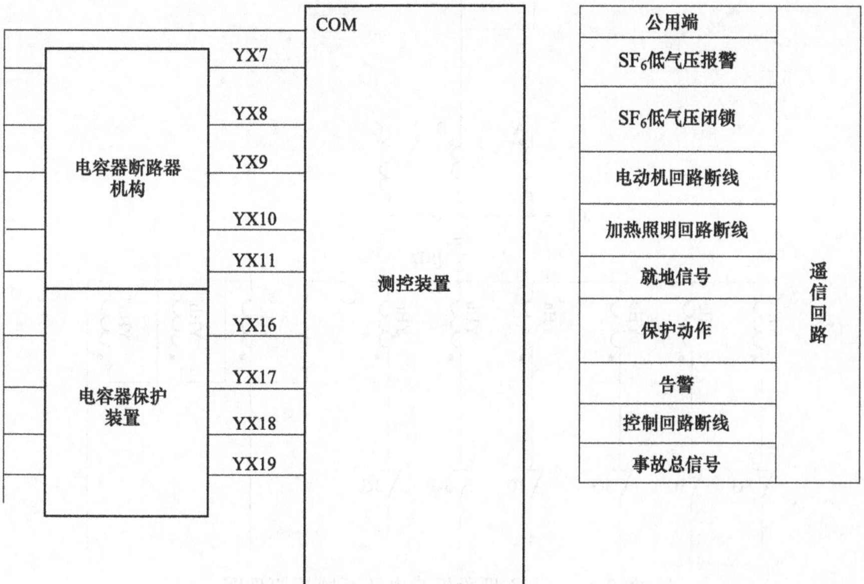


图 2-48　信号回路 2

# 第三章 35kV站用变压器、电抗器及电容器二次回路

本章主要对35kV母线电压互感器二次回路、35kV断路器二次回路、站用变压器保护、电抗器保护、电容器保护以及备自投保护进行分析。

## 第一节 35kV 母线电压互感器二次回路

35kV 母线电磁式电压互感器原理图都相同，下面以 35kV Ⅲ段母线电压互感器原理图为例进行分析，如图 3-1 所示。

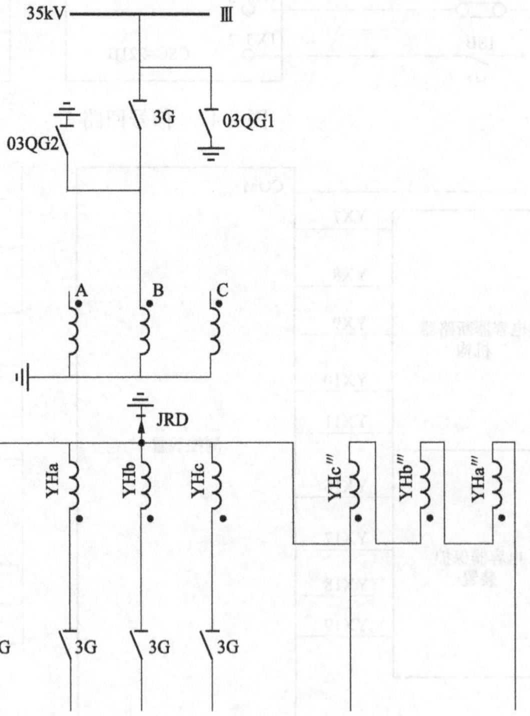

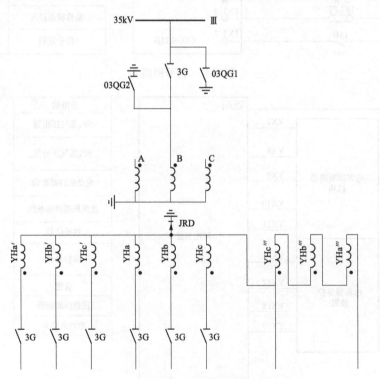


图 3-1 35kV Ⅲ段母线电压互感器原理图

图 3-1 中，3G 为 35kV Ⅲ段母线电磁式电压互感器一次侧隔离开关，调度编号为 339。03QG1 为 35kV Ⅲ段母线接地开关，调度编号为 3317；03QG2 为电压互感器接地开关，调度编号为 3397；JRD 为击穿保险。该电压互感器一次侧采用星形接线，二次侧两个绕组采用星形接线，一个辅助绕组采用开口三角接线。二次绕组中的 3G 为一次侧隔离开关的辅助触点。

35kV 系统中的站用变压器、电容器、电抗器保护、测量和计量电压均取自上述电压互感器二次侧两个星形接线绕组。辅助二次绕组回路接电压互感器二次消谐装置，母线接地告警电压继电器 YJ。三角接线中 C 相接线 C601′和电压中性线 N600 之间接 1YJ 继电器，用于合 03G1 母线接地开关前的二次验电。具体验电回路如图 3-2 所示，继电器 YJ 和 1YJ 接线图如图 3-3 所示。

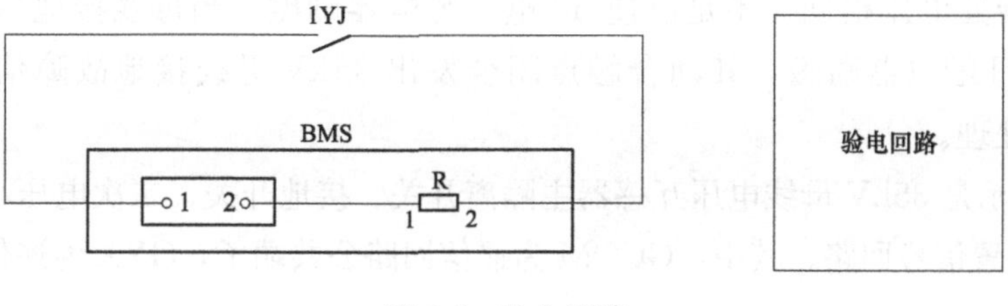


图 3-2　验电回路

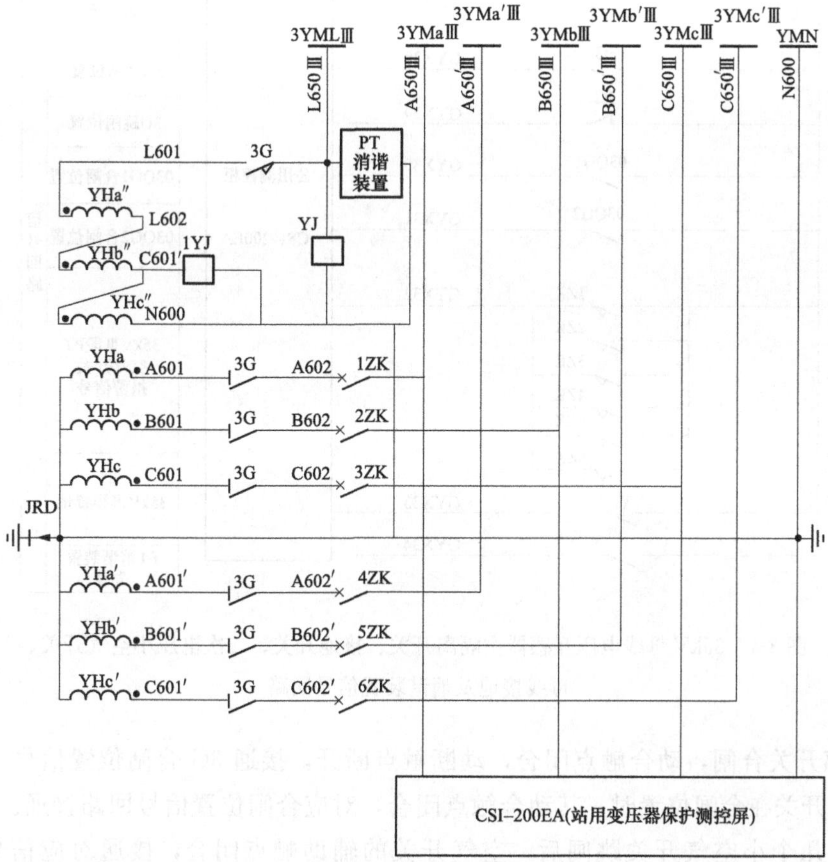


图 3-3　继电器 YJ 与 1YJ 接线图

1YJ—二次验电继电器；YJ—母线开口三角电压继电器

1YJ 继电器运行，1YJ 动合触点闭合，二次回路用“五防”钥匙验电时，回路验有电。当 35kV 母线电压互感器一次隔离开关拉开，二次刀开关和小空气开关断开后，1YJ 继电器失磁，1YJ 动合触点打开，二次回路用“五防”钥匙验电时，回路验无电。

1ZK～6ZK 为电压互感器端子箱内二次小空气开关，各空气开关对应的作用电压如下：1ZK A 相保护电压、2ZK B 相保护电压、3ZK C 相保护电压；4ZK A 相计量电压、5ZK B 相计量电压、6ZK C 相计量电压。35kV 侧电压互感器中性线 N600 一点接地。二次电压从电压互感器引出后经 6 个小空气开关到主变压器无功保护小室的电压转接屏中，如图 3-3 中的 3YMa、3YMb、3YMc、3YML、YMN 的母线电压上。正常运行时，开口三角电压互感器处电压很低，不足以使 YJ 电压继电器励磁，当母线接地后，开口三角处的电压升高，YJ 继电器励磁，其动合触点闭合发出 35kV 母线接地故障信号，通知运维人员进行检查处理。

如图 3-4 所示是 35kV 母线电压互感器主隔离开关、接地开关、二次电压小空气开关、母线接地及消谐装置信号回路。其中，GCOM 为遥信回路公共端子，GYX 为遥信。

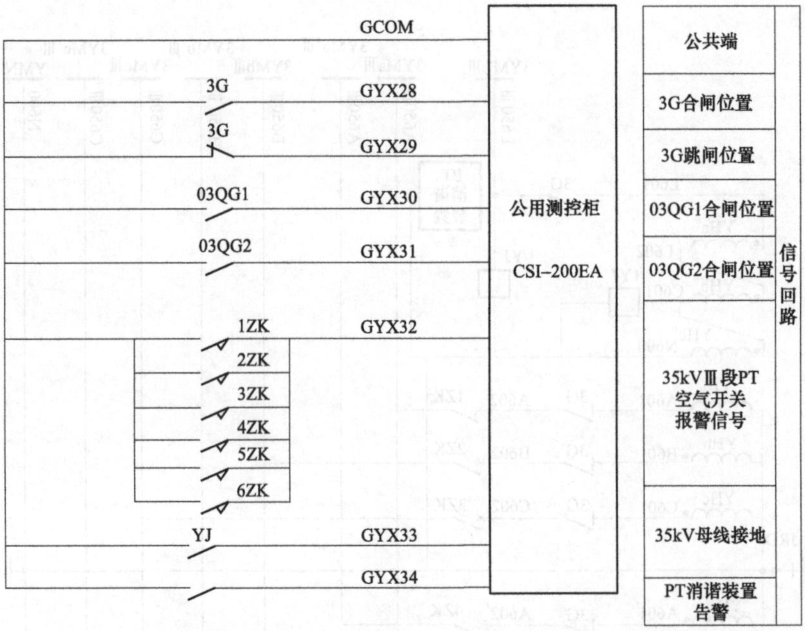


图 3-4　35kV 母线电压互感器主隔离开关、接地开关、二次电压小空气开关、母线接地及消谐装置信号回路

3G 隔离开关合闸，动合触点闭合，动断触点断开，接通 3G 合闸位置信号。03QG1 和 03QG2 接地开关在合闸位置时，其动合触点闭合，对应合闸位置信号回路接通。1ZK～6ZK 中某一个或几个小空气开关跳闸后，空气开关的辅助触点闭合，接通对应信号回路，报“35kVⅢ段 PT 空气开关报警信号”。“PT 消谐装置告警”信号在 WXZ196 消谐装置断电后告警，WXZ196 消谐装置电源回路如图 3-5 所示。

图 3-5 中，＋KM、－KM 为消谐装置电源的正、负母线，1DK 为消谐装置电源选择开关。

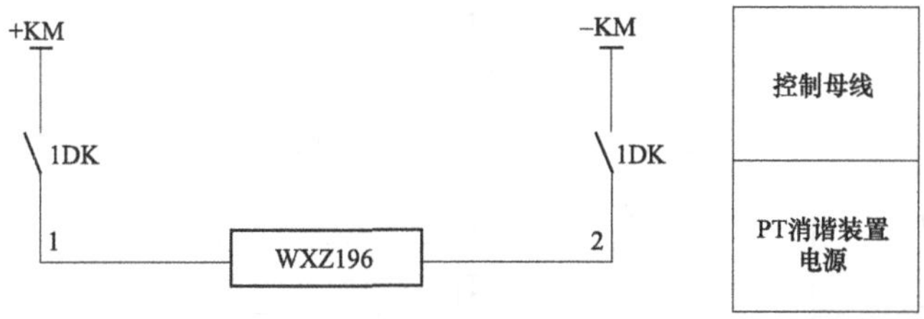


图 3-5　WXZ196 消谐装置电源回路

## 第二节　35kV 断路器二次回路

本部分所述断路器为西门子产品，型号为 3AP1FG，是一种弹簧操动机构，有一套合闸回路，两套分闸回路，在实际应用中一般只用到第一套分闸回路，第二套分闸回路没有使用。35kV 断路器防跳回路使用操作箱 CJX-21 的防跳回路，不使用断路器本体的防跳回路。该回路中断路器处于无电压、无压力，弹簧储能且分闸状态中。

### 一、合闸回路

合闸回路如图 3-6 所示。

1. 远方合闸回路

远方合闸包括监控合闸和测控屏合闸。首先将远方/就地切换把手 S8 置于远方位置。正常情况下，断路器进行合闸操作时，$SF_6$ 低气压不闭锁，弹簧储好能，防跳继电器不动作，合闸命令下传后，便可进行断路器的合闸操作，合闸流程如下：

X1(610) →S8(43-44) →S16(43-44) →S16(23-24) →S1(41-42) →S1(61-62) →Y1(A1-A2) →K75(61-62) →K75(71-72) →K75(81-82) →K10(13-14) →X1(625)。

2. 就地合闸回路

就地合闸指在断路器本体机构箱内进行合闸，首先将远方/就地切换把手 S8 置于就地位置，按下合闸按钮 S9 便可进行合闸，其流程如下：

X1(612)→S8(21-22)→S9(13-14) →S16(43-44) →S16(23-24)→S1(41-42)→S1(61-62)→Y1(A1-A2)→K75(61-62)→K75(71-72)→K75(81-82)→K10(13-14)→X1(625)。

### 二、分闸回路 1

分闸回路如图 3-7 所示。

1. 远方分闸回路

远方分闸包括保护跳闸、监控分闸、测控屏就地分闸，先将远方/就地切换把手 S8 置于远方位置，分闸命令下传时，便可进行断路器的分闸操作。分闸流程如下：

X1(632)→S8(33-34)→S1(203-204) →S1(213-214) →Y3(A1-A2) →K10(33-34) →X1(645)。

其中，Y3 指跳闸线圈 1。

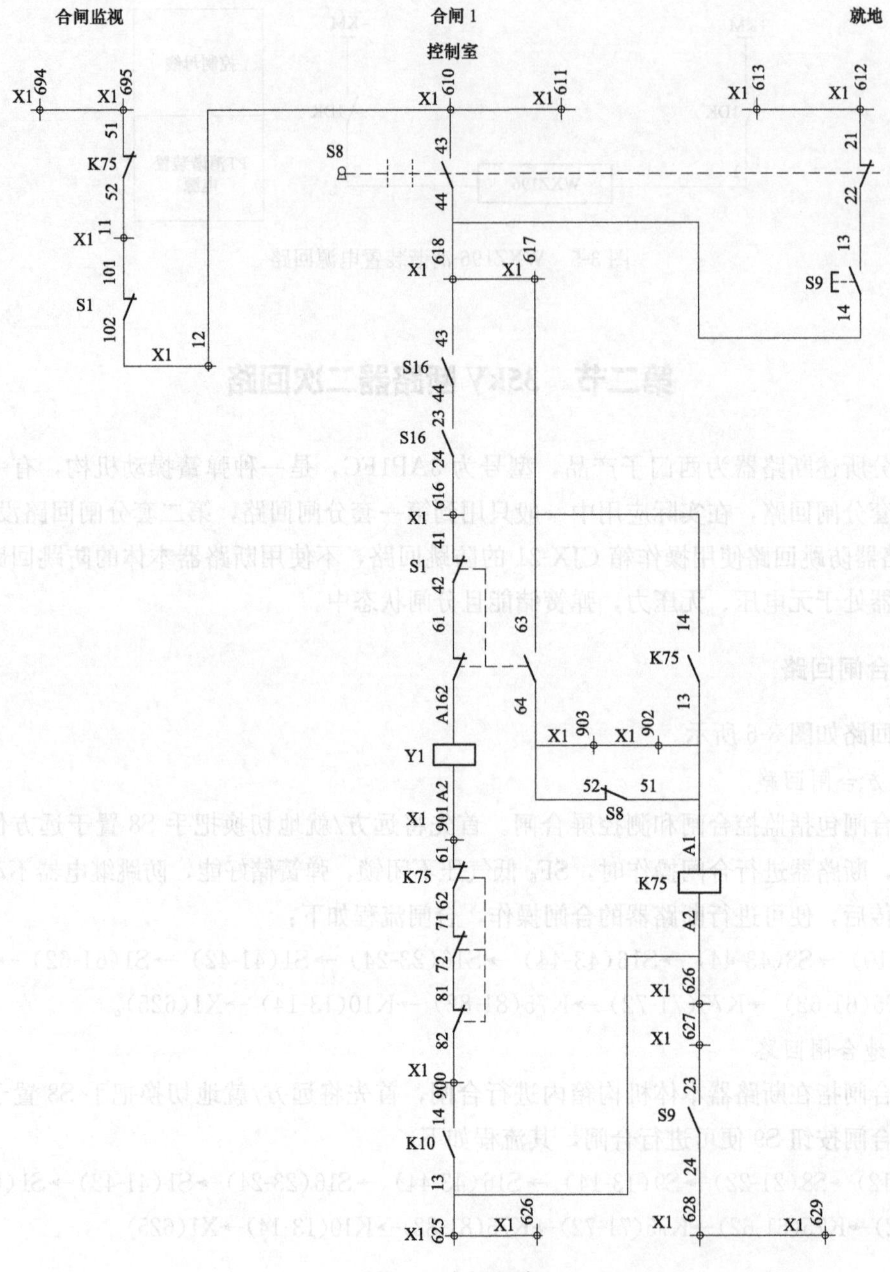


图 3-6　合闸回路

S8—远方/就地切换把手；S9—合闸按钮；S16—弹簧储能行程辅助触点；S1—断路器辅助触点；
K75—断路器本体防跳继电器；K10—$SF_6$ 低气压闭锁操作继电器；Y1—合闸线圈

2. 就地分闸回路

就地分闸指在断路器本体机构箱内进行分闸，首先将远方/就地切换把手 S8 置于就地位置，按下分闸按钮 S3 便可进行分闸，其流程如下：

X1(591)→S8(11-12)→S3(13-14)→S1(203-204)→S1(213-214)→Y3(A1-A2)→K10(33-34)→X1(645)。

## 三、电动机回路

电动机回路如图 3-8 所示。

当断路器合闸后，弹簧储能释放，弹簧限位开关（辅助触点）S16 动断触点闭合，接通电动机 M 储能回路。回路如下：

X1(450)→F1(1-2)→S16(91-92)→M1(1-2)→S16(101-102) →X1(465)。

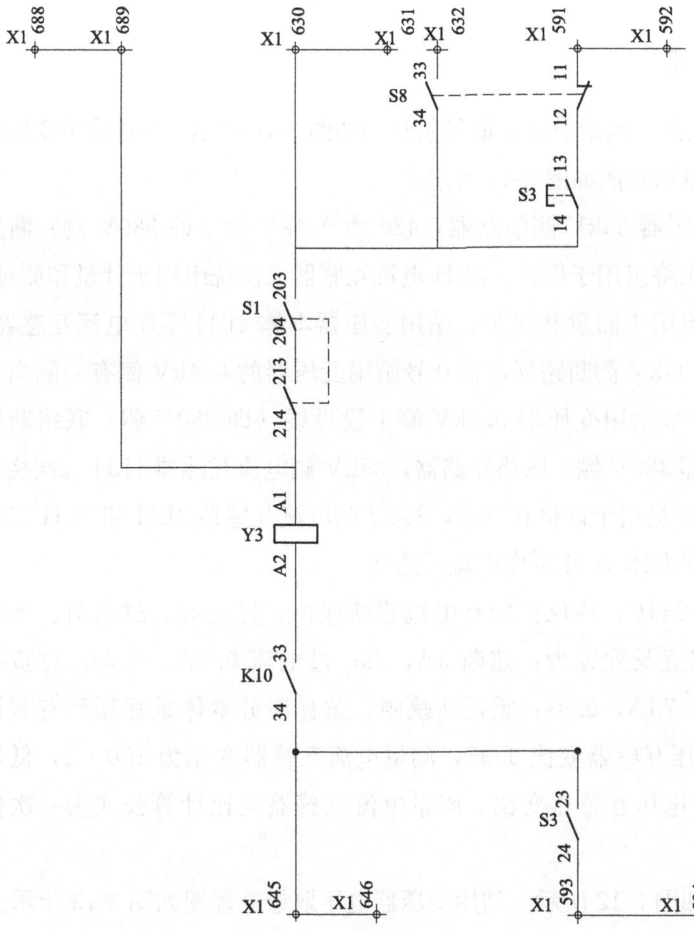


图 3-7　分闸回路

S8—远方/就地切换把手；S3—分闸按钮；S1—断路器辅助触点；

K10—$SF_6$ 低气压闭锁操作继电器；Y3—跳闸线圈

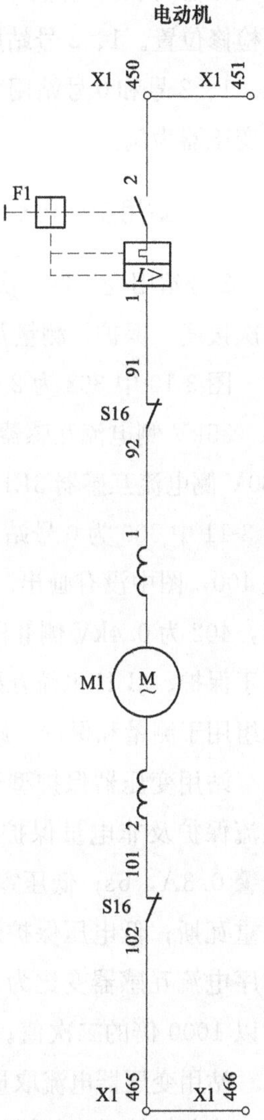


图 3-8　电动机回路

S16—弹簧储能行程辅助触点；

F1—电动机电源；M1—电动机

## 第三节 站用变压器保护回路

本部分所述站用电系统接线方式如图 3-9 所示。35kV 系统设站用变压器 3 台，1 号站用变压器接于 1 号主变压器低压侧运行，2 号站用变压器接于 2 号主变压器低压侧运行。0 号站用变压器是站内备用变压器，电源取自站外 35kV 备用电源，0 号站用变压器正常空载运行，0 号站用变压器高压侧 300 断路器运行，低压侧 400 隔离开关运行，0 号站用变压器与 1 号站用变压器的联络断路器 401 在检修位置，0 号站用变压器与 2 号站用变压器的联络断路器 402 在检修位置。1、2 号站用变压器绕组是三角形-星形接线，0 号站用变压器采用星形-星形接线。1、2 号和 0 号站用变压器均为有载调压。1 号和 2 号站用变压器保护相同，下面以 2 号站用变压器为例。

### 一、站用变压器保护取量回路

2 号站用变压器一次接线、保护、测量及计量取量示意图如图 3-10 所示，0 号站用变压器一次接线、保护、测量及计量取量示意图如图 3-11 所示。

图 3-10 中 362 为 2 号站用变压器 35kV 侧断路器，420 为 0.4kV 侧（即 380V 侧）断路器，35kV 侧电流互感器 1LH 二次绕组用于保护、2LH 电流互感器二次绕组用于计量和测量，380V 侧电流互感器 3LH 二次绕组用于测量和保护、站用变压器本体 4LH 零序电流互感器。图 3-11 中 300 为 0 号站用变压器 35kV 侧断路器，在 0 号站用变压器的 0.4kV 侧有一隔离开关 400，图中没有画出。401 为 0 号站用变压器 0.4kV 侧Ⅰ段母线（即 380V 侧）联络断路器，402 为 0.4kV 侧Ⅱ段母线（即 380V 侧）联络断路器，35kV 侧电流互感器 1LH 二次绕组用于保护、2LH 电流互感器二次绕组用于计量和测量，380V 侧电流互感器 3LH 和 3LH′二次绕组用于测量和保护、站用变压器本体 4LH 零序电流互感器。

站用变压器保护型号为 CSC-241C，该保护配有电流速断保护、过电流、过负荷、零序电流保护及非电量保护。保护定值及配置为：速断 3A，0s；过电流 0.4A，0.3s；过负荷报警 0.3A，6s；低压零序电流 0.75A，0.3s；重瓦斯跳闸，重瓦斯分本体重瓦斯和有载调压重瓦斯；低电压保护退出；电压互感器变比 0.35，测量电流互感器变比为 100∶1，低压零序电流互感器变比为 800∶1。电压互感器变比、测量电流互感器变比计算公式为一次值除以 1000 倍的二次值。

站用变压器电流取量原理图如图 3-12 所示。站用变压器电压取量原理图如图 3-13 所示。

速断保护反应相间故障，零序电流保护反应直接接地系统单相接地故障。低压零序电流保护电流取自变压器中性点电流互感器的电流。保护取用 35kV 母线电压互感器中的电压，1ZKK 为保护装置屏后电压小空气开关。

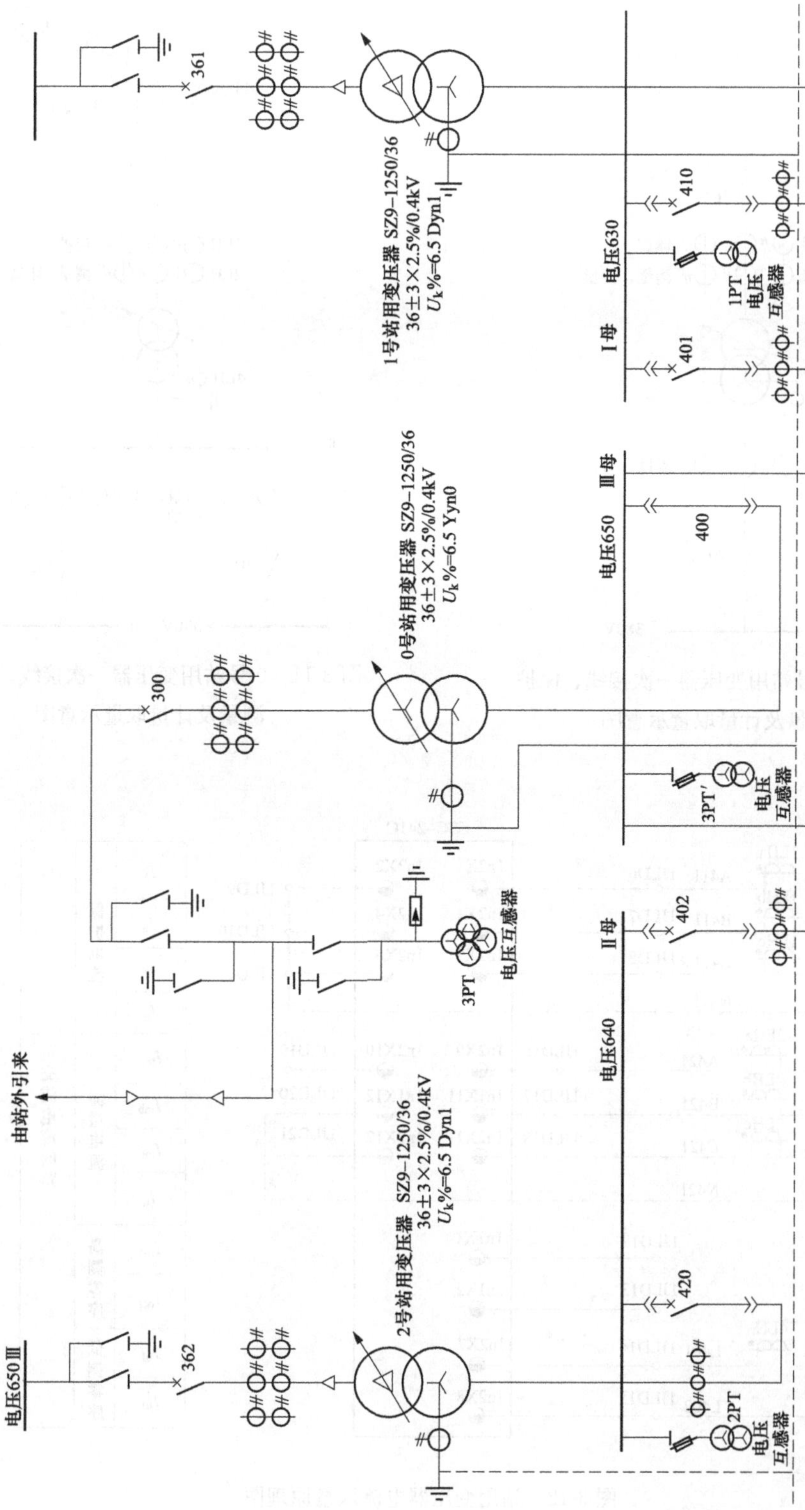


图 3-9　站用电系统接线方式

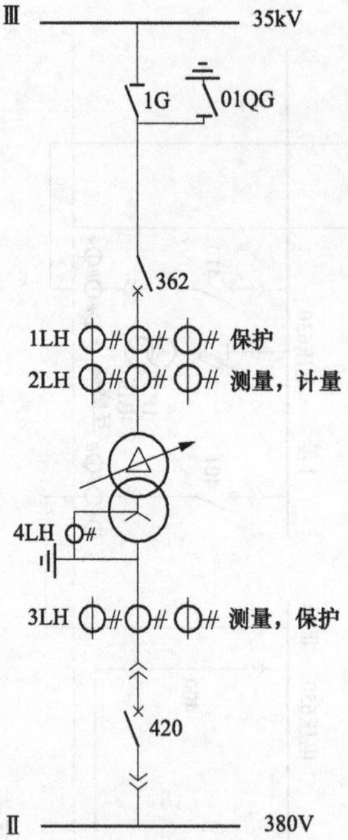


图 3-10　2 号站用变压器一次接线、保护、测量及计量取量示意图

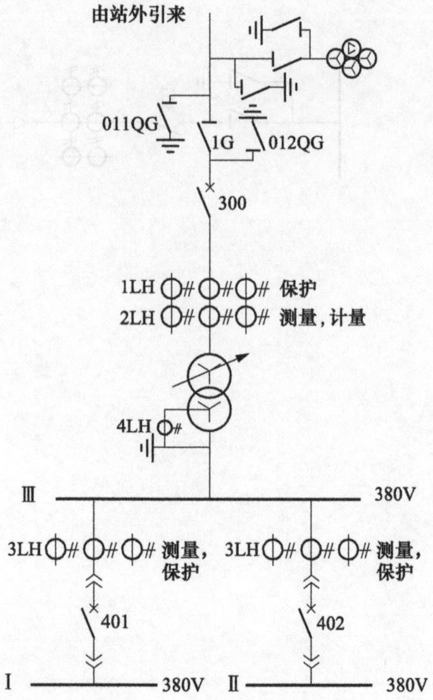


图 3-11　0 号站用变压器一次接线、保护、测量及计量取量示意图

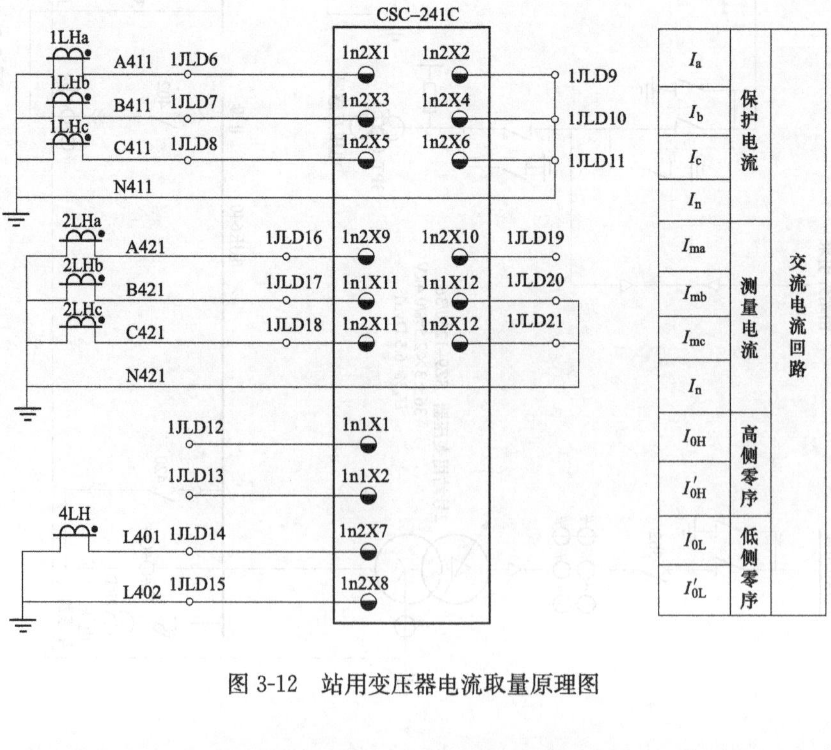


图 3-12　站用变压器电流取量原理图

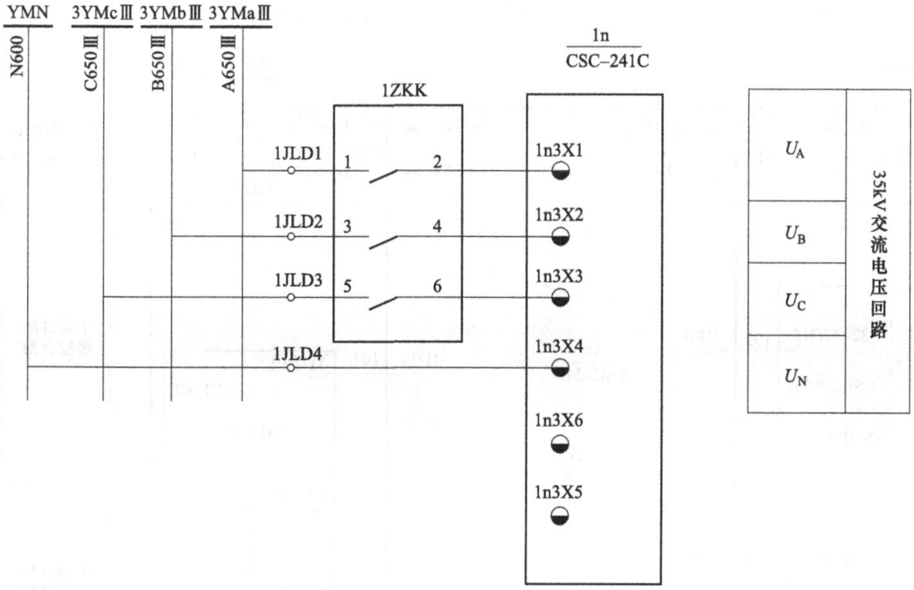


图 3-13　站用变压器电压取量原理图

## 二、站用变压器保护控制回路

1. 2 号站用变压器保护测控及断路器操动机构箱间联系

2 号站用变压器保护测控及断路器操动机构箱间联系图如图 3-14 所示，1DK1 为 2 号站用变压器保护电源，1DK2 为 2 号站用变压器操作电源。CSI-200EA 为 2 号站用变压器测控装置，3AP1-FG 为站用变压器 35kV 侧断路器操动机构。K10 为 $SF_6$ 低气压闭锁继电器。P1 为计数器，与断路器的动合触点串联，当断路器合闸后，计数器动作计数器累加一次。1LP1 为 362 跳闸出口连接片，即 2 号站用变压器高压侧断路器跳闸出口连接片。LD 指测控屏上的绿灯，HD 指测控屏上的红灯。断开断路器的操作电源后，红绿灯都会熄灭。

断路器远方合闸回路简单归纳为：

1DK2 正电源→1D5→32-7D1→CSI-200EA→32-17D14→1D41→CSC-241C→1D39→X1：610→3AP1-FG→X1：625→1DK2 负电源。

断路器远方分闸回路简单归纳为：

1DK2 正电源→1D5→32-7D1→CSI-200EA→32-7D17→1D36→CSC-241C→1D38→X1：632→3AP1-FG→X1：645→1DK2 负电源。

当 2 号站用变压器保护范围内的设备发生故障时，CSC-241C 站用变压器保护会动作跳开站用变压器高低压侧的断路器 362 和 420。保护跳站用变压器高压侧断路器回路简单归纳为：

1DK2 正电源→CKJ1B→1LP1 连接片→1D37→1D38→CSC-241C→X1：632→3AP1-FG→X1：645→1DK2 负电源。

就地分闸回路为：

1DK2 正电源→X1：591→3AP1-FG→X1：645→1DK2 负电源。

就地合闸回路为：

1DK2 正电源→X1：612→3AP1-FG→X1：625→1DK2 负电源。

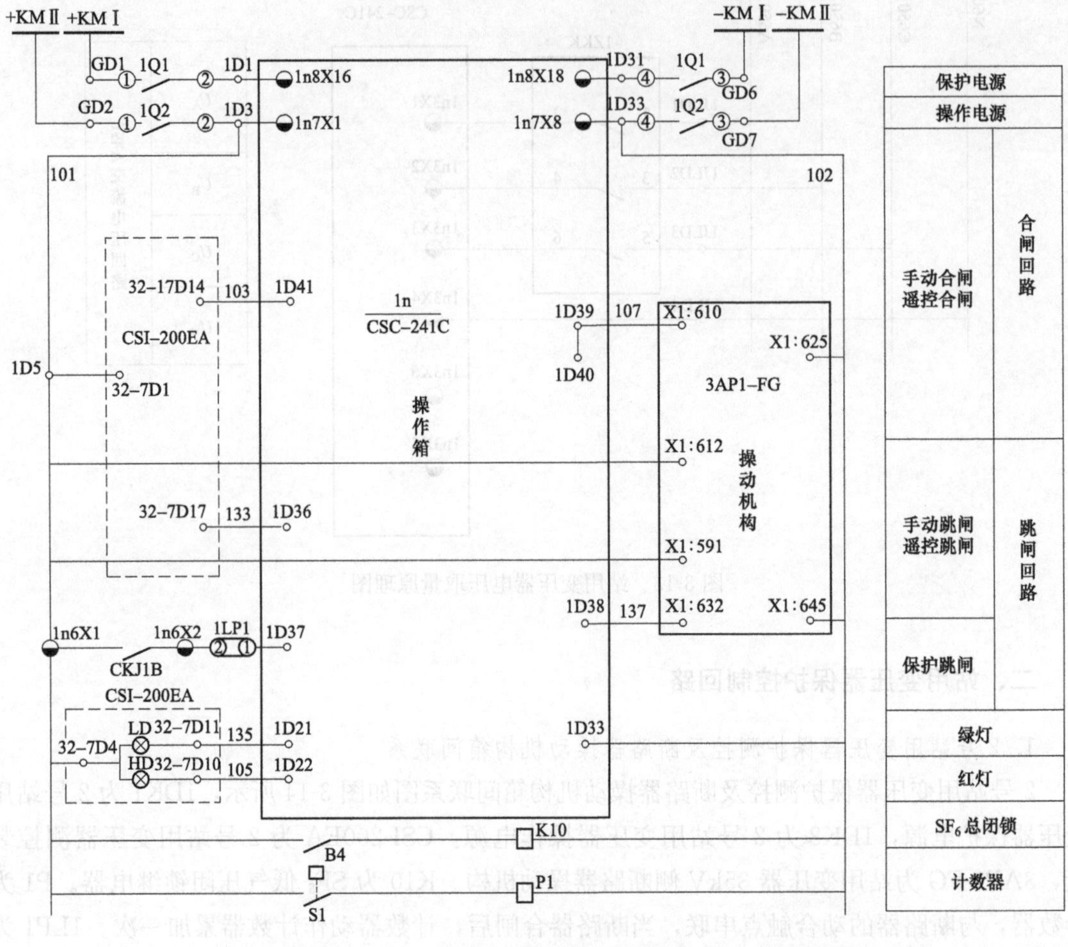


图 3-14　2 号站用变压器保护测控及断路器操动机构箱间联系图

S1—362 断路器辅助触点　CSC-241C—站用变压器保护装置　B4—$SF_6$ 密度继电器辅助触点

2. CSC-241C 内部操作回路

CSC-241C 内部操作回路如图 3-15 所示。

在 CSC-241C 内部操作回路图中，虚线框内为 2 号站用变压器测控装置 CSI-200EA 部分，其中的 1KSH 为 2 号站用变压器高压侧断路器远方/就地切换把手，1BS 为“五防”锁，1KK 为分合闸把手。YT 为遥控跳闸，YH 为遥控合闸。CSC-241C 内部操作箱中的 TBJV 为防跳继电器。35kV 断路器的四方保护装置内部操作箱相同，下面以站用变压器 CSC-241C 保护内部操作箱中的分合闸回路为例，电容器、电抗器及备自投保护中分合闸回路与此类似。

（1）分闸回路。

1）保护跳闸为：1DK2 正电源→CKJ1B→1LP1 连接片→1D37→TBJ→1D38→3AP1-FG 机构箱内部→1DK2 负电源。

TBJ 跳闸保持继电器励磁后，TBJ-1 动合触点闭合实现自保持，使断路器有足够时间完成分闸操作。TBJ-2 动合触点闭合，使防跳继电器 TBJV 励磁，其动合触点闭合实现自保持，

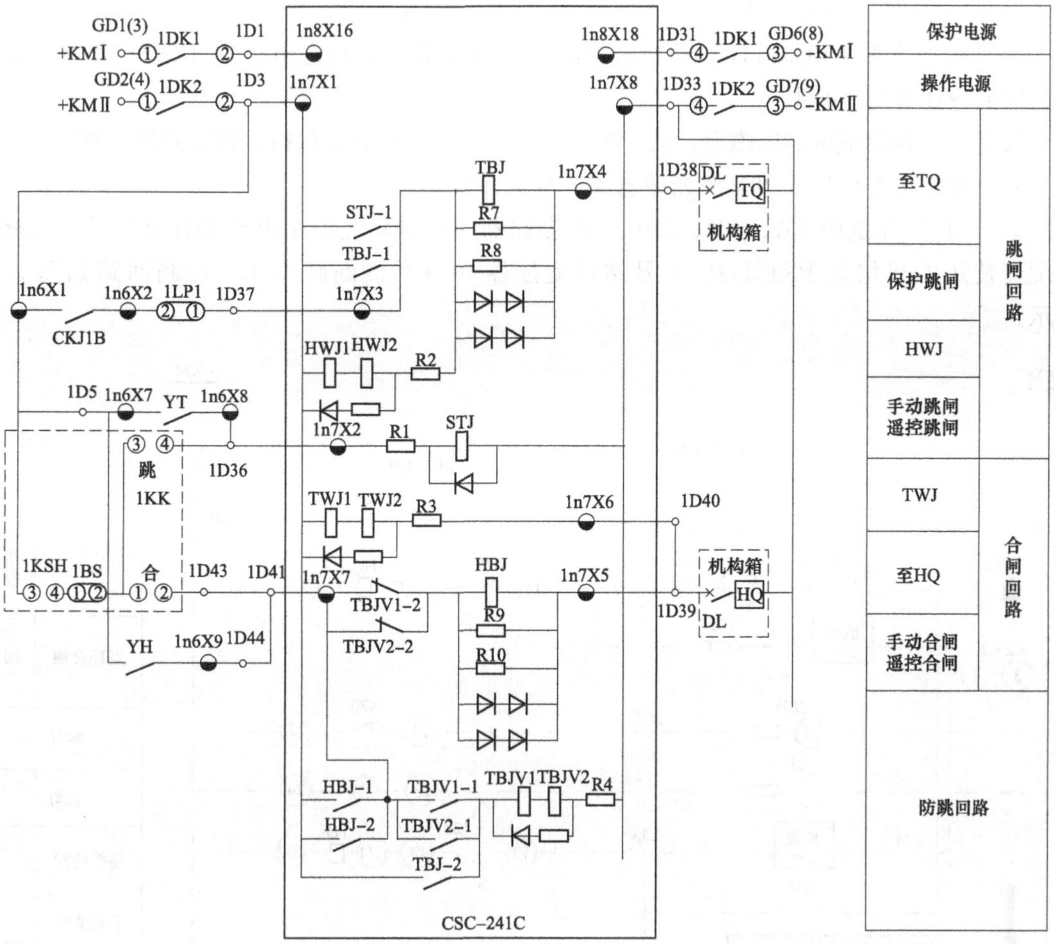


图 3-15 CSC-241C 内部操作回路

合闸回路中的动断触点打开切断断路器的合闸回路，实现防止断路器跳跃的现象。

2）遥控跳闸为：1DK2 正电源→1D5→YT 命令→1D36→STJ→1D33→1DK2 负电源。

STJ 手动跳闸继电器励磁后，动合触点接通，使 TBJ 跳闸保持继电器励磁，接通分闸回路，即：1DK2 正电源→1D3→STJ-1 手动跳闸继电器动合触点→TBJ→1D38→3AP1-FG 机构箱内部→1DK2 负电源。

3）手动跳闸为：1DK2 正电源→1D3→1KSH 就地位置→1BS“五防”锁→1KK(3↔4 接通）→1D36→STJ→1D33→1DK2 负电源，STJ 手动跳闸继电器励磁后，动合触点接通，使 TBJ 跳闸保持继电器励磁，接通分闸回路，即：

1DK2 正电源→1D3→STJ-1 手动跳闸继电器动合触点→TBJ→1D38→3AP1-FG 机构箱内部→1DK2 负电源。

（2）合闸回路。

1）遥控合闸为：1DK2 正电源→1D5→YH 命令→1D44→防跳继电器 TBJV 动断触点闭合→HBJ 合闸保持继电器→1D39→3AP1-FG 机构箱内部→1DK2 负电源。

HBJ合闸保持继电器励磁后，动合触点接通，使合闸回路自保持，使断路器合闸。

2）手动合闸为：1DK2正电源→1D3→1KSH就地位置→1BS“五防”锁→1KK（1、2）→1D43→1D41→防跳继电器TBJV动断触点闭合→HBJ合闸保持继电器→1D39→3AP1-FG机构箱内部→1DK2负电源。

HBJ合闸保持继电器励磁后，动合触点接通，使合闸回路自保持，使断路器合闸。

3. 2号站用变压器0.4kV侧断路器420控制回路

该站380V系统中401、402、420、410断路器厂家均为北京ABB开关有限公司，与断路器配套使用的机构是PR121/P。2号站用变压器0.4kV侧断路器420控制回路如图3-16所示。

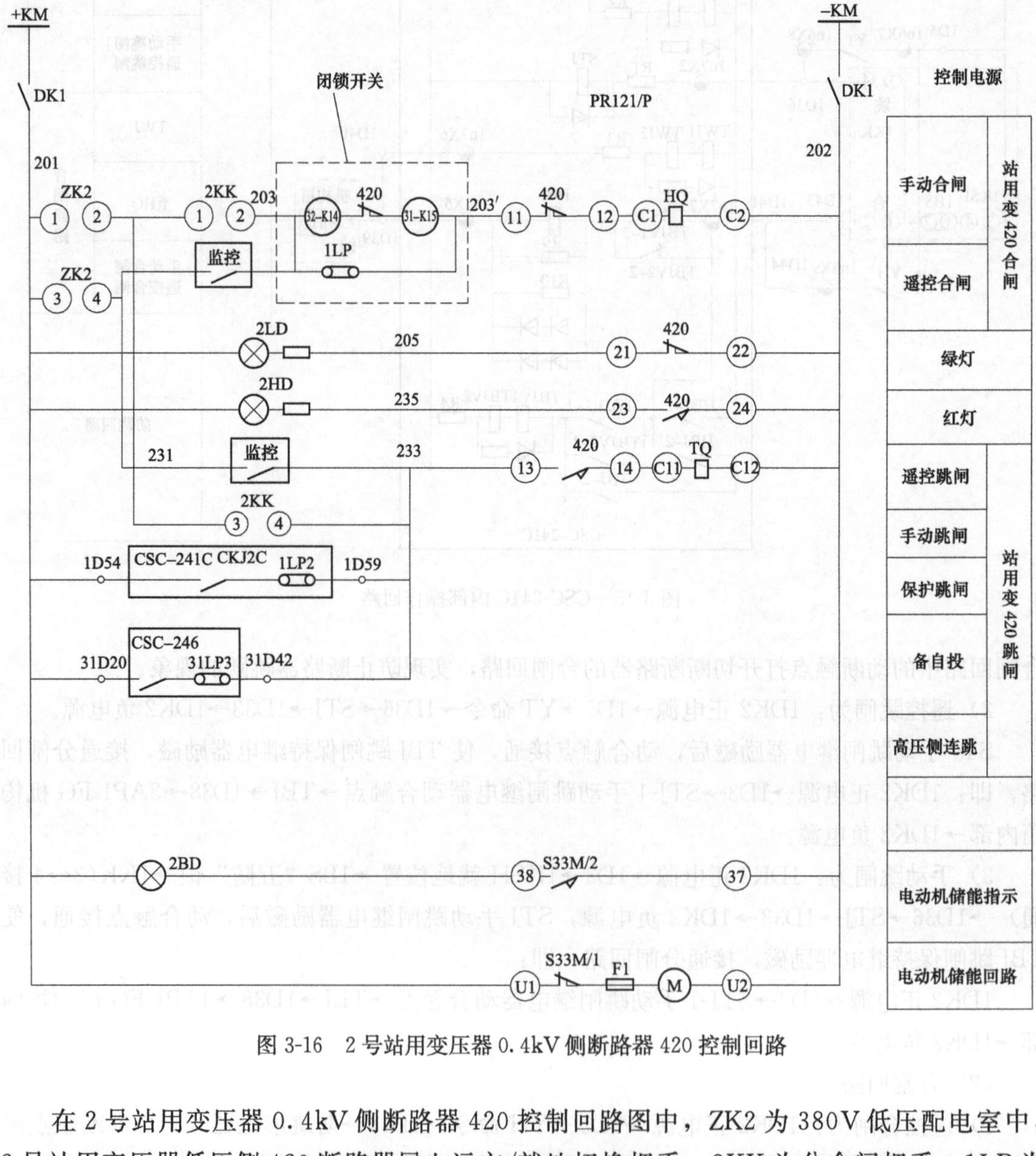


图3-16　2号站用变压器0.4kV侧断路器420控制回路

在2号站用变压器0.4kV侧断路器420控制回路图中，ZK2为380V低压配电室中，2号站用变压器低压侧420断路器屏上远方/就地切换把手，2KK为分合闸把手，1LP为屏上的闭锁解除连接片。402为2号站用变压器和0号站用变压器联络屏上联络断路器，1LP2为2号站用变压器保护测控屏上的跳420的出口连接片，31LP3为2号和0号站用变压器之间备自投的跳420的出口连接片。S33M为420断路器低压配电柜内部的弹簧储能辅助触点，未储能动断触点闭合，储能电动机M启动开始储能，储好能动合触点闭合，420断路器低压配电柜上电动机储能白色指示灯2BD点亮。HQ为合闸线圈，TQ为跳闸线圈。2LD为420断路器低压配电柜上分闸指示绿灯，2HD为420断路器低压配电柜上合闸指示红灯。在420合闸回路中串联420的动断触点，在420分闸回路中串联420的动合触点。

2号站用变压器0.4kV侧断路器420控制回路分监控遥控分合闸、低压配电柜就地分合闸和保护跳闸回路。正常运行时0号站用变压器与1（或者2）号站用变压器间的联络断路器401和402在工作或者检修位置，其在对应410和420断路器合闸回路中的动断触点是接通的。420断路器分合闸回路如下：

监控遥控合闸为＋KM→DK1(201)→ZK2(3、4)→监控遥控合闸命令→402动断触点闭合→420动断触点闭合→HQ合闸线圈→DK1(202)→－KM。

监控遥控跳闸为＋KM→DK1(201)→ZK2(3、4)→监控遥控跳闸命令→420动合触点闭合→TQ跳闸线圈→DK1(202)→－KM。

低压配电柜就地合闸为＋KM→DK1(201)→ZK2(1、2)→2KK(1、2)→402动断触点闭合→420动断触点闭合→HQ合闸线圈→DK1(202)→－KM。

低压配电柜就地分闸为＋KM→DK1(201)→ZK2(1、2)→2KK(3、4)→420动合触点闭合→TQ跳闸线圈→DK1(202)→－KM。

当2号站用变压器保护范围内的设备发生故障时，CSC-241C站用变保护会动作跳开站用变压器高压侧的断路器362和低压侧的断路器420。CSC-241C站用变压器保护跳站用变压器低压侧420断路器回路如下：＋KM→DK1(201)→1D54→CKJ2C→1LP2连接片→1D59→420动合触点闭合→TQ跳闸线圈→DK1(202)→－KM。

在备自投投入使用的情况下，备自投保护动作会跳开2号站用变压器低压侧420断路器，合上0号站用变压器高压侧断路器300，合上0号站用变压器和2号站用变压器联络断路器402。备自投保护动作会跳开2号站用变低压侧420断路器回路为：＋KM→DK1(201)→31D20→CSC-246保护动作跳闸信号→31LP3连接片→31D42→420动合触点闭合→TQ跳闸线圈→DK1(202)→－KM。

注意当402在合闸位置时，其动断触点打开，420断路器的合闸回路不通。此时要对420断路器进行合闸操作，需要投入402断路器控制柜上的1LP闭锁解除连接片。

## 第四节　电抗器保护回路

本节所介绍电抗器为干式并联电抗器，保护装置型号为CSC-231。《继电保护和安全自动装置技术规程》（GB/T 14285—2006）中规定“66kV及以下干式并联电抗器应装设电流速断保护，作为电抗器绕组及引线相间短路的主保护，过电流保护作为相间短路的后备保护。”电抗器一次接线图如图3-17所示。

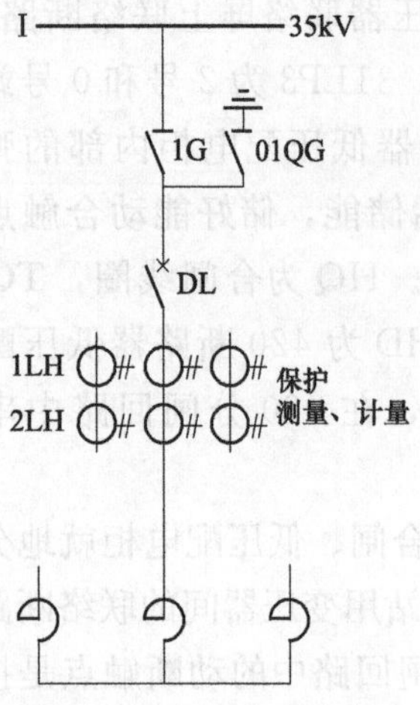


图 3-17　电抗器一次接线图

在电抗器一次接线图中，DL 代表断路器，1G 代表母线侧隔离开关，01QG 代表断路器侧的接地开关。接线图中电流互感器有两组二次绕组，1LH 用于保护，2LH 用于测量和计量。

## 一、电抗器保护取量回路

电抗器保护电流取量回路如图 3-18 所示，电抗器保护电压取量回路如图 3-19 所示，电流量取自电流互感器 1LH 线圈，电流二次回路接地点 N411 在断路器端子箱内接地。电抗器保护用的电压同样取自于 35kV 母线电压互感器，1ZKK 为保护屏后电压小空气开关，35kV 电压二次回路接地点 N600 在主变压器无功小室电压转接屏内一点接地。

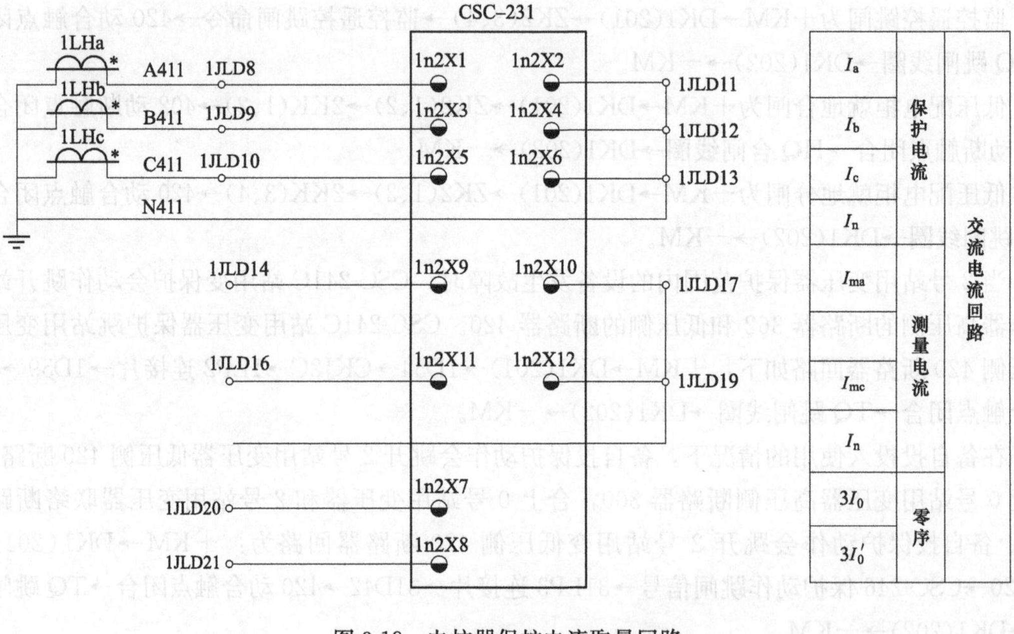


图 3-18　电抗器保护电流取量回路

## 二、电抗器保护控制回路

电抗器配有过电流Ⅰ段、过电流Ⅱ段、过负荷保护。过电流Ⅰ段、过电流Ⅱ段、过负荷保护均取电流互感器 A、B、C 三相的电流，当其中一相电流大于保护整定值时，过电流Ⅰ段、过电流Ⅱ段动作跳开电抗器的断路器，过负荷保护只是发信。过电流Ⅰ段 定值 4A，0s；过电流Ⅱ段 定值 1A，0.3s；过负荷报警定值 0.84A，6s。电压互感器变比 0.35，测量电流互感器变比 1500：1。

电抗器保护测控及断路器操动机构箱间联系图如图 3-20 所示，图中 CSC-231C 为电抗

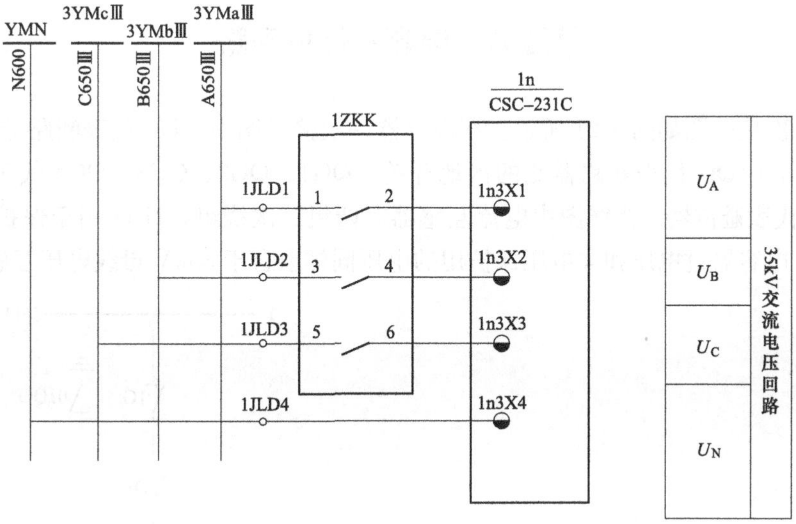


图 3-19　电抗器保护电压取量回路

器保护装置，1LP1 为电抗器保护 CSC-231C 跳闸出口连接片，其余符号同 2 号站用变压器保护测控及断路器操动机构箱间联系图，CSC-231C 内部操作回路同 CSC-241C 内部操作回路。

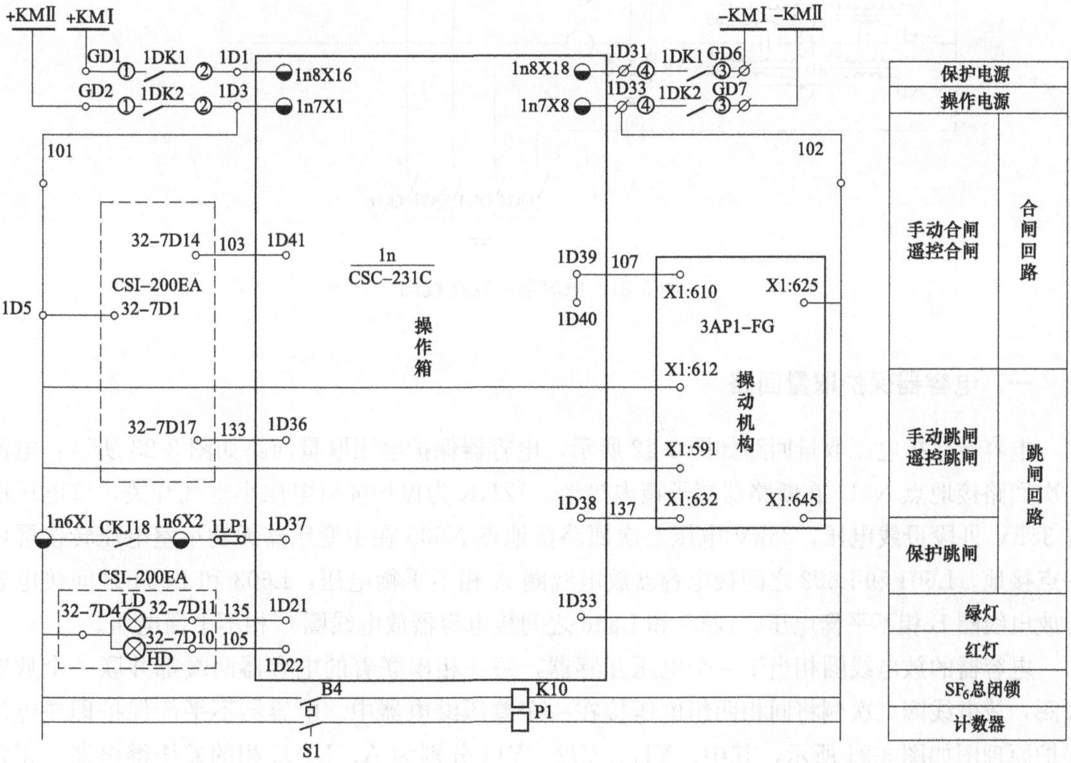


图 3-20　电抗器保护测控及断路器操动机构箱间联系图

## 第五节 电容器保护回路

电容器一次接线图如图 3-21 所示。在电容器一次接线图中，DL 代表断路器，1G 代表母线侧隔离开关，01QG 代表断路器侧的接地开关，QG1、QG2、QG3、QG4 代表电容器组接地开关，FV 代表避雷器。接线图中电流互感器有两组二次绕组，1LH 用于保护，2LH 用于测量和计量。电容器过电压和欠电压保护用的电压同样取自于 35kV 母线电压互感器。

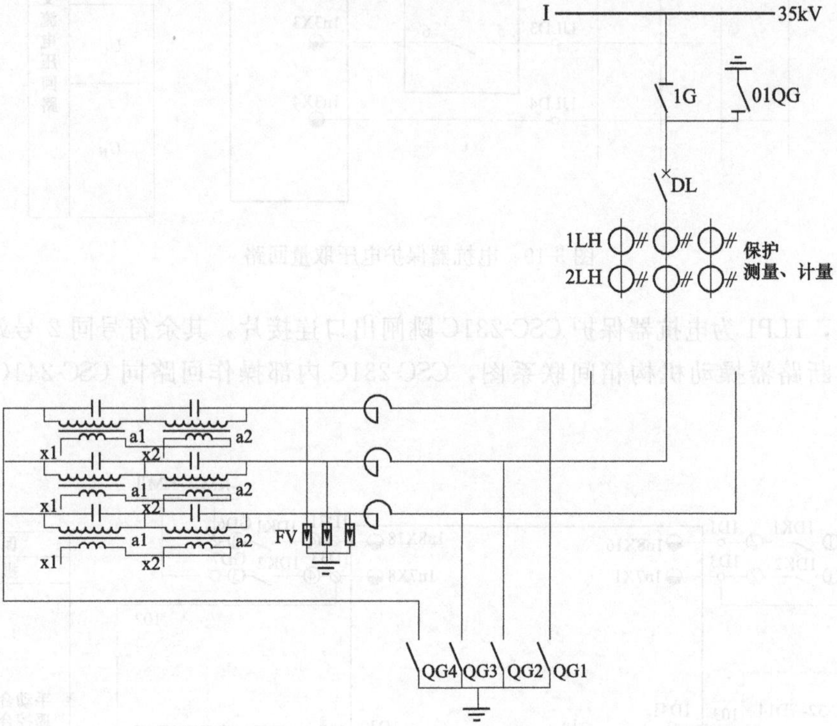


图 3-21 电容器一次接线图

### 一、电容器保护取量回路

电容器保护电流取量回路如图 3-22 所示，电容器保护电压取量回路如图 3-23 所示，电流二次回路接地点 N411 在断路器端子箱内接地。1ZKK 为保护屏后电压小空气开关，该电压取自 35kV Ⅲ段母线电压，35kV 电压二次回路接地点 N600 在主变压器无功小室电压转接屏内一点接地。L601 和 L602 之间接电容器放电线圈 A 相不平衡电压，L603 和 L604 之间接电容器放电线圈 B 相不平衡电压，L605 和 L606 之间接电容器放电线圈 C 相不平衡电压。

电容器的放电线圈相当于一个电压互感器，每一相串联着的电容器两端都并联一个放电线圈，放电线圈二次侧将同相两组电压接在一个差压继电器中。电容器不平衡保护即差电压保护原理图如图 3-24 所示，其中，YJ1、YJ2、YJ3 分别为 A、B、C 相的差压继电器。正常运行时，这三个继电器失磁，当某个电容器损坏时，容抗不相等，分压不平衡，对应相的差压继电器达到整定值 7.6V 时动作，延时 0.3s 跳闸。

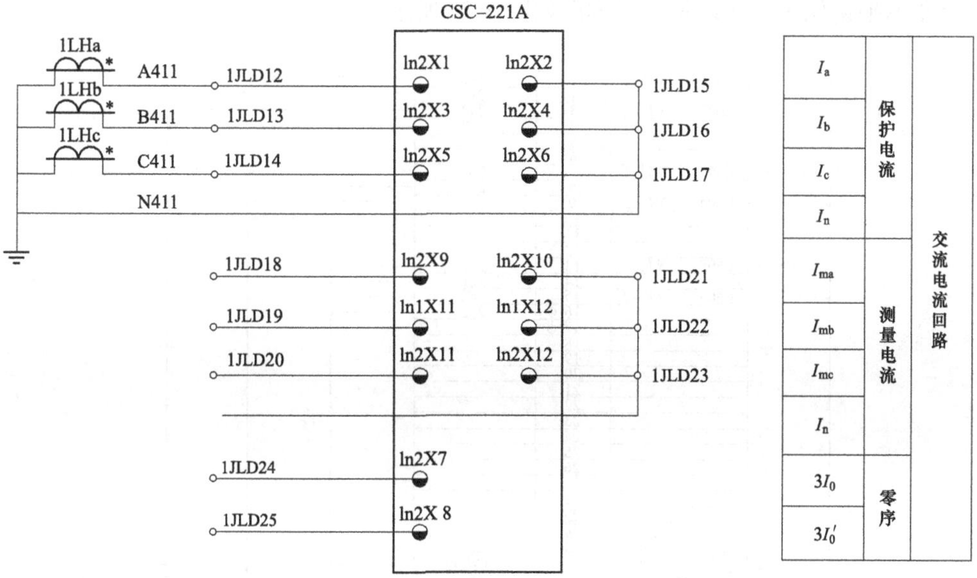


图 3-22　电容器保护电流取量回路

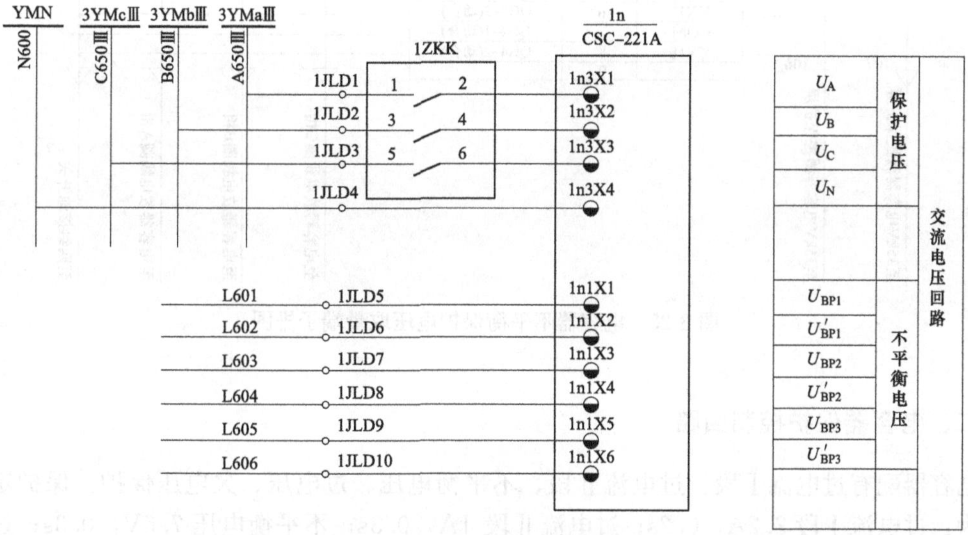


图 3-23　电容器保护电压取量回路

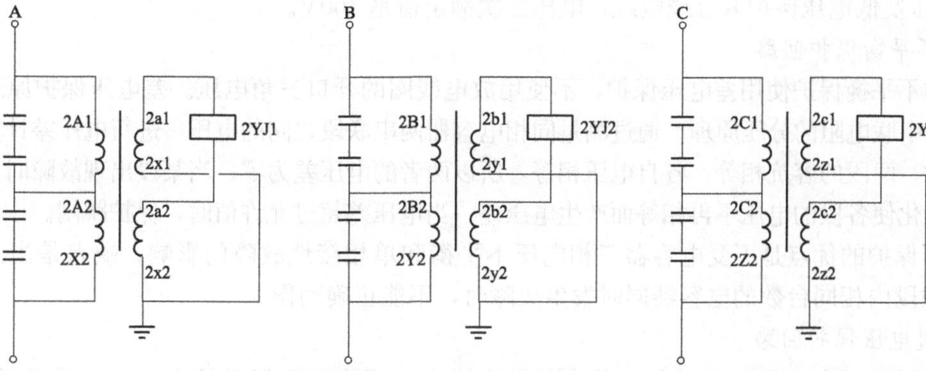


图 3-24　差电压保护原理图

电容器不平衡保护电压取量端子排图如图 3-25 所示。

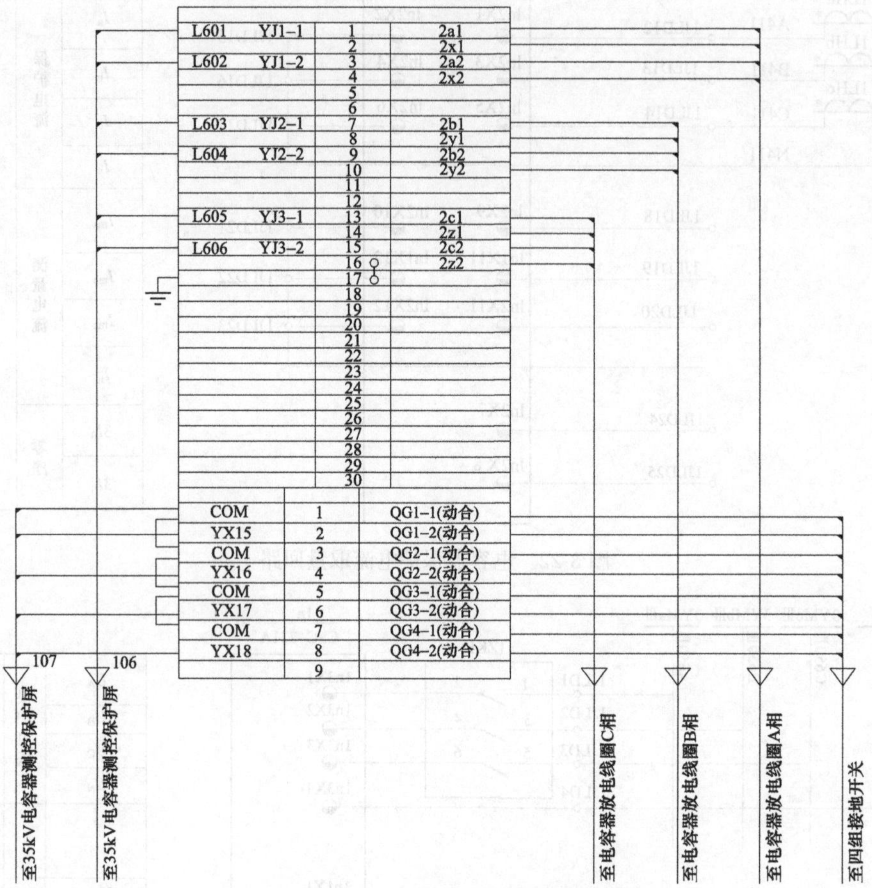


图 3-25 电容器不平衡保护电压取量端子排图

## 二、电容器保护控制回路

电容器配有过电流Ⅰ段、过电流Ⅱ段、不平衡电压、过电压、欠电压保护。保护定值及配置为：过电流Ⅰ段 2.2A，0.2s；过电流Ⅱ段 1A，0.3s；不平衡电压 7.6V，0.3s；过电压 113V，60s；欠电压保护 51.5V，1s；电压互感器变比 0.35，测量电流互感器变比为 1500∶1。过电压及低电压保护取母线电压，电压二次额定值是 100V。

1. 不平衡保护回路

该站不平衡保护使用差电压保护，不使用放电线圈的开口三角电压。差电压保护原理同电路分析中串联电阻的分压原理。通过测量同相电容器两串联段之间的电压，进行电压差计算。正常运行时，两段的容抗相等，各自电压相等，所以两者的电压差为零。当某段出现故障时，由于容抗的变化使各段的电压不再相等而产生电压差，当电压差超过允许值时，保护跳闸。

差压保护的优点是不受电容器三相电压不平衡和单相接地故障的影响，缺点是当某一相两个串联段内相同台数的电容器同时发生故障时，不能正确动作。

2. 过电压保护回路

电容器在过高的电压下运行，其内部游离增大，可能发生局部放电，使介质损耗增大，局部过热，并可能发展到绝缘被击穿。因此应保持电容器组在不超过最高允许的电压下运行。过电压保护的整定值一般取电容器额定电压的1.1～1.2倍，本例取额定值的1.13倍。

3. 低电压保护回路

低电压同过电压保护取35kV母线电压，当母线电压降到额定值的60%左右时动作将电容器切除，本例取额定值的51.5%。

4. 过电流保护回路

主要是保护电容器引线上的相间短路故障或在电容器组过负荷运行时使断路器跳闸。电容器过负荷的原因有运行电压高于电容器的额定电压，或谐波引起过电流。为避免因电容器的合闸涌流引起过电流保护的误动，所以过电流保护应有一定的延时，例如0.2s就可躲过涌流的影响。

电容器保护测控及断路器操动机构箱间联系图如图3-14所示，同2号站用变压器保护测控及断路器操动机构箱间联系图。CSC-221内部操作回路同CSC-241C内部操作回路，在此不再分析。

## 第六节　备自投保护回路

35～500kV变电站备自投保护投入使用，本节介绍备自投保护装置CSC-246的动作逻辑。0号站用变压器和2号站用变压器用一套备自投保护装置，0号站用变压器和1号站用变压器用一套备自投保护装置，两套备自投保护装置动作逻辑类似，本节以0号站用变压器和2号站用变压器备自投保护装置为例。

### 一、备自投保护取量回路

备自投电流取量回路如图3-26所示。

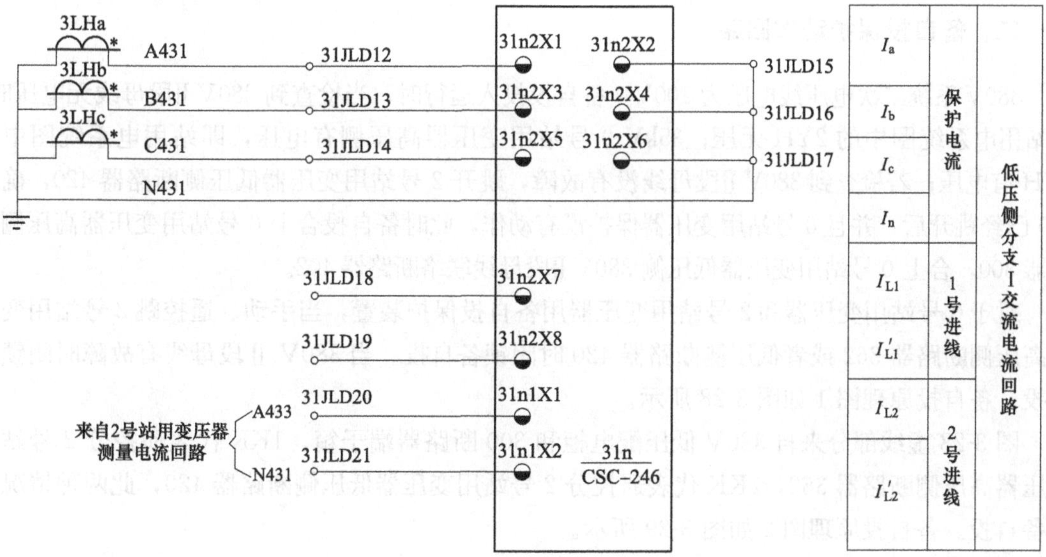


图3-26　备自投电流取量回路

图 3-26 中，3LH 为站用变压器 380V 侧的电流互感器，2 号进线来自 2 号站用变压器测量电流回路。备自投电压取量回路如图 3-27 所示。

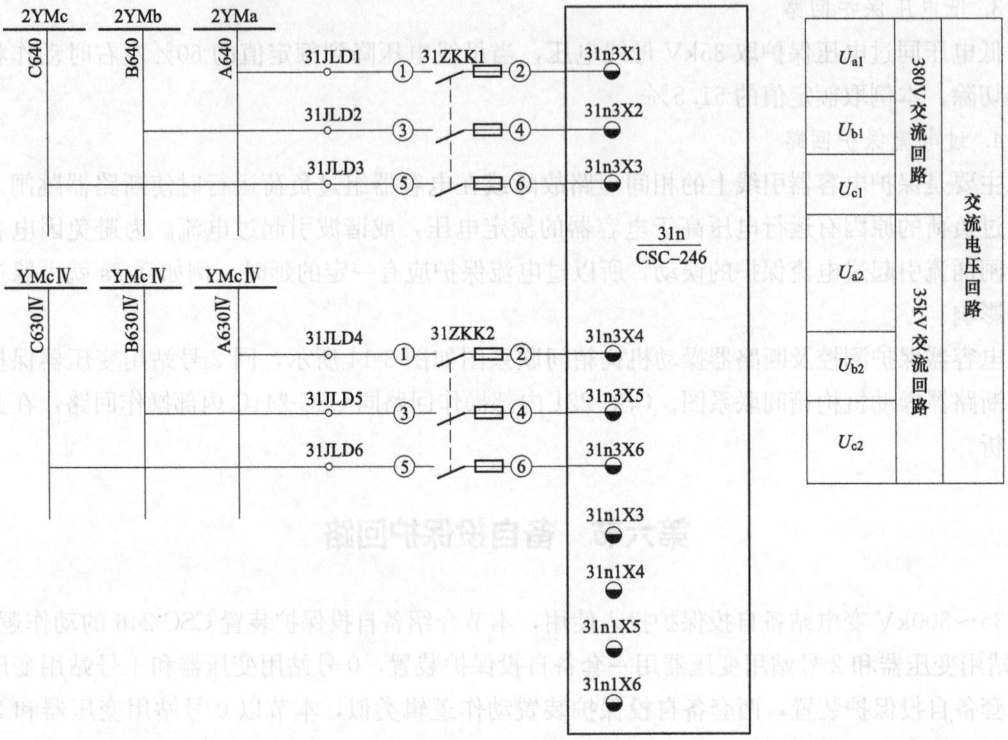


图 3-27　备自投电压取量回路

图 3-27 中，31ZKK1 为 2 号站用变压器低压侧电压空气开关，31ZKK2 为 0 号站用变压器高压侧电压空气开关。

## 二、备自投保护动作回路

380V 系统二次电压线电压为 100V，备自投投入运行时，当检查到 380V Ⅱ段母线无电压时，即站用电系统图中的 2YH 无压；35kV 0 号站用变压器高压侧有电压，即站用电系统图中的 3YH 有电压；若检查到 380V Ⅱ段母线没有故障，跳开 2 号站用变压器低压侧断路器 420，确认 420 已经跳开后，并且 0 号站用变压器保护没有动作，此时备自投合上 0 号站用变压器高压侧断路器 300，合上 0 号站用变压器低压侧 380V Ⅱ段母线联络断路器 402。

对于 0 号站用变压器和 2 号站用变压器用备自投保护装置，当手动、遥控跳 2 号站用变压器高压侧断路器 362 或者低压侧断路器 420 时闭锁备自投。当 380V Ⅱ段母线有故障时闭锁备自投。备自投原理图 1 如图 3-28 所示。

图 3-28 虚线部分来自 380V 低压配电柜和 300 断路器端子箱。1KK 代表遥控分 2 号站用变压器高压侧断路器 362，2KK 代表遥控分 2 号站用变压器低压侧断路器 420，此两种情况闭锁备自投。备自投原理图 2 如图 3-29 所示。

备自投原理图 1、2 中连接片均为 0 号站用变压器和 2 号站用变压器备自投 CSC-246 保护中的连接片，含义如下：

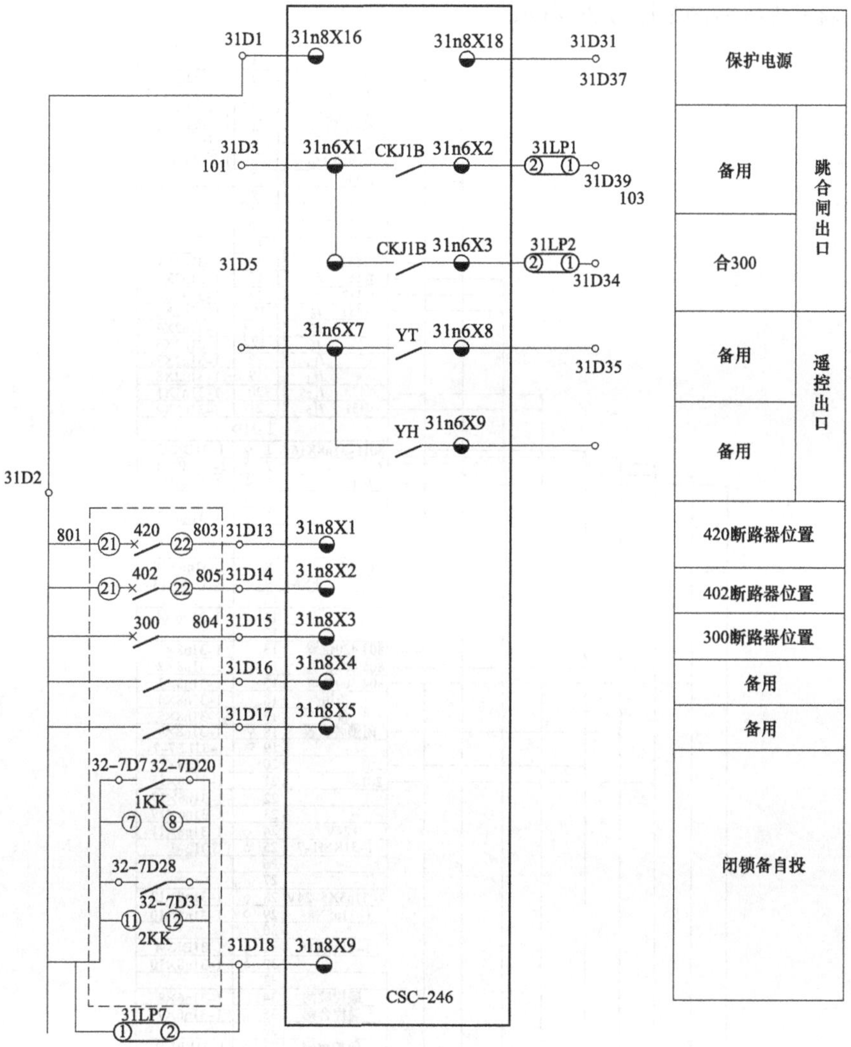


图 3-28　备自投原理图 1

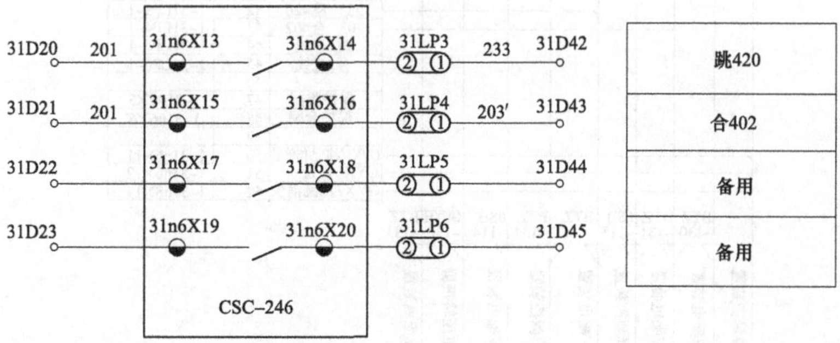


图 3-29　备自投原理图 2

(1) 31LP2 合 300 出口连接片；

(2) 31LP3 跳 420 出口连接片；

(3) 31LP4 合 402 出口连接片；

(4) 31LP7 手动跳 420 闭锁备自投连接片。

备自投端子排接线图如图 3-30 所示。

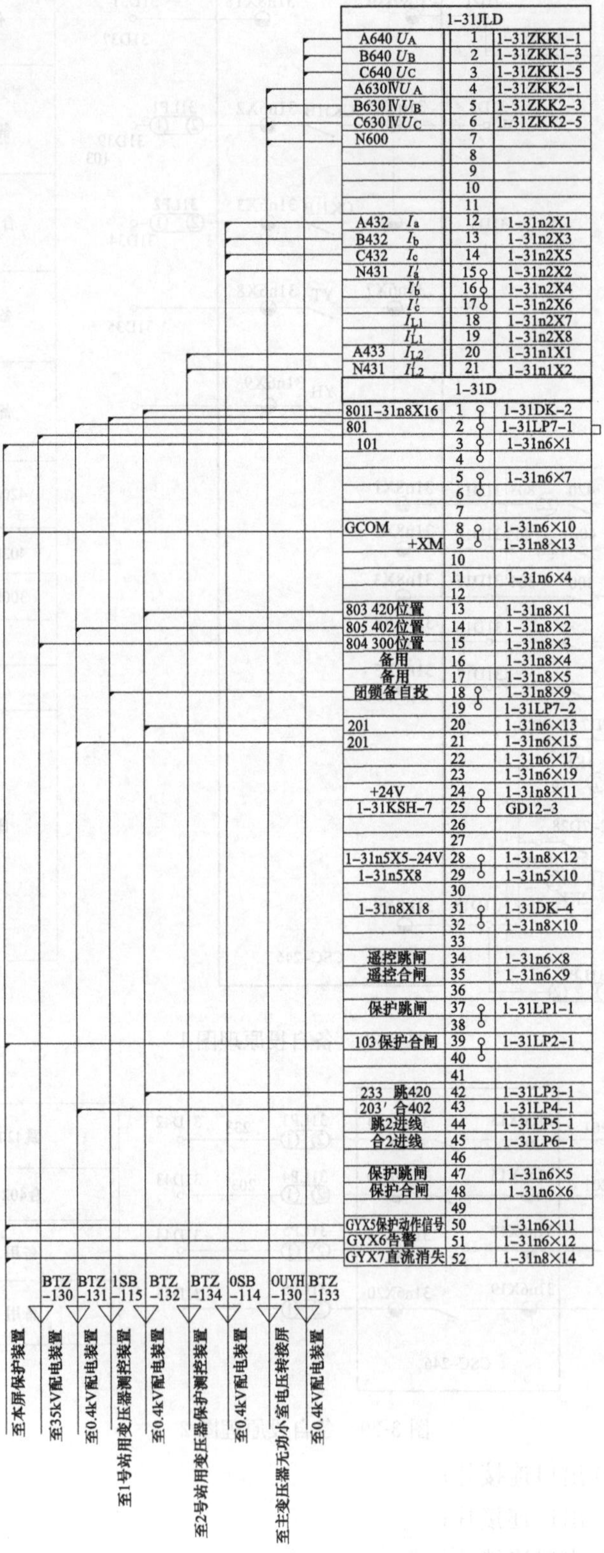
1-31JLD
A640 UA 1 1-31ZKK1-1
B640 UB 2 1-31ZKK1-3
C640 UC 3 1-31ZKK1-5
A630ⅣUA 4 1-31ZKK2-1
B630ⅣUB 5 1-31ZKK2-3
C630ⅣUC 6 1-31ZKK2-5
N600 7
8
9
10
11
A432 Ia 12 1-31n2X1
B432 Ib 13 1-31n2X3
C432 Ic 14 1-31n2X5
N431 I'a 15 1-31n2X2
I'b 16 1-31n2X4
I'c 17 1-31n2X6
IL1 18 1-31n2X7
I'L1 19 1-31n2X8
A433 IL2 20 1-31n1X1
N431 I'L2 21 1-31n1X2
1-31D
8011-31n8X16 1 1-31DK-2
801 2 1-31LP7-1
101 3 1-31n6×1
4
5 1-31n6×7
6
7
GCOM 8 1-31n6×10
+XM 9 1-31n8×13
10
11 1-31n6×4
12
803 420位置 13 1-31n8×1
805 402位置 14 1-31n8×2
804 300位置 15 1-31n8×3
备用 16 1-31n8×4
备用 17 1-31n8×5
闭锁备自投 18 1-31n8×9
19 1-31LP7-2
201 20 1-31n6×13
201 21 1-31n6×15
22 1-31n6×17
23 1-31n6×19
+24V 24 1-31n8×11
1-31KSH-7 25 GD12-3
26
27
1-31n5X5-24V 28 1-31n8×12
1-31n5X8 29 1-31n5×10
30
1-31n8X18 31 1-31DK-4
32 1-31n8×10
33
遥控跳闸 34 1-31n6×8
遥控合闸 35 1-31n6×9
36
保护跳闸 37 1-31LP1-1
38
103 保护合闸 39 1-31LP2-1
40
41
233 跳420 42 1-31LP3-1
203′ 合402 43 1-31LP4-1
跳2进线 44 1-31LP5-1
合2进线 45 1-31LP6-1
46
保护跳闸 47 1-31n6×5
保护合闸 48 1-31n6×6
49
GYX5保护动作信号 50 1-31n6×11
GYX6告警 51 1-31n6×12
GYX7直流消失 52 1-31n8×14
BTZ-130
BTZ-131
1SB-115
BTZ-132
BTZ-134
0SB-114
0UYH-130
BTZ-133
至本屏保护装置
至35kV配电装置
至0.4kV配电装置
至1号站用变压器测控装置
至0.4kV配电装置
至2号站用变压器保护测控装置
至0.4kV配电装置
至主变压器无功小室电压转接屏
至0.4kV配电装置

图 3-30　备自投端子排接线图

# 第四章 220kV线路二次回路

本章主要对220kV线路断路器二次回路、分相操作箱回路、220kV线路保护回路及220kV隔离开关控制回路进行分析。

## 第一节 220kV线路断路器二次回路

本节将详细分析变电站 HPL245B1-1P 型 220kV 断路器二次回路图，本节所述断路器厂家为北京 ABB 开关有限公司。

### 一、合闸回路

该变电站 HPL245B1-1P 型 220kV 断路器合闸有以下几个条件：①防跳继电器不动作（K3）；②$SF_6$ 低气压不闭锁操作（K9）；③弹簧储能（BW1）；④断路器动断辅助触点接触良好（BG1）；⑤合闸线圈完好（Y3）；⑥控制电源正常（KM1）；⑦控制回路没有断线或接触不良的地方。＋KM1 和－KM1 分别代表断路器第一组控制电源的正负极。合闸回路如图 4-1 所示。

1. 远方合闸回路流程

(＋KM1)合闸 1→远控→X1(610)→S4(1 ↔2 接通)→X3(112)→K3(11 ↔12 接通)→K9(31 ↔32 接通)→BW1(13 ↔14 接通)→X0(2)→BG1(01↔02 接通)→X0(4)→X0(5)→Y3(5、6)→X1 (625) →合闸 1(－KM1)。

2. 就地合闸回路流程

(＋KM1)合闸 1＋ →当地→X1(602)→S1(1 ↔2)→S4(3 ↔4 接通)→X3(112)→K3(11 ↔12 接通)→K9(31 ↔32 接通)→BW1(13 ↔14 接通)→X0(2)→BG1(01↔02 接通)→X0(4)→X0(5)→Y3(5、6)→X1 (625) →合闸 1(－KM1)。

3. 防跳继电器动作分析

当断路器合上后，断路器（动合）辅助触点 BG1（03↔04 接通），防跳继电器 K3 励磁，K3（11↔14 接通），使合闸控制回路断线，防止断路器合于永久性故障或其他原因跳闸，若此时因合闸命令不解除或由于某种原因导致合闸回路处于导通状态，断路器会出现多次分合现象。

4. JFZ-11F 分相操作箱 A、B、C 相跳位监视分析

当断路器在分闸位置时，－KM1(第一组控制电源负极)→JFZ-11F 分相操作箱 A、B、C 相跳位监视→X1(915)→K3(31 ↔32)→BG1(11↔12 接通)→X1(916) →＋KM1(第一组控制电源正极）回路接通，此时 JFZ-11F 分相操作箱 A、B、C 相跳位监视灯亮。

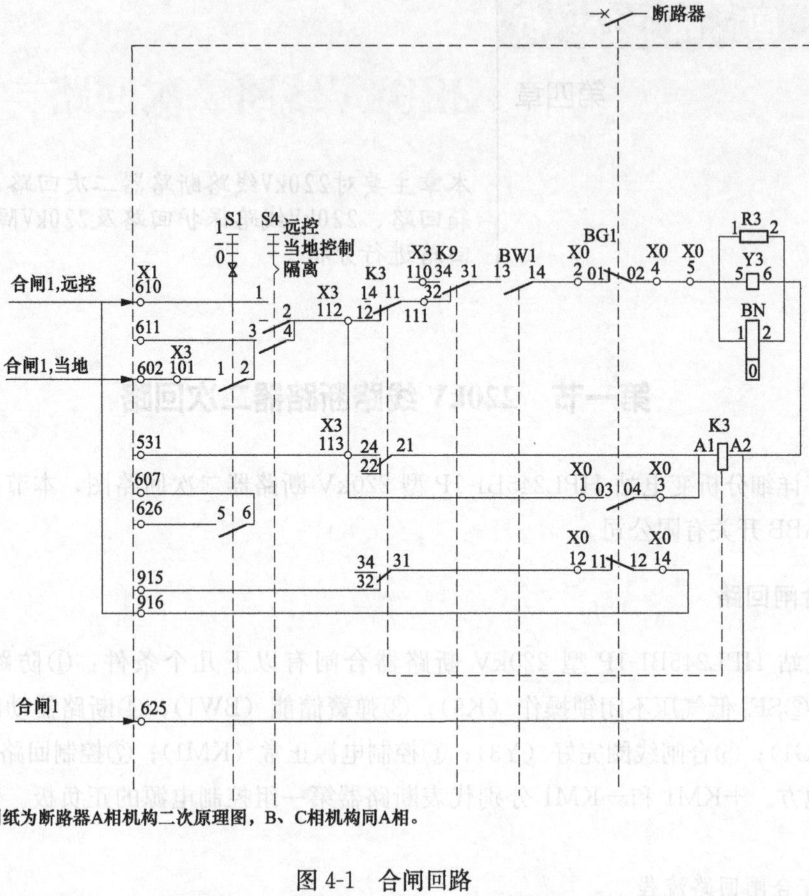


此套图纸为断路器A相机构二次原理图，B、C相机构同A相。

图 4-1　合闸回路

Y3—合闸线圈；BN—合闸计数器；K3—防跳继电器；BW1—弹簧储能限位触点；BG1—断路器辅助触点；S4—远方/就地切换把手；S1—分合闸把手；K9—$SF_6$ 低气压闭锁合闸和分闸 1 继电器辅助触点

## 二、分闸回路 1

变电站 HPL245B1-1P 型 220kV 断路器分闸有以下几个条件：①$SF_6$ 低气压不闭锁操作（K9）；②断路器动断辅助触点接触良好（BG1）；③跳闸线圈完好（Y3）；④远方/就地（S1）分闸按钮接触良好；⑤控制电源正常（KM1）；⑥控制回路没有断线或接触不良的地方。分闸回路 1 如图 4-2 所示。

1. 远方分闸回路 1

（+KM1）分闸 1+ →远控→X1（630）→S4（7↔8 接通）→X3（105）→K9（11↔12 接通）→X0（11）→BG1（13↔14 接通）→X0（13）→Y1（1、2）→X1（645）→分闸 1-（-KM1）。

2. 就地分闸回路 1

（-KM1）分闸 1+，当地→X1（600）→S1（3 ↔4 接通）→S4（17 ↔18 接通）→X3（105）→K9（11 ↔12 接通）→X0（11）→BG1（13↔14 接通）→X0（13）→Y1（1、2）→X1（645）→分闸 1-（-KM1）。

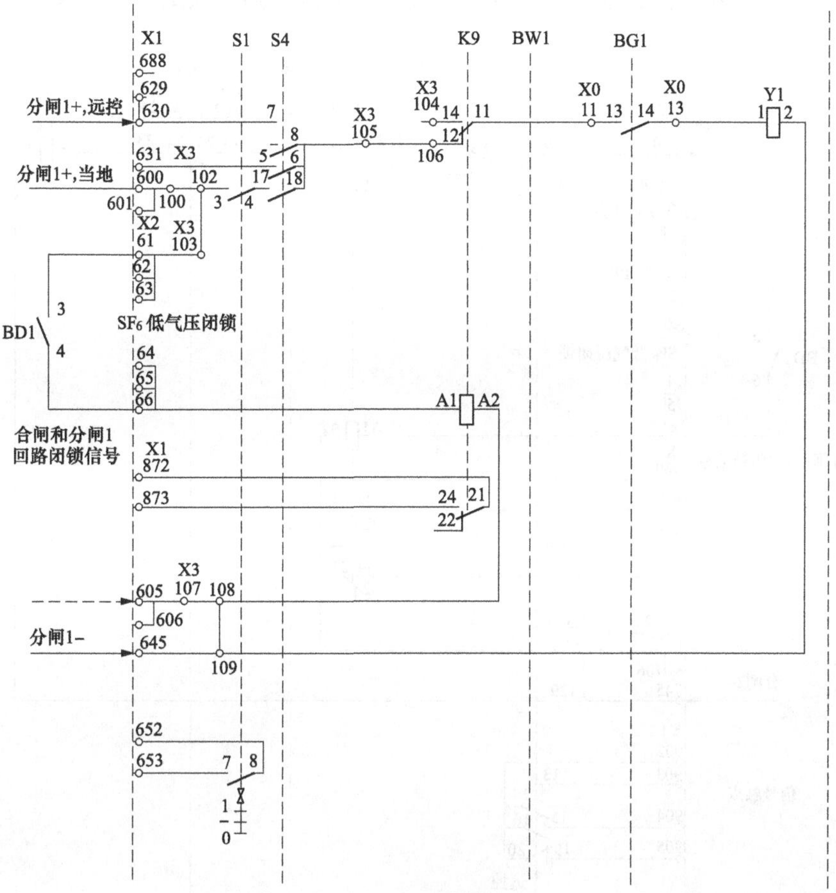


图 4-2　分闸回路 1

Y1—跳闸线圈 1；BW1—弹簧储能限位触点；BG1—断路器辅助触点；BD1—$SF_6$ 密度继电器触点；
S4—远方/就地切换把手；S1—分合闸把手；K9—$SF_6$ 低气压闭锁合闸和分闸 1 继电器

3. $SF_6$ 低气压闭锁回路

当 $SF_6$ 气体压力低于闭锁值时，BD1(3↔4) 触点接通以下回路：＋KM1→X1(600)→X3(103)→X2(61)→BD1(3↔4)→X2(66)→K9(A1－A2)→X3(108↔109)→X1 (645)→－KM1。

此回路接通，$SF_6$ 低气压闭锁继电器 K9 励磁，K9(11 ↔14) 触点接通，使分闸回路 1 控制回路断线，同时 K9(31 ↔34) 触点接通，使合闸控制回路断线。即 $SF_6$ 气体压力降至闭锁值时，闭锁断路器分合闸操作。

此外，K9 励磁，K9 (21 ↔24) 触点接通 $SF_6$ 低气压闭锁信号回路：COM 端→X1(872)→K9(21 ↔24)→X1(873)→YX17 (发 $SF_6$ 低气压闭锁 1 信号)。

## 三、分闸回路 2

分闸回路 2 与分闸回路 1 有两点不同之处：①控制电源不同，它接断路器的第二组控制电源＋KM2、－KM2，合闸回路和分闸回路 1 接断路器的第一组控制电源＋KM1、－KM1；

②没有就地分闸控制功能。其他与分闸回路 1 类似。分闸回路 2 如图 4-3 所示。

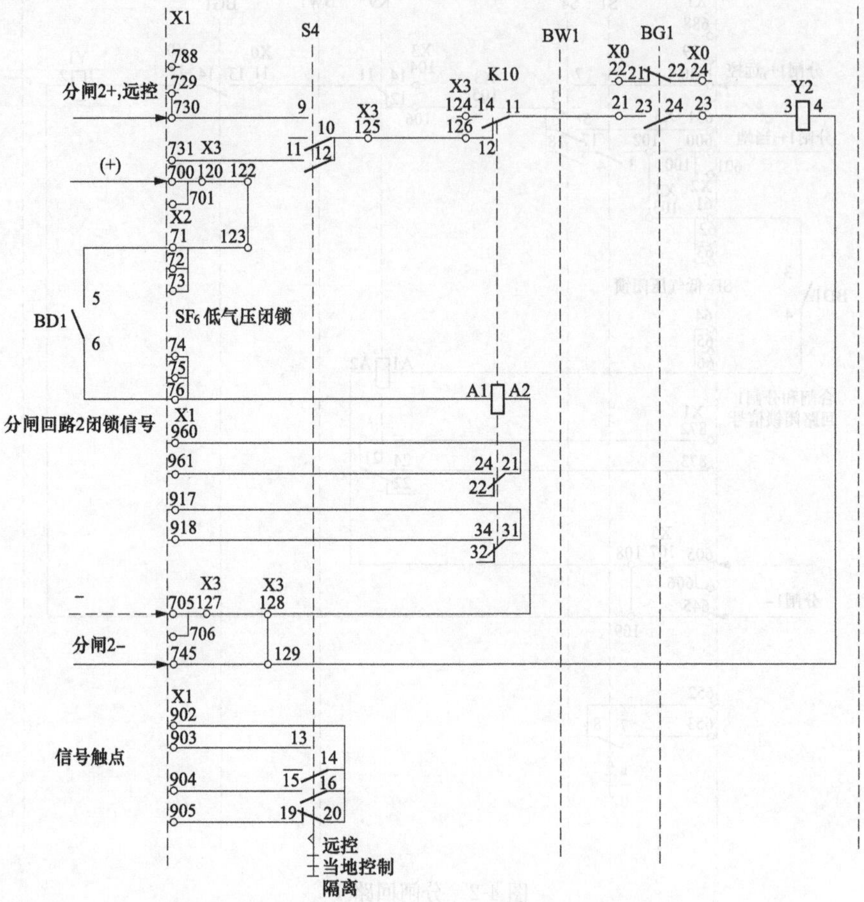


图 4-3　分闸回路 2

Y2—跳闸线圈 2；BW1—弹簧储能限位触点；BG1—断路器辅助触点；BD1—$SF_6$ 密度继电器触点；S4—远方/就地切换把手；K10—$SF_6$ 低气压闭锁分闸 2 继电器

1. 远方分闸回路 2

(+KM2)分闸 2+ →远控→X1(730)→S4(9↔10 接通)→X3(125)→K10(11↔12 接通)→X0(21)→BG1(23↔24 接通)→X0(23)→Y2(3、4)→X1 (745) →分闸 2−(−KM2)。

2. $SF_6$ 低气压闭锁回路

当 $SF_6$ 气体压力低于闭锁值时，BD1 (5↔6) 触点接通以下回路：+KM2→X1(700)→X3(123) →X2(71)→BD1(5↔6)→X2(76)→K10(A1-A2)→X3(128↔129)→X1 (745)→−KM2。

此外，K10 励磁，K10 (21↔24) 触点接通 $SF_6$ 低气压闭锁信号回路：COM 端→X1(960)→K10(21↔24)→X1(961)→YX18 (发 $SF_6$ 低气压闭锁 2 信号)。

## 四、断路器机构箱内分合闸指示灯回路

断路器机构箱分合闸指示灯回路如图 4-4 所示。

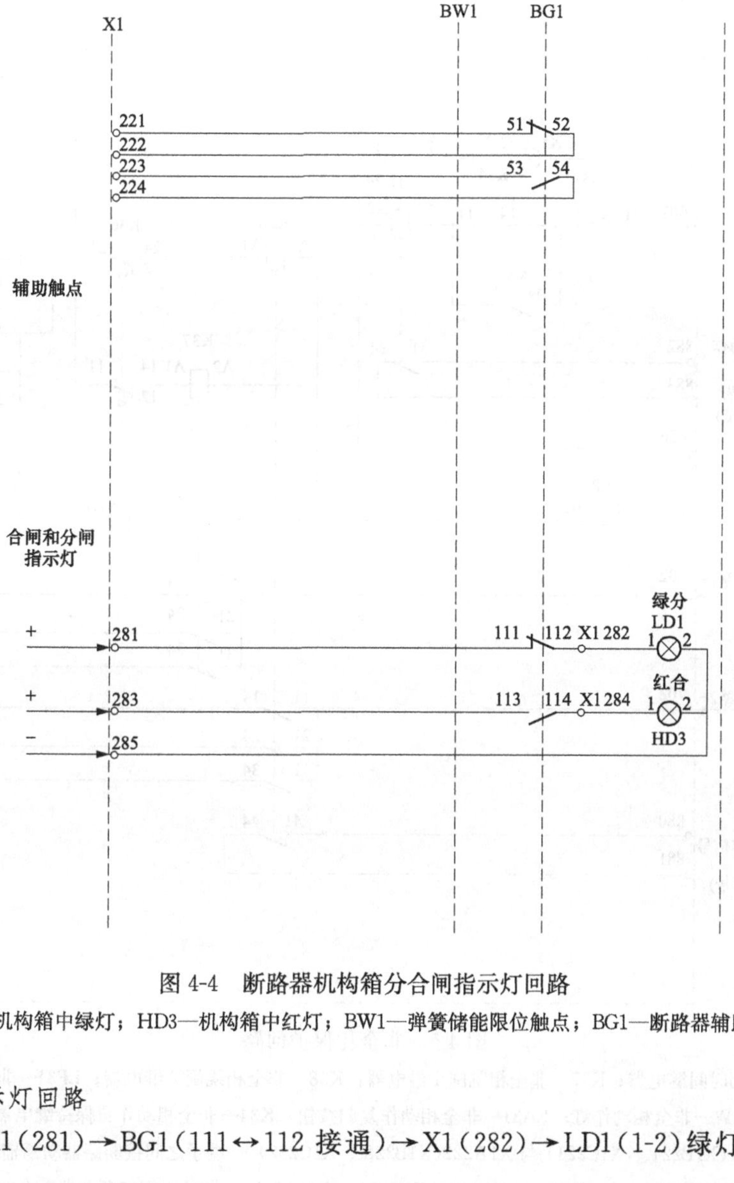


图 4-4 断路器机构箱分合闸指示灯回路

LD1—机构箱中绿灯；HD3—机构箱中红灯；BW1—弹簧储能限位触点；BG1—断路器辅助触点

1. 分闸指示灯回路

+KM1→X1(281)→BG1(111↔112 接通)→X1(282)→LD1(1-2)绿灯→X1(285)→−KM1。

2. 合闸指示灯回路

+KM1→X1(283)→BG1(113↔114 接通)→X1(284)→HD3(1-2)红灯→X1(285)→−KM1。

通过以上回路分析可知，断路器本体机构箱内的红绿灯没有直接和断路器的分合闸回路串联，只与断路器的辅助触点有关，所以当断路器机构箱内的红灯或绿灯不亮时，不一定会影响断路器的分合闸操作。

## 五、非全相保护回路

非全相（三相不一致）保护回路如图 4-5 所示。

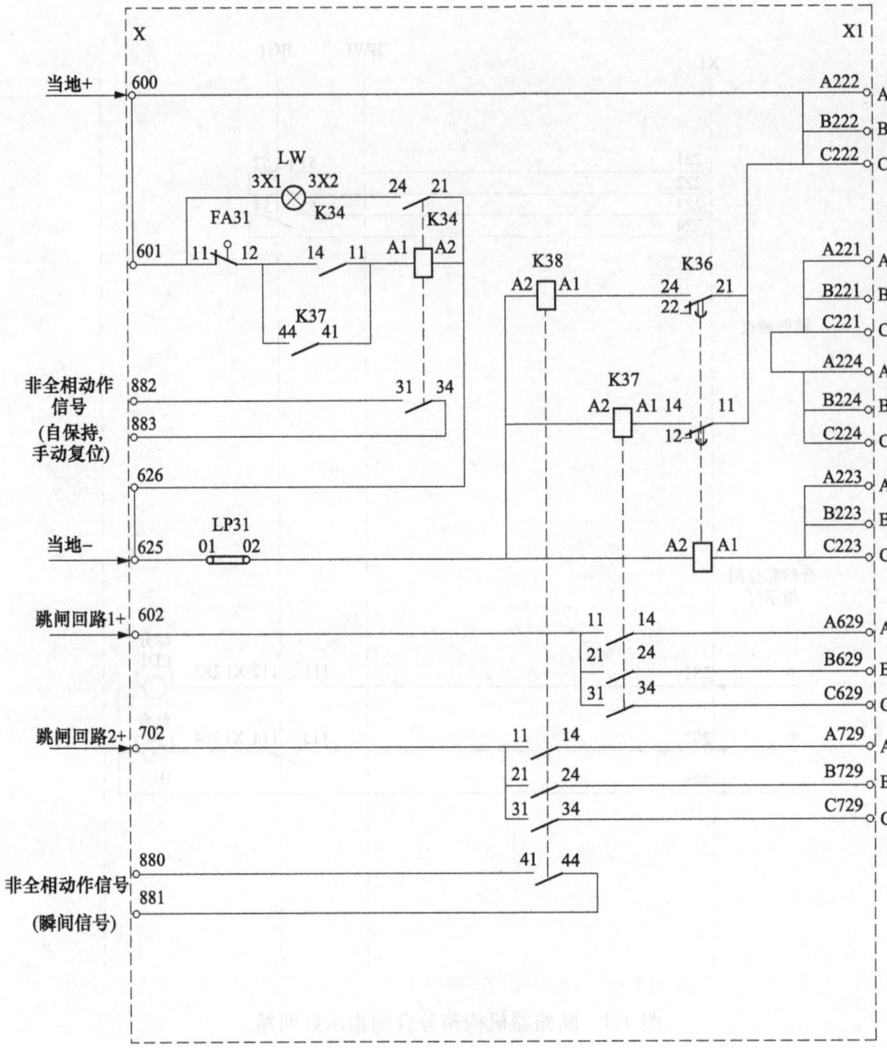


图 4-5　非全相保护回路

K36—非全相时间继电器；K37—非全相跳闸 1 继电器；K38—非全相跳闸 2 继电器；LP31—非全相连接片；
LW—非全相动作灯；FA31—非全相动作复归按钮；K34—非全相动作自保持继电器；
X1A221(X1B221 、X1C221) 与 X1A222(X1B222 、X1C222) —端子之间接断路器动断辅助触点；
X1A223(X1B223 、X1C223) 与 X1A224(X1B224 、X1C224) —端子之间接断路器动合辅助触点

1. 非全相时间继电器 K36 动作分析

假如断路器在正常运行倒闸操作时出现非全相的现象，例如断路器 A 相分闸，B、C 相合闸，此时非全相机构箱内 X1(A221) 和 X1(A222) 之间的断路器 A 相动断辅助触点接通，且 X1(B223) 和 X1(B224) 之间断路器 B 相的动合辅助触点及 X1(C223) 和 X1(C224) 之间断路器 C 相的动合辅助触点接通。非全相时间继电器 K36 励磁，经整定时间后接通分闸回路 1 和分闸回路 2。

+KM1→X(600)→X1(A222)→DLA(断路器 A 相动断辅助触点)→X1(A221)→X1(B224)或 X1(C224)→DLB(断路器 B 相动合辅助触点)或 DLC(断路器 C 相动合辅助触点)→

X1(B223)或 X1(C223)→K36(非全相时间继电器)→LP31(非全相保护连接片)→X(625) →－KM1。

2. 非全相跳闸回路

K36 励磁经整定延时，K36(21↔24) 和 K36(11↔14) 触点接通，K37、K38 跳闸继电器励磁，K37 接通分闸回路 1，至 X1(629) 和 X1(630) 端子，K38 接通分闸回路 2，至 X1(729)和 X1(730) 端子。

3. 非全相信号回路

(1) K38 励磁，K38(41↔44) 触点接通：COM 端→X(880)→K38(41↔44)→X(881)→YX24 (发断路器非全相保护动作) 信号。

(2) K37 励磁，K37(44↔41) 触点接通，K34(A1↔A2) 继电器励磁，K34(14↔11) 触点接通，K34 继电器自保持。

回路分析 1：＋KM1→X(601)→FA31(11↔12)→K34(14↔11)→K34(A1↔A2)→X(626)→当地－→－KM1，K34(31↔34)接通，发非全相动作信号。

回路分析 2：COM 端→X(882)→K34(31↔34)→X(883)→YX24 (发断路器非全相保护动作)。

只有手动按下非全相端子箱里的 FA31 复归按钮，回路才能切断，K34 继电器才失磁，K34 (31↔34) 触点断开，断路器非全相保护动作信号复归，同时 K34(24↔21) 接通，非全相灯亮。

回路分析 3：＋KM1→X(601)→LW(3X1，3X2)→K34(24↔21)→X(626) →当地－→－KM1。

## 第二节 220kV 线路断路器 JFZ-11F 和 CZX-12R2 分相操作箱回路

220kV 14 条出线保护配置相同，配有两套主保护：保护 1 为 CSC-103 配有 JFZ-11F 分相操作箱；保护 2 为 RCS-931 配有 CZX-12R2 分相操作箱。JFZ-11F 分相操作箱和 CZX-12R2 分相操作箱兼有电压切换的功能。根据“两套保护装置的跳闸回路应与断路器的两个跳闸线圈分别一一对应”的原则，保护 1 为 CSC-103 配有 JFZ-11F 分相操作箱对应断路器的第一组跳闸线圈，保护 2 为 RCS-931 配有 CZX-12R2 分相操作箱对应断路器的第二组跳闸线圈。220kV 线路均有重合闸功能，在工程实践中只投 CSC-103 线路保护的重合闸出口功能。

### 一、CZX-12R2 分相操作箱二次回路

本部分所述 220kV 线路保护中 CZX-12R2 分相操作箱只用到了分闸功能，没有使用合闸功能。

1. 手动跳闸或遥控跳闸控制回路

本回路用于通过测控单元就地或监控遥控拉断路器，其原理图如图 4-6 所示。

图 4-6 中＋KM2、－KM2 分别代表断路器第二组控制电源的正极和负极。手动跳闸或遥控跳闸控制回路接线图如图 4-7 所示。

图 4-6　手动跳闸或遥控跳闸控制回路原理图

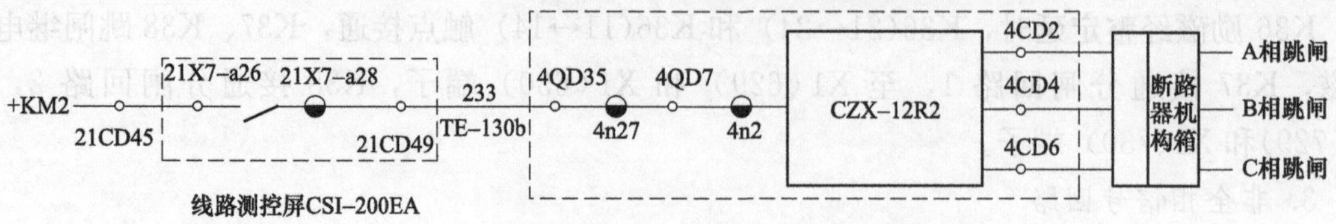


图 4-7　手动跳闸或遥控跳闸控制回路接线图

手动跳闸或遥控跳闸命令接入 CZX-11R2 的 4QD35 端子，手动跳闸继电器 1STJ、STJa、STJb、STJc 励磁，手动跳闸继电器具体接线如图 4-8 CZX-12R2 分相操作图 1 所示。当 STJa、STJb、STJc 励磁后，它们分别接在 A、B、C 相分闸回路中的一对动合触点闭合，将 A、B、C 三相跳闸回路一起接通，直接跳断路器三相，具体回路如图 4-9 所示（以 A 相分闸回路为例，其他两相类似）。

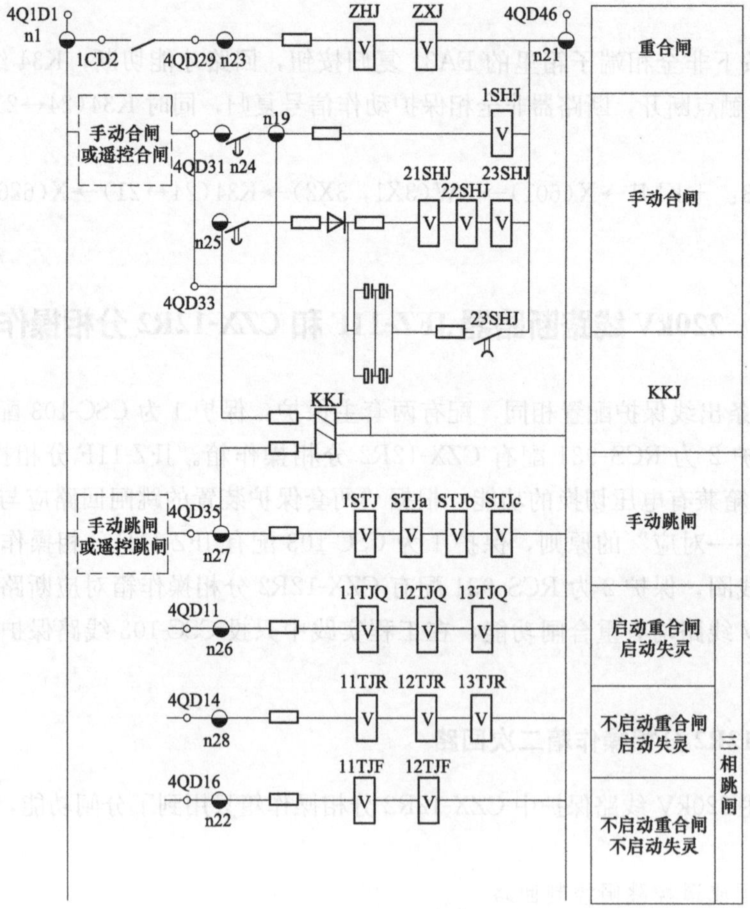


图 4-8　CZX-12R2 分相操作图 1

ZHJ—重合闸继电器；ZXJ—重合闸信号继电器；SHJ—手动合闸继电器；STJ—手动跳闸继电器；TJQ—三跳继电器
TJR—永跳继电器；TJF—非电量跳闸继电器；KKJ—合后位置继电器

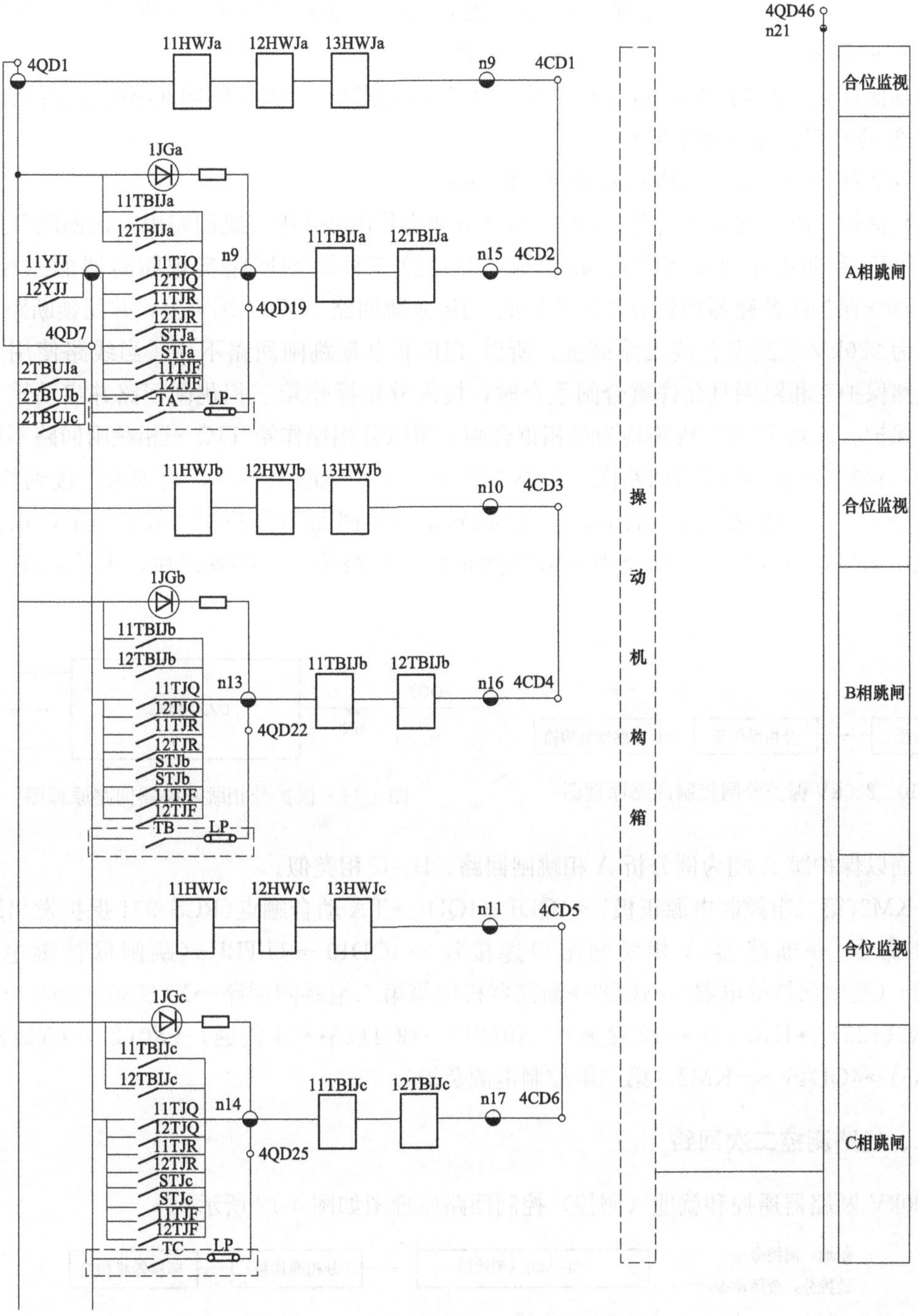


图 4-9 CZX-12R2 分相操作图 2

TBIJa（TBIJb 或 TBIJc）—A（B 或 C）相跳闸保持继电器；HWJa（HWJb 或 HWJc）—A（B 或 C）相合闸位置继电器；1JGa（1JGb 或 1JGc）—A（B 或 C）相跳闸信号灯；YJJ—压力降低禁止跳闸动合触点；TA（TB 或 TC）—保护装置动作跳断路器 A（B 或 C）相动合触点；LP—A、B、C 相跳闸出口连接片

+KM2(第二组控制电源正极)→4QD1→4QD7→STJa(两动合触点)→11TBIJa(跳闸保持继电器)→12TBIJa(跳闸保持继电器)→4CD2→断路器机构箱第二组跳闸回路→X1(730)→S4(9↔10 接

通)→X3(125) →K10(11 ↔12 接通)→X0(21)→BG1(23↔24 接通)→X0(23)→Y2(3、4)→X1(745) →4QD46→－KM2(第二组控制电源负极)。

跳闸保持继电器 11TBIJa 励磁后，其一对动合触点闭合，实现跳闸回路的自保持。

2. 220kV 保护分闸控制回路

220kV 保护分闸控制回路原理如图 4-10 所示。

(1) 保护三跳断路器回路图。CZX-12R2 分相操作图 4-8 中三跳回路由三跳回路 TJQ，永跳回路 TJR 和非电量 TJF 跳闸回路组成，并由这三种跳闸回路实现断路器的三相跳闸。220kV 母线保护跳断路器接到分相操作箱的 TJR 永跳回路 4QD14 端子上，并闭锁断路器的重合。因为 220kV 线路没有接线路高抗，所以 TJF 非电量跳闸回路不用。当线路使用三重方式，线路保护三相跳闸且允许重合闸重合时，接入分相操作箱三相跳闸回路并启动重合闸启动失灵保护。该站 220kV 线路均为单相重合闸，所以分相操作箱 TJQ 三相跳闸回路不用。

(2) 保护分相跳断路器回路图。RCS-931 保护分相跳断路器时，跳闸命令接到如图 4-9 所示 CZX-12R2 分相操作箱 2 的 A、B、C 相分相跳闸回路的公共端 4QD7 端子，正常运行三相跳闸出口连接片投入，断路器对应跳闸相跳闸回路接通，实现跳闸。其原理图如图 4-11 所示。

图 4-10 220kV 保护分闸控制回路原理图

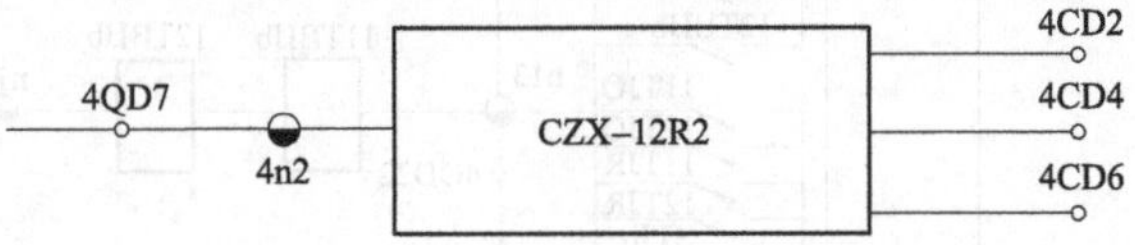


图 4-11 保护分相跳断路器回路原理图

下面以保护跳 A 相为例分析 A 相跳闸回路，B、C 相类似。

＋KM2(第二组控制电源正极)→4QD1→4QD7→TA 动合触点(RCS-931 保护发出跳断路器 A 相命令)→断路器 A 相跳闸出口连接片→4QD19→11TBIJa(跳闸保持继电器)→12TBIJa (跳闸保持继电器)→4CD2→断路器机构箱第二组跳闸回路→X1(730)→S4(9↔10 接通)→X3(125) →K10 (11 ↔12 接通)→X0(21)→BG1(23↔24 接通)→X0(23)→Y2(3、4)→X1 (745)→4QD46→－KM2 (第二组控制电源负极)。

## 二、线路测控二次回路

220kV 断路器遥控和就地(测控)控制回路原理图如图 4-12 所示。

图 4-12 220kV 断路器遥控和就地(测控)控制回路原理图

以 257 断路器测控回路图为例，具体回路如图 4-13 所示。

1. 远方分、合闸回路

当进行远方分、合闸操作时，21KSH 把手切至远方位置 (1-2)，并投入 257 遥控连接片。

(1) 远方分闸。遥控跳闸命令下达时，图中的 7-3 动合触点闭合，进行分闸操作。

(2) 远方合闸。遥控合闸命令下达时，图中的 7-2 动合触点闭合，进行合闸操作。

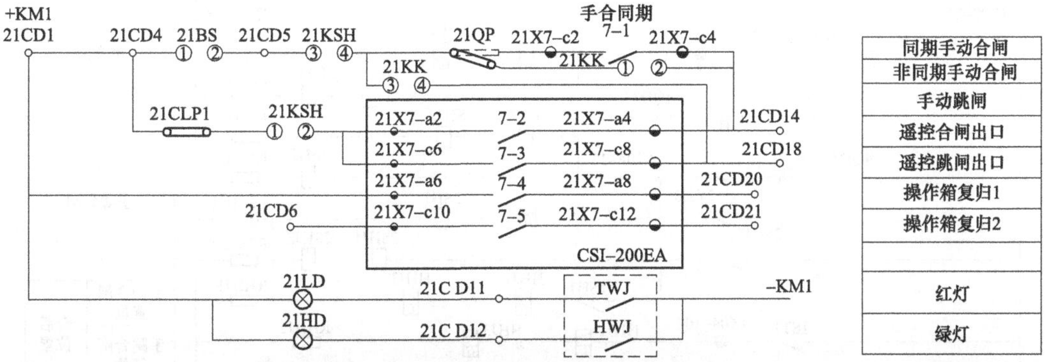


图 4-13　257 断路器测控回路图

21BS—“五防”验电口；21CLP1—257 断路器的遥控连接片；21KSH—断路器远方/就地切换把手；
21KK—测控屏上分/合闸按钮；21QP—257 断路器投同期/非同期切换片

2. 就地测控屏分、合闸控制回路

就地分、合闸时，将“五防”钥匙插入 21BS“五防”验电口，21KSH 把手切换至就地位置（3-4）。

（1）就地分闸回路。当 21KK 把手切至分闸位置，21KK 把手 3、4 触点接通进行手动跳闸。

（2）就地合闸回路。可以选用同期手动合闸，也可以选用非同期手动合闸。

1）同期手动合闸回路。选用同期手动合闸时，将 21QP 同期/非同期切换片投同期位置，手动合闸同期 7-1 动合触点闭合，进行手动合闸同期。

2）非同期手动合闸回路：选用非同期手动合闸时，将 21QP 同期/非同期切换片投非同期位置，再将 21KK 分、合闸把手切至合闸位置（1-2），进行手动合闸非同期。

## 三、JFZ-11F 分相操作箱二次回路

在分析 CSC-103 保护分、合闸回路之前，先分析断路器手动或遥控分、合闸回路图，这是因为保护设计时 CSC-103 保护不仅具备分闸和合闸的功能，并且手动合闸和遥控合闸出口通过 CSC-103 保护屏中的 JFZ-11F 分相操作箱实现。

JFZ-11F 分相操作箱中断路器手动合闸、重合闸、手动跳闸及三相跳闸回路图如图 4-14 所示。

1. 监控遥控跳闸或测控屏手动跳闸控制回路

监控遥控跳闸或测控屏手动跳闸经图 4-13 中的 21CD18 接至图 4-14 中的 4QD35 端子，图中的手动跳闸继电器 1STJ1′、1STJ2′、1STJ3′都吸合，则 JFZ-11F 分相操作箱中分相分闸回路中的 1STJ1′、1STJ2′动合触点闭合（JFZ-11F 分相操作箱中分相分闸回路如图 4-18 所示），接通 A、B、C 三相分闸回路。图 4-18 中的 4CD2、4CD4、4CD6 3 个端子接至断路器分闸回路 1 中的 X1630 端子上，实现断路器三相分闸。

（1）监控遥控跳闸回路。

＋KM1（第一组控制电源正极）→21CLP1（断路器遥控出口连接片）→21KSH（断路器远方/就地切换把手在远方位置）→7-3 动合触点闭合→21CD18→4QD35→1STJ、1STJ1′、1STJ2′、1STJ3′（手动跳闸继电器励磁）→4QD46→－KM1（第一组控制电源负极）。

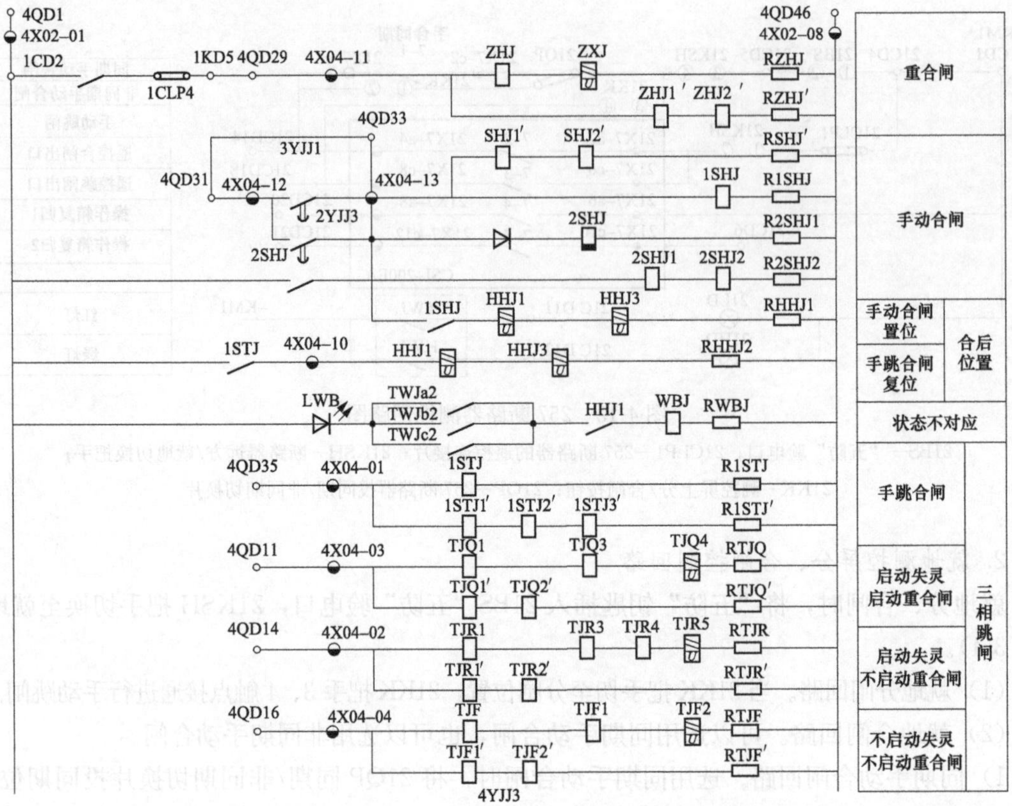


图 4-14 断路器手动合闸、重合闸、手动跳闸及三相跳闸回路图

ZHJ—重合闸继电器；ZXJ—重合闸信号继电器；SHJ—手动合闸继电器；HHJ—合后位置继电器；TJR—永跳继电器；STJ—手动跳闸继电器；TJQ—三跳继电器；TJF—非电量跳闸继电器；WBJ—状态不对应继电器

以断路器的A相分闸回路为例，B、C相类似：

+KM1(第一组控制电源正极)→4QD1→1STJ1′动合触点闭合→TBJa(A相跳闸保持继电器)→4CD2→X1(630)→S4(7↔8接通)→X3(105)→K9(11↔12接通)→X0(11)→BG1(13↔14接通)→X0(13)→Y1(1、2)→X1(645)→−KM1(第一组控制电源负极)。

(2) 测控屏手动跳闸控制回路。

+KM1(第一组控制电源正极)→21CD4→21BS(插入“五防”锁)→21KSH(断路器远方/就地切换把手在就地位置)→21KSH(分合闸把手切至分闸位置)→21CD18→4QD35→1STJ、1STJ1′、1STJ2′、1STJ3′(手动跳闸继电器励磁)→4QD46→−KM1(第一组控制电源负极)。

以断路器的A相分闸回路为例，B、C相类似：

+KM1(第一组控制电源正极)→4QD1→1STJ1′动合触点闭合→TBJa(A相跳闸保持继电器)→4CD2→X1(630)→S4(7↔8接通)→X3(105)→K9(11↔12接通)→X0(11)→BG1(13↔14接通)→X0(13)→Y1(1、2)→X1(645)→−KM1(第一组控制电源负极)。

2. 测控屏就地合闸、监控遥控合闸回路

测控屏就地合闸和监控遥控合闸经图4-13中的21CD14接到图4-14中断路器手动合闸回路中的4QD33端子上，则手动合闸回路图中SHJ1′、SHJ2′手动合闸继电器吸合，JFZ-11F分相操作箱中断路器分相合闸回路图4-18中的SHJ1′、SHJ2′动合触点闭合，接通A、B、C三相合闸回路，JFZ-11F 分相操作箱中断路器分相合闸回路图 4-18 中的 4CD9、4CD12、4CD15 接至断路器合闸回路的 X1610 端子上，实现断路器三相合闸操作。

(1) 监控遥控合闸回路。

＋KM1(第一组控制电源正极)→21CLP1(断路器遥控出口连接片)→21KSH(断路器远方/就地切换把手在远方位置)→7-2 动合触点闭合→21CD14→4QD33→1SHJ、SHJ1′、SHJ2′(手动合闸继电器励磁)→4QD46→－KM1(第一组控制电源负极)。

以断路器的 A 相合闸回路为例，B、C 相类似：

＋KM1(第一组控制电源正极)→4QD1→SHJ1′动合触点闭合→HBJa(A 相合闸保持继电器)→4CD10→4CD9→X1(610)→S4(1↔2 接通)→X3(112)→K3(11↔12 接通)→K9(31↔32 接通)→BW1(13↔14 接通)→X0(2)→BG1(01↔02 接通)→X0(4)→X0(5)→Y3(5、6)→X1 (625) →－KM1(第一组控制电源负极)。

(2) 测控屏就地合闸回路。

＋KM1(第一组控制电源正极)→21CD4→21BS(插入“五防”锁)→21KSH(断路器远方/就地切换把手在就地位置)→21KSH(分合闸把手切至合闸位置)→21CD14→4QD33→1SHJ、SHJ1′、SHJ2′(手动合闸继电器励磁)→4QD46→－KM1(第一组控制电源负极)。

以断路器的 A 相合闸回路为例，B、C 相类似：

＋KM1(第一组控制电源正极)→4QD1→SHJ1′动合触点闭合→HBJa(A 相合闸保持继电器)→4CD10→4CD9→X1(610)→S4(1↔2 接通)→X3(112)→K3(11↔12 接通)→K9(31↔32 接通)→BW1(13↔14 接通)→X0(2)→BG1(01↔02 接通)→X0(4)→X0(5)→Y3(5、6)→X1 (625) →－KM1(第一组控制电源负极)。

3. CSC-103 保护重合闸回路

220kV 保护分合闸控制回路原理图如图 4-15 所示。

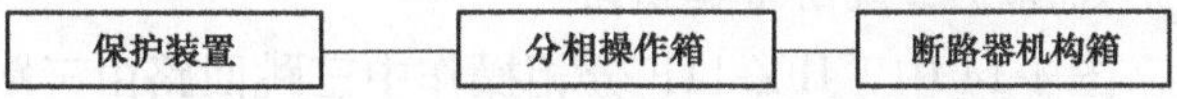


图 4-15 220kV 保护分合闸控制回路原理图

CSC-103 保护原理图如图 4-16 所示。

例如线路上 A 相故障跳闸，此时图 4-16 中的 9-1J 动合触点闭合，4QD1 和 4QD29 两端子间的部分接到 JFZ-11F 分相操作箱中重合闸回路中的 4QD1 和 4QD29 之间，1CLP4 为重合闸出口连接片，此时 JFZ-11F 分相操作箱中重合闸回路图中的 ZHJ1′、ZHJ2′重合闸继电器励磁吸合，则 JFZ-11F 分相操作箱中分相合闸回路图中 ZHJ1′、ZHJ2′动合触点闭合接通，而只有 A 相中的合闸回路是导通的，所以 A 相进行一次重合，A 相合闸回路如下：

＋KM1(第一组控制电源正极)→4QD1→ZHJ2′动合触点闭合→HBJa(A 相合闸保持继电器)→4CD10→4CD9→X1(610)→S4(1↔2 接通)→X3(112)→K3(11↔12 接通)→K9(31↔32 接通)→BW1(13↔14 接通)→X0(2)→BG1(01↔02 接通)→X0(4)→X0(5)→Y3(5、6)→X1 (625) →－KM1(第一组控制电源负极)。

A 相合闸线圈 Y3 励磁后，带动断路器 A 相进行一次重合闸操作。

A 相断路器重合闸回路如下：

＋KM1(第一组控制电源正极)→4QD1→9-1J(CSC-103 保护重合闸命令)→1CLP4(重合闸出口连接片)→4QD29→ZHJ、ZXJ(重合闸信号继电器)、ZHJ1′、ZHJ2′(重合闸继电器)励磁→4QD46→－KM1(第一组控制电源负极)。

＋KM1(第一组控制电源正极)→4QD1→ZHJ2′动合触点闭合→HBJa(A 相合闸保持继电

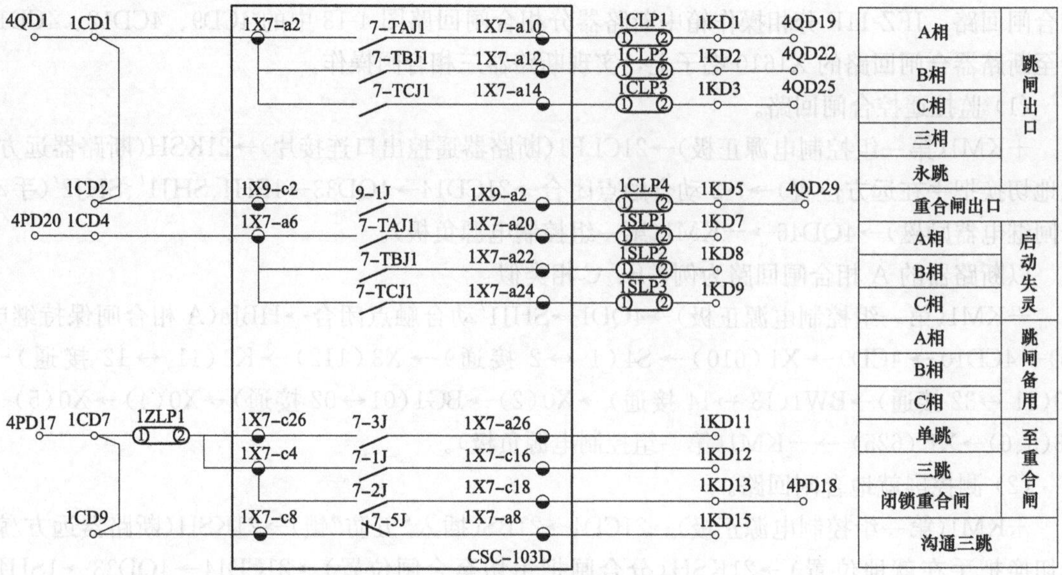


图 4-16　CSC-103 保护原理图

器)→4CD10→4CD9→X1(610)→S4(1↔2 接通)→X3(112)→K3(11↔12 接通)→K9(31↔32 接通)→BW1(13↔14 接通)→X0(2)→BG1(01↔02 接通)→X0(4)→X0(5)→Y3(5、6)→X1 (625) →−KM1(第一组控制电源负极)。

HBJa 为 A 相合闸保持继电器，励磁后其动合触点闭合，实现断路器合闸回路的自保持。

4. 保护三跳断路器回路

图 4-14 中，JFZ-11F 分相操作中三跳回路由三跳回路 TJQ、永跳回路 TJR 和非电量 TJF 跳闸回路组成，并由这三种跳闸回路实现断路器的三相跳闸。220kV 母线保护跳断路器接到分相操作箱的 TJR 永跳回路 4QD14 端子上，并闭锁断路器的重合。因为 220kV 线路没有接线路高抗，所以 TJF 非电量跳闸回路不用。当线路使用三重方式，线路保护三相跳闸且允许重合闸重合时，接入分相操作箱三相跳闸回路并启动重合闸启动失灵保护。该站 220kV 线路均为单相重合闸，所以分相操作箱 TJQ 三跳回路不用。

以 BP-2B 母线差动保护（简称“母差保护”）跳 257 断路器为例，其原理图如图 4-17 所示。

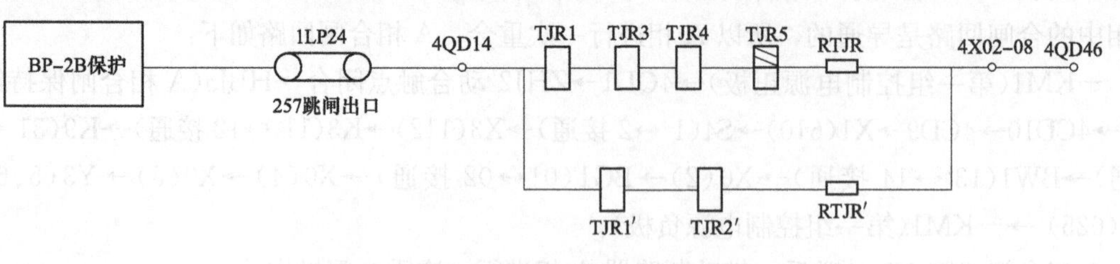


图 4-17　BP-2B 母差保护跳 257 断路器原理图

图 4-17 中，1LP24 为 BP-2B 母差保护跳 257 断路器出口连接片。TJQ 为三跳继电器，TJR 为永跳继电器，TJF 为非电量跳闸继电器，这三个继电器励磁后其动合触点闭合，分别接通断路器 A、B、C 相跳闸回路。同时 TXJ 跳闸信号继电器励磁，发跳闸信号，JFZ-11F 分相操作箱液晶屏上三跳、永跳及非电量跳闸红灯点亮。

5．JFZ-11F 分相操作箱分相跳闸回路

JFZ-11F 分相操作箱断路器分相合闸和分相跳闸回路如图 4-18 所示。图中 TWJa、

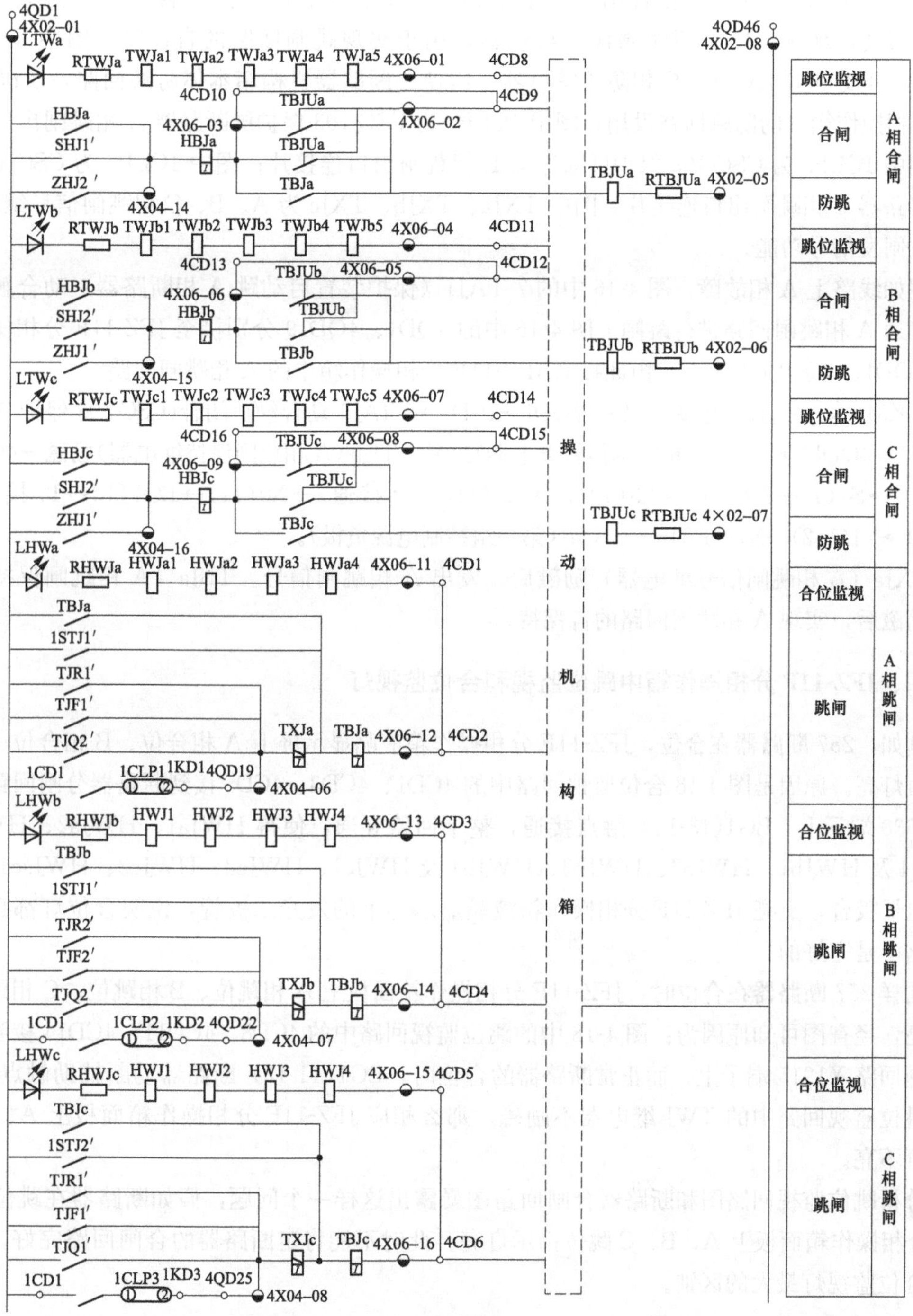


图 4-18 JFZ-11F 分相操作箱断路器分相合闸和分相跳闸回路

HBJa(HBJb 或 HBJc)—A(B 或 C) 相合闸保持继电器；TWJa(TWJb 或 TWJc)—A(B 或 C) 相跳闸位置继电器；1TBJa(1TBJb 或 1TBJc)—A(B 或 C) 相跳闸保持继电器；HWJa(HWJb 或 HWJc)—A(B 或 C) 相合闸位置继电器；TXJa(TXJb 或 TXJc)—A(B 或 C) 相跳闸信号继电器；LTW—跳位监视灯（绿）；LHW—合位监视灯（黄）

TWJb、TWJc为A、B、C相跳闸位置继电器，用于监视合闸回路是否完好；图中HWJa、HWJb、HWJc为A、B、C相合闸位置继电器，用于监视跳闸回路是否完好；图中HBJa、HBJb、HBJc为A、B、C相合闸保持继电器，用于实现合闸回路的自保持；图中TBJa、TBJb、TBJc为A、B、C相跳闸保持继电器，用于实现跳闸回路的自保持；图中TBJUa、TBJUb、TBJUc为A、B、C相防跳继电器，因使用断路器机构箱本体防跳回路，所以JFZ-11F分相操作箱中的防跳回路没用；图中1CLP1为CSC-103保护屏断路器A相跳闸出口连接片；图中1CLP2为CSC-103保护屏断路器B相跳闸出口连接片；图中1CLP3为CSC-103保护屏断路器C相跳闸出口连接片。图中TXJa、TXJb、TXJc为A、B、C相跳闸信号继电器，实现跳闸发信号功能。

假如线路上A相故障，图4-16中的7-TAJ1（保护装置启动跳A相断路器）动合触点闭合，接通A相跳闸回路进行跳闸。图4-16中的4QD1、4QD19分别接至JFZ-11F分相操作箱中的4QD1、4QD19端子上，由此接通JFZ-11F分相操作箱中的A相跳闸回路。

+KM1(第一组控制电源正极)→4QD1→1CD1→7-TAJ1动合触点闭合(CSC-103保护A相跳闸命令)→4QD19→TXJa(A相跳闸信号继电器)励磁→TBJa(A相跳闸保持继电器)励磁→4CD2→X1(630)→S4(7↔8接通)→X3(105)→K9(11↔12接通)→X0(11)→BG1(13↔14接通)→X0(13)→Y1(1,2)→X1(645)→−KM1(第一组控制电源负极)。

TXJa（A相跳闸信号继电器）励磁后，发出A相跳闸信号。TBJa（A相跳闸保持继电器）励磁后，实现A相跳闸回路的自保持。

## 四、JFZ-11F分相操作箱中跳位监视和合位监视灯

例如，257断路器在合位，JFZ-11F分相操作箱液晶显示屏上A相合位、B相合位、C相合位黄灯亮。原因是图4-18合位监视回路中的4CD1、4CD3、4CD5接到断路器分闸回路1中的X1630端子上，BG1(13-14)触点接通，整个回路导通，使得HWJa1、HWJa2、HWJa3、HWJa4及HWJb1、HWJb2、HWJb3、HWJb4及HWJc1、HWJc2、HWJc3、HWJsc4共12个继电器吸合，点亮JFZ-11F分相操作箱液晶显示屏上的发光二极管，说明合位灯都亮，跳闸回路1是完好的。

同样257断路器在合位时，JFZ-11F分相操作箱面板上A相跳位、B相跳位、C相跳位绿灯不亮，经查图可知原因为：图4-18中的跳位监视回路中的4CD8、4CD11、4CD14接到断路器合闸回路X1915端子上，而正常断路器的合位时，BG1(11-12)断路器动断辅助触点断开，所以跳位监视回路中的TWJ继电器不励磁，那么相应JFZ-11F分相操作箱面板上A、B、C跳位灯不亮。

分析跳位监视回路图和断路器合闸回路图暴露出这样一个问题，假如断路器在跳位JFZ-11F分相操作箱面板上A、B、C跳位指示灯亮，此时不能肯定断路器的合闸回路完好，这是它与合位监视灯最大的区别。

## 五、测控屏（CSI-200E）上红、绿灯控制回路

测控屏上红灯亮说明断路器在合位而且断路器的两套跳闸回路都完好，测控屏上绿灯亮说明断路器在跳位，但不能说明断路器的合闸回路完好。测控屏上红、绿灯控制回路如图

4-19 所示。

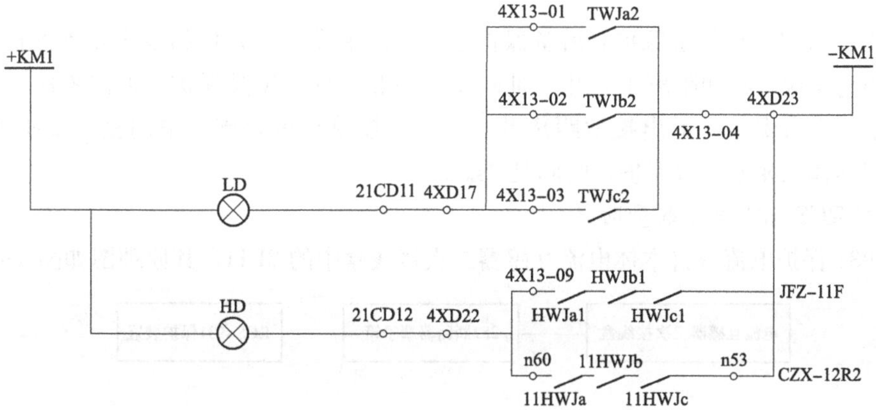


图 4-19　测控屏上红、绿灯控制回路

LD—绿灯；HD—红灯

## 第三节　220kV 线路保护回路

本节将 220kV 天乙Ⅰ线 257 作为该站 220kV 线路保护的典型代表，详细分析保护电流和电压取量、保护动作情况及信号回路。将保护连接片放在回路中进行分析，使我们对保护连接片有整体的认识。

根据“两套保护装置的交流电流应分别取自电流互感器互相独立的绕组，交流电压宜分别取自电压互感器互相独立的绕组，其保护范围应交叉重叠，避免死区”的原则，220kV 天乙Ⅰ线 257 两套主保护 1（CSC-103）和保护 2（RCS-931）电流取量图如图 4-20 所示，图中线路保护用电流二次线圈靠近母线，母线保护用电流二次线圈靠近线路侧，线路保护和母线保护电流互感器保护范围有交叉。

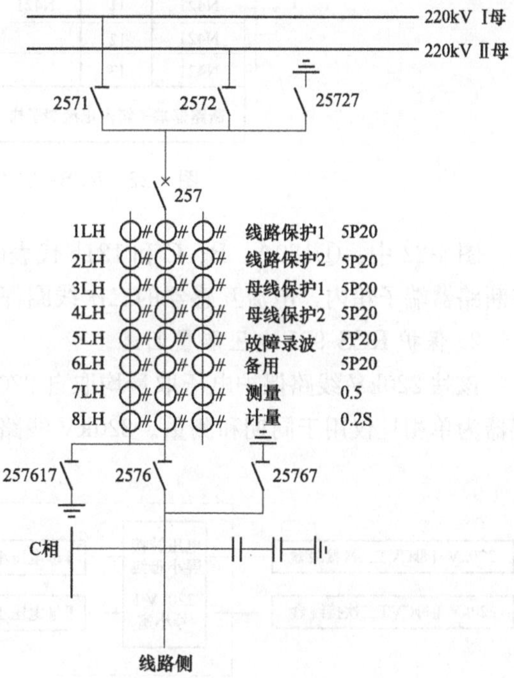


图 4-20　220kV 天乙Ⅰ线 257 两套主保护 1 和保护 2 电流取量图

图 4-20 中，5P20 是保护用电流绕组的准确度等级，即一次电流是额定一次电流的 20 倍时，该绕组的复合误差为±5%。测量用 0.5 级的绕组，计量用 0.2S 级的绕组。用于测量计量的二次绕组要求变比误差要小，精度要高。用于保护的二次绕组要求抗饱和能力强，就是在发生短路故障时，一次电流超过额定一次电流许多倍的情况下，电流互感器一次电流和二次电流的比值仍然在允许的误差范围内。

## 一、RCS-931保护取量回路

RCS-931线路保护集主保护和后备保护于一体。主保护为分相和零序差动保护，后备保护为接地距离Ⅰ段、相间距离Ⅰ、Ⅱ、Ⅲ段及零序Ⅱ、Ⅲ、Ⅳ段保护，退出零序不灵敏Ⅰ段和零序过电流Ⅰ段保护，退出接地距离Ⅱ、Ⅲ段。投单相重合闸。采用复用2M光纤通道。使用断路器本体三相不一致保护，时间是2s。

1. 保护RCS-931电流取量回路

RCS-931保护电流取自本体电流互感器二次接线盒中的2LH，其原理图如图4-21所示。

图4-21　保护RCS-931电流取量原理图

RCS-931保护使用的电流从线路电流互感器本体二次接线盒通过电缆引入257断路器端子箱，然后通过电缆接入到RCS-931保护装置中。RCS-931保护使用的电流接线图如图4-22所示。

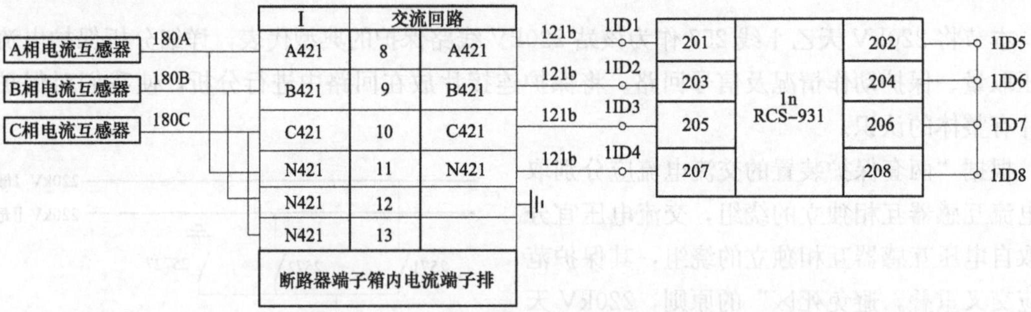


图4-22　RCS-931保护使用的电流接线图

图4-22中：①180A、B、C和121b代表电缆编号；②RCS-931保护电流二次回路接地点在断路器端子箱内，电流互感器的二次线圈都必须可靠接地。

2. 保护RCS-931电压取量回路

该站220kV线路保护电压取量均取自220kV母线电压互感器，220kV线路出线侧电压互感器为单相且仅用于同期和测量。220kV线路保护电压取量原理图如图4-23所示。

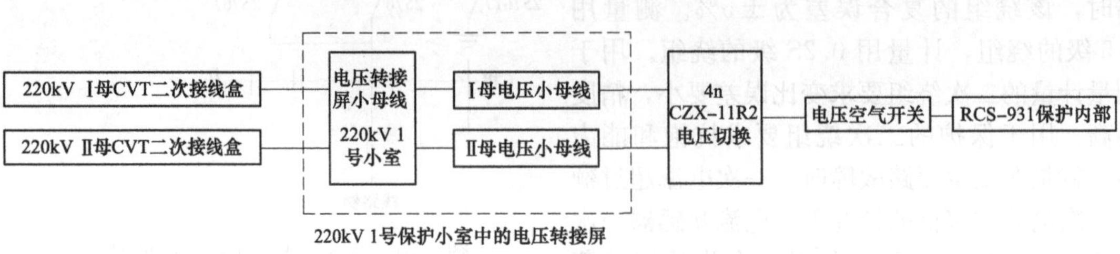


图4-23　220kV线路保护电压取量原理图

图 4-23 中电压空气开关位于 RCS-931 保护装置屏上，即 1ZKK。保护装置所取电压量来自 220kV 母线电压互感器，选用哪一条母线上的电压量取决于母线侧隔离开关上哪一条母线，例如：2571 隔离开关在跳位，2572 隔离开关在跳位，那么保护选用 220kV Ⅰ段母线电压，具体切换回路如图 3-24 所示。当 2571 隔离开关在合位，2572 隔离开关在跳位时，Ⅰ段母线隔离开关动合触点闭合，Ⅱ段母线隔离开关动合触点断开，1YQJ1～1YQJ7 共 7 个继电器励磁，1YQJ6 两个动合触点闭合，1YQJ7 两个动合触点闭合，这样保护所用电压量便切换至Ⅰ段母线电压互感器。

CZX-11R2 分相操作箱电压切换回路如图 4-24 所示。

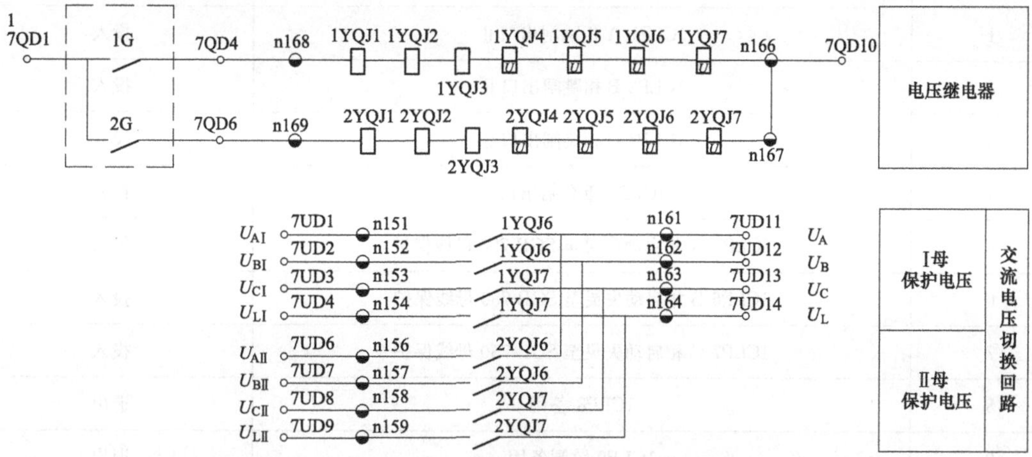


图 4-24　CZX-11R2 分相操作箱电压切换回路

YQJ—电压切换继电器；1G—Ⅰ段母线隔离开关动合辅助触点；2G—Ⅱ段母线隔离开关动合辅助触点

3. RCS-931 保护取线路 C 相电压量回路

该站 220kV 线路出线侧电压互感器均为单相，电压互感器接在线路的 C 相，用于同期和测量。

7UD15 接 N600，1UD6 接 C609 即 N601。RCS-931 保护取线路 C 相电压量原理图如图 4-25 所示。

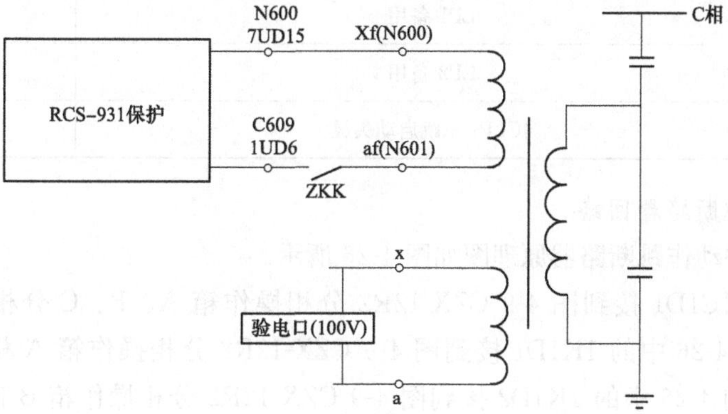


图 4-25　RCS-931 保护取线路 C 相电压量原理图

图4-25中：①ZKK为257断路器端子箱内的线路电压互感器二次小开关；②a、x端口接断路器端子箱内的验电口，用于验明线路是否有电。

## 二、RCS-931保护二次回路

因为RCS-931只配有一套分闸回路，即分闸回路2，下面分析RCS-931保护屏跳闸回路。220kV天乙Ⅰ线257 RCS电流纵联差动保护（简称“纵差保护”）屏2保护连接片见表4-1。

表4-1　　220kV天乙Ⅰ线257RCS纵差保护屏2保护连接片

| 序号 | 连接片名称 | 正常位置 |
|---|---|---|
| 1 | 1CLP1 A相跳闸出口Ⅱ | 投入 |
| 2 | 1CLP2 B相跳闸出口Ⅱ | 投入 |
| 3 | 1CLP3 C相跳闸出口Ⅱ | 投入 |
| 4 | 1CLP4 重合闸出口 | 投入 |
| 5 | 1CLP5 A相启动失灵至SGB-750母线保护 | 投入 |
| 6 | 1CLP6 B相启动失灵至SGB-750母线保护 | 投入 |
| 7 | 1CLP7 C相启动失灵至SGB-750母线保护 | 投入 |
| 8 | 1CLP8 备用 | 退出 |
| 9 | 1CLP9 跳闸备用 | 退出 |
| 10 | 1RLP1 零序保护投入 | 投入 |
| 11 | 1RLP2 差动保护投入 | 投入 |
| 12 | 1RLP3 距离保护投入 | 投入 |
| 13 | 1RLP4 投检修状态 | 退出 |
| 14 | 1RLP5 沟通三跳 | 退出 |
| 15 | 1RLP6 两侧差动保护投入 | 退出 |
| 16 | LP1 备用 | 退出 |
| 17 | LP2 备用 | 退出 |
| 18 | 4CLP1 三跳启动失灵 | 投入 |

1. 保护动作跳断路器回路

RCS-931保护动作跳断路器原理图如图4-26所示。

图4-26中的1C1D1接到图4-9 CZX-12R2分相操作箱A、B、C分相跳闸回路图中的4QD7端子上，图4-26中的1K1D1接到图4-9 CZX-12R2分相操作箱A相跳闸回路图中的4QD19端子上，图4-26中的1K1D2接到图4-9 CZX-12R2分相操作箱B相跳闸回路图中的4QD22端子上，图4-26中的1K1D3接到图4-9 CZX-12R2分相操作箱C相跳闸回路图中的4QD25端子上，即图4-9A、B、C分相跳闸回路图中虚线部分为RCS-931保护跳闸部分。假

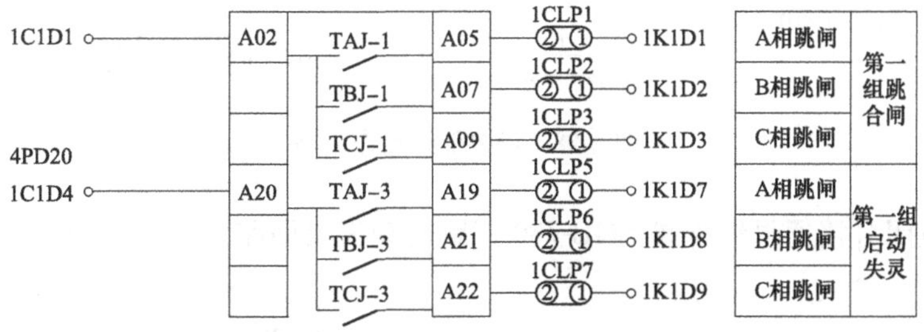


图 4-26 RCS-931 保护动作跳断路器原理图

如此时线路上 A 相接地故障，图 4-26 中第一组跳闸回路中的 TAJ-1 动合触点闭合，接通 A 相跳闸回路，具体回路如下：

＋KM2(第二组控制电源正极)→4QD1→4QD7→TAJ-1 动合触点闭合(RCS-931 保护发出跳 A 命令)→断路器 A 相跳闸出口连接片 1C1LP1→4QD19→11TBIJa(跳闸保持继电器)→12TBIJa(跳闸保持继电器)→4CD2→断路器机构箱第二组跳闸回路→X1(730)→S4(9↔10 接通)→X3(125)→K10(11↔12 接通)→X0(21)→BG1(23↔24 接通)→X0(23)→Y2(3、4)→X1(745)→4QD46→－KM2(第二组控制电源负极)。

2. 失灵回路

(1) 单相启动失灵回路。图 4-26 中的 1K1D7、1K1D8、1K1D9 端子都接入 220kV 母线保护 2 即 SGB-750 左侧端子排上启动母差保护中的失灵保护。以线路 A 相故障为例，RCS-931BM 保护在跳 A 相同时也启动 220kV 母线保护 2 失灵，即 TAJ-3 动合触点闭合。接通 A 相启动失灵回路，其原理图如图 4-27 所示。

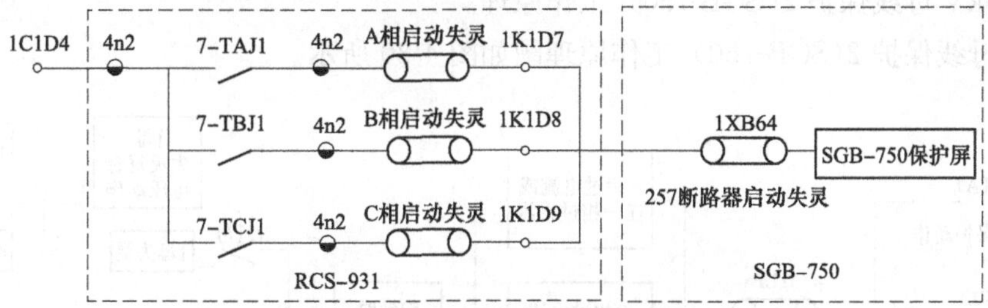


图 4-27 单相启动失灵回路原理图

图 4-27 中左边虚线框内为 RCS-931BM 保护部分，A 相启动失灵、B 相启动失灵、C 相启动失灵为线路 257 失灵启动出口连接片。右边虚线框内为 220kV 母线保护 2 即 SGB-750 保护部分。1LP64 为 SGB-750 保护中线路 257 启动失灵开入连接片。

(2) 三跳启动失灵。

1) 只分析母差保护动作跳 257 断路器三相，此时 257 断路器失灵，启动 220kV 母线失灵保护，CZX-12R2 分相操作箱三跳回路中的 4QD14 端子接入 SGB-750 母线保护，具体母差保护动作回路图如图 4-28 所示，详细跳闸回路分析见图 4-8CZX-12R2 分相操作箱中的三跳和图 4-9 分相跳闸回路。

CZX-12R2 分相操作箱启动断路器三相失灵回路如图 4-29 所示，当永跳继电器励磁后，

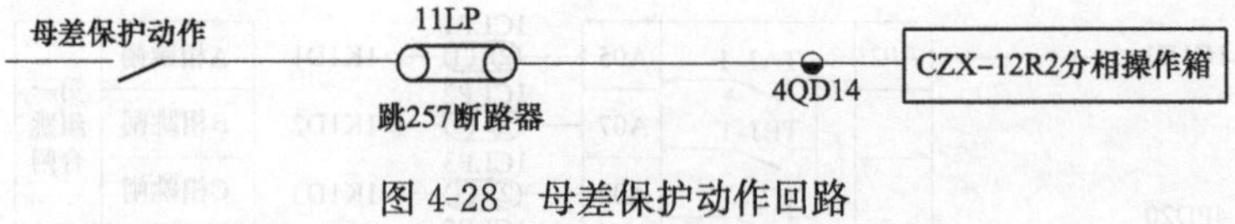


图 4-28 母差保护动作回路

12TJR 动合触点闭合接通母线保护 SGB-750 三跳启动失灵回路。

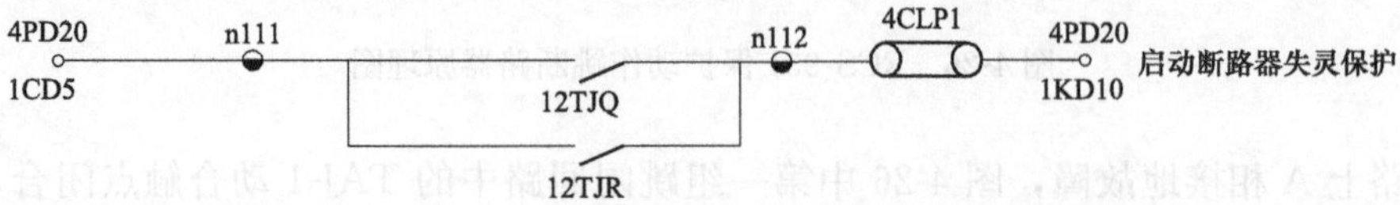


图 4-29 CZX-12R2 分相操作箱启动断路器三相失灵回路

母差保护动作出口跳 257 断路器，此时 257 断路器三跳不启动重合闸启动失灵，图 4-8 中的 11TJR、12TJR、13TJR 三个继电器吸合，图 4-9 CZX-12R2 分相操作箱分相跳闸回路中的 11TJR、12TJR 所有动合触点闭合，257 断路器三相跳闸，同时图 4-29 中 12TJR 动合触点闭合，接通 257 断路器三跳启动失灵。图 4-29 中 4PD20 接至母线保护 SGB-750。三跳启动失灵和 A 相启动失灵接至 SGB-750 同一个端子，详细情况同图 4-27 单相启动失灵回路图。

2）线路保护三跳启动失灵。当线路有相间故障或有单相故障跳闸又重合于故障时，断路器要三跳，线路保护三跳启动失灵与线路单跳启动失灵相类似，只不过又多出两相启动失灵，多出的两相每相启失灵回路与前面单相启动失灵一样。

(3) 220kV 母线保护 2(SGB-750) 工作原理。

220kV 母线保护 2(SGB-750) 工作原理图如图 4-30 所示。

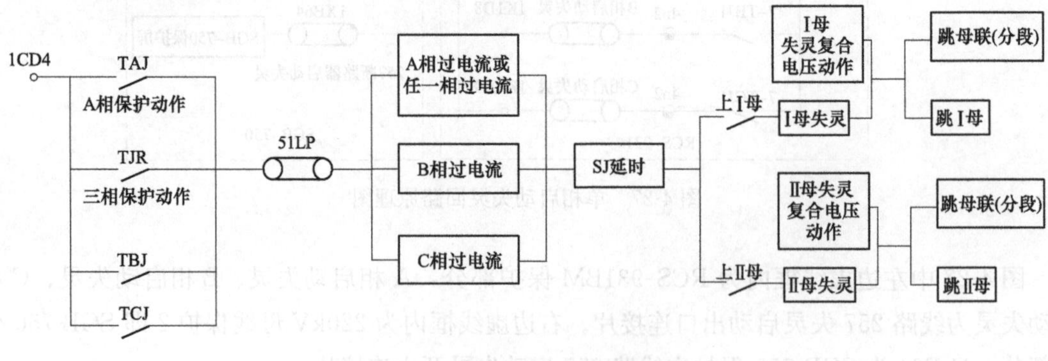


图 4-30 SGB-750 工作原理图

图 4-30 中 51LP 为断路器 257 失灵动作出口连接片。RCS-931BM 保护动作后，保护动作触点 TAJ（TBJ、TCJ）或 SGB-750 母差保护动作后，CZX-12R2 分相操作箱中 TJR（永跳继电器）动合触点闭合，SGB-750 内部过电流元件也启动，并经一定延时后，故障电流不消失，保护动作触点不返回，且失灵复合电压闭锁条件满足，则认为断路器失灵，母线失灵保护出口第一时限跳母联分段断路器，第二时限跳开母线上所有断路器。

3. 220kV母线保护2即SGB-750保护动作跳线路对侧断路器回路

《继电保护和安全自动装置技术规程》(GB/T 14285—2006)中规定"母线保护动作后，除一个半断路器接线外，对不带分支且有纵联保护的线路，应采取措施，使对侧断路器能速动跳闸"。该站220kV线路均为不带分支且配有纵联保护的线路，所以采取母线保护动作后，通过线路纵联保护向对侧线路发远跳信号，快速跳开对侧的断路器。SGB-750母差保护动作跳257断路器的同时，RCS-931保护收到13TJR（母线保护三跳）弱电开关量输入（简称"开入"），而后RCS-931保护又经远传2将上述弱电开入转化为远方跳闸转发给对侧，使对侧断路器跳闸，其原理图如图4-31所示。

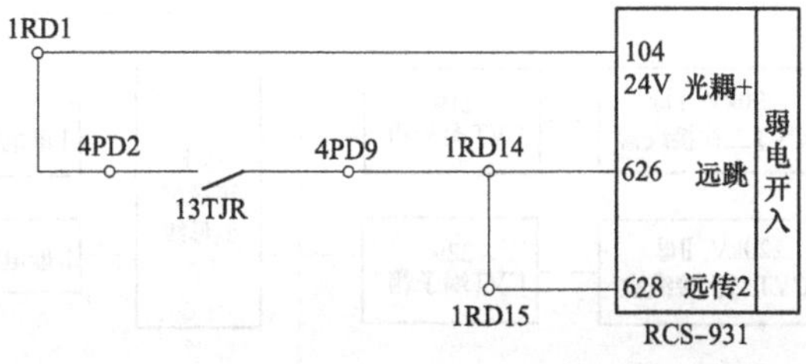


图4-31 SGB-750保护动作跳线路对侧断路器回路

## 三、CSC-103保护二次回路

CSC-103线路保护集主保护和后备保护于一体。主保护为分相和零序差动保护，后备保护为接地距离Ⅰ段、相间距离Ⅰ、Ⅱ、Ⅲ段及零序Ⅱ、Ⅲ、Ⅳ段保护，退出零序不灵敏Ⅰ段和零序过电流Ⅰ段保护，退出接地距离Ⅱ、Ⅲ段。采用复用2M光纤通道。使用断路器本体三相不一致保护，时间是2s。

1. 保护CSC-103电流取量回路

CSC-103电流取量原理图如图4-32所示。

图4-32 CSC-103电流取量原理图

CSC-103保护使用的电流从线路电流互感器本体二次接线盒通过电缆引入257断路器端子箱，然后通过电缆接入到CSC-103保护装置中。CSC-103保护取自电流互感器二次端子中的1LH，其电流接线图如图4-33所示。

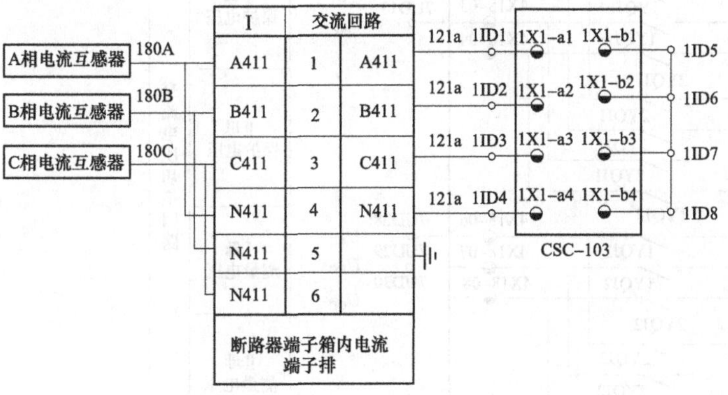


图4-33 CSC-103电流取量接线示意图

图4-33中：180A、B、C和121a代表电缆编号，CSC-103保护电流二次回路接地点在断

路器端子箱内，电流互感器的二次线圈都必须可靠接地。

2. 保护 CSC-103 电压取量回路

该站 220kV 线路保护电压取量均取自 220kV 母线电压互感器，220kV 线路出线侧电压互感器为单相且仅用于同期和测量。220kV 线路保护 CSC-103 电压取量原理图如图 4-34 所示。

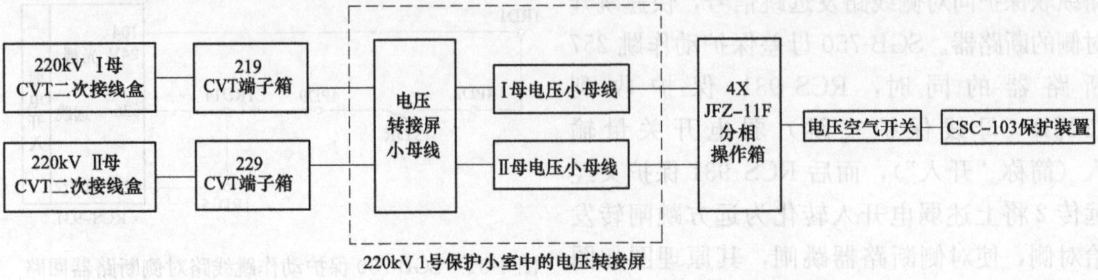


图 4-34　220kV 线路保护 CSC-103 电压取量原理图

220kV Ⅰ段母线电压和 220kV Ⅱ段母线电压都接入 220kV 1 号保护小室电压转接屏，具体 220kV 线路保护 CSC-103 用哪一条母线电压，取决于 220kV 线路的母线侧隔离开关上哪一条母线运行。正常运行时，按照习惯 220kV 线路调度编号为单数的上 220kV Ⅰ段母线运行，220kV 线路调度编号为双数的上 220kV Ⅱ段母线运行。例如 220kV 线路上Ⅰ段母线运行，那么 JFZ-11F 电压切换箱便将 220kV Ⅰ段母线电压切换给 CSC-103 保护。JFZ-11F 分相操作箱电压切换回路如图 4-35 所示。

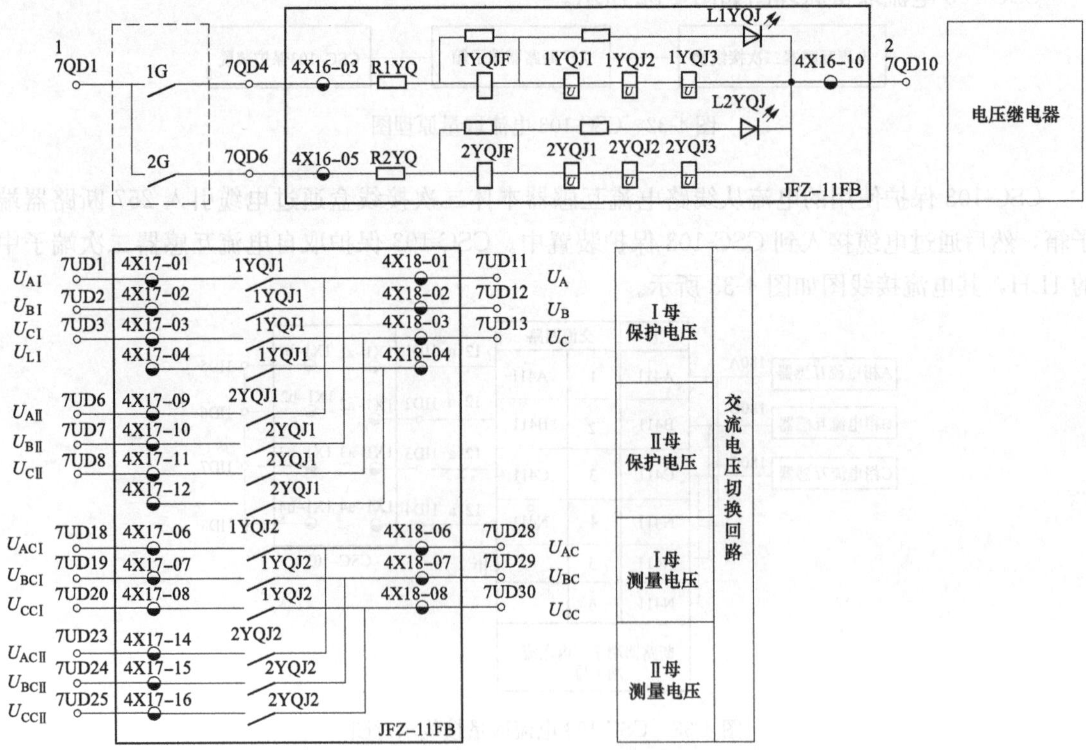


图 4-35　JFZ-11F 分相操作箱电压切换回路

YQJ—电压切换继电器；1G—Ⅰ段母线隔离开关动合辅助触点；2G—Ⅱ段母线隔离开关动合辅助触点

图 4-35 中的 1G 是 2571 隔离开关另一个动合触点，与 RCS-931 保护中的 CZX-12R2 电压切换回路图中的 1G 不是同一个触点，它们分别是 2571 隔离开关两个不同的动合触点，同理 2G 也一样。

当 2571 隔离开关在合位，2572 隔离开关在跳位，Ⅰ段母线隔离开关动合触点闭合，Ⅱ段母线隔离开关动合触点断开，1YQJ1、1YQJ2、1YQJ3 电压切换继电器励磁，1YQJ1、1YQJ2 动合触点闭合，对应Ⅰ段母线保护电压和测量电压都切换到Ⅰ段母线电压互感器上，那么保护选用 220kV Ⅰ段母线电压。当 2571 隔离开关在跳位，2572 隔离开关在合位时，Ⅰ段母线隔离开关动合触点断开，Ⅱ母隔离开关动合触点闭合，2YQJ1、2YQJ2、2YQJ3 电压切换继电器励磁，2YQJ1、2YQJ2 动合触点闭合，对应Ⅱ段母线保护电压和测量电压都切换到Ⅱ段母线电压互感器上，那么保护选用 220kV Ⅱ段母线电压。

线路 C 相电压互感器二次接线原理图如图 4-36 所示。

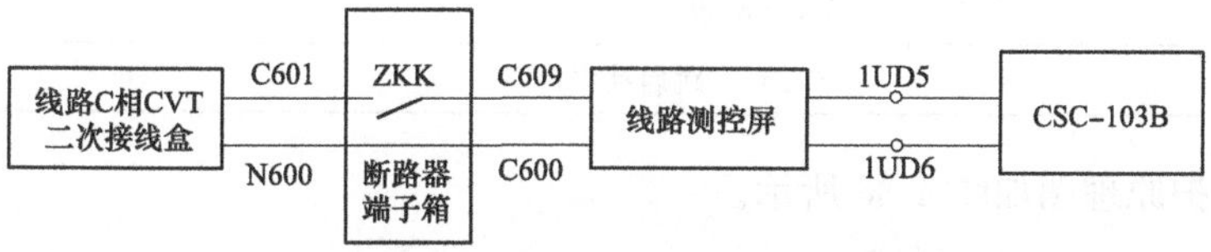


图 4-36　线路 C 相电压互感器二次接线原理示意图

CSC-103 保护取线路 C 相电压互感器二次接线图如图 4-37 所示。

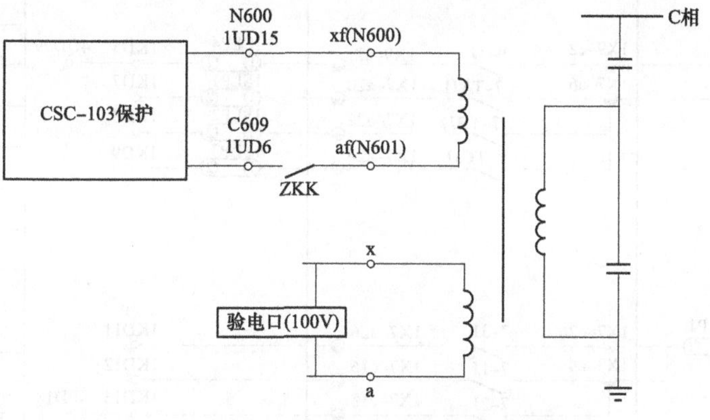


图 4-37　线路 C 相电压互感器二次接线示意图

图 4-37 中：①ZKK 为 257 断路器端子箱内的线路电压互感器二次小空气开关；②线路同期电压为 57.7V，验电器用线路电压互感器剩余绕组 100V；③线路 C 相电压互感器电压量仅用于同期和测量。

## 四、CSC-103 保护分、合闸回路

CSC-103 配有一套合闸回路和一套分闸回路，即分闸回路 1，下面分析 CSC-103 保护屏分合闸回路。220kV 天乙Ⅰ线 257 CSC 纵差保护屏 1 保护连接片见表 4-2。

**表 4-2　　　　220kV 天乙Ⅰ线 257CSC 纵差保护屏 1 保护连接片**

| 序号 | 连接片名称 | 正常位置 |
|---|---|---|
| 1 | 1CLP1 A 相跳闸出口Ⅰ | 投入 |
| 2 | 1CLP2 B 相跳闸出口Ⅰ | 投入 |
| 3 | 1CLP3 C 相跳闸出口Ⅰ | 投入 |
| 4 | 1CLP4 重合闸出口 | 投入 |
| 5 | 1SLP1 A 相启动失灵至 BP-2B 母线保护 | 投入 |
| 6 | 1SLP2 B 相启动失灵至 BP-2B 母线保护 | 投入 |
| 7 | 1SLP3 C 相启动失灵至 BP-2B 母线保护 | 投入 |
| 8 | 1ZLP1 至重合闸 | 投入 |
| 9 | 1KLP1 纵差保护投入 | 投入 |
| 10 | 1KLP2 重合闸长延时投入 | 退出 |
| 11 | 1KLP3 投检修状态 | 退出 |
| 12 | 4SLP1 三跳启动失灵 | 投入 |

CSC-103 保护原理图如图 4-38 所示。

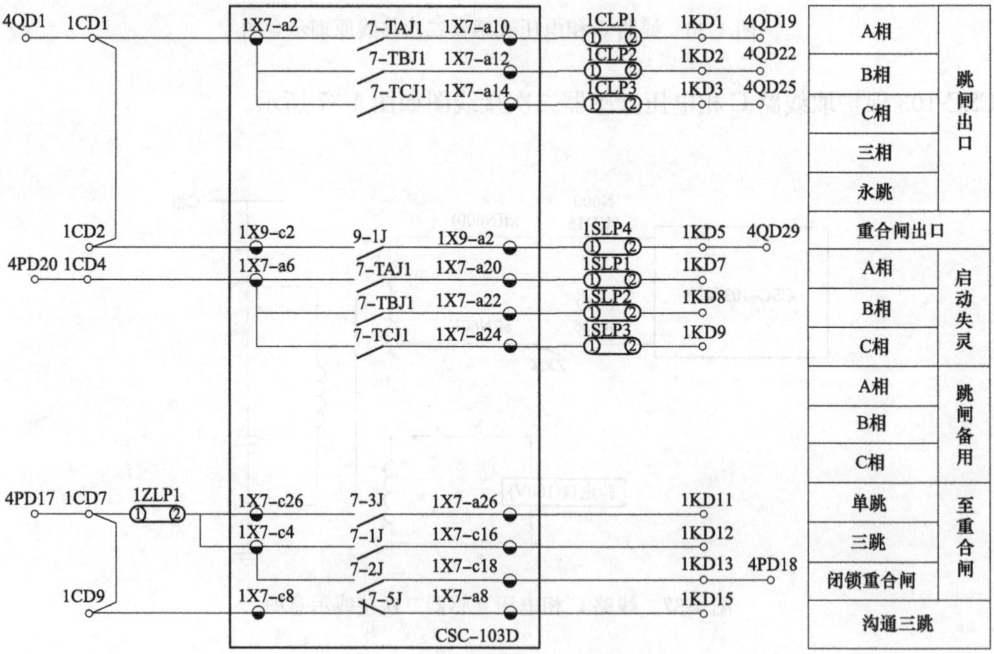


图 4-38　CSC-103 保护原理图

1. CSC-103 保护分相跳闸回路

详细内容在本章第二节第三部分 JFZ-11F 分相操作箱二次回路“5. JFZ-11F 分相操作箱分相跳闸回路”中已经分析，此处不再重复。

2. CSC-103 保护重合闸回路

详细内容在本章第二节第三部分 JFZ-11F 分相操作箱二次回路“3. CSC-103 保护重合闸

回路”中已经分析，此处不再重复。

3. CSC-103 保护启动失灵回路

(1) 单相启动失灵回路。当线路上 A 相故障 A 相跳闸时，图 4-38CSC-103 保护原理图中 7-TAJ1 动合触点闭合，接通 A 相启动失灵回路。图 4-38 中的 1KD7、1KD8、1KD9 端子接到 220kV 母线保护 1 即 BP-2B 母线保护屏。

(2) 三跳启动失灵回路。

1) 线路保护三跳启动失灵回路。例如：线路上单相故障，单跳后重合，重合于故障，此时断路器三相跳闸，每一相跳闸时，同时启动自身失灵，这种情况就是 3 个单相启动失灵的叠加。

2) 母差保护跳断路器三相，三相启动失灵回路。例如母线故障，差动保护动作，跳 257 断路器三相，此时该命令接到图 4-14 JFZ-11F 分相操作箱永跳回路的 4QD14 端子上，即母差保护跳断路器时不启动重合闸，但启动失灵。JFZ-11F 分相操作箱永跳回路图中的 TJR1′、TJR2′、TJR3 永跳继电器吸合，图 4-18 中的 TJR1′、TJR2′动合触点闭合，接通 A、B、C 三相跳闸回路。同时 JFZ-11F 分相操作箱中的 TJR3 动合触点闭合，启动 257 断路器三跳启动失灵回路如图 4-39 所示。

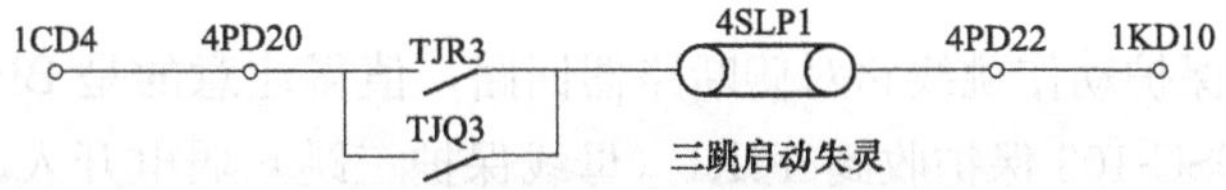


图 4-39　三跳启动失灵回路

(3) 257 断路器三跳启动失灵和单跳启动失灵原理。CSC-103 保护启动失灵回路如图 4-40 所示，图中左边虚线框内为 CSC-103 保护和 JFZ-11F 分相操作箱部分，A 相启动失灵、B 相启动失灵、C 相启动失灵、三跳启动失灵为线路 257 失灵启动出口连接片。1LP64 为 BP-2B 保护中线路 257 启动失灵开入连接片。

BP-2B 母线失灵保护动作出口需满足以下条件：①线路保护动作不返回；②BP-2B 内过电流元件启动不返回；③经过一定延时；④失灵复合电压闭锁开放。

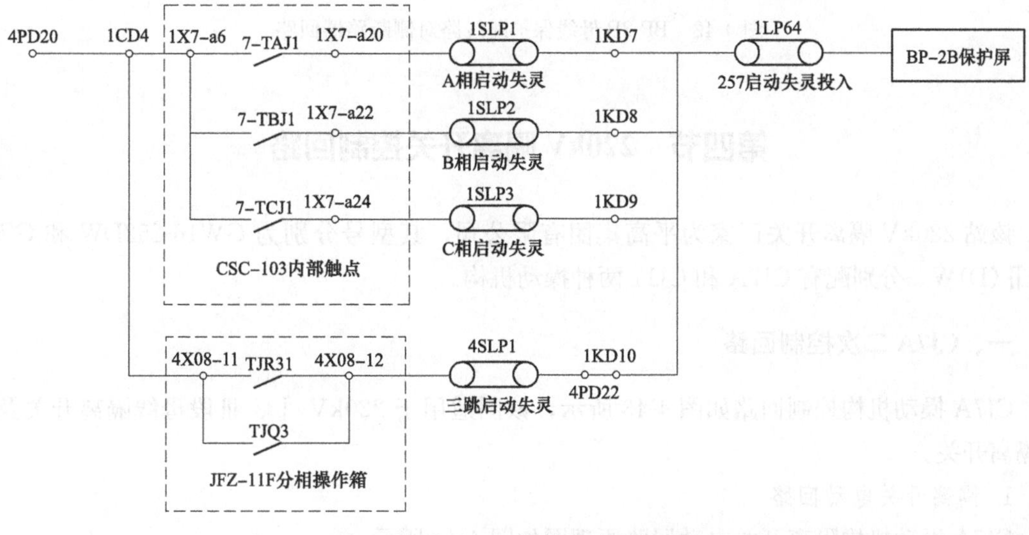


图 4-40　CSC-103 保护启动失灵回路

4. 220kV 母线保护 1 即 BP-2B 母差保护动作跳线路对侧断路器回路

《继电保护和安全自动装置技术规程》(GB/T 14285—2006) 中规定"母线保护动作后，除一个半断路器接线外，对不带分支且有纵联保护的线路，应采取措施，使对侧断路器能速动跳闸"。该站 220kV 线路均为不带分支且配有纵联保护的线路，所以采取母线保护动作后，通过线路纵联保护向对侧线路发远跳信号，快速跳开对侧的断路器。BP-2B 母差保护跳断路器回路如图 4-41 所示。

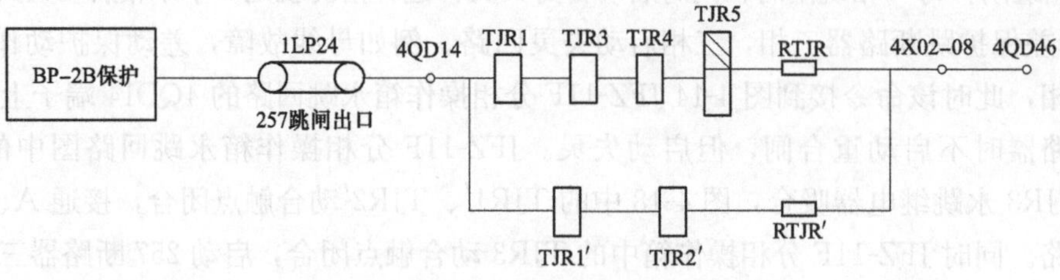


图 4-41　BP-2B 母差保护跳断路器回路

分析 BP-2B 母线保护动作跳线路对侧断路器回路，值得注意的是 BP-2B 母差保护动作跳 257 断路器的同时，CSC-103 保护收到 TJR1（母线保护三跳）弱电开入，而后 CSC-103 保护又经远传 2 将上述弱电开入转化为远方跳闸转发给对侧，使对侧断路器跳闸。BP-2B 母线保护跳线路对侧断路器回路如图 4-42 所示。

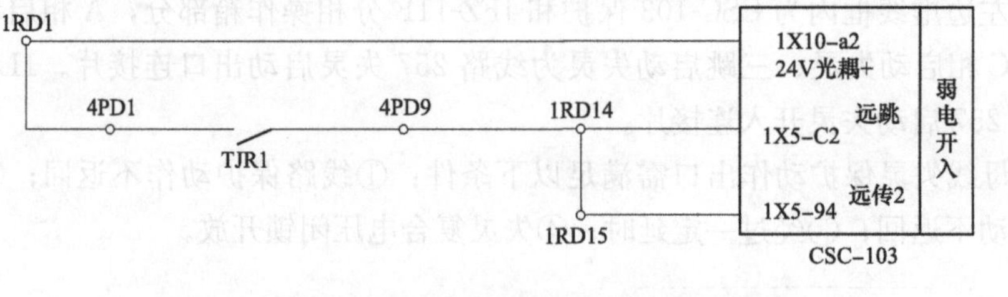


图 4-42　BP-2B 母线保护跳线路对侧断路器回路

## 第四节　220kV 隔离开关控制回路

该站 220kV 隔离开关厂家为平高集团有限公司，其型号分别为 GW16-252DW 和 GW7-252Ⅱ(D)W，分别配有 CJ7A 和 CJ11 两种操动机构。

### 一、CJ7A 二次控制回路

CJ7A 操动机构控制回路如图 4-43 所示，该图适用于 220kV Ⅰ、Ⅲ段母线隔离开关及线路隔离开关。

1. 隔离开关电动回路

CJ7A 操动机构隔离开关电动回路原理图如图 4-44 所示。

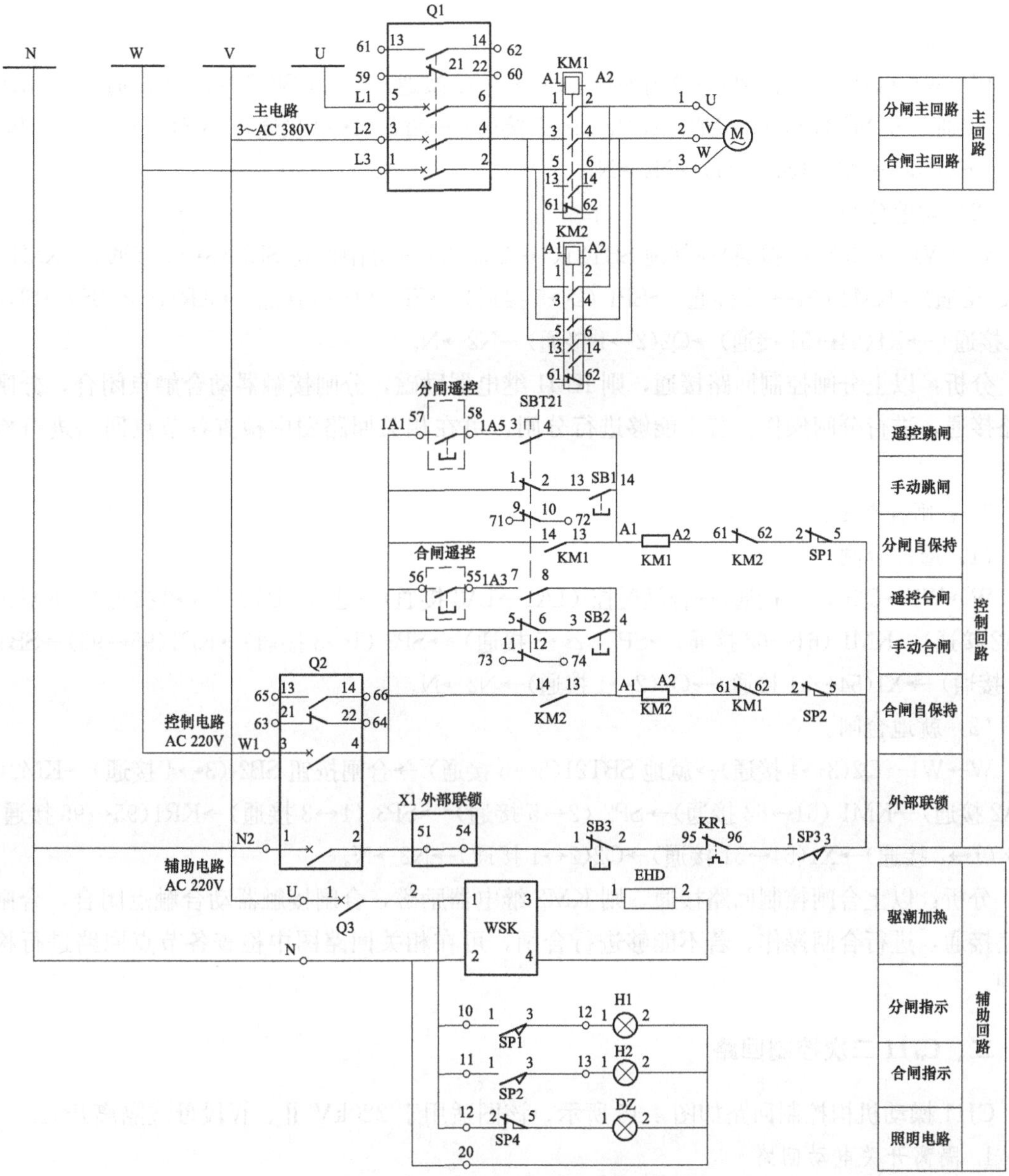


图 4-43　CJ7A 操动机构控制回路

Q1—电动机电源；Q2—控制电源；Q3—加热驱潮电源；KR1—交流电动机的热继电器；SBT21—远方/就地切换把手；KM1—分闸接触器；KM2—合闸接触器；SB1—分闸按钮；SB2—合闸按钮；SB3—急停按钮；SP1—分闸终端分断触点；SP2—合闸终端分断触点；SP3—手动电动闭锁触点；M—交流电动机；WSK—温湿度控制器；EHD—加热驱潮电阻

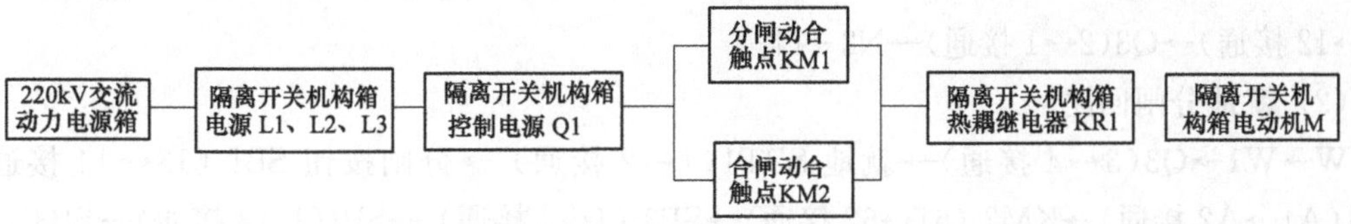


图 4-44　CJ7A 操动机构隔离开关电动回路原理图

2. 分闸控制回路

(1) 遥控跳闸。

W→W1→Q2(3↔4 接通)→分闸遥控 (1A1↔1A5 接通)→远方 SBT21(3↔4 接通)→KM1(A1↔A2 接通)→KM2 (61↔62 接通)→SP1 (2↔5 接通) →SP3 (1↔3 接通)→KR1(95↔96)→SB3 (1↔2) →X1(54↔51)→Q2(2↔1)→N2→N。

(2) 就地分闸。

W→W1→Q2(3↔4 接通)→就地 SBT21(1↔2 接通) →分闸按钮 SB1 (3↔4 接通)→KM1(A1↔A2 接通)→KM2 (61↔62 接通)→SP1 (2↔5 接通) →SP3 (1↔3 接通)→KR1(95↔96)→SB3 (1↔2 接通) →X1(54↔51 接通)→Q2(2↔1 接通)→N2→N。

分析：以上分闸控制回路接通，则 KM1 继电器励磁，分闸接触器动合触点闭合，分闸主电路接通，进行分闸操作。若不能够进行分闸，可在相关回路图中检查各节点回路进行检查处理。

3. 合闸控制回路

(1) 遥控合闸。

W→W1→Q2(3↔4 接通)→合闸遥控 (1A1↔1A3 接通)→远方 SBT21(7↔8 接通)→KM2(A1↔A2 接通)→KM1 (61↔62 接通)→SP2 (2↔5 接通) →SP3 (1↔3 接通)→KR1(95↔96)→SB3 (1↔2 接通) →X1(54↔51 接通)→Q2(2↔1 接通)→N2→N。

(2) 就地合闸。

W→W1→Q2(3↔4 接通)→就地 SBT21(5↔6 接通) →合闸按钮 SB2 (3↔4 接通)→KM2(A1↔A2 接通)→KM1 (61↔62 接通)→SP2 (2↔5 接通) →SP3 (1↔3 接通)→KR1(95↔96 接通)→SB3 (1↔2 接通)→X1(54↔51 接通)→Q2(2↔1 接通)→N2→N。

分析：以上合闸控制回路接通，则 KM2 继电器励磁，合闸接触器动合触点闭合，合闸主电路接通，进行合闸操作。若不能够进行合闸，可在相关回路图中检查各节点回路进行检查处理。

## 二、CJ11 二次控制回路

CJ11 操动机构控制回路如图 4-45 所示，该图适用于 220kV Ⅱ、Ⅳ段母线隔离开关。

1. 隔离开关电动回路

CJ11 型操动机构隔离开关电动回路如图 4-46 所示。

2. 分闸控制回路

(1) 遥控跳闸回路。

W→W1→Q3(3↔4 接通)→遥控跳闸(2A1↔2A5 接通)→远方 SBT1(3↔4 接通)→KM1(A1↔A2 接通)→KM2 (61↔62 接通)→SP3 (1↔3 接通) →SP1 (1↔3 接通)→SB3 (11↔12 接通)→Q3(2↔1 接通)→N2→N。

(2) 就地分闸回路。

W→W1→Q3(3↔4 接通)→就地 SBT1(1↔2 接通) →分闸按钮 SB1 (13↔14 接通)→KM1(A1↔A2 接通)→KM2 (61↔62 接通)→SP3 (1↔3 接通) →SP1(1↔3 接通)→SB3 (11↔12 接通)→Q3(2↔1 接通)→N2→N。

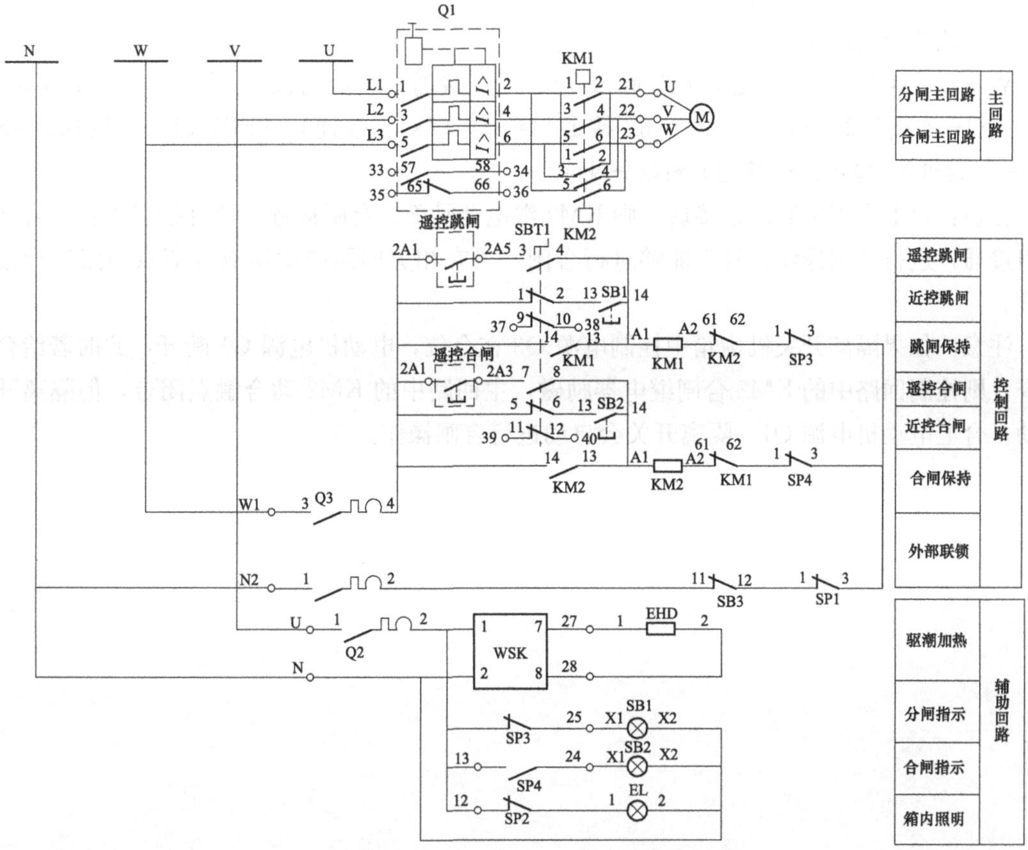


图 4-45　CJ11 操动机构控制回路

Q1—电动机电源；Q3—控制电源；Q2—加热驱潮电源；SBT1—远方/就地切换把手；M—交流电动机；KM1—分闸接触器；KM2—合闸接触器；SB1—分闸按钮；SB2—合闸按钮；SB3—急停按钮；EHD—加热驱潮电阻；SP3—分闸终端分断触点；SP4—合闸终端分断触点；SP1—手动电动闭锁接触点；WSK—温湿度控制器

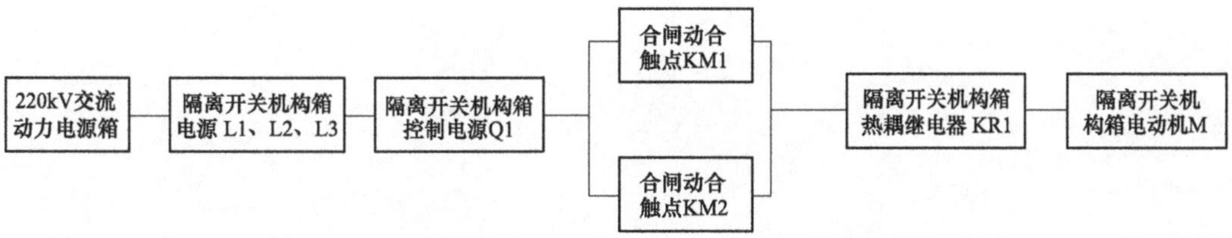


图 4-46　CJ11 型操动机构隔离开关电动回路

分析：以上分闸控制回路接通，则 KM1 继电器励磁，分闸接触器动合触点闭合，分闸主电路接通，进行分闸操作。若不能够进行分闸，可在相关回路图中检查各节点回路进行检查处理。

3. 合闸控制回路

(1) 遥控合闸回路。

W→W1→Q3(3↔4 接通)→遥控合闸(2A1↔2A3 接通)→远方 SBT2(7↔8 接通)→KM2(A1↔A2 接通)→KM1 (61↔62 接通)→SP4 (1↔3 接通) →SP1 (1↔3 接通)→SB3

(11↔12 接通) →Q3(2↔1 接通)→N2→N。

(2) 就地合闸回路。

W→W1→Q3(3↔4 接通)→就地 SBT1(5↔6 接通) →合闸按钮 SB2 (13↔14 接通)→KM2(A1↔A2 接通)→KM1 (61↔62 接通)→SP4 (1↔3 接通) →SP1 (1↔3 接通)→SB3 (11↔12 接通)→Q3(2↔1 接通)→N2→N。

分析：以上合闸控制回路接通，则 KM2 继电器励磁，合闸接触器动合触点闭合，合闸主电路接通，进行合闸操作。若不能够进行合闸，可在相关回路图中检查各节点回路进行检查处理。

注意，如果隔离开关机构箱中控制电源 Q3 在合位，电动机电源 Q1 断开，此时若给合闸命令，则控制回路中的 KM2 合闸继电器励磁，主回路中的 KM2 动合触点闭合，但隔离开关不动，合上电动机电源 Q1，隔离开关会自动进行合闸操作。

# 第五章 220kV母线保护二次回路

本章主要对220kV母线保护及母联、分段保护测控屏二次回路进行分析。

## 第一节 220kV母线保护二次回路

《继电保护和安全自动装置技术规程》（GB/T 14285—2006）中规定“对于220kV～500kV母线，对于双母线、双母线分段等接线，为防止母线保护因检修退出失去保护，母线发生故障会危及系统稳定和使事故扩大时，宜装设两套母线保护”。本书所述变电站220kV母线采用双母线双分段接线方式。220kV Ⅰ、Ⅱ段母线保护配有两套母差保护，保护1是BP-2B，保护2是SGB-750-E18A。220kV Ⅲ、Ⅳ段母线保护配有两套母差保护，保护1是BP-2C，保护2是SGB-750-E15AG。

根据《十八项电网重大反事故措施（修订版）及编制说明》（国家电网设备〔2018〕979号）（简称“十八项反措”）中规定的“两套保护装置的跳闸回路应与断路器的两个跳闸线圈分别一一对应”原则，有保护1跳对应断路器的第一组跳闸线圈，保护2跳对应断路器的第二组跳闸线圈。

### 一、母差保护功能与失灵保护功能

220kV四套母线保护均具有母差保护功能与失灵保护功能。母差保护动作出口及母线失灵保护动作出口（除主变压器断路器外）都需当各自的母线复压闭锁条件开放时才能出口跳相应断路器。此复压闭锁条件是母线低（线）电压70V、零序电压6V、负序电压4V，三个判据中任一个被满足，该段母线的电压闭锁元件就会开放。

四套母差保护功能及工作原理相似，均保护母线及各出线电流互感器之间的所有设备，即保护范围为从母线到所有出线间隔电流互感器之间设备。220kV母差保护回路如图5-1所示。

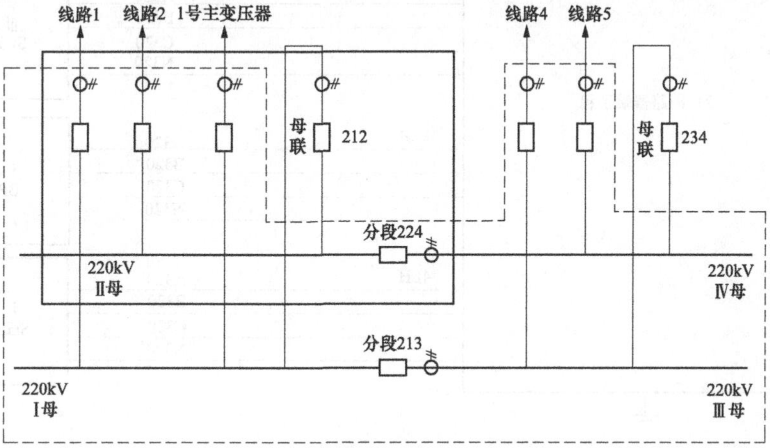


图5-1 220kV母差保护回路

差动保护回路由大差回路选择是区内还是区外故障，小差回路选择是哪条母线故障。大差保护为母线上所有元件（除母联和分段）电流和，小差保护为Ⅰ段母线或Ⅱ段母线上元件电流和（包括母联和分段）。图5-1虚线框为大差电流和范围，实线框为Ⅱ段母线小差电流和范围。差动保护范围内故障时，母线保护第一时限跳母联、分段，第二时限跳对应母线上的所有断路器。

四套母线保护中母联212、母联234、分段213、分段224及Ⅰ、Ⅱ段母线上251断路器、Ⅲ、Ⅳ段母线上261断路器电流取量原理图如图5-2和图5-3所示（其中251代表220kV Ⅰ、Ⅱ段母线上各支路，261代表220kV Ⅲ、Ⅳ段母线上各支路），差动保护用电流互感器二次接

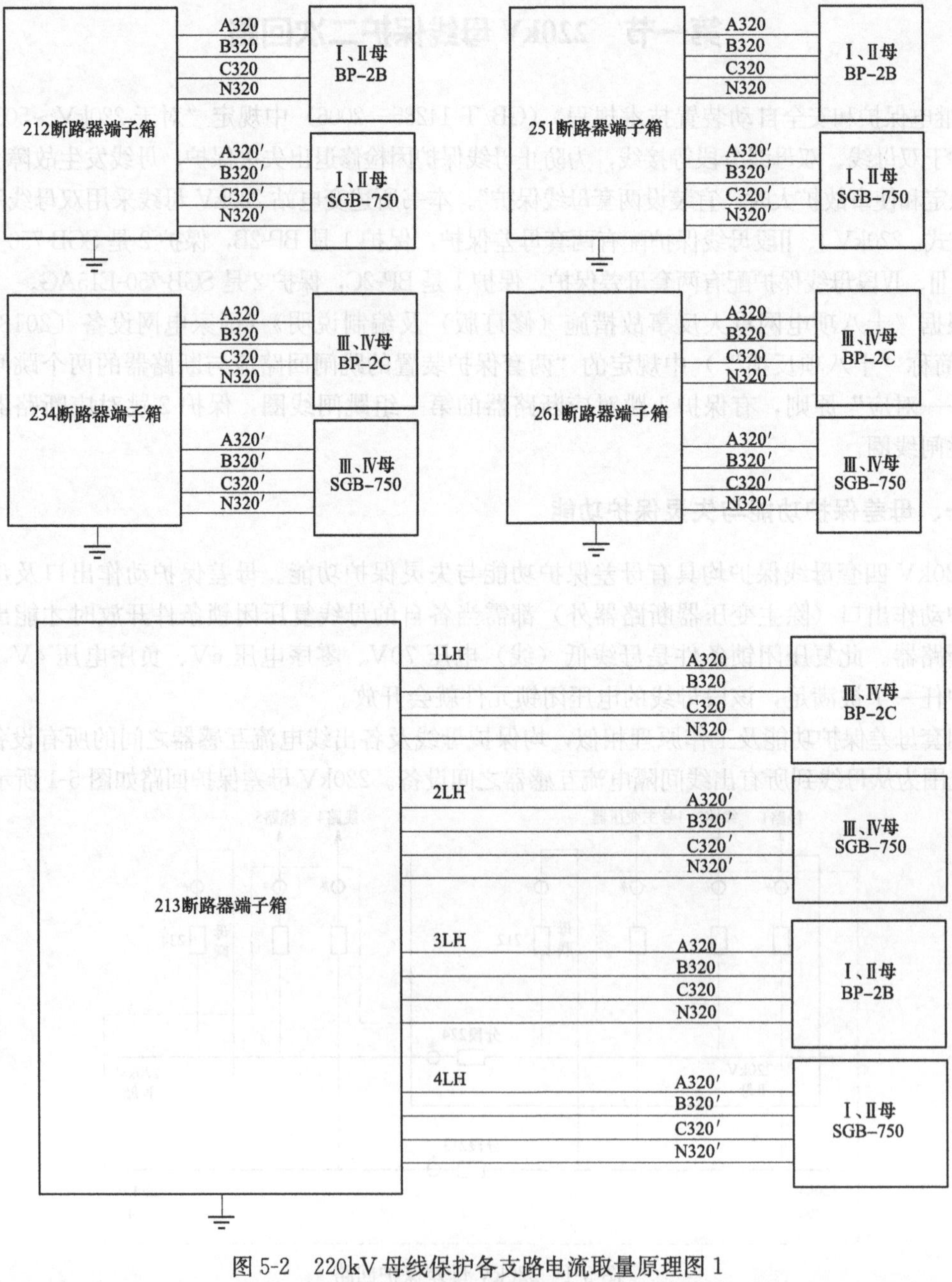


图5-2　220kV母线保护各支路电流取量原理图1

地点均在各自断路器端子箱接地，之前的保护设计接点在母差保护屏上，后来的设计接地点分布在各个断路器端子箱中。

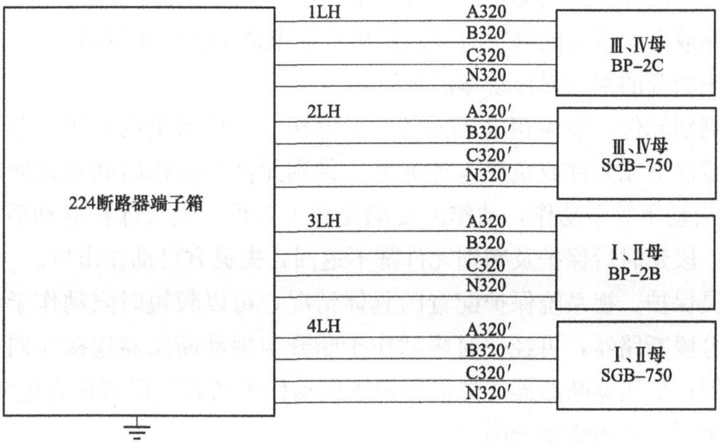


图 5-3　220kV 母线保护各支路电流取量原理图 2

220kV 母差保护动作跳主变压器 220kV 侧断路器的同时，还会联跳主变压器三侧断路器。主变压器 220kV 侧断路器上 220kV Ⅰ（或Ⅱ）段母线运行，当 220kV Ⅰ（或Ⅱ）段母差保护动作时，对应主变压器二次回路中增加 220kV 母差保护动作跳主变压器三侧断路器，双母线接线方式的母线发生故障，母差保护动作后，对于接在母线上的变压器，将母差保护动作的一副触点直接跳变压器中压侧断路器，另一副触点开入变压器，实现母线故障联络变压器中压侧断路器失灵联跳变压器三侧断路器，220kV 母差保护动作跳主变压器三侧断路器回路如图 5-4 所示。

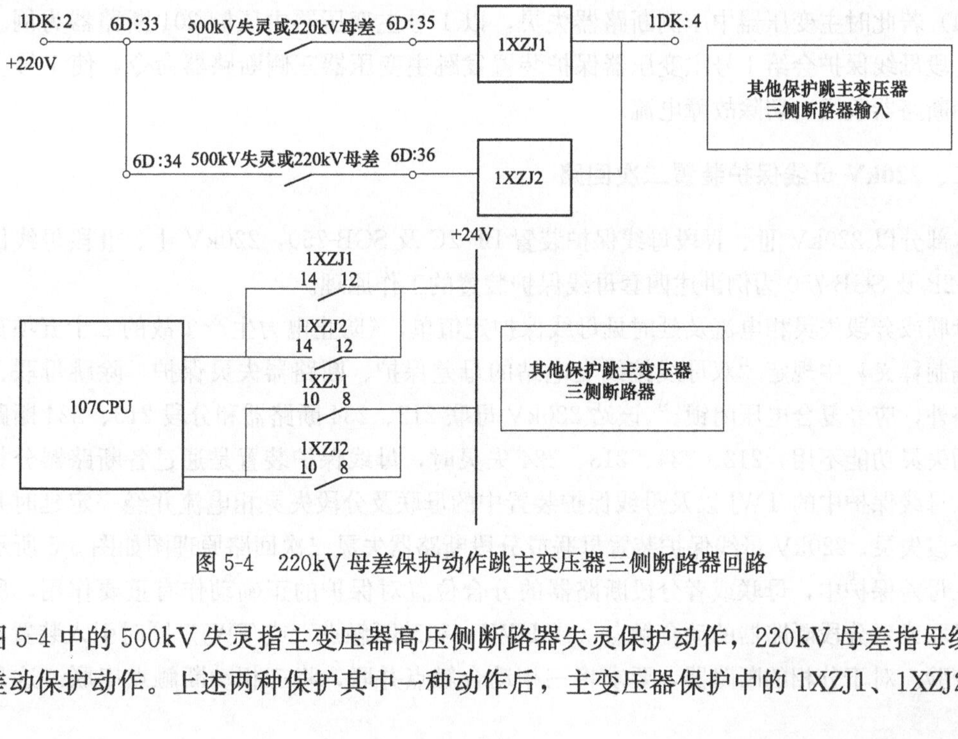


图 5-4　220kV 母差保护动作跳主变压器三侧断路器回路

图 5-4 中的 500kV 失灵指主变压器高压侧断路器失灵保护动作，220kV 母差指母线保护中的差动保护动作。上述两种保护其中一种动作后，主变压器保护中的 1XZJ1、1XZJ2 信号

中间继电器励磁，其动合触点闭合，接通其他保护跳主变压器各侧断路器的跳闸回路。

该站断路器失灵保护由线路保护或者主变压器保护启动，判别元件采用220kV母线保护内部元件。断路器失灵保护启动必须同时具备下列条件：

（1）故障线路或电力设备能够瞬时复归的出口继电器动作后不返回；

（2）断路器未断开的判别元件动作后不返回。

失灵保护的判别元件一般为相电流元件，发电机—变压器组或变压器断路器失灵保护的判别元件应采用零序电流元件或负序电流元件。判别元件的动作时间和返回时间均不应大于20ms。失灵保护启动不等于动作，动作需要满足如下条件：失灵保护启动后，复合电压闭锁条件开放，并经一段延时后保护及判别元件都不返回，失灵方可动作出口。

双母线的失灵保护，视系统保护配置的具体情况，可以较短时限动作于断开与拒动断路器相关的母联及分段断路器，再经一时限动作于断开与拒动断路器连接在同一母线上的所有有源支路的断路器；变压器断路器的失灵保护还应动作于断开变压器接有电源一侧的断路器。失灵保护动作跳闸时，应闭锁重合闸。

以上四套保护失灵保护功能工作原理相类似，以220kV Ⅰ段母线故障为例说明失灵保护动作结果：假如220kV Ⅰ段母线故障，母差保护动作跳开母联212、分段213以及220kV Ⅰ段母线上所有线路断路器。

（1）若此时212失灵，则母线保护跳开分段224，跳开Ⅱ段母线上所有断路器，切除故障电流。

（2）若此时213失灵，则Ⅰ、Ⅱ段母线保护向Ⅲ、Ⅳ段母线保护发213失灵开入，然后Ⅲ、Ⅳ段母线保护跳开母联234，跳开Ⅲ段母线上所有断路器，切除故障电流。

（3）若此时Ⅰ段母线上的1条线路断路器失灵。以251为例，则251线路两套主保护RCS-931和CSC-103会给线路对侧发远跳命令，跳开对侧的断路器，切除故障电流。

（4）若此时主变压器中压侧断路器失灵，以1号主变压器中压侧201断路器为例。此时Ⅰ、Ⅱ段母线保护会给1号主变压器保护装置发跳主变压器三侧断路器命令，使1号主变压器三侧断路器跳闸，切除故障电流。

## 二、220kV母线保护装置二次回路

本部分以220kV Ⅲ、Ⅳ段母线保护装置BP-2C及SGB-750，220kV Ⅰ、Ⅱ段母线保护装置BP-2B及SGB-750为例讲述四套母线保护装置的工作原理。

母联或分段失灵相电流及延时见母线保护定值单，《防止电力生产事故的二十五项重点要求及编制释义》中规定“双母线接线变电站的母差保护、断路器失灵保护，除跳母联、分段的支路外，应经复合电压闭锁。”该站220kV母联212、234断路器和分段213、224断路器保护中的失灵功能不用，212、234、213、224失灵时，母线保护装置是通过各断路器分相操作箱输入母线保护中的TWJ以及母线保护装置中的母联及分段失灵相电流并经一定延时判定母联或分段失灵。220kV母线保护装置母联或分段断路器失灵二次回路原理图如图5-5所示。

在母差保护中，母联或者分段断路器的分合位置对保护的正确动作有重要作用，所以需要将母联或者分段断路器的动合触点（或HWJ）和动断触点（或TWJ）同时引入装置，以便相互校验。对于分相的断路器，要求将三相动合触点并联，将三相动断触点串联。这是因为

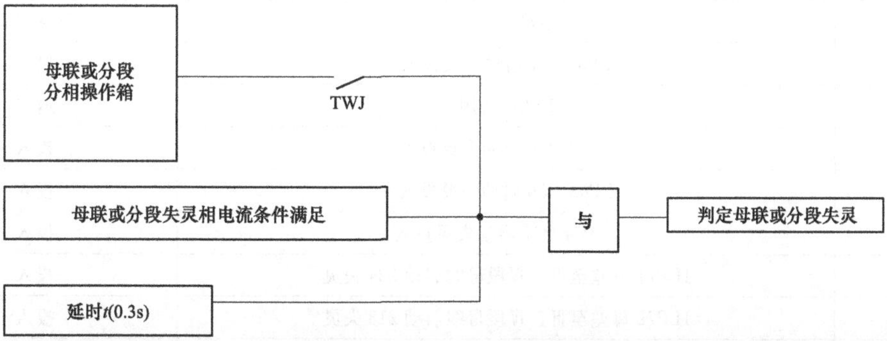


图 5-5 220kV 母线保护装置母联或分段断路器失灵二次回路原理图

母差保护是分相计算差流的，当且仅当母联或者分段断路器动合触点闭合且动合触点断开时才认为母联或者分段断路器分裂运行，此时母联或者分段电流不计入小差回路，实现封电流互感器的作用。220kV Ⅰ、Ⅱ段母线 BP-2B 母线保护屏保护连接片见表 5-1，部分备用连接片没有列出。

**表 5-1　　220kV Ⅰ、Ⅱ段母线 BP-2B 母线保护屏保护连接片**

| 序号 | 连接片名称 | 正常位置 |
|---|---|---|
| 1 | LP11 212 跳闸出口 | 投入 |
| 2 | LP12 201 跳闸出口 | 投入 |
| 3 | 1LP14 213 跳闸出口 | 投入 |
| 4 | LP15 253 跳闸出口 | 投入 |
| 5 | LP16 255 跳闸出口 | 投入 |
| 6 | 1LP17 224 跳闸出口 | 投入 |
| 7 | LP18 252 跳闸出口 | 退出 |
| 8 | LP19 251 跳闸出口 | 投入 |
| 9 | LP22 254 跳闸出口 | 投入 |
| 10 | LP23 256 跳闸出口 | 投入 |
| 11 | LP24 257 跳闸出口 | 投入 |
| 12 | LP25 258 跳闸出口 | 投入 |
| 13 | LP27 201 失灵跳三侧 1 | 投入 |
| 14 | LP47 201 失灵跳三侧 2 | 投入 |
| 15 | LP52 202 启动失灵投入 | 投入 |
| 16 | LP53 备用 | 退出 |
| 17 | LP54 224 启动失灵投入 | 投入 |
| 18 | LP55 253 启动失灵投入 | 投入 |
| 19 | LP56 255 启动失灵投入 | 投入 |
| 20 | LP57 213 启动失灵投入 | 投入 |
| 21 | LP58 252 启动失灵投入 | 退出 |

续表

| 序号 | 连接片名称 | 正常位置 |
|---|---|---|
| 22 | LP59 251启动失灵投入 | 投入 |
| 23 | LP61 备用 | 退出 |
| 24 | LP62 254启动失灵投入 | 投入 |
| 25 | LP63 256启动失灵投入 | 投入 |
| 26 | 1LP64 257启动失灵投入 | 投入 |
| 27 | 1LP71 母差至Ⅲ、Ⅳ段母线启动224失灵 | 投入 |
| 28 | 1LP72 母差至Ⅲ、Ⅳ段母线启动213失灵 | 投入 |
| 29 | 1LP73 Ⅰ段母线复压开放 | 投入 |
| 30 | 1LP74 Ⅱ段母线复压开放 | 投入 |
| 31 | LP85 号主变压器失灵解闭锁 | 投入 |
| 32 | LP86 母线分列运行投入 | 退出 |
| 33 | LP87 互联投入 | 退出 |
| 34 | LP88 充电保护投入 | 退出 |
| 35 | LP89 母联过电流保护投入 | 退出 |

220kV Ⅰ、Ⅱ段母线SGB母线保护屏保护连接片见表5-2，部分备用连接片没有列出。

**表5-2　　220kV Ⅰ、Ⅱ段母线SGB母线保护屏保护连接片**

| 序号 | 连接片名称 | 正常位置 |
|---|---|---|
| 1 | 1LP 软连接片投入 | 退出 |
| 2 | 2LP 差动保护投入 | 投入 |
| 3 | 3LP 失灵保护投入 | 投入 |
| 4 | 4LP 强制互联投入 | 退出 |
| 5 | 5LP 母联充电保护1投入 | 退出 |
| 6 | 6LP 母联充电保护2投入 | 退出 |
| 7 | 7LP 分段充电保护投入 | 退出 |
| 8 | 8LP 母联过电流保护1投入 | 退出 |
| 9 | 9LP 母联过电流保护2投入 | 退出 |
| 10 | 10LP 分段过电流保护投入 | 退出 |
| 11 | 11LP 远方投入 | 退出 |
| 12 | 1LP 201失灵跳三侧1 | 投入 |
| 13 | 2LP 201失灵跳三侧2 | 投入 |
| 14 | 3LP 251跳闸出口 | 退出 |
| 15 | 4LP 252跳闸出口 | 退出 |
| 16 | 5LP 253跳闸出口 | 投入 |
| 17 | 6LP 254跳闸出口 | 投入 |
| 18 | 7LP 255跳闸出口 | 退出 |

续表

| 序号 | 连接片名称 | 正常位置 |
| --- | --- | --- |
| 19 | 8LP 256 跳闸出口 | 退出 |
| 20 | 9LP 258 跳闸出口 | 投入 |
| 21 | 11LP 257 跳闸出口 | 投入 |
| 22 | 16LP 213 跳闸出口 | 投入 |
| 23 | 17LP 224 跳闸出口 | 投入 |
| 24 | 18LP 212 跳闸出口 | 投入 |
| 25 | 41LP 201 启动失灵投入 | 投入 |
| 26 | 56LP 213 启动失灵投入 | 退出 |
| 27 | 57LP 224 启动失灵投入 | 退出 |
| 28 | 61LP 母差至Ⅲ、Ⅳ段母线启动 213 失灵 | 投入 |
| 29 | 63LP 母差至Ⅲ、Ⅳ段母线启动 224 失灵 | 投入 |
| 30 | 1LP58 253 启动失灵投入 | 投入 |
| 31 | 1LP59 255 启动失灵投入 | 投入 |
| 32 | 1LP60 252 启动失灵投入 | 退出 |
| 33 | 1LP61 251 启动失灵投入 | 投入 |
| 34 | 1LP62 254 启动失灵投入 | 投入 |
| 35 | 1LP63 256 启动失灵投入 | 投入 |
| 36 | 1LP64 257 启动失灵投入 | 投入 |
| 37 | 1LP65 258 启动失灵投入 | 投入 |

220kV Ⅲ、Ⅳ段母线 BP-2C 母线保护屏连接片见表 5-3，部分备用连接片没有列出。

**表 5-3　　220kV Ⅲ、Ⅳ母线 BP-2C 母线保护屏保护连接片**

| 序号 | 连接片名称 | 正常位置 |
| --- | --- | --- |
| 1 | 1C1LP1 母联 234 跳闸出口 | 投入 |
| 2 | 1LP12 主变压器 202 跳闸出口 | 投入 |
| 3 | 1LP13 备用 | 退出 |
| 4 | 1C2LP1 分段 213 跳闸出口 | 投入 |
| 5 | 1LP15 线路 265 跳闸出口 | 投入 |
| 6 | 1LP16 线路 264 跳闸出口 | 投入 |
| 7 | 1LP17 分段 224 跳闸出口 | 投入 |
| 8 | 1LP18 线路 263 跳闸出口 | 投入 |
| 9 | 1LP19 线路 261 跳闸出口 | 投入 |
| 10 | 1LP20 线路 266 跳闸出口 | 投入 |
| 11 | 1LP22 线路 259 跳闸出口 | 投入 |
| 12 | 1LP27 2 号主变压器失灵跳三侧 1 | 投入 |
| 13 | 1LP47 2 号主变压器失灵跳三侧 2 | 投入 |

续表

| 序号 | 连接片名称 | 正常位置 |
| --- | --- | --- |
| 14 | 1LP52 主变压器 202 启动失灵 | 投入 |
| 15 | 1S2LP1 213 启动Ⅰ、Ⅱ段母线保护 BP-2B 失灵 | 投入 |
| 16 | 1S3LP1 224 启动Ⅰ、Ⅱ段母线保护 BP-2B 失灵 | 投入 |
| 17 | 1LP73 Ⅲ段母线复压开放 | 投入 |
| 18 | 1LP74 Ⅳ段母线复压开放 | 投入 |
| 19 | 1LP81 224 过电流保护投入 | 退出 |
| 20 | 1LP82 213 过电流保护投入 | 退出 |
| 21 | 1LP83 224 分列运行 | 退出 |
| 22 | 1LP84 213 分列运行 | 退出 |
| 23 | 1LP85 主变压器失灵解闭锁 | 投入 |
| 24 | 1LP86 Ⅲ、Ⅳ段母线分列运行 | 退出 |
| 25 | 1LP87 母线互联 | 退出 |
| 26 | 1LP88 充电保护投入 | 退出 |
| 27 | 1LP89 234 过电流保护投入 | 退出 |

220kV Ⅲ、Ⅳ段母线 SGB 母线保护屏连接片见表 5-4，部分备用连接片没有列出。

**表 5-4　　220kV Ⅲ、Ⅳ段母线 SGB 母线保护屏保护连接片**

| 序号 | 连接片名称 | 正常位置 |
| --- | --- | --- |
| 1 | 1LP1 母差保护投入 | 投入 |
| 2 | 1LP2 单母线保护投入 | 退出 |
| 3 | 1LP3 失灵保护投入 | 投入 |
| 4 | 1LP4 234 充电保护投入 | 退出 |
| 5 | 1LP5 234 过电流保护投入 | 退出 |
| 6 | 1LP6 234 非全相保护投入 | 退出 |
| 7 | 1LP7 213 充电保护投入 | 退出 |
| 8 | 1LP8 213 过电流保护投入 | 退出 |
| 9 | 1LP9 213 非全相保护投入 | 退出 |
| 10 | 1LP10 224 充电保护投入 | 退出 |
| 11 | 1LP11 224 过电流保护投入 | 退出 |
| 12 | 1LP12 224 非全相保护投入 | 退出 |
| 13 | 1LP13 投检修状态 | 退出 |
| 14 | 1LP14 投 234 检修状态 | 退出 |
| 15 | 1LP15 投 213 检修状态 | 退出 |
| 16 | 1LP16 投 224 检修状态 | 退出 |
| 17 | 1LP17 备用 | 退出 |
| 18 | L1LP1 202 主变压器失灵联跳 | 投入 |
| 19 | TLP1 202 跳闸出口 | 投入 |

续表

| 序号 | 连接片名称 | 正常位置 |
| --- | --- | --- |
| 20 | TLP2 265跳闸出口 | 投入 |
| 21 | TLP3 264跳闸出口 | 投入 |
| 22 | TLP4 263跳闸出口 | 投入 |
| 23 | TLP5 261跳闸出口 | 投入 |
| 24 | TLP6 266跳闸出口 | 投入 |
| 25 | TLP7 259跳闸出口 | 投入 |
| 26 | 1CF1LP1 213跳闸出口 | 投入 |
| 27 | 1SF1LP1 213启动Ⅰ、Ⅱ段母线SGB保护 | 投入 |
| 28 | 2CF1LP1 224跳闸出口 | 投入 |
| 29 | 1SF2LP1 224启动Ⅰ、Ⅱ段母线SGB保护 | 投入 |
| 30 | 1CMLP1 234跳闸出口 | 投入 |

1. 220kV Ⅲ、Ⅳ段母线BP-2C和SGB-750母线保护装置中234、213、224 TWJ开入回路及234、213、224跳闸回路

220kV Ⅲ、Ⅳ段母线BP-2C接234、213、224断路器的第一组永跳回路，220kV Ⅲ、Ⅳ段母线SGB-750接234、213、224断路器的第二组永跳回路。

(1) BP-2C和SGB-750母差保护动作跳母联234及BP-2C和SGB-750中234 TWJ开入回路。

1) BP-2C跳234二次回路。BP-2C跳234二次回路如图5-6所示，虚线框以外部分为JFZ-12S操作箱部分，保护间隔代表母差BP-2C保护动作，1C1LP1为BP-2C跳234出口连接片，出口命令接到234母联操作箱的4X04-09端子上，即第一组跳闸线圈永跳回路。

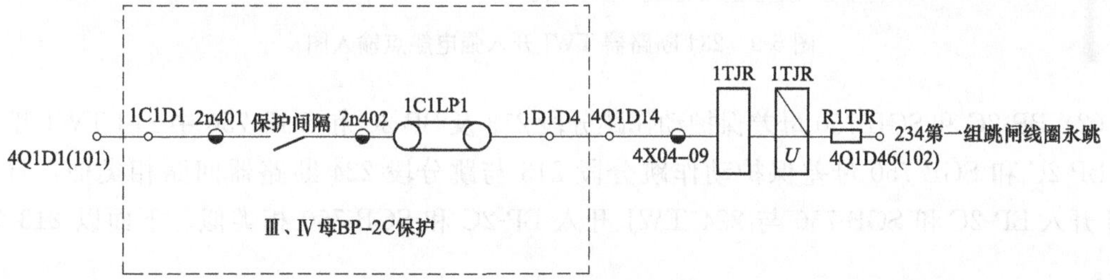


图5-6 BP-2C跳234二次回路

234跳开后，操作箱内的TWJ（跳闸位置继电器励磁），使TWJ的动合触点闭合。另外，234操作箱内有跳位1开入到BP-2C母线保护屏，如图5-7所示。

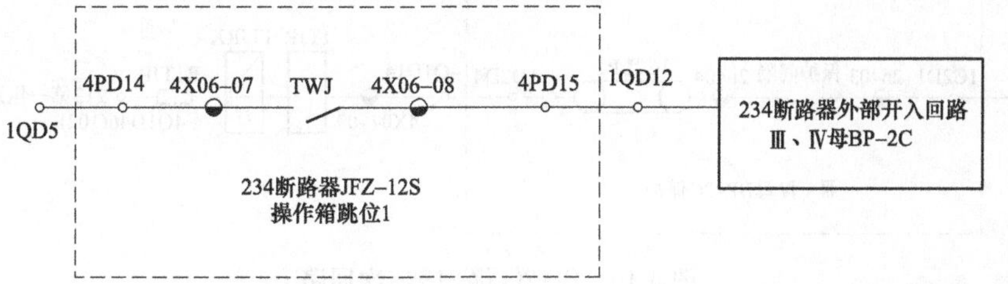


图5-7 234操作箱跳位1开入至BP-2C母线保护屏示意图

2）SGB-750 跳 234 二次回路。SGB-750 跳 234 二次回路如图 5-8 所示，虚线框以外部分为 234 母联 JFZ-12S 操作箱部分，虚线框内动合触点代表母差 SGB-750 保护动作，1CMLP1 为 SGB-750 跳 234 出口连接片，出口命令接到 234 母联操作箱的 4X02-08 端子上，即第二组跳闸线圈永跳回路。

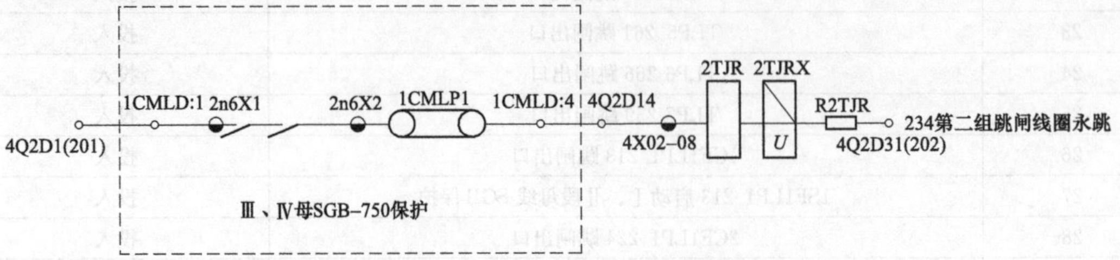


图 5-8　3GB-750 跳 234 二次回路

234 跳开后操作箱内的 TWJ（跳闸位置继电器励磁），使 TWJ 的动合触点闭合。另外，234 操作箱内有跳位 2 开入到 SGB-750 母线保护屏，234 断路器 TWJ 开入强电触点输入如图 5-9 所示。

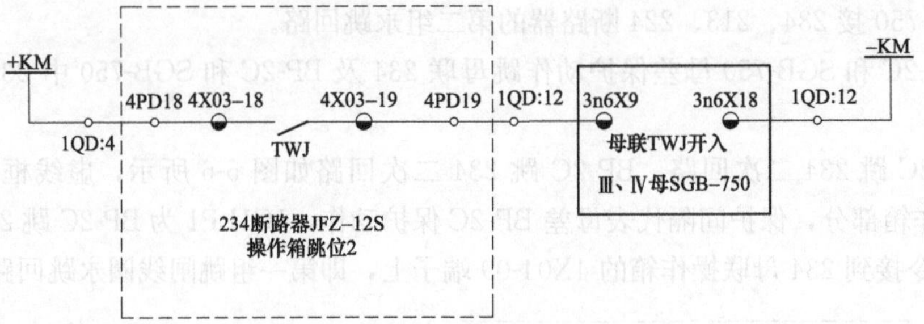


图 5-9　234 断路器 TWJ 开入强电触点输入图

（2）BP-2C 和 SGB-750 母差保护动作跳分段 213 及 BP-2C 和 SGB-750 中 213 TWJ 开入回路。BP-2C 和 SGB-750 母差保护动作跳分段 213 与跳分段 224 断路器回路相类似，且 213 TWJ 开入 BP-2C 和 SGB-750 与 224 TWJ 开入 BP-2C 和 SGB-750 相类似。下面以 213 为例说明：

1）BP-2C 跳 213 二次回路。BP-2C 跳 213 二次回路如图 5-10 所示，虚线框以外部分为 213 断路器 JFZ-12S 操作箱部分，保护间隔代表母差 BP-2C 保护动作，1C2LP1 为 BP-2C 跳 213 出口连接片，出口命令接到分段 213 操作箱的 4X04-09 端子上，即第一组跳闸线圈永跳回路。

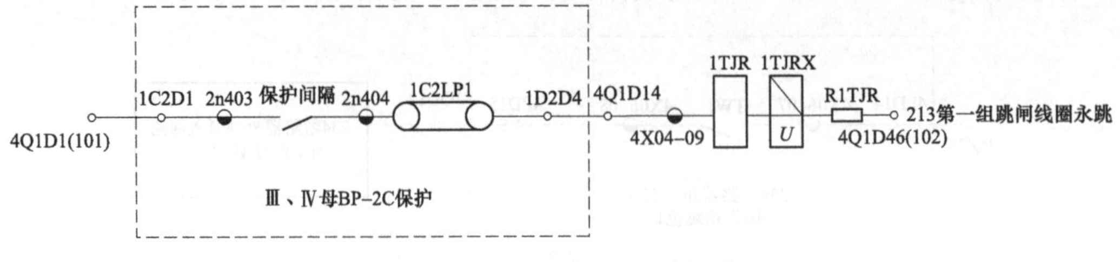


图 5-10　BP-2C 跳 213 二次回路

213 断路器跳开后，操作箱内的 TWJ（跳闸位置继电器励磁），使 TWJ 的动合触点闭合。另外，213 操作箱内有跳位 2 开入到 BP-2C 母线保护屏，213 断路器 TWJ 如图 5-11 所示。

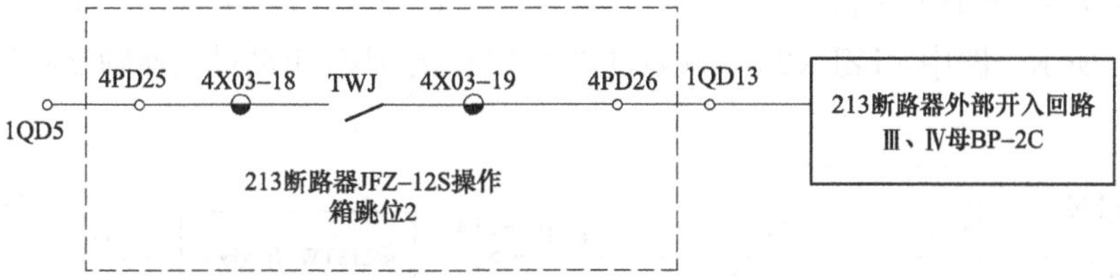


图 5-11　213 断路器跳闸位置继电器

虚线框以外部分为Ⅲ、Ⅳ段母线 BP-2C 部分。跳闸位置 2 回路接通，使跳位重动继电器 1TZJ 继电器励磁，而 1TZJ 的两个动合触点闭合接通跳闸位置 1 和跳闸位置 3。其中跳闸位置 1 作为Ⅰ、Ⅱ段母线母差 SGB-750 收到 213 TWJ 开入回路，跳闸位置 3 作为 Ⅲ、Ⅳ段母线母差 SGB-750 收到 213 TWJ 开入回路。JFZ-12S 操作箱内部跳位重动回路如图 5-12 所示。

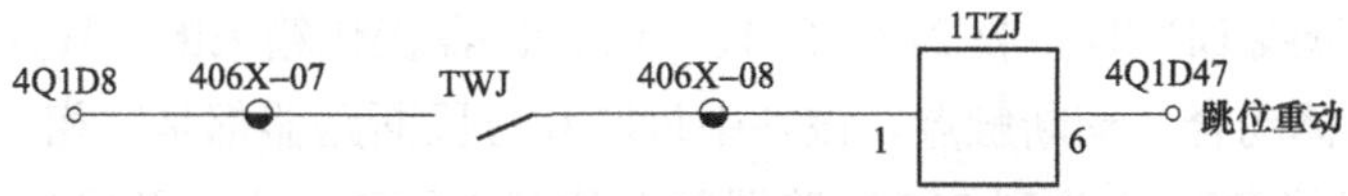


图 5-12　JFZ-12S 操作箱内部跳位重动回路

2）SGB-750 跳 213 二次回路。SGB-750 跳 213 二次回路如图 5-13 所示，虚线框以外部分为分段 213 断路器 JFZ-12S 操作箱部分，虚线框内动合触点代表母差 SGB-750 保护动作，1CF1LP1 为 SGB-750 跳 213 出口连接片，出口命令接到操作箱分段 213 的 4X02-09 端子上，即第二组跳闸线圈永跳回路。

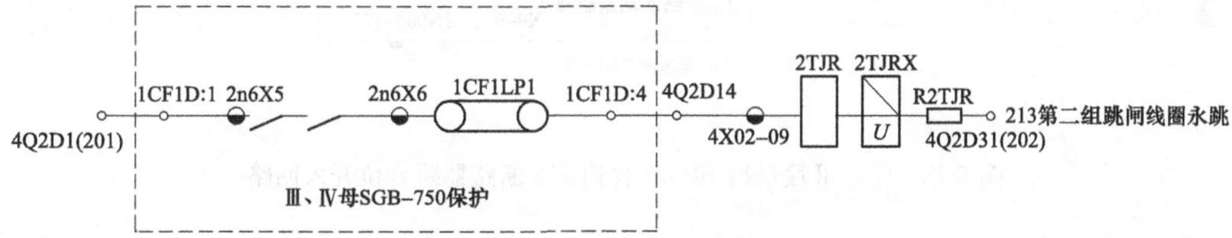


图 5-13　SGB-750 跳 213 二次回路

SGB-750 收到 213 TWJ 开入回路如图 5-14 所示。

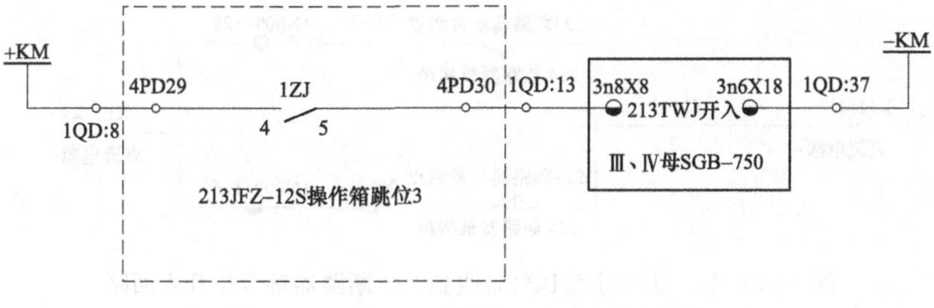


图 5-14　SGB-750 收到 213TWJ 开入回路

2. 220kV Ⅰ、Ⅱ段母线 BP-2B 和 SGB-750 母线保护装置中 212、213、224 TWJ 开入回路

(1) Ⅰ、Ⅱ段母线 SGB-750 收到 213、212、224 TWJ 开入回路。

1) Ⅰ、Ⅱ段母线 SGB-750 收到 213 TWJ 开入回路。Ⅰ、Ⅱ段母线 SGB-750 收到 213 TWJ 开入回路如图 5-15 所示，图中 1TZJ（2-3）触点在图 5-12 中的 1KC 重动继电器励磁后闭合。

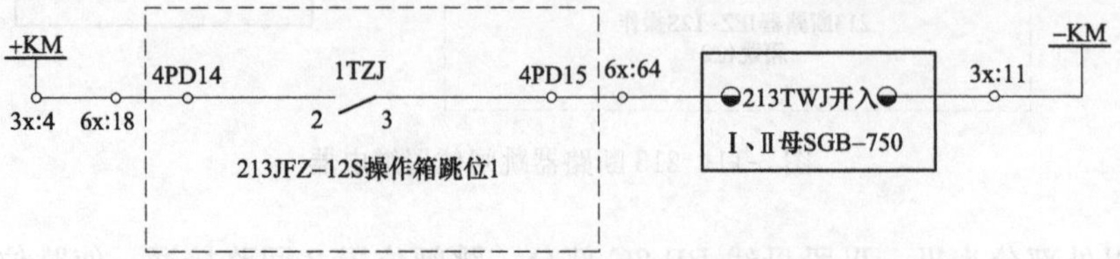


图 5-15 Ⅰ、Ⅱ段母线 SGB-750 收到 213TWJ 开入回路

2) Ⅰ、Ⅱ段母线 SGB-750 收到 212 、224 TWJ 开入回路类似于Ⅲ、Ⅳ段母线 SGB-750 收到 234 、213 TWJ 开入回路。

(2) Ⅰ、Ⅱ段母线 BP-2B 不收 213、224、212 断路器操作箱来的 TWJ，而是直接收 213、224、212 断路器本体动合、动断触点，该站中母联和分段断路器都是三相一体操动机构。

1) Ⅰ、Ⅱ段母线 BP-2B 收到 213 断路器跳合位开入回路。Ⅰ、Ⅱ段母线 BP-2B 收到 213 断路器跳合位开入回路如图 5-16 所示，Ⅰ、Ⅱ段母线 BP-2B 收到的不是来自 213 操作箱的 TWJ，而是来自 213 断路器本体的动合和动断辅助触点。

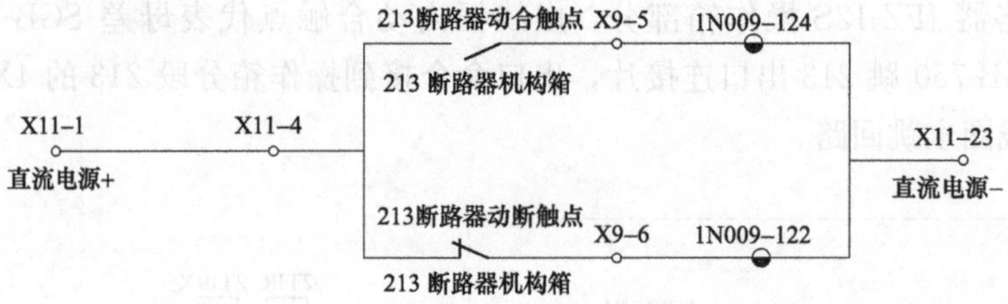


图 5-16 Ⅰ、Ⅱ段母线 BP-2B 收到 213 断路器跳合位开入回路

2) Ⅰ、Ⅱ段母线 BP-2B 收到 224 断路器跳合位开入回路。Ⅰ、Ⅱ段母线 BP-2B 收到 224 断路器跳合位开入回路如图 5-17 所示，Ⅰ、Ⅱ段母线 BP-2B 收到的不是来自 224 操作箱的 TWJ，而是来自 224 断路器本体的动合和动断辅助触点。

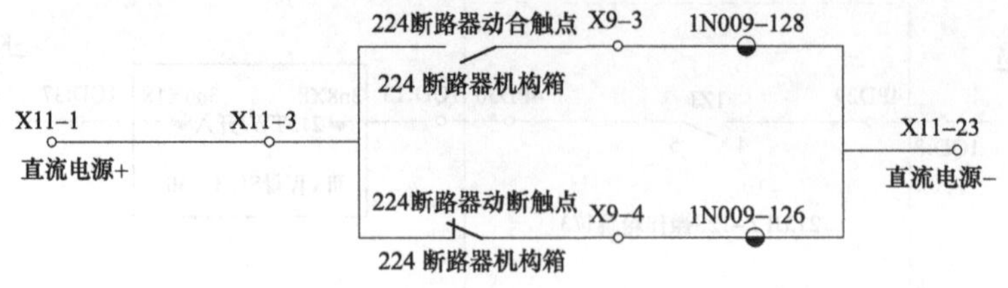


图 5-17 Ⅰ、Ⅱ段母线 BP-2B 收到 224 断路器跳合位开入回路

3) Ⅰ、Ⅱ段母线 BP-2B 收到 212 断路器跳合位开入回路。Ⅰ、Ⅱ段母线 BP-2B 收到 212

断路器跳合位开入回路如图 5-18 所示，Ⅰ、Ⅱ段母线 BP-2B 收到的不是来自 212 操作箱的 TWJ，而是来自 212 断路器本体的动合和动断辅助触点。

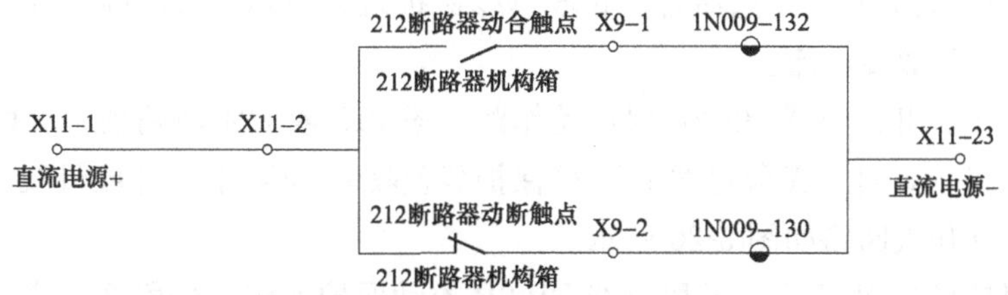


图 5-18　Ⅰ、Ⅱ段母线 BP-2B 收到 212 断路器跳合位开入回路

3. 分段 213（或 224）失灵启动回路

当 220kV Ⅰ、Ⅱ段母线一条母差保护动作，跳开分段断路器时，该母线保护会给另一个保护小室的 220kV Ⅲ、Ⅳ段母差保护发一个分段失灵开入信号。例如当 220kV Ⅰ段母差保护动作跳开分段 213 断路器时，Ⅰ、Ⅱ段母线保护装置会给 220kV Ⅲ、Ⅳ段母线保护装置一个分段 213 失灵开入信号。此时 220kV Ⅲ、Ⅳ段母线保护装置开始判断分段 213 是否失灵，若 213 没有失灵则保护返回，若 213 断路器失灵则 220kV Ⅲ、Ⅳ段母线保护装置动作，跳开 220kV Ⅲ段母线上的所有断路器及母联 234 断路器。

(1) 220kV Ⅰ、Ⅱ段母线 SGB-750 保护动作跳分段 213 或 224 断路器，分段 213 或 224 断路器启动失灵，220kV Ⅲ、Ⅳ段母线 SGB-750 保护装置收 220kV Ⅰ、Ⅱ段母线 SGB-750 分段 213 或 224 断路器失灵开入回路如图 5-19 所示。

该回路作用是当 220kV Ⅰ、Ⅱ段母线 SGB-750 差动保护动作，分段 213 或 224 出口启动失灵，该失灵接到 220kV Ⅲ、Ⅳ段母线 SGB-750 分段 213、224 失灵启动输入回路中，用于启动分段 213 或分段 224 失灵。

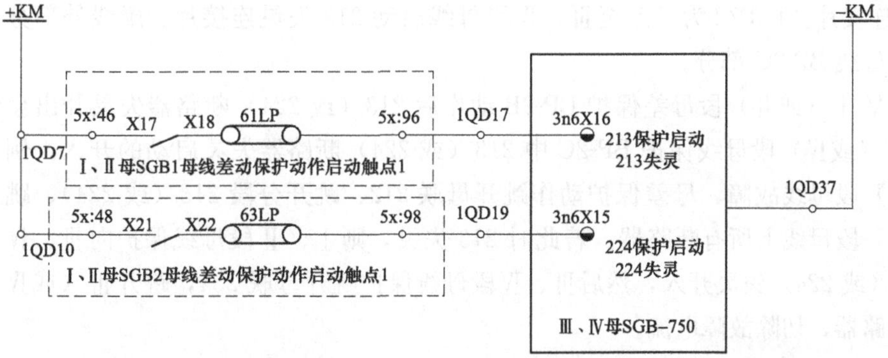


图 5-19　Ⅰ、Ⅱ段母线 SGB-750 分段 213 或 224 断路器失灵开入回路

图 5-19 中虚线部分为 220kV Ⅰ、Ⅱ段母线 SGB-750 保护，61LP 为母差至Ⅲ、Ⅳ段母线启动 213 失灵连接片，63LP 为母差至Ⅲ、Ⅳ段母线启动 224 失灵连接片。虚线外部分为 220kV Ⅲ、Ⅳ段母线 SGB-750 部分。

220kV Ⅰ（或Ⅱ）段母差保护 SGB 动作后 213（或 224）断路器失灵开出会作为启动 220kV Ⅲ（或Ⅳ）段母线保护 SGB 中 213（或 224）断路器失灵启动的开入。例如 220kV

Ⅰ（或Ⅱ）段母线故障，母差保护动作跳开母联212、跳开分段213（或224）、跳开220kV Ⅰ（或Ⅱ）段母线上所有断路器。若此时213失灵，则Ⅰ、Ⅱ段母线保护向Ⅲ、Ⅳ段母线保护发213（或224）失灵开入，然后Ⅲ、Ⅳ段母线保护跳开母联234，跳开Ⅲ（或Ⅳ）段母线上所有断路器，切除故障电流。

（2）220kV Ⅰ、Ⅱ段母线BP-2B保护动作跳分段213或224断路器，分段213或224断路器启动失灵，220kV Ⅲ、Ⅳ段母线BP-2C保护装置收220kV Ⅰ、Ⅱ段母线BP-2B分段213或224断路器失灵开入回路如图5-20所示。

该回路作用是当220kV Ⅰ、Ⅱ段母线BP-2B差动保护动作，分段213或224出口启动失灵，该失灵接到220kV Ⅲ、Ⅳ段母线BP-2C分段213、224失灵启动输入回路中，用于启动分段213或分段224失灵。

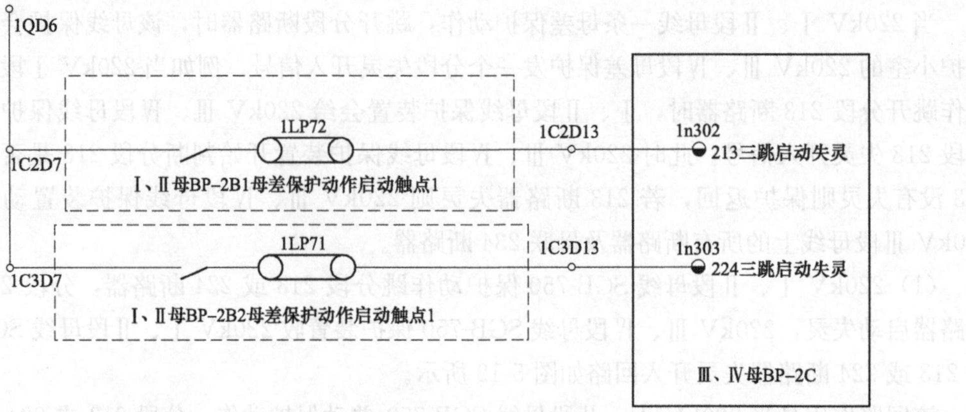


图5-20　Ⅰ、Ⅱ段母线BP-2B分段213或224断路器失灵开入回路

图5-20中，虚线部分为220kV Ⅰ、Ⅱ段母线BP-2B，1LP71为母差至Ⅲ、Ⅳ段母线启动224失灵连接片，1LP72为母差至Ⅲ、Ⅳ段母线启动213失灵连接片。虚线外部分为220kV Ⅲ、Ⅳ段母线BP-2C部分。

220kV Ⅰ（或Ⅱ）段母差保护BP-2B动作后213（或224）断路器失灵开出会作为启动220kV Ⅲ（或Ⅳ）段母线保护BP-2C中213（或224）断路器失灵启动的开入。例如220kV Ⅰ（或Ⅱ）段母线故障，母差保护动作跳开母联212、跳开分段213（或224）、跳开220kV Ⅰ（或Ⅱ）段母线上所有断路器。若此时213失灵，则Ⅰ、Ⅱ段母线保护向Ⅲ、Ⅳ段母线保护发213（或224）失灵开入，然后Ⅲ、Ⅳ段母线保护跳开母联234，跳开Ⅲ（或Ⅳ）段母线上所有断路器，切除故障电流。

（3）当220kV Ⅲ、Ⅳ段母线SGB-750差动保护动作，分段213或224出口启动失灵，该失灵接到220kV Ⅰ、Ⅱ段母线SGB-750分段213或224失灵启动输入回路中，用于启动分段213或分段224失灵，回路图如图5-21所示。

图5-21中，虚线部分为220kV Ⅲ、Ⅳ段母线SGB-750部分，1SF1LP1为213启动Ⅰ、Ⅱ段母线SGB保护失灵连接片，1SF2LP1为224启动Ⅰ、Ⅱ段母线SGB保护失灵连接片。虚线外为220kV Ⅰ、Ⅱ段母线SGB-750部分。

220kV Ⅲ（或Ⅳ）段母差保护SGB动作后213（或224）断路器失灵开出会作为启动

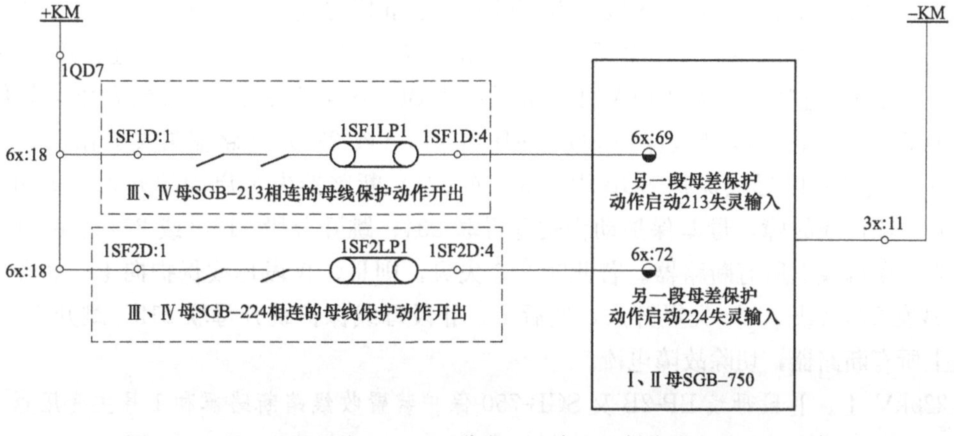


图 5-21　Ⅲ、Ⅳ段母线 SGB-750 分段 213 或 224 断路器失灵开入回路

220kV Ⅰ（或Ⅱ）段母线保护 SGB 中 213（或 224）断路器失灵启动的开入。例如 220kV Ⅲ（或Ⅳ）段母线故障，母差保护动作跳开母联 234、跳开分段 213（或 224）、跳开 220kV Ⅲ（或Ⅳ）段母线上所有断路器。若此时 213 失灵，则Ⅲ、Ⅳ段母线保护向Ⅰ、Ⅱ段母线保护发 213（或 224）失灵开入，然后Ⅰ、Ⅱ段母线保护跳开母联 212，跳开Ⅰ（或Ⅱ）段母线上所有断路器，切除故障电流。

（4）220kV Ⅲ、Ⅳ段母线 BP-2C 保护动作跳分段 213 或 224 断路器，分段 213 或 224 断路器启动失灵，220kV Ⅰ、Ⅱ段母线 BP-2B 保护装置收 220kV Ⅲ、Ⅳ段母线 BP-2C 分段 213 或 224 断路器失灵开入回路如图 5-22 所示。

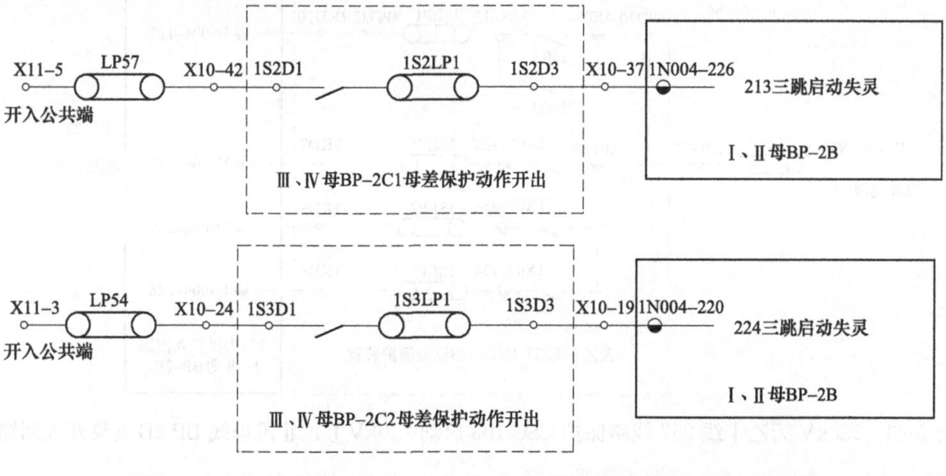


图 5-22　Ⅲ、Ⅳ段母线 BP-2C 分段 213 或 224 断路器失灵开入回路

该回路作用是当 220kV Ⅲ、Ⅳ段母线 BP-2C 差动保护动作，213 或 224 分段出口启动失灵，该失灵接到 220kV Ⅰ、Ⅱ段母线 BP-2B 分段 213、224 失灵启动输入回路中，用于启动分段 213 或分段 224 失灵。

图 5-22 中，虚线部分为 220kV Ⅲ、Ⅳ段母线 BP-2C 部分，1S2LP1 为 213 启动Ⅰ、Ⅱ段母线保护保护 1 失灵连接片，为 220kV Ⅲ、Ⅳ段母线 BP-2C 保护装置中 213 失灵开出连接片。1S3LP1 为 224 启动Ⅰ、Ⅱ段母线保护保护 1 失灵连接片，为 220kV Ⅲ、Ⅳ段母线 BP-2C 保

护装置中224失灵开出连接片。虚线外为220kV Ⅰ、Ⅱ段母线BP-2B部分，LP57为213启动失灵投入连接片，为220kV Ⅰ、Ⅱ段母线BP-2B保护装置中213失灵开入连接片，LP54为224启动失灵投入连接片，为220kV Ⅰ、Ⅱ段母线BP-2B保护装置中224失灵开入连接片。

220kV Ⅲ（或Ⅳ）段母差保护SGB动作后213（或224）断路器失灵开出会作为启动220kV Ⅰ（或Ⅱ）段母线保护SGB中213（或224）断路器失灵启动的开入。例如220kV Ⅲ（或Ⅳ）段母线故障，母差保护动作跳开母联234、跳开分段213（或224）、跳开220kV Ⅲ（或Ⅳ）段母线上所有断路器。若此时213失灵，则Ⅲ、Ⅳ段母线保护向Ⅰ、Ⅱ段母线保护BP-2B发213（或224）失灵开入，然后Ⅰ、Ⅱ段母线保护跳开母联212，跳开Ⅰ（或Ⅱ）段母线上所有断路器，切除故障电流。

4. 220kV Ⅰ、Ⅱ段母线BP-2B及SGB-750保护装置收线路断路器和1号主变压器201断路器失灵开入回路

220kV线路保护启动220kV Ⅰ、Ⅱ段母线保护失灵开入回路，选其中一条220kV天乙Ⅰ线257为例，其他线路类似。主变压器启动220kV Ⅰ、Ⅱ段母线保护失灵回路以1号主变压器220kV侧201断路器为例。双母线接线的母线保护，应设有电压闭锁元件。该电压闭锁条件就是所谓的复压闭锁条件，包括母线低电压、负序过电压、零序过电压三种，它们之间是“或”的关系，即只要满足其中一个条件复压闭锁条件便开放。

（1）220kV线路保护启动220kV Ⅰ、Ⅱ段母线保护失灵开入回路。

1）220kV天乙Ⅰ线257线路保护CSC-103启动220kV Ⅰ、Ⅱ段母线BP-2B失灵开入回路如图5-23所示。

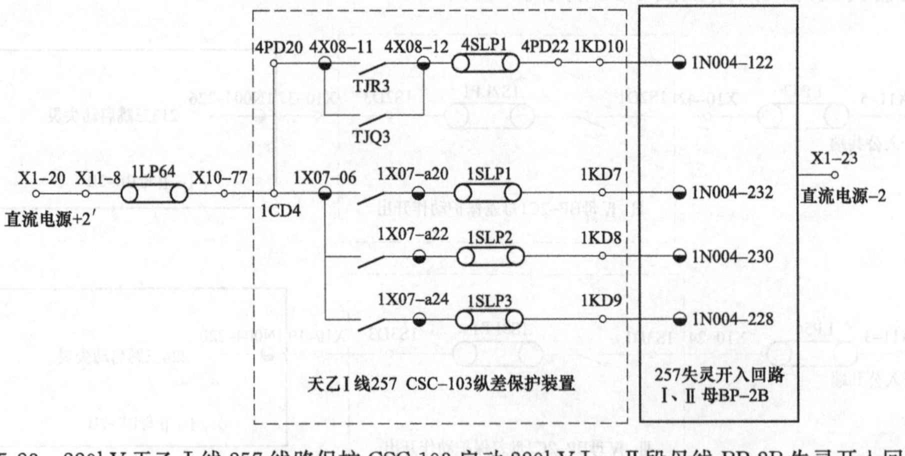


图5-23 220kV天乙Ⅰ线257线路保护CSC-103启动220kV Ⅰ、Ⅱ段母线BP-2B失灵开入回路

图5-23中左边虚线框内部分为天乙Ⅰ线257 CSC-103纵差保护装置，其余部分为220kV Ⅰ、Ⅱ段母线BP-2B保护。4SLP1为257三跳启动失灵连接片，为220kV天乙Ⅰ线257 CSC-103保护中三跳启动失灵开出连接片；1SLP1为257 A相启动失灵连接片，为220kV天乙Ⅰ线257 CSC-103保护中A相启动失灵开出连接片；1SLP2为257 B相启动失灵连接片，为220kV天乙Ⅰ线257 CSC-103保护中B相启动失灵开出连接片；1SLP3为257 C相启动失灵连接片，为220kV天乙Ⅰ线257 CSC-103保护中C相启动失灵开出连接片；1LP64为257失灵启动连接片，为220kV Ⅰ、Ⅱ段母线BP-2B保护中线路257失灵启动的开入连接片。

2）220kV 天乙Ⅰ线 257 线路 RCS-931 保护启动 220kV Ⅰ、Ⅱ段母线 SGB-750 失灵开入回路如图 5-24 所示。

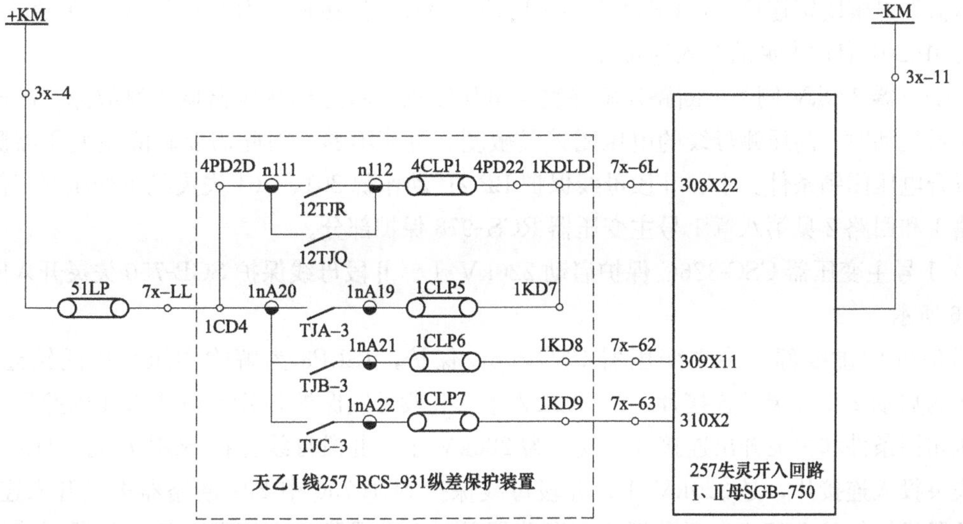


图 5-24　220kV 天乙Ⅰ线 257 线路 RCS-931 保护启动 220kV Ⅰ、Ⅱ段母线 SGB-750 失灵开入回路

图 5-24 中左边虚线框以内部分为天乙Ⅰ线 257 RCS-931 纵差保护装置。其余部分为 220kV Ⅰ、Ⅱ段母线 SGB-750 保护，51LP 为 257 启动失灵投入连接片；4CLP1 为 257 三跳启动失灵连接片，为 220kV 天乙Ⅰ线 257 线路保护 RCS-931 中三跳启动失灵开出连接片；1CLP5 为 257A 相启动失灵连接片，为 220kV 天乙Ⅰ线 257 RCS-931 保护中 A 相启动失灵开出连接片；1CLP6 为 257B 相启动失灵连接片，为 220kV 天乙Ⅰ线 257 RCS-931 保护中 B 相启动失灵开出连接片；1CLP7 为 257C 相启动失灵连接片，为 220kV 天乙Ⅰ线 257 RCS-931 保护中 C 相启动失灵开出连接片。

（2）1 号主变压器中压侧 201 断路器失灵开入 220kV Ⅰ、Ⅱ段母线保护装置回路。

《继电保护和安全自动装置技术规程》（GB/T 14285—2006）规定“发电机、变压器及高压电抗器断路器的失灵保护，为防止闭锁元件灵敏度不足应采取相应措施或不设闭锁回路”，因此该站的主变压器中压侧断路器失灵保护没有复压闭锁条件。

1）1 号主变压器 RCS-978 保护启动 220kV Ⅰ、Ⅱ段母线 BP-2B 失灵开入回路如图 5-25 所示。

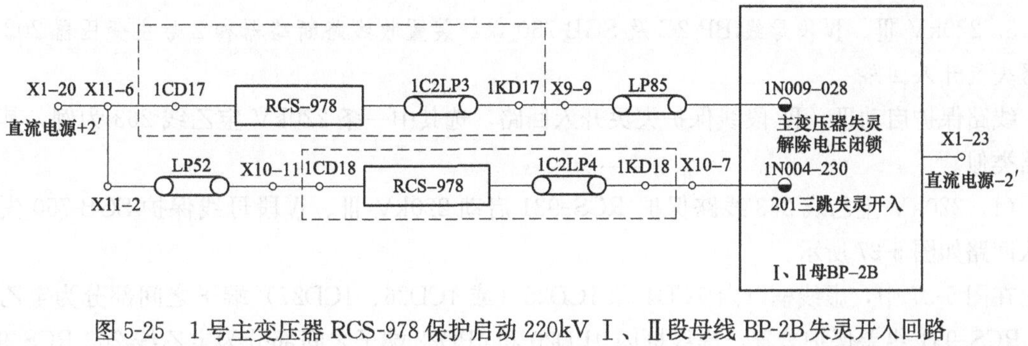


图 5-25　1 号主变压器 RCS-978 保护启动 220kV Ⅰ、Ⅱ段母线 BP-2B 失灵开入回路

图 5-25 中虚线框内为 1 号主变压器 RCS-978 保护部分，1C2LP3 为 201 失灵解除复压闭锁连接片；1C2LP4 为 201 启动失灵连接片，为 1 号主变压器 RCS-978 保护屏内 201 失灵解除闭锁和启动失灵的开出连接片。其余为 220kV Ⅰ、Ⅱ段母线 BP-2B 保护部分。LP85 为 201 主变压器失灵解闭锁连接片，LP52 为 201 启动失灵投入连接片，为 220kV Ⅰ、Ⅱ段母线 BP-2B 保护中 201 启动失灵的开入连接片。

主变压器 220kV 侧 201 断路器解除复合电压闭锁，考虑到变压器低压侧故障，高压侧断路器失灵拒动时，高压侧母线的电压闭锁灵敏度有可能不够，因此需要解除主变压器侧断路器的复合电压闭锁条件。Ⅰ、Ⅱ段母线保护 BP-2B 动作跳 201，201 失灵跳主变压器三侧断路器回路 1 和回路 2 见第八章 1 号主变压器 RCS-978 保护部分。

2）1 号主变压器 CSC-326C 保护启动 220kV Ⅰ、Ⅱ段母线保护 SGB-750 失灵开入回路如图 5-26 所示。

图 5-26 中虚线部分为主变压器 CSC-326C 保护，1SLP3 为解除中压复压闭锁连接片；1SLP4 为启动 201 失灵Ⅱ连接片，是 220kV Ⅰ、Ⅱ段母线保护 SGB-750 中 201 断路器失灵解除复压闭锁条件和失灵开出连接片。其余为 220kV Ⅰ、Ⅱ段母线保护 SGB-750。41LP 为 201 启动失灵投入连接片，是 220kV Ⅰ、Ⅱ段母线保护 SGB-750 中 201 断路器失灵开入连接片。Ⅰ、Ⅱ段母线保护 SGB-750 动作跳 201 断路器及 201 失灵跳主变压器三侧断路器回路 1 和回路 2 见第八章 1 号主变压器 CSC-326C 保护部分。

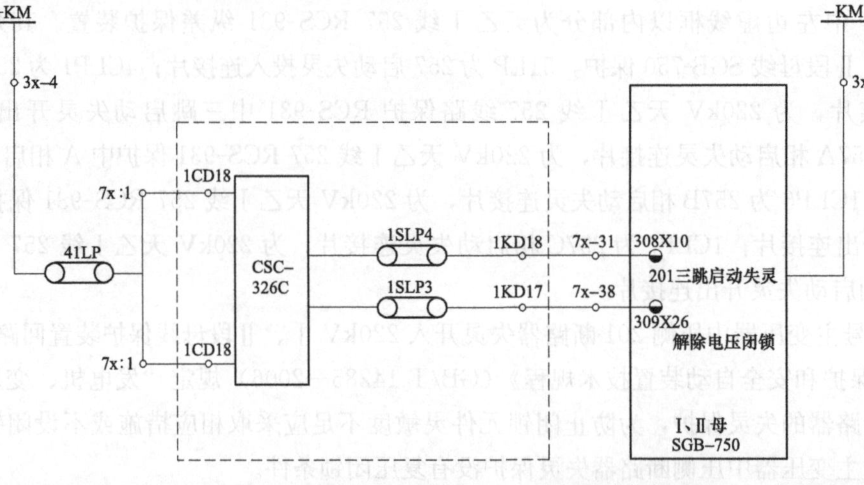

图 5-26 1 号主变压器 CSC-326C 保护启动 220kV Ⅰ、Ⅱ段母线保护 SGB-750 失灵开入回路

5. 220kV Ⅲ、Ⅳ段母线 BP-2C 及 SGB-750 保护装置收线路断路器和 2 号主变压器 202 断路器失灵开入回路

线路保护启动Ⅲ、Ⅳ 段线保护失灵开入回路，选其中一条 220kV 宝乙线 263 为例，其他线路类似。

(1) 220kV 宝乙线 263 线路保护 RCS-931 启动 220kV Ⅲ、Ⅳ段母线保护 SGB-750 失灵开入回路如图 5-27 所示。

在图 5-27 中，虚线框以内 1CD4 和 1CD25（或 1CD26、1CD27）端子之间部分为宝乙线 263 RCS-931 纵差保护装置，虚线框内 4PD20 和 4PD22 端子之间部分为宝乙线 263 RCS-931

纵差保护装置中的分相操作箱部分，其余为 220kV Ⅲ、Ⅳ段母线保护 SGB-750。在 220kV Ⅲ、Ⅳ段母线保护 SGB-750 中不设有线路间隔启动失灵的开入连接片。4CLP1 为 263 三跳启动失灵连接片；1CLP5 为 263A 相启动失灵连接片；1CLP6 为 263B 相启动失灵连接片；1CLP7 为 263C 相启动失灵连接片。

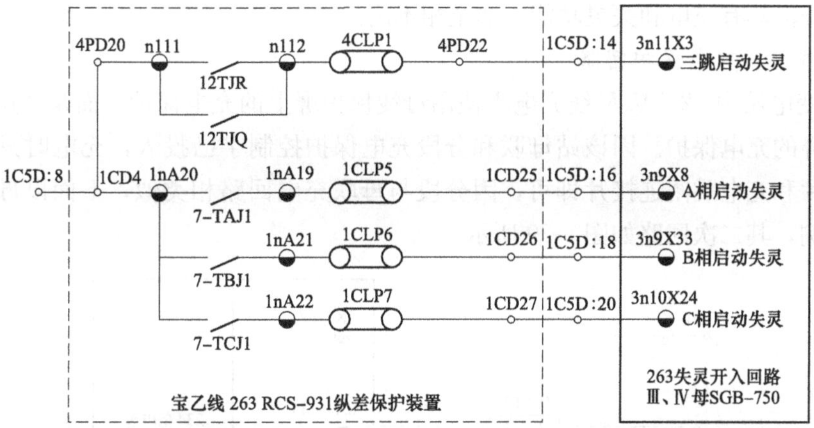


图 5-27　220kV 宝乙线 263 线路保护 RCS-931 启动 220kV Ⅲ、Ⅳ段母线保护 SGB-750 失灵开入回路

（2）220kV 宝乙线 263 线路保护 CSC-103 启动 220kV Ⅲ、Ⅳ段母线保护 BP-2C 失灵开入回路如图 5-28 所示。

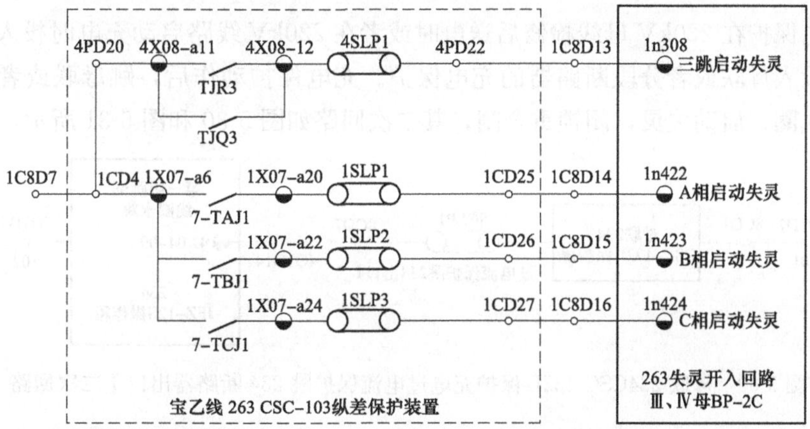


图 5-28　220kV 宝乙线 263 线路保护 CSC-103 启动 220kV Ⅲ、Ⅳ段母线保护 BP-2C 失灵开入回路

图 5-28 中，虚线框以内 1CD4 和 1CD25（或 1CD26、1CD27）端子之间部分为宝乙线 263 CSC-103 纵差保护装置，虚线框内 4PD20 和 4PD22 端子之间部分为宝乙线 263 CSC-103 纵差保护装置中的分相操作箱部分。其余为 220kV Ⅲ、Ⅳ段母线保护 BP-2C。在 220kV Ⅲ、Ⅳ段母线保护 BP-2C 中不设有线路间隔启动失灵的开入连接片。4SLP1 为 263 三跳启动失灵连接片；1SLP1 为 263A 相启动失灵连接片；1SLP2 为 263B 相启动失灵连接片；1SLP3 为 263C 相启动失灵连接片。

# 第二节 220kV母联、分段保护测控屏二次回路

## 一、母联、分段保护回路

母联和分段具有充电和失灵功能，非全相不用。

1. 母联或分段充电保护回路

500kV 变电站中 220kV 母线充电不使用母线保护屏上的充电保护，而是使用母联或分段断路器保护屏的充电保护。因该站母联和分段充电保护控制字已投入，充电时只需投入充电过电流连接片和充电跳闸连接片即可，因分段与母联充电回路相类似，下面以母联 234 充电二次回路为例，其二次回路如图 5-29 所示。

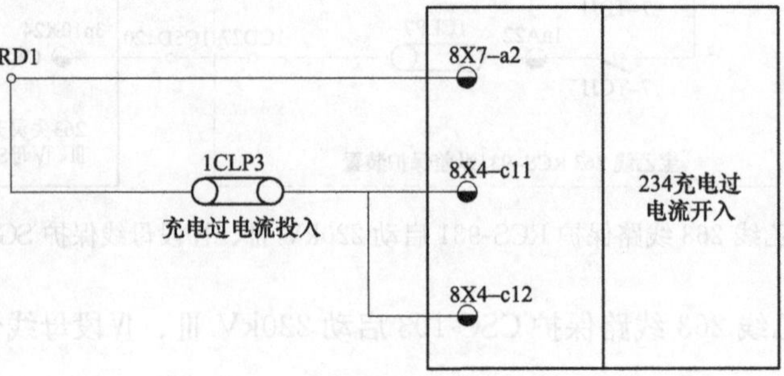


图 5-29　母联 234 充电二次回路

本例充电保护在 220kV 母线检修后送电时或者在 220kV 线路启动充电时投入使用。正常运行时严禁投入母联或者分段断路器的充电保护。充电保护动作后，跳母联或者分段断路器的两组跳闸线圈，启动失灵，闭锁重合闸，其二次回路如图 5-30 和图 5-31 所示。

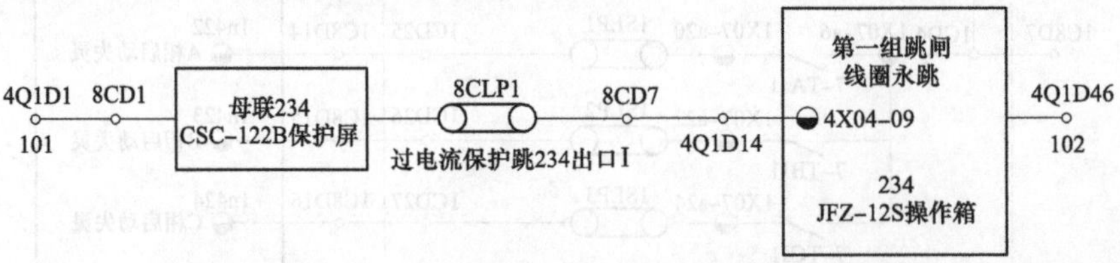


图 5-30　母联 234CSC-122B 保护充电过电流保护跳 234 断路器出口Ⅰ二次回路

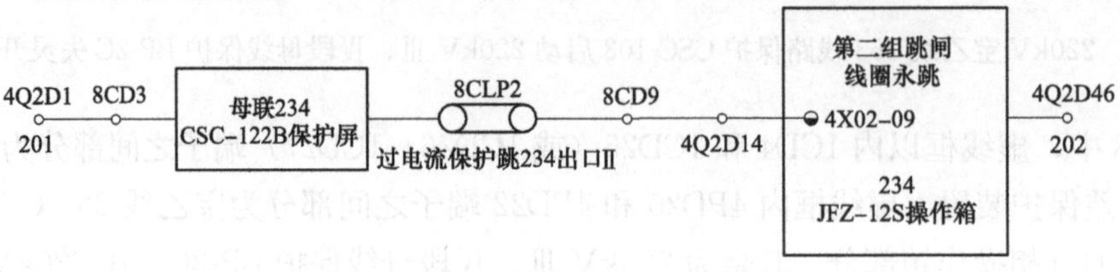


图 5-31　母联 234CSC-122B 保护充电过电流保护跳 234 断路器出口Ⅱ二次回路

图 5-30 和图 5-31 中，8CD 端子之间部分是母联 234 保护部分，其余是母联 234 测控接线部分。充电保护动作后，母联或者分段操作箱内的两个永跳继电器 1TJR 和 2TJR 励磁，动合

触点闭合，接通 220kV 母线保护屏中的失灵启动回路。此外，220kV Ⅲ（或Ⅳ）段母线跳母联 234，两个永跳继电器 1TJR 和 2TJR 也励磁，同样也启动 234 失灵。

2. 母联失灵启动回路

（1）母联 234 启动 220kV Ⅲ、Ⅳ段母线 SGB-750 失灵开入回路。母联 234 启动 220kV Ⅲ、Ⅳ段母线 SGB-750 失灵开入回路如图 5-32 所示。

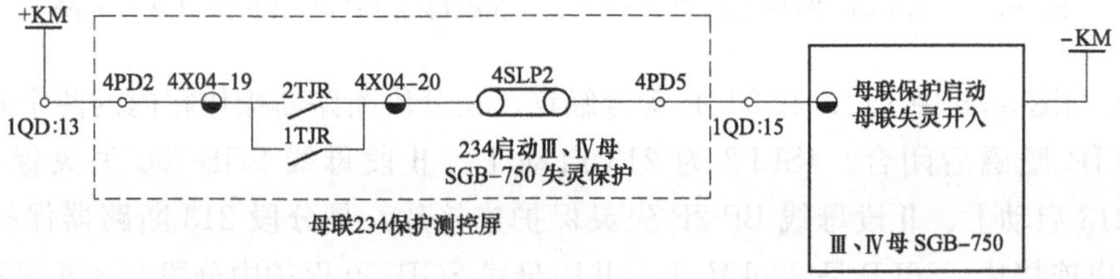


图 5-32　母联 234 启动 220kV Ⅲ、Ⅳ段母线 SGB-750 失灵开入回路

图 5-32 中 1TJR 和 2TJR 动合触点在母联操作箱内的两个永跳继电器 1TJR 和 2TJR 励磁后闭合。4SLP2 为 234 启动Ⅲ、Ⅳ段母线 SGB-750 失灵保护连接片，为母联 234 断路器保护测控屏上 234 失灵开出连接片。

（2）母联 234 启动 220kV Ⅲ、Ⅳ段母线 BP-2C 失灵开入回路。母联 234 启动 220kV Ⅲ、Ⅳ段母线 BP-2C 失灵开入回路如图 5-33 所示。

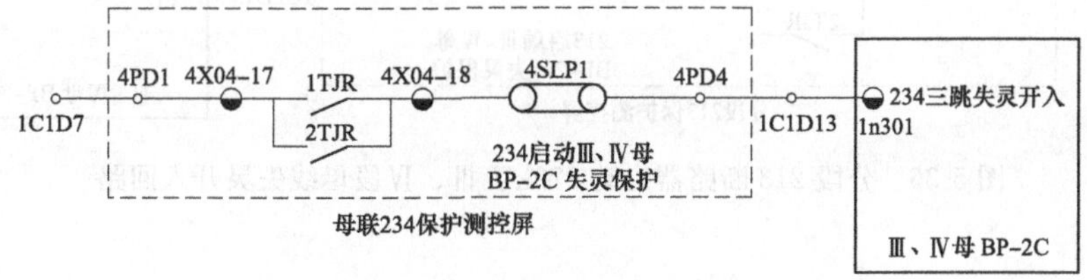


图 5-33　母联 234 启动 220kV Ⅲ、Ⅳ段母线 BP-2C 失灵开入回路

图 5-33 中 1TJR 和 2TJR 动合触点在母联操作箱内的两个永跳继电器 1TJR 和 2TJR 励磁后闭合。4SLP1 为 234 启动Ⅲ、Ⅳ段母线 BP-2C 失灵保护连接片，为母联 234 断路器保护测控屏上 234 失灵开出连接片。

3. 分段失灵启动回路

（1）分段 213 或 224 启动 220kV Ⅰ、Ⅱ段母线失灵开入回路。因分段 224 断路器与分段 213 断路器回路类似，下面以 213 回路为例，分段 213 断路器启动 220kV Ⅰ、Ⅱ段母线失灵开入回路如图 5-34 所示。

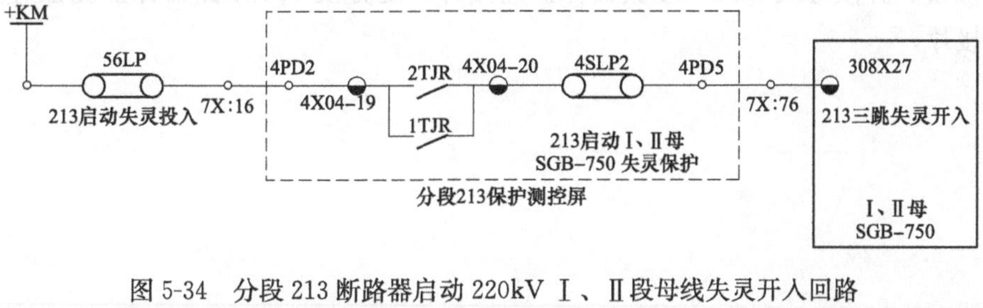


图 5-34　分段 213 断路器启动 220kV Ⅰ、Ⅱ段母线失灵开入回路

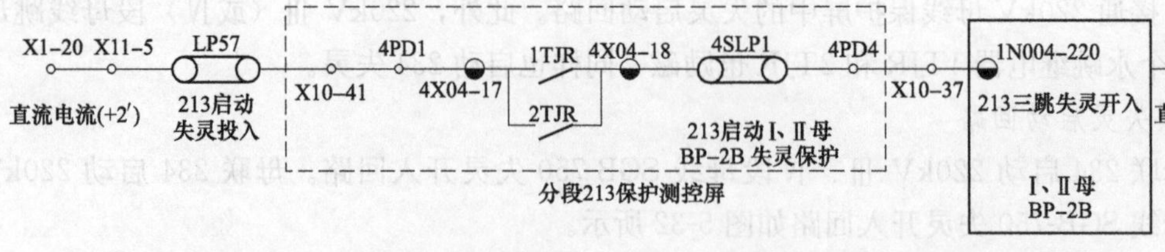


图 5-35　分段 213 断路器启动 220kVⅠ、Ⅱ段母线 BP-2B 保护失灵开入回路

图 5-34 和图 5-35 中 1TJR 和 2TJR 动合触点，在分段断路器操作箱内的两个永跳继电器 1TJR 和 2TJR 励磁后闭合。4SLP2 为 213 启动Ⅰ、Ⅱ段母线 SGB-750 失灵保护连接片，4SLP1 为 213 启动Ⅰ、Ⅱ段母线 BP-2B 失灵保护连接片，是分段 213 断路器保护测控屏上 213 失灵开出连接片。56LP 是 220kV Ⅰ、Ⅱ段母线 SGB750 保护中分段 213 断路器失灵开入连接片。LP57 是 220kV Ⅰ、Ⅱ段母线 BP-2B 保护中分段 213 断路器失灵开入连接片。

（2）分段 213 或 224 启动 220kV Ⅲ、Ⅳ段母线失灵开入回路。因分段 224 断路器与分段 213 断路器回路类似，下面以 213 回路为例，分段 213、224 断路器启动 220kVⅢ、Ⅳ段母线失灵开入回路如图 5-36 所示。

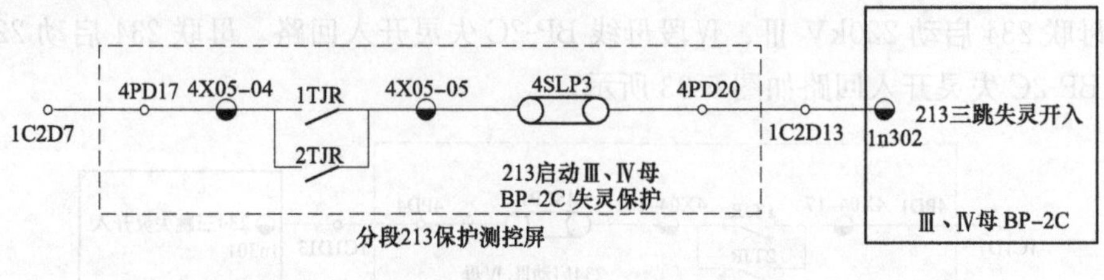


图 5-36　分段 213 断路器启动 220kV Ⅲ、Ⅳ段母线失灵开入回路

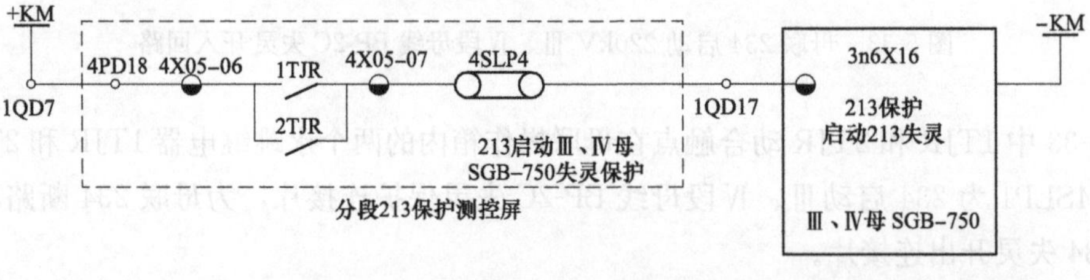


图 5-37　分段 213 断路器启动 220kV Ⅲ、Ⅳ段母线 SGB 750 保护失灵开入回路

图 5-36 和图 5-37 中 1TJR 和 2TJR 动合触点在分段断路器操作箱内的两个永跳继电器 1TJR 和 2TJR 励磁后闭合。4SLP3 为 213 启动Ⅲ、Ⅳ段母线 BP-2C 失灵保护连接片，4SLP4 为 213 启动Ⅲ、Ⅳ段母线 SGB 750 失灵保护连接片，是分段 213 断路器保护测控屏上 213 失灵开出连接片。

# 第六章 500kV线路二次回路

本章主要对500kV线路断路器二次回路、分相操作箱二次回路，500kV线路保护电压、电流取量及线路电抗器保护二次回路，以及500kV隔离开关控制回路进行分析。

## 第一节 LW13-550型断路器二次回路

本书所述变电站500kV线路断路器有两种型号，5041、5042断路器的生产厂家是西安高压断路器设备有限公司，空气操动机构，型号LW13-550。5021、5022、5031、5032、5033断路器的生产厂家为北京ABB开关有限公司，采用液压弹簧机构，断路器型号为550PM63-40。这两种断路器都是有一组合闸线圈，两组跳闸线圈。

下面对LW13-550型断路器的回路进行分析。该断路器厂家是西安高压断路器设备有限公司，型号LW13-550，该断路器有一组合闸线圈和两组跳闸线圈。断路器二次回路如图6-1所示，图中继电器处于无励磁状态，压力开关处于无压状态，断路器辅助开关位置为分闸位置。

### 一、合闸回路

断路器合闸回路串联断路器的动断辅助触点。$SF_6$气压低及空气压力低闭锁分合闸不动作。分合闸回路如图6-1所示。

1. 远方合闸回路

将远方/就地切换把手43LR切至远方位置，此时43LR的动断触点接通。正常情况下空气低气压闭锁继电器63AGL和$SF_6$低气压闭锁继电器63GLX不动作，相应动断触点63AGL(31-32)，63GLX(61-62)接通。防跳继电器52Y不动作，相应动断触点接通。

断路器在分闸位置且断路器控制电源在合位时，断路器合闸回路是通的，当远方传来断路器合闸命令时，合闸线圈52HQ励磁，断路器进行合闸操作，具体回路流程如下（以A相合闸为例，B相和C相合闸回路类似）：

远方合闸A→TB1/14(端子号)→43LR动断触点闭合(远方)→TB3/12(端子号)→52Y两动断触点→52B断路器两动断触点→TB3/15(端子号)→R1→52HQ(合闸线圈)→63AGL(31-32动断触点闭合，空气低气压闭锁继电器)→63GLX(61-62动断触点闭合，$SF_6$低气压闭锁继电器)→TB3/7(端子号)→102(第一组控制电源负极)。

2. 就地三相合闸回路

将远方/就地切换把手43LR切至就地位置，此时43LR的动合触点接通。其他辅助触点同远方合闸回路。

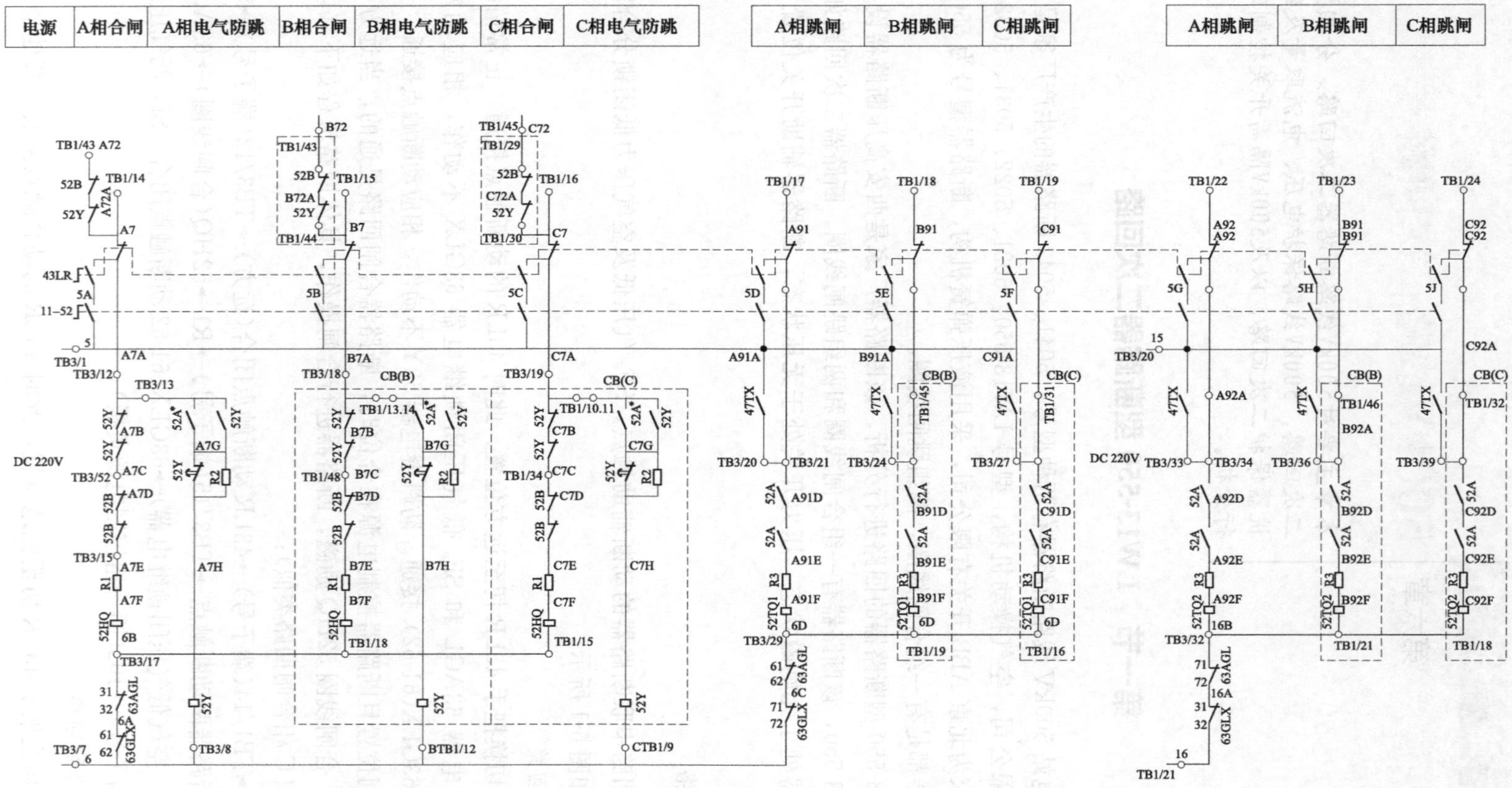


图 6-1　断路器二次回路

43LR—远方/就地切换把手；52Y—防跳继电器；52A—断路器动合辅助触点；52B—断路器动断辅助触点；63AGL—空气压力低闭锁继电器；63GLX—$SF_6$ 低气压闭锁继电器；52HQ—合闸线圈；11-52—A 相机构箱内分合闸把手；52TQ1—跳闸线圈 1；52TQ2—跳闸线圈 2；47TX—非全相跳闸继电器

在断路器A相机构箱内将11-52分合闸把手切至合闸位置，此时11-52分合闸把手的动合触点闭合，便可进行合闸操作。具体合闸回路流程如下（以A相合闸为例，B相和C相合闸回路类似）：

101(第一组控制电源正极)→TB1/14(端子号)→43LR动合触点闭合(就地)→TB3/12(端子号)→52Y两动断触点→52B断路器两动断触点→TB3/15(端子号)→R1→52HQ(合闸线圈)→63AGL(31-32动断触点闭合，空气低气压闭锁继电器)→63GLX(61-62动断触点闭合，$SF_6$低气压闭锁继电器)→TB3/7(端子号)→102(第一组控制电源负极)。

3. 防跳回路

当断路器在跳位时，断路器的动合辅助触点52A* 断开，防跳继电器52Y不励磁，但是当断路器合闸后，断路器的动合辅助触点52A* 先接通，断路器的动断辅助触点52B后断开，此时若因某种原因断路器的合闸命令不解除，52Y会励磁，52Y的动断触点断开，断开合闸回路。而52Y的动合触点闭合，使52Y自保持。假如此时线路或其他保护动作跳开断路器后，不会因合闸命令不解除而使断路器出现重复“跳-合”现象，若线路永久性故障时，防跳回路可起到保护电气设备的作用。防跳继电器启动具体回路如下：

TB1/14(端子号)→43LR动断触点闭合(远方)→TB3/13(端子号)→52A* 动合触点闭合→R2→52Y(防跳继电器)→TB3/8(端子号)→102(第一组控制电源负极)。

52Y防跳继电器励磁后，52Y动合触点闭合，实现防跳回路自保持。同时52Y动断触点打开切断断路器合闸回路，实现防跳功能。

## 二、三相不一致回路

500kV断路器三相不一致保护使用断路器本体机构中的三相不一致保护，不使用分相操作箱JFZ-22F的三相不一致保护。三相不一致保护不用零负序判别元件，整定时间2.5s（主变压器高压侧断路器为0.5s）。三相不一致时间大于断路器重合闸时间，三相不一致保护动作闭锁断路器重合闸。不一致回路由断路器本体并联的三相动合辅助触点串联上断路器本体并联的三相动断辅助触点构成，然后启动三相不一致时间继电器47T，到达整定时间，时间继电器47T动合触点闭合启动非全相跳闸继电器47TX，非全相跳闸继电器励磁后，其动合触点47TX接通断路器分闸1和分闸2回路。三相不一致回路如图6-2所示。

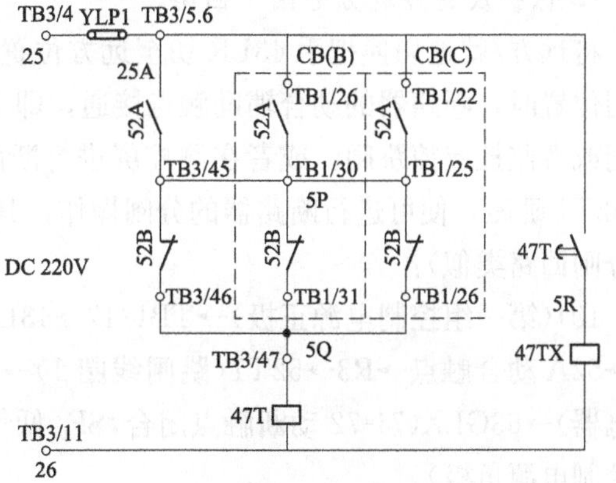


图6-2 三相不一致回路

47T—非全相时间继电器；47TX—非全相跳闸继电器；YLP1—非全相保护连接片；52A—断路器动合辅助触点；52B—断路器动断辅助触点

断路器在分闸位置时，其动合触点是断开的，其动断触点是闭合的；断路器在合闸位置时恰恰相反，其动合触点是闭合的，其动断触点是断开的。假如断路器在运行中出现A相跳闸，B、C两相在合闸位置，其三相不一致回路为：

101(第一组控制电源正极)→TB3/4→YLP1→52A 动合触点闭合(B 相或 C 相)→52B 动断触点闭合(A 相)→47T(三相不一致时间继电器)→TB3/11→102(第一组控制电源负极)。

三相不一致时间继电器 47T 达到整定时间后，47T 动合触点闭合启动非全相跳闸继电器 47TX，非全相跳闸继电器励磁后，其动合触点 47TX 接通断路器分闸 1 和分闸 2 回路。

101(第一组控制电源正极)→TB3/4→47T 动合触点闭合→47TX(非全相跳闸继电器励磁)→TB3/11→102(第一组控制电源负极)。

三相不一致接通断路器分闸 1 和分闸 2 回路在分闸回路中分析。

图 6-2 三相不一致回路是一个非全相跳闸继电器 47TX 启动断路器的两组跳闸线圈，后期新型 LW13-550 断路器有两组独立的三相不一致回路，分别启动断路器的两组跳闸线圈。

## 三、分闸回路 1

断路器分闸回路串联断路器的动合辅助触点，且动合触点闭合。$SF_6$ 气压低及空气压力低闭锁分合闸不动作。分合闸回路如图 6-1 所示。

1. 三相不一致保护动作使断路器第一组跳闸线圈跳闸回路

当三相不一致（非全相）保护动作后，47TX 非全相出口继电器励磁，47TX 的动合触点接通断路器第一组和第二组跳闸线圈，使断路器三相进行一次分闸操作，以 A 相分闸为例，B 相和 C 相分闸回路与此类似，流程如下：

101(第一组控制电源正极)→TB3/1→47TX 动合触点闭合→TB3/20→52A 动合触点→52A 动合触点→R3→52TQ1(跳闸线圈 1)→63AGL(61-62 动断触点闭合,空气低气压闭锁继电器)→63GLX(71-72 动断触点闭合,$SF_6$ 低气压闭锁继电器)→TB3/7(端子号)→102(第一组控制电源负极)。

2. 保护及遥控远方分闸 1 回路

将远方/就地切换把手 43LR 切至远方位置，此时 43LR 的动断触点接通。又因断路器在合闸位置时，断路器的动合辅助触点接通，即 52A 两动合触点闭合。当保护 1 动作使断路器跳闸或者监控遥控跳闸，或者在测控屏进行断路器的分闸操作时，有分闸命令下传，跳闸线圈 52T1 励磁，便可进行断路器的分闸操作，其分闸回路 1 流程如下（以 A 相为例，B 相和 C 相分闸回路类似）：

101(第一组控制电源正极)→TB1/17→43LR(远方)动断触点闭合→TB3/21→52A 动合触点→52A 动合触点→R3→52T1(跳闸线圈 1)→63AGL(61-62 动断触点闭合,空气低气压闭锁继电器)→63GLX(71-72 动断触点闭合,$SF_6$ 低气压闭锁继电器)→TB3/7(端子号)→102(第一组控制电源负极)。

3. 就地三相分闸操作回路

当需要在断路器进行就地分闸操作时，首先将 A 相机构箱远方/就地切换把手 43LR 切至就地位置，此时 43LR 的动合触点接通，再将 A 相机构箱中的 11-52 分合闸把手切至分闸位，此时 11-52 动合触点接通，断路器第一组和第二组跳闸线圈励磁，便可进行分闸操作，以 A 相为例，B 相和 C 相分闸回路类似，分闸流程如下：

101(第一组控制电源正极)→TB3/1→11-52(分闸)→43LR(就地)动合触点闭合→TB3/21→52A 动合触点→52A 动合触点→R3→52TQ1(跳闸线圈 1)→63AGL(61-62 动断触点闭合,空气低气压闭锁继电器)→63GLX(71-72 动断触点闭合,$SF_6$ 低气压闭锁继电器)→TB3/7(端子号)→102(第一组控制电源负极)。

## 四、分闸回路 2

断路器分闸回路串联断路器的动合辅助触点，且动合触点闭合。$SF_6$ 气压低及空气压力低闭锁分合闸不动作。分合闸回路如图 6-1 所示。

1. 三相不一致保护动作使断路器第二组跳闸线圈跳闸回路

当三相不一致（非全相）保护动作后，47TX 非全相出口继电器励磁，则 47TX 的动合触点接通断路器第一组和第二组跳闸线圈，可使断路器三相进行一次分闸操作，以 A 相分闸为例，B 相和 C 相分闸回路类似，其流程如下：

201(第二组控制电源正极)→TB3/30→47TX 动合触点闭合→TB3/34→52A 动合触点→52A 动合触点→R3→52TQ2(跳闸线圈 2)→63AGL(71-72 动断触点闭合,空气低气压闭锁继电器)→63GLX(31-32 动断触点闭合,$SF_6$ 低气压闭锁继电器)→TB1/21(端子号)→202(第二组控制电源负极)。

2. 保护及遥控远方分闸 2 回路

将远方/就地切换把手 43LR 切至远方位置，此时 43LR 的动断触点接通。断路器在合闸位置时，断路器的动合辅助触点接通，即 52A 两动合触点闭合。当保护 2 动作使断路器跳闸或者监控遥控跳闸，或者在测控屏进行断路器的分闸操作时，有分闸命令下传，跳闸线圈 52TQ2 励磁，便可进行断路器的分闸操作，其分闸回路 2 流程如下（以 A 相为例，B 相和 C 相分闸回路类似）：

201(第二组控制电源正极)→TB1/22→43LR(远方)动断触点闭合→TB3/34→52A 动合触点→52A 动合触点→R3→52TQ2(跳闸线圈 2)→63AGL(71-72 动断触点闭合,空气低气压闭锁继电器)→63GLX(31-32 动断触点闭合,$SF_6$ 低气压闭锁继电器)→TB1/21(端子号)→202(第二组控制电源负极)。

3. 就地三相分闸操作回路

当需要在断路器 A 相机构箱进行就地分闸操作时，首先将远方/就地切换把手 43LR 切至就地位置，此时 43LR 的动合触点接通，再将 A 相机构箱中的 11-52 分合闸把手切至分闸位，此时 11-52 动合触点接通，断路器第一组和第二组跳闸线圈励磁，可进行分闸操作，以 A 相为例，B 相和 C 相分闸回路类似。第二组跳闸线圈分闸流程如下：

201(第二组控制电源正极)→TB3/20→11-52(分闸)→43LR(就地)动合触点闭合→TB3/34→52A 动合触点→52A 动合触点→R3→52TQ2(跳闸线圈 2)→63AGL(71-72 动断触点闭合,空气低气压闭锁继电器)→63GLX(31-32 动断触点闭合,$SF_6$ 低气压闭锁继电器)→TB1/21(端子号)→202(第二组控制电源负极)。

## 五、电动机控制回路

断路器空气压缩机电动机控制回路如图 6-3 所示。在启动回路中，88KM 继电器触点处于无励磁状态，63AG 压力开关处于无压状态，8A 自动开关处于分闸状态，49KR 为电动机热过载继电器，ST 为打压超时报警继电器。虚线框以外的部分在断路器 A 相机构箱内，虚线框内的部分在断路器 B 相机构箱内。在电动机控制回路中，8A 为三相电动机电源空气开关。M 为三相交流电动机，88KM 为三相交流电动机控制接触器。63AG 为控制电动机启停的空气压力接触器。

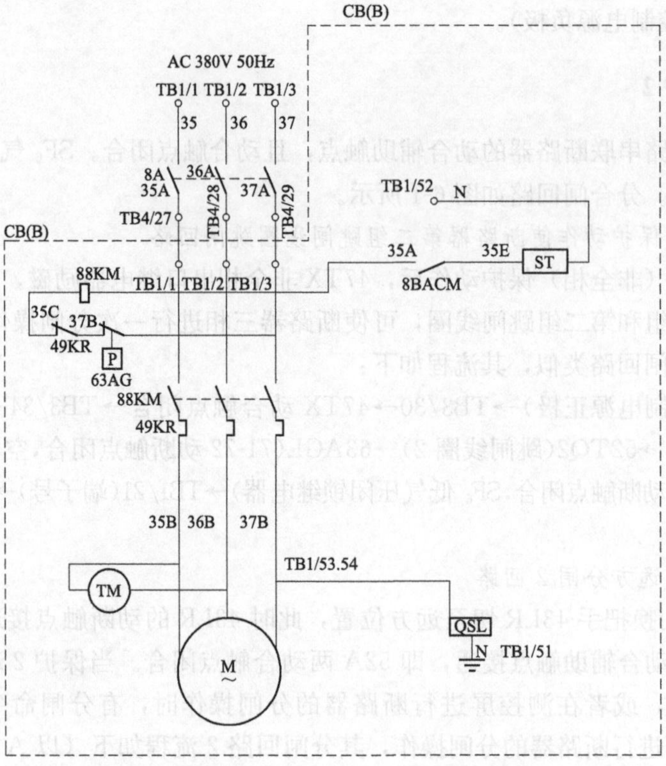


图 6-3　断路器空气压缩机电动机控制回路

当断路器空气压力达到 1.45MPa 时，63AG 压力开关动断触点闭合，使 88KM 电动机交流接触器励磁，88KM 三相动合触点闭合，接通交流电动机 M，空气压缩机开始运转进行打压，其回路如下：

交流 TB1/1→88KM→49KR 动断触点→63AG→交流 TB1/3。

电动机交流接触器 88KM 励磁后，88KM 三相动合触点闭合，接通以下回路：

380V 三相交流（TB1/1、TB1/2、TB1/3）→8A（电动机电源）→（TB4/27、TB4/28、TB4/29）→88KM→49KR→M。

在交流电动机 M 运转打压过程中，88KM 动合触点也接通打压计时回路，当断路器打压达到打压超时报警继电器 ST 整定时间后，断路器器发出打压超时信号。监盘人员需要及时赶到现场查明空压机打压超时的具体原因，然后进行处理。

当断路器空气压力达到 1.55MPa 时，63AG 压力开关动断触电断开，使 88KM 电动机交流接触器失磁，88KM 三相动合触点打开，切断交流电动机 M，空气压缩机停止运转。

## 第二节　550PM63-40 型断路器二次回路

550PM63-40 型断路器的生产厂家为北京 ABB 开关有限公司。

### 一、合闸回路

断路器合闸回路串联断路器的动断辅助触点。弹簧能量不闭锁合闸。$SF_6$ 气压低及弹簧能量低闭锁分合闸不动作。两个非全相出口继电器不动作。550PM63-40型断路器合闸回路如图6-4所示。

1. 远方合闸回路

将远方/就地切换把手CS切至远方位置，此时CS的（1A-2A）、（9A-10A）、（21A-22A）触点接通。正常情况下K12，K13两非全相出口继电器不动作，相应动断触点K12(41-42)，K13(41-42)接通。K9，K10两弹簧/$SF_6$气压不闭锁分合闸，相应动断触点K9(11-12)，K10(11-12)接通。K11弹簧能量低闭锁合闸也不动作，相应动断触点K11(11-12)接通。当弹簧储能行程位置低于52mm时，K11励磁，闭锁合闸回路。

当断路器在分闸位置时，断路器的动断触点S0(1-2)，S0(11-12)，S0(31-32)接通，防跳继电器K3失磁，所以K3的（31-32）触点接通。

当断路器在分闸位置且断路器控制电源在合位时，合闸延时继电器SJ3、SJ4、SJ5励磁，所以SJ3(11-14)、SJ4(11-14)、SJ5(11-14)触点接通。

当远方传来断路器合闸命令时，合闸线圈HQ1励磁，断路器进行合闸操作，以A相合闸为例，B相和C相合闸回路类似。具体回路流程如下：

远方合闸A→CS(1A-2A)→11d1→SJ3(11-14)→KF3-A(31-32)→S0-A(1-2)→S0-A(11-12)→HQ1-A→K11(11-12)→K10(11-12)→K9(11-12)→K12(41-42)→K13(41-42)→5d1(－)。

2. 就地三相合闸回路

将远方/就地切换把手CS切至就地位置，此时CS的（3A-4A）、（11A-12A）、(23A-24A）触点接通，其他辅助触点同远方合闸回路。

将S3就地三相控制断路器切至合闸位置，此时S3的（1-2）、（5-6）、（9-10）触点接通，可进行合闸操作。以A相合闸为例，B相和C相合闸回路类似。具体合闸回路流程如下：

＋4d1(＋)→S3(1-2)→CS(3A-4A)→11d1→同远方合闸流程→5d1(－)。

3. 就地单相合闸回路

将远方/就地切换把手CS切至就地位置，此时CS的（5A-6A）、（15A-16A）、（25A-26A）触点接通。其他辅助触点同远方合闸回路。以A相合闸为例，B相和C相合闸回路类似。

将A相的分合闸把手S31切至合闸位置，此时S31(1-2)触点接通，便可进行A相断路器的合闸操作，具体合闸回路流程如下：

＋4d1(＋)→S31(1-2)→CS(5A-6A)→11d1→同远方合闸流程→5d1(－)。

4. 防跳回路

当断路器在跳位时，断路器的动合辅助触点断开，即S0(63-64)断开，防跳继电器K3不励磁，但是当断路器合上后，断路器的动合辅助触点接通，即S0(63-64)接通，此时若因某种原因断路器的合闸命令不解除，K3会励磁，K3的（31-32）触点断开，断开合闸回路。而K3的（11-14）触点闭合，使K3自保持。假如此时线路或其他保护动作跳开断路器后，不会因合闸命令不解除而使断路器出现重复“跳-合”现象，若线路永久性故障，防跳回路可起到保护电气设备的作用。

## 二、分闸回路1

在分闸回路1中，不管任何原因使断路器分闸，首先满足K9继电器不励磁，即弹簧能量低闭锁合闸/分闸1与$SF_6$气压闭锁合闸/分闸1两条件不具备。也就是$SF_6$压力不低于闭锁值0.496MPa，弹簧储能行程位置不低于41mm，方能进行分闸1操作。分闸回路1如图6-5所示。

1. 远方分闸回路

将远方/就地切换把手CS切至远方位置，此时CS的（29A-30A）、（1B-2B）、（9B-10B）触点接通。断路器在合闸位置时，断路器的动合辅助触点接通，即S0(3-4)，S0（13-14）闭合。

正常情况下，K9继电器不励磁，K9（21-22）触点接通，当有分闸命令下传时，跳闸线圈TQ2励磁，便可进行断路器的分闸操作，以A相为例，B相和C相分闸回路类似。其分闸回路1流程如下：

CS(29A-30A)→11d34→11d35→S0(3-4)→S0(13-14)→TQ2-A→11d40→K9(21-22)→5d5→5d4(＋)。

2. 非全相保护1动作使断路器跳闸回路

当非全相保护1动作后，K12非全相出口继电器励磁，则K12的（11-14）、（21-24）、（31-34）触点接通，便可使断路器三相进行一次分闸操作。以A相分闸为例，B相和C相分闸回路类似。其流程如下：

4d15(＋)→K12 (11-14) →11d34→同远方分闸流程→5d4(－)。

3. 就地三相分闸操作回路

首先将远方/就地切换把手CS切至就地位置，此时CS的（31A-32A）、（3B-4B）、（11B-12B）触点接通。当就地三相控制断路器S3切至分闸位置时，S3的（3-4）、（7-8）、（11-12）接点接通，便可进行分闸操作，以A相为例，B相和C相分闸回路类似。其分闸流程如下：

4d15(＋)→S3(3-4)→CS(31A-32A)→11d34→同远方分闸流程→5d4(－)。

4. 就地单相分闸操作回路

首先将远方/就地切换把手CS切至就地位置，此时CS的（17A-18A）、（5B-6B）、（19B-20B）触点接通。以A相就地分闸为例，将A相分合闸把手切至分闸位置，此时S31(3-4）接通，便可进行分闸操作，其流程如下：

4d15(＋)→S31(3-4)→CS(17A-18A)→11d34→同远方分闸流程→5d4(－)。

## 三、分闸回路2

分闸回路2与分闸回路1相类似，不同之处在于分闸回路2没有就地三相分闸功能。同样不管何种原因使断路器分闸，K10继电器不励磁，断路器方能进行分闸操作。K10在以下两条件任一项满足时都会励磁：①弹簧能量低闭锁合闸/分闸2；②$SF_6$气压低闭锁合闸/分闸2。即$SF_6$气压不低于0.496MPa，弹簧储能行程断路器不低于41mm，方能进行断路器的分闸操作。分闸回路2如图6-6所示。

1. 远方分闸回路

将远方/就地切换把手CS切至远方位置，以A相为例，B相和C相分闸回路类似。其流程如下：

远方分闸→CS(21B-22B)→12d18→S0-1(3-4) →S0-1(13-14) →TQ3-A→K10(21-22)→5d11(－)。

2. 非全相保护2动作使断路器跳闸回路

当非全相保护2动作后，K13非全相出口继电器励磁，则K13的（11-14）、（21-24）、（31-34）触点接通，可使断路器三相进行一次分闸操作，以A相分闸为例，B相和C相分闸回路类似。其流程如下：

4d31(+)→K13 (11-14) →12d18→同远方分闸 2 流程→5d11(−)。

3. 就地单相分闸操作回路

首先将远方/就地切换把手 CS 切至就地位置，以 A 相就地分闸为例，将 A 相分合闸把手切至分闸位置，此时 S31 (7-8) 接通，便可进行分闸操作，其流程如下：

4d31(+)→S31(7-8)→CS(23B-24B)→12d18→同远方分闸 2 流程→5d11(−)。

## 四、非全相保护回路

550PM63-40 断路器与其他断路器不同处是非全相有两套保护，即非全相保护 1 和非全相保护 2。非全相保护 1 接分闸回路 1，非全相保护 2 接分闸回路 2。1 号主变压器高压侧 5021、5022 断路器非全相时间是 0.5s，其他 5031、5032、5033 断路器非全相时间是 2.5s，且都使用断路器本体的非全相保护。非全相保护 1 回路如图 6-7 所示，非全相保护 2 回路如图 6-8 所示。

下面以非全相保护 1 为例，在正常运行过程中或者是倒闸操作过程中断路器出现非全相的情况，断路器会直接三跳。假如在倒闸操作过程中出现断路器 AB 相合闸，C 相分闸时，非全相保护 1 中 C 相的动断触点 S0-C (51-52) 闭合，AB 相的动合触点 S0-A (23-24) 闭合，S0-B (23-24) 闭合。非全相保护 1 连接片又在投入位置，此时，SJ1 非全相保护 1 时间继电器达到整定时间 0.5s 或 2.5s 时，SJ1 (21-24) 触点接通，非全相出口 1 继电器 K12 励磁，接通分闸 1 回路，而 SJ1 (11-14) 触点接通会使非全相时间继电器 SJ1 自保持。

当非全相出口 1 继电器励磁后，HL1 灯点亮，SB1 是非全相保护 1 手动复归按钮，当非全相保护 1 动作后，只有手动按下 SB1 按钮，才能使 SJ1 失磁返回，同时 K12 继电器也失磁，E1 灯灭。

## 五、电动机控制回路

电动机控制回路如图 6-9 所示。在电动机控制回路中，ZK1、ZK2、ZK3 分别是 A、B、C 三相的电动机电源空气开关。KM1、KM2、KM3 分别是 A、B、C 三相的电动机控制接触器。A、B、C 三相各有一电动机，当某一相的弹簧储能行程断路器达到 83mm 时，弹簧储能辅助触点 S1(71-72) 闭合，接通该相的电动机接触器，使电动机 M 运转，当弹簧储能行程位置达到 84mm 时，弹簧储能辅助触点 S1 (71-72) 断开，M 断开，电动机停止运转。由于弹簧储能行程 1mm 后电动机停止运转，所以从监控发现电动机启动到电动机停止只有 3ms 左右的时间，该信号可以说是瞬时动作瞬时复归。下面以 A 相电动机启动为例进行说明，当 S1 行程位置为 83mm 时，电动机启动流程如下：

1d1(−A)→ZK1→13d1→13d3→S1-A(71-72) →KM1→SJ6(21-22) →13d27→13d26→Q1→2d1(N)。

此时 KM1 励磁，KM1(1、2)、KM1(5、6) 触点接通，A 相电动机开始运转给弹簧储能。同时 KM1(3、4) 触点接通使 A 相 SJ6 电动机运转时间继电器励磁。若当 3min 后，弹簧储能行程断路器 S1 还没有达到 84mm 时，SJ6(21-22) 触点断开，SJ6(21-24) 触点闭合，使电动机停止运转，结束对弹簧的储能工作。同时也保护电动机因过热受损。正常情况下，弹簧储能在极短时间内完成，当弹簧储能行程断路器 S1 达到 84mm 时，S1-A (71-72) 触点断开，电动机停止运转。

## 六、其他回路

$SF_6$ 低气压报警、弹簧储能低报警及弹簧储能低闭锁合闸回路如图 6-10 所示，信号回路如图 6-11 所示。

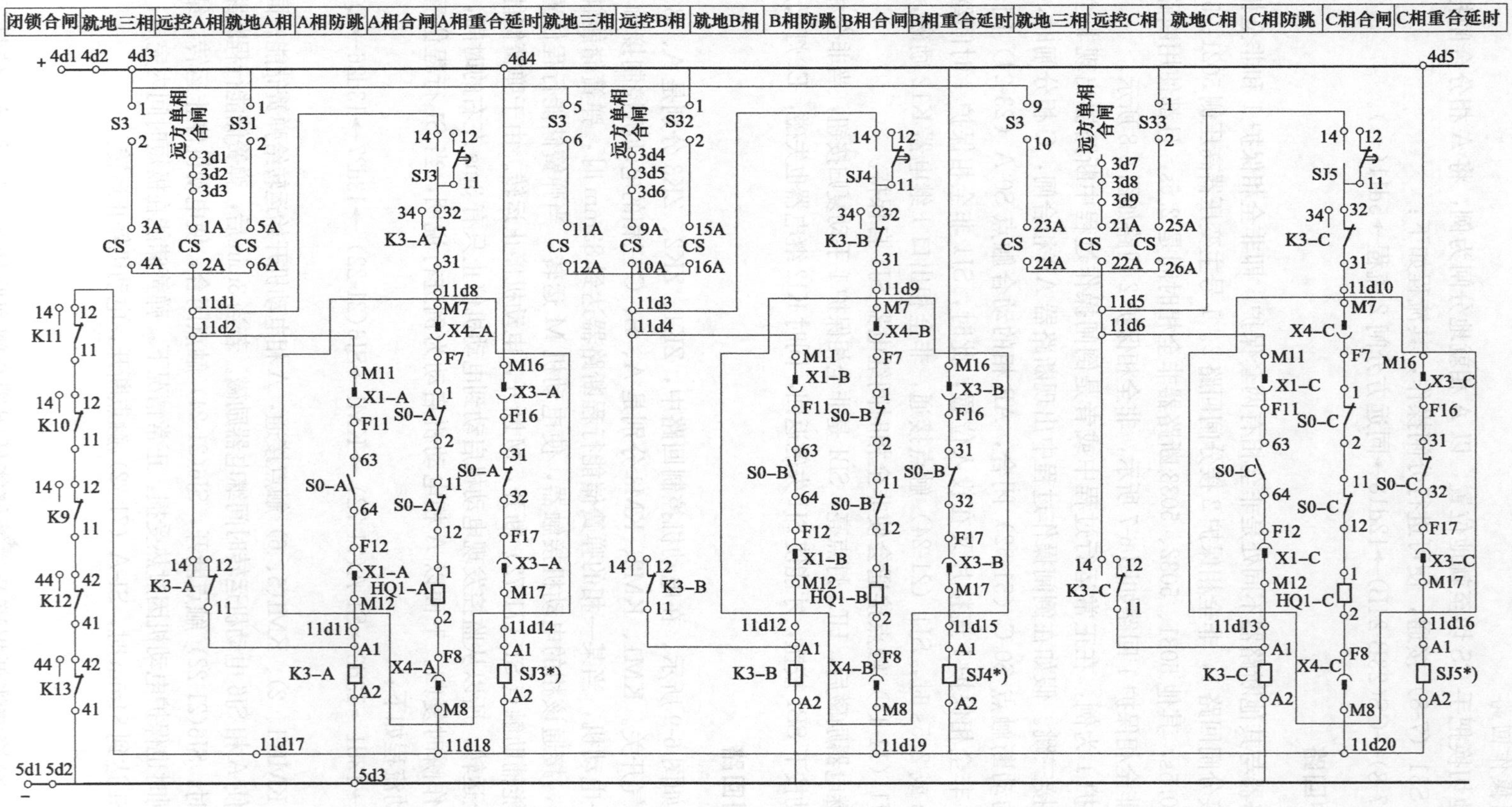


图 6-4　550PM63-40 型断路器合闸回路

S31（S32 或 S33）—A（B 或 C）相分合闸把手；K3-A(K3-B 或 K3-C）—A（B 或 C）相防跳继电器；S0-A(S0-B 或 S0-C）—断路器 A（B 或 C）相动合（或动断）辅助触点；HQ1-A(HQ1-B 或 HQ1-C）—A(B 或 C）相合闸线圈；SJ3(SJ4 或 SJ5）—A(B 或 C）相合闸延时继电器；K9—弹簧能量低、$SF_6$ 低气压闭锁合闸、分闸 1 继电器；K10—弹簧能量低、$SF_6$ 低气压闭锁合闸、分闸 2 继电器；K12—非全相保护 1 跳闸继电器；K13—非全相保护 2 跳闸继电器；K11—弹簧能量低闭锁合闸继电器；S3—就地三相/单相选择把手；CS—远方/就地切换把手

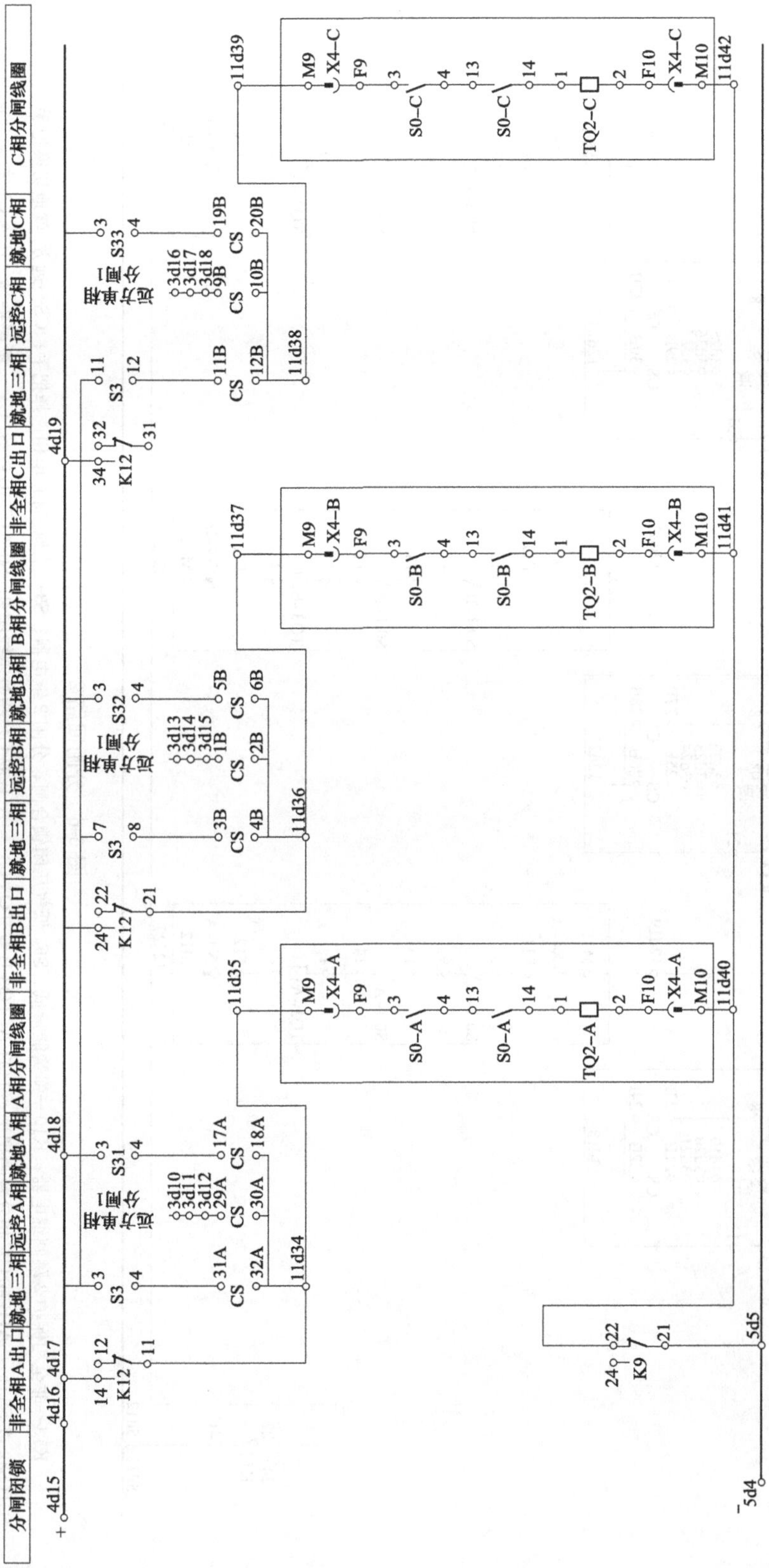


图 6-5 分闸回路 1

K12—非全相保护 1 跳闸继电器；K9—弹簧能量低、$SF_6$ 低气压闭锁合闸、分闸 1 继电器；S3—就地三相/单相选择把手；CS—远方/就地切换把手；

S31（S32 或 S33）—A（B 或 C）相分合闸把手；TQ2-A（TQ2-B 或 YR2-C）—A（B 或 C）相跳闸线圈 1；S0-A（S0-B 或 S0-C）—断路器 A（B 或 C）相动合辅助触点

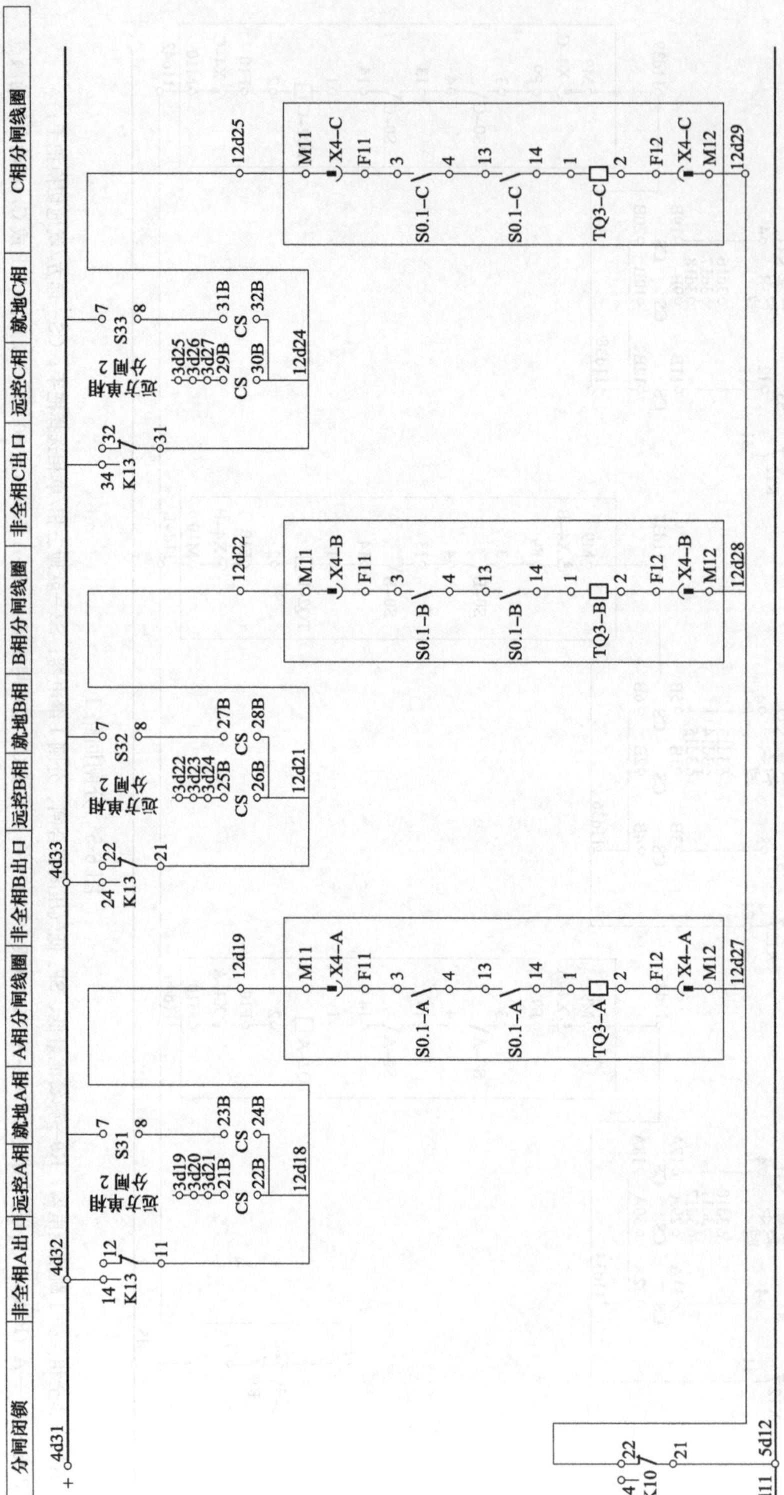


图 6-6　分闸回路 2

K13—非全相保护 2 跳闸继电器；K10—弹簧能量低、$SF_6$ 低气压闭锁合闸、分闸 2 继电器；S3—就地三相/单相选择把手；CS—远方/就地切换把手；S31（S32 或 S33）—A（B 或 C）相分合闸把手；TQ3-A（TQ3-B 或 TQ3-C）—A（B 或 C）相跳闸线圈 2；S0-A（S0-B 或 S0-C）—断路器 A（B 或 C）相动合辅助触点

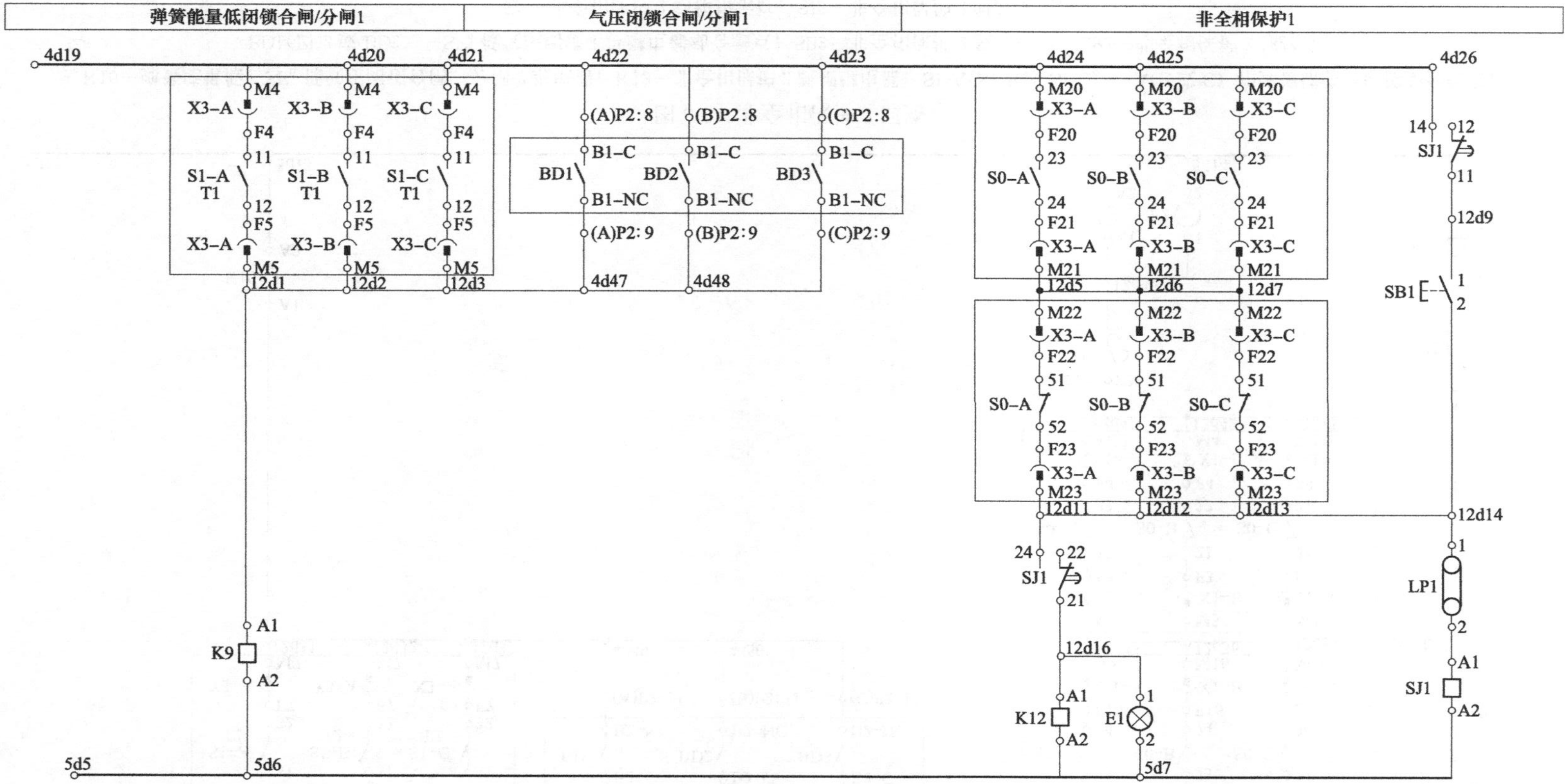


图 6-7 非全相保护 1 回路

S1-A(S1-B 或 S1-C) —A(B 或 C) 相弹簧储能继电器动合触点；BD1(BD2 或 BD3) —$SF_6$ 低气压闭锁密度继电器动合触点；

K9—弹簧能量低、$SF_6$ 低气压闭锁合闸、分闸 1 继电器；K12—非全相保护 1 跳闸继电器；SB1—非全相保护 1 复归按钮；LP1—非全相保护 1 连接片；

E1—非全相保护 1 动作指示灯；SJ1—非全相保护 1 时间继电器

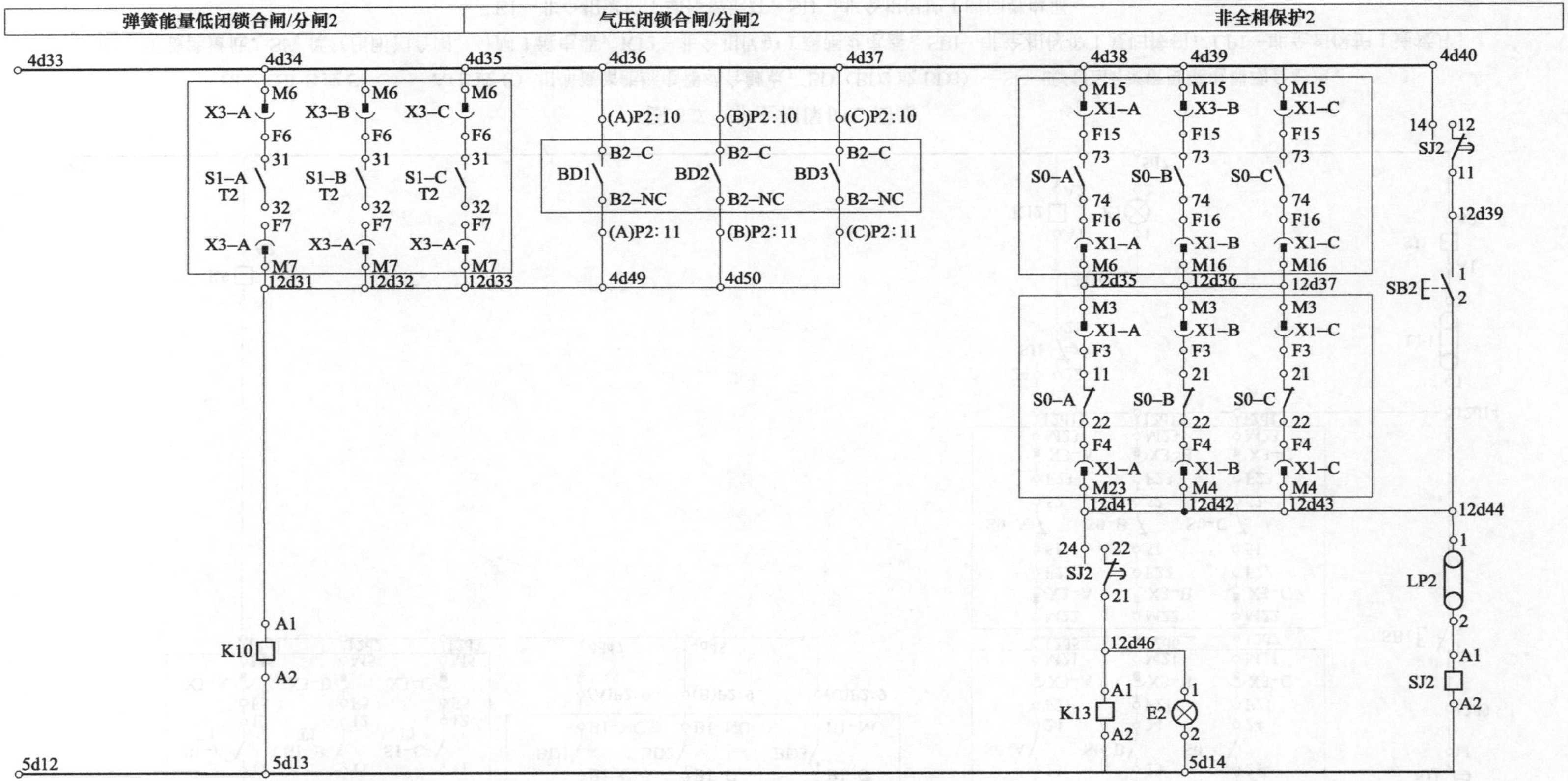


图 6-8 非全相保护 2 回路

K10—弹簧能量低、$SF_6$ 低气压闭锁合闸、分闸 2 继电器；K13—非全相保护 2 跳闸继电器；S1-A(S1-B 或 S1-C）—A(B 或 C）相弹簧储能继电器动合触点；BD1(BD2 或 BD3）—$SF_6$ 低气压闭锁密度继电器动合触点；SB2—非全相保护 2 复归按钮；LP2—非全相保护 2 连接片；E2—非全相保护 2 动作指示灯；SJ2—非全相保护 2 时间继电器

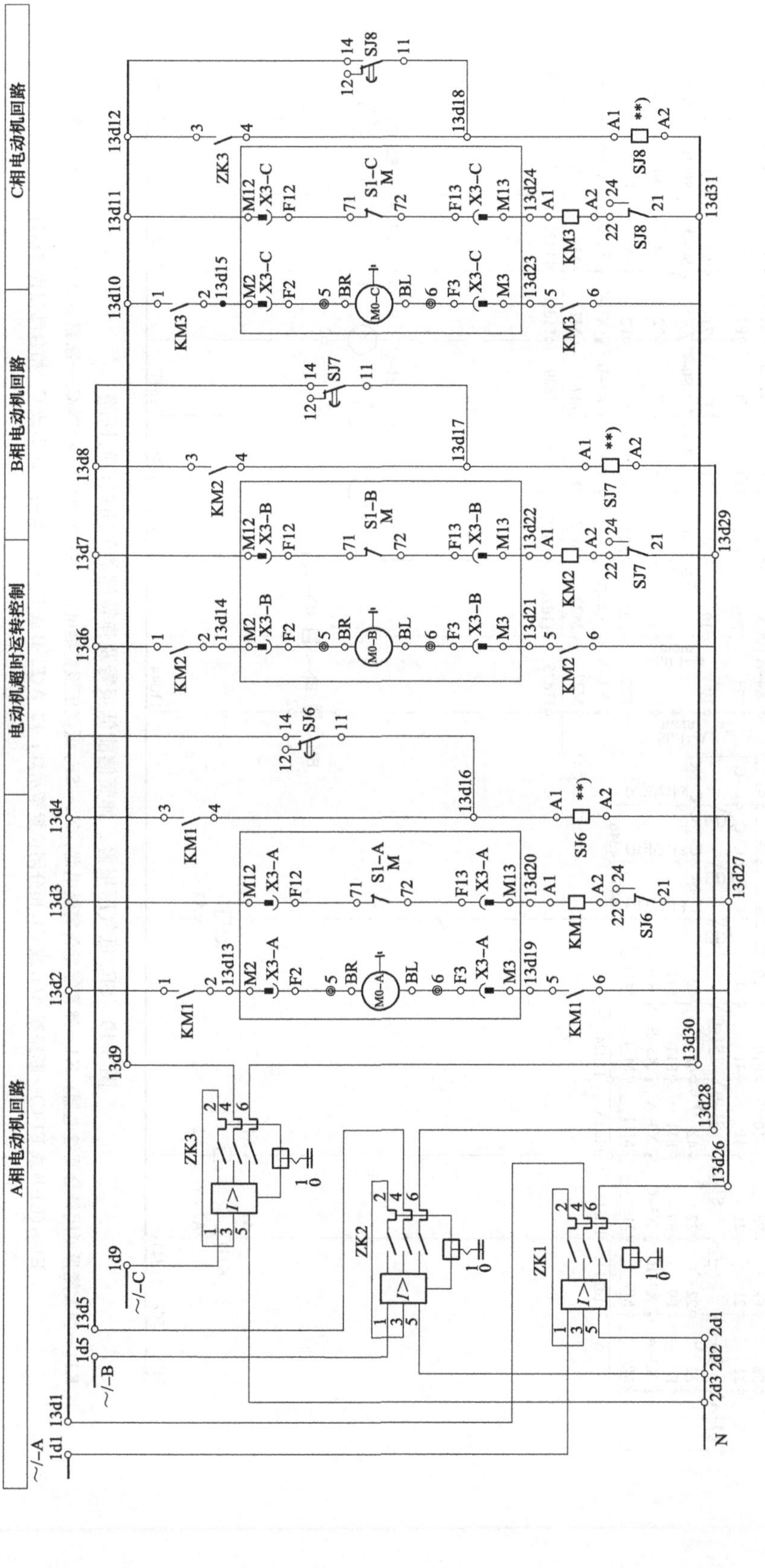


图 6-9　电动机控制回路

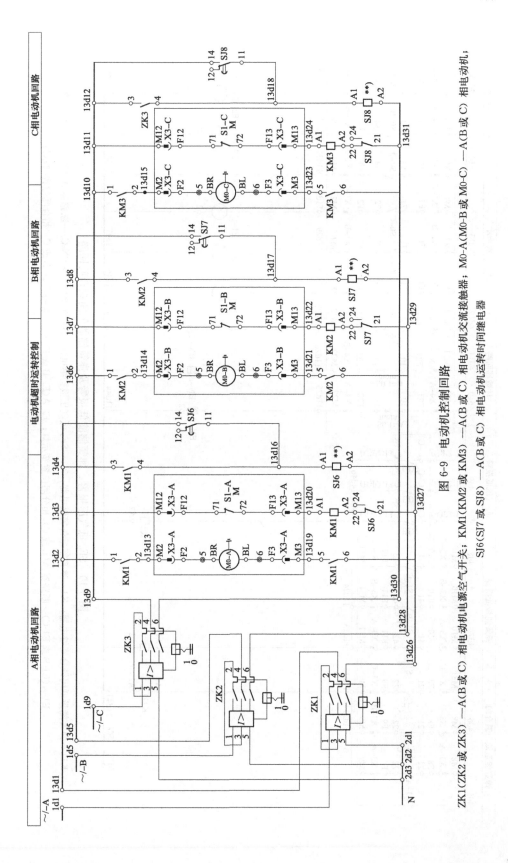

ZK1(ZK2 或 ZK3) —A(B 或 C) 相电动机电源空气开关；KM1(KM2 或 KM3) —A(B 或 C) 相电动机交流接触器；M0-A(M0-B 或 M0-C) —A(B 或 C) 相电动机；SJ6(SJ7 或 SJ8) —A(B 或 C) 相电动机运转时间继电器

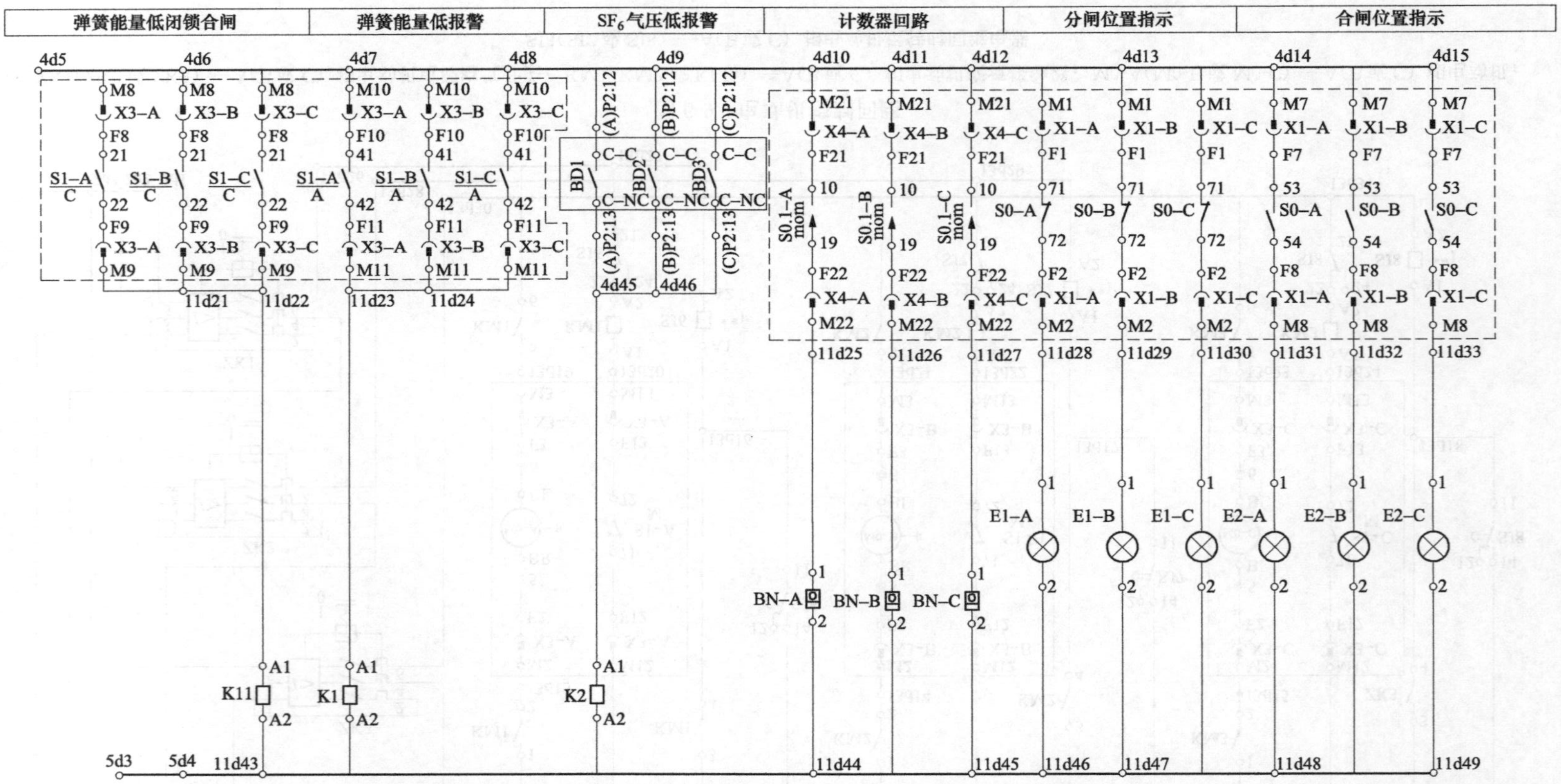


图 6-10　$SF_6$ 低气压报警、弹簧储能低报警及弹簧储能低闭锁合闸回路

K11—弹簧能量低闭锁合闸继电器；K1—弹簧能量告警继电器；K2—$SF_6$ 低气压报警继电器；BN-A(BN-B 或 BN-C)—断路器 A（B 或 C）相计数器；E1-A(E1-B 或 E1-C)—断路器 A(B 或 C) 相分闸位置指示灯；E2-A(E2-B 或 E2-C)—断路器 A(B 或 C) 相合闸位置指示灯

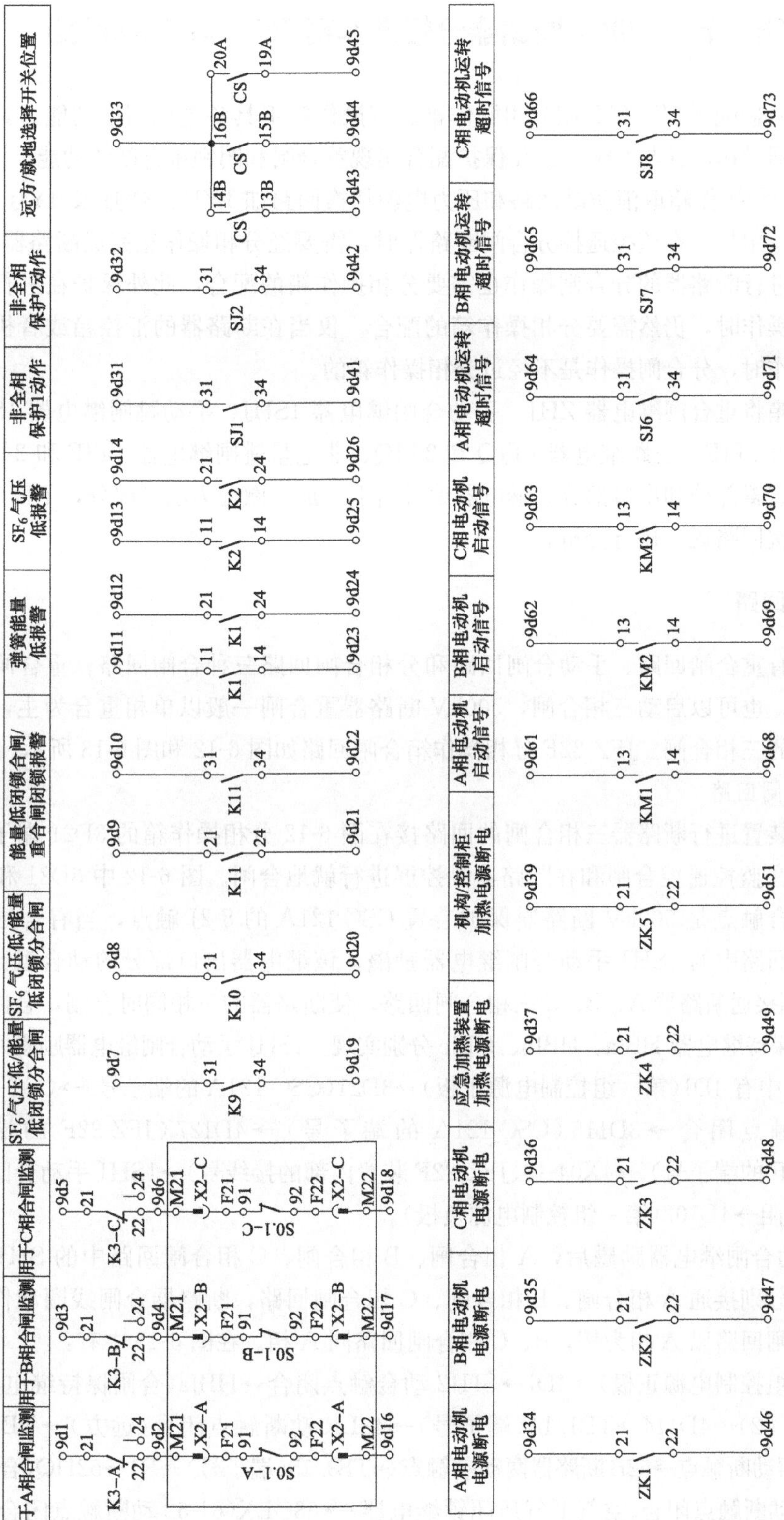
用于A相合闸监测
用于B相合闸监测
用于C相合闸监测
SF6气压低/能量低闭锁分合闸
SF6气压低/能量低闭锁分合闸
能量低闭锁合闸/重合闸闭锁报警
弹簧能量低报警
SF6气压低报警
非全相保护1动作
非全相保护2动作
远方/就地选择开关位置
9d1 9d2 9d3 9d4 9d5 9d6 9d7 9d8 9d9 9d10 9d11 9d12 9d13 9d14 9d31 9d32 9d33
K3–A K3–B K3–C M21 M22 X2–A X2–B X2–C F21 F22 S0.1–A S0.1–B S0.1–C
K9 K10 K11 K1 K2 SJ1 SJ2 CS 14B 16B 20A 13B 15B 19A
9d16 9d17 9d18 9d19 9d20 9d21 9d22 9d23 9d24 9d25 9d26 9d41 9d42 9d43 9d44 9d45
A相电动机电源断电
B相电动机电源断电
C相电动机电源断电
应急加热装置加热电源断电
机构/控制柜加热电源断电
A相电动机启动信号
B相电动机启动信号
C相电动机启动信号
A相电动机运转超时信号
B相电动机运转超时信号
C相电动机运转超时信号
9d34 9d35 9d36 9d37 9d39 9d61 9d62 9d63 9d64 9d65 9d66
ZK1 ZK2 ZK3 ZK4 ZK5 KM1 KM2 KM3 SJ6 SJ7 SJ8
9d46 9d47 9d48 9d49 9d51 9d68 9d69 9d70 9d71 9d72 9d73

图 6-11 信号回路

## 第三节　500kV 断路器分相操作箱 JFZ-22F 二次回路

500kV 断路器配置 JFZ-22F 型分相操作箱。该操作箱不具备电压切换功能，具备配合断路器完成分合闸操作，并与 CSC-121A 保护配合实现重合闸和闭锁重合闸的功能。

JFZ-22F 分相操作箱取消防跳回路和压力电源切换回路如 1YJJ、3YJJ 及 4YJJ 相关回路。分相操作箱的作用是：在监控遥控分合闸断路器时，需要经分相操作箱完成断路器的分合闸；在测控装置上进行断路器的分合闸操作也需要分相操作箱的配合，此外保护在进行断路器的跳闸及重合闸操作时，仍然需要分相操作箱的配合。仅当在断路器的汇控箱或者机构箱就地进行分合闸操作时，分合闸操作是不经过分相操作箱的。

四方操作箱将重合闸继电器 ZHJ、手动合闸继电器 1SHJ、手动跳闸继电器 1STJ、永跳继电器 1TJR 和 2TJR、三跳继电器 1TJQ 和 2TJQ、非电量跳闸继电器 1TJF 和 2TJF 三相重动继电器分成逻辑部分和出口部分，继电器编号右上方加一撇处为出口部分，下面对 JFZ-22F 分相操作箱二次回路逐一进行分析。

### 一、合闸回路

合闸回路有重合闸回路、手动合闸回路和分相合闸回路三种合闸回路。重合闸回路可以启动单相合闸，也可以启动三相合闸，500kV 断路器重合闸一般以单相重合为主，而手动合闸实现断路器的三相合闸。JFZ-22F 分相操作箱合闸回路如图 6-12 和图 6-13 所示。

1. 手动合闸回路

通过测控装置进行断路器三相合闸的回路接在图 6-12 分相操作箱的 3D21 端子上，该回路包括断路器在监控遥控合闸和在断路器测控屏进行就地合闸。图 6-12 中 3D21 和 3D115 两端子之间的动合触点是 500kV 断路器保护装置 CSC-121A 的 8-2J 触点，当有合闸命令下传时，手动合闸回路中的 1SHJ 手动合闸继电器励磁，该继电器出口部分的动合触点 SHJ2 和 SHJ1 闭合分别接通断路器 A、B、C 三相合闸回路，使断路器的三相同时合闸，合闸回路的电流保持由合闸保持继电器 HBJa、HBJb、HBJc 分别实现。1SHJ 手动合闸继电器励磁回路如下：

在图 6-12 中有 4D1(第一组控制电源正板)→3D21(CSC-121A 的端子号)→CSC-121A 装置的 8-2J 动合触点闭合→3D115(CSC-121A 的端子号)→4D127(JFZ-22F 的端子号)→4D129(JFZ-22F 的端子号)→4X04-13(JFZ-22F 装置内部的接线号)→1SHJ 手动合闸继电器励磁→R1SHJ 电阻→4D102(第一组控制电源负极)。

1SHJ 手动合闸继电器励磁后，A 相合闸、B 相合闸、C 相合闸回路中的 SHJ2 和 SHJ1 动合触点闭合分别接通 A 相合闸、B 相合闸、C 相合闸回路，断路器合闸线圈动作，断路器合闸。具体合闸回路以 A 相为例，B、C 相合闸回路同 A 相。在图 6-13 中有：

101(第一组控制电源正极)→4D1→SHJ2 动合触点闭合→HBJa(合闸保持继电器励磁)→4X06-03(4X06-02)→4D114→TB1/14(端子号)→43LR 动断触点闭合(远方)→TB3/12(端子号)→52KCF 两动断触点→52B 断路器两动断触点→TB3/15(端子号)→R1→52HQ(合闸线圈)→63AGL(31-32 动断触点闭合，空气低气压闭锁继电器)→63GLX(61-62 动断触点闭合，$SF_6$ 低气压闭锁继电器)→TB3/7(端子号)→102(第一组控制电源负极)。

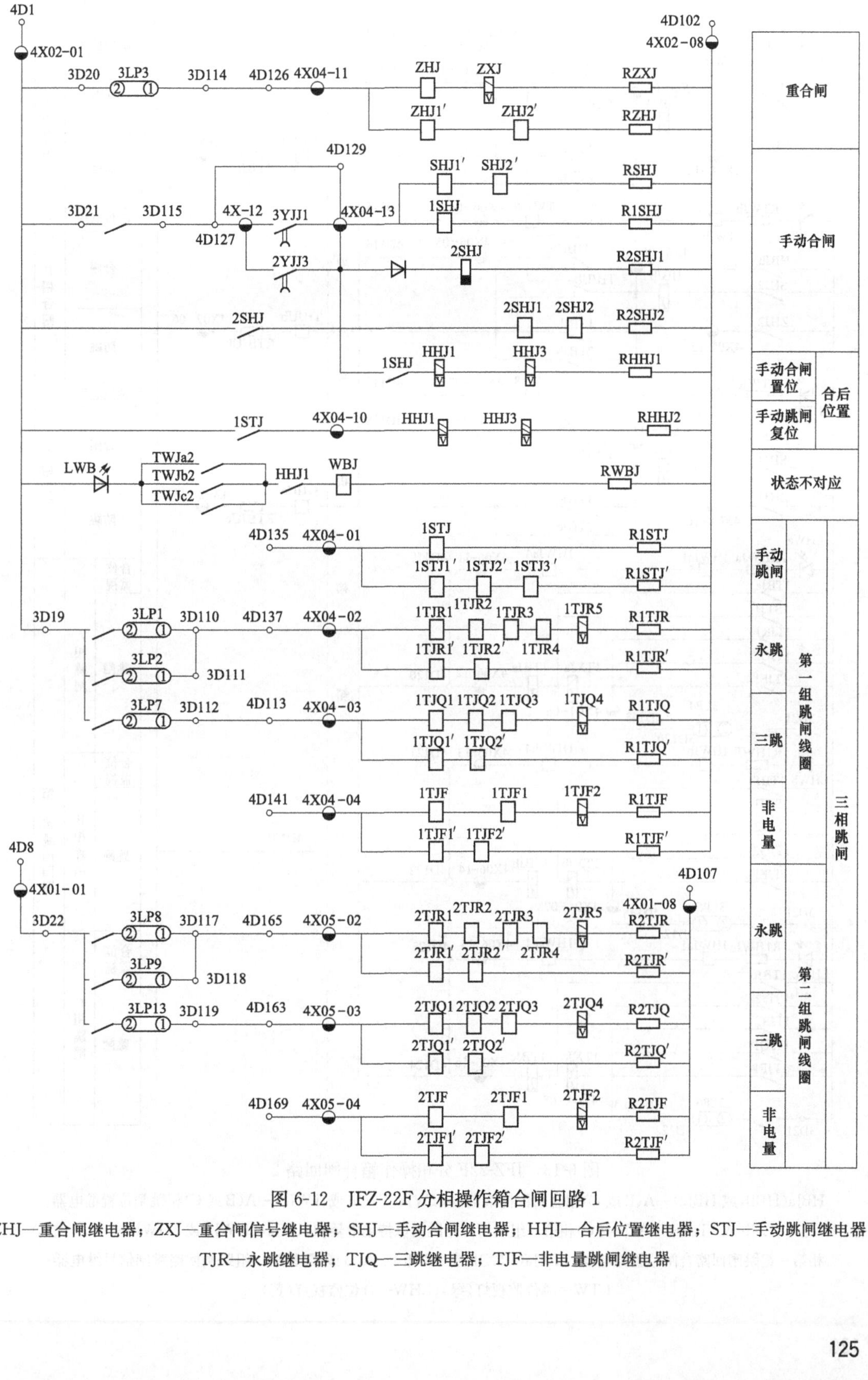


图 6-12 JFZ-22F 分相操作箱合闸回路 1

ZHJ—重合闸继电器；ZXJ—重合闸信号继电器；SHJ—手动合闸继电器；HHJ—合后位置继电器；STJ—手动跳闸继电器；TJR—永跳继电器；TJQ—三跳继电器；TJF—非电量跳闸继电器

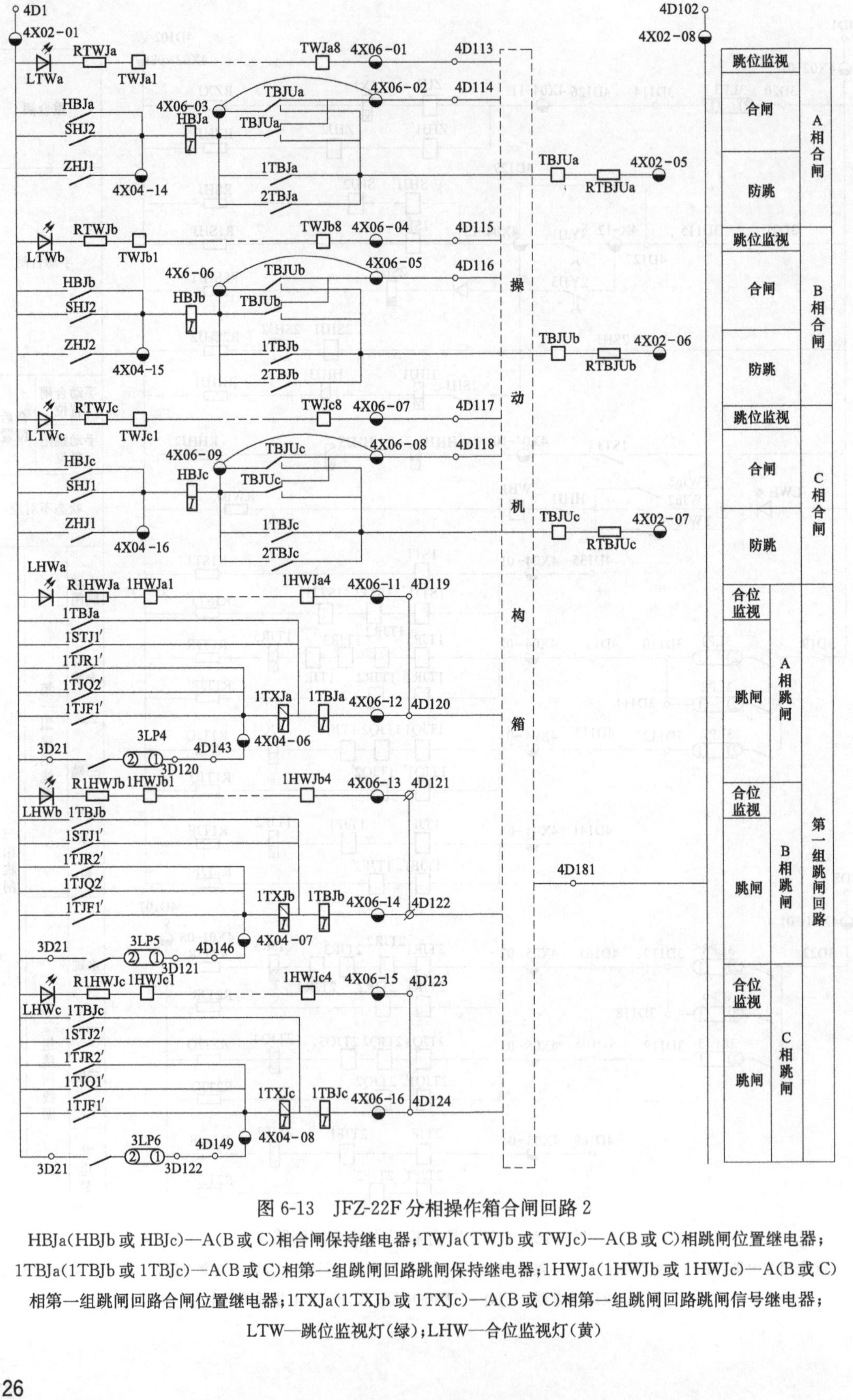


图 6-13　JFZ-22F 分相操作箱合闸回路 2

HBJa(HBJb 或 HBJc)—A(B 或 C)相合闸保持继电器；TWJa(TWJb 或 TWJc)—A(B 或 C)相跳闸位置继电器；1TBJa(1TBJb 或 1TBJc)—A(B 或 C)相第一组跳闸回路跳闸保持继电器；1HWJa(1HWJb 或 1HWJc)—A(B 或 C)相第一组跳闸回路合闸位置继电器；1TXJa(1TXJb 或 1TXJc)—A(B 或 C)相第一组跳闸回路跳闸信号继电器；LTW—跳位监视灯(绿)；LHW—合位监视灯(黄)

HBJa 合闸保持继电器励磁后，其动合触点闭合，实现合闸回路的自保持。

在 1SHJ 手动合闸继电器励磁的同时，2SHJ 手动合闸后加速继电器也励磁，手动合闸后加速继电器送出与保护配合的延时返回的手动合闸后加速触点。例如当断路器手动合闸于故障时，保护瞬时跳开断路器，切除故障，并闭锁重合闸。

在 1SHJ 手动合闸继电器励磁的同时，HHJ1（HHJ3）合后位置继电器也励磁，HHJ1 动合触点闭合，在断路器出现某一相分闸时，该相断路器的 SHJ 动合触点闭合，此时状态不对应继电器 WBJ 励磁，状态不对应回路带电，以 A 相为例，在图 6-12 中有回路如下：

101（第一组控制电源正极）→4D1→LWB 发光灯→TWJa 动合触点闭合→HHJ1 动合触点闭合→WBJ 状态不对应继电器励磁→RWBJ 电阻→4D102→102（第一组控制电源负极）。

2. 重合闸回路

500kV 断路器重合闸以单重为主，当断路器 CSC-121A 保护装置发出重合闸命令后，重合闸继电器 ZHJ 励磁，接通跳闸相的合闸回路，实现断路器单相合闸。以 A 相为例，断路器 A 相跳闸，CSC-121A 保护发 A 相重合闸命令。图 6-13 中，虽然 ZHJ1、ZHJ2、ZHJ1 动合触点都闭合，A 相能合闸是因为 A 相断路器跳闸后，A 相合闸回路中的断路器本体的动断辅助触点闭合，而 B、C 相仍然在合闸位置，其合闸回路中 B、C 相的断路器本体的动断辅助触点打开，其合闸回路不通，无法再进行合闸。图 6-12 中有断路器 A 相重合闸回路如下：

101（第一组控制电源正极）→4D1→3D20（CSC-121A 的端子号）→CSC-121A 装置的 8-1J 动断触点闭合→3LP3（CSC-121A 保护屏上断路器重合闸出口连接片）→3D114（CSC-121A 的端子号）→4D126（JFZ-22F 的端子号）→4X04-11（JFZ-22F 装置内部的接线号）→ZHJ 重合闸继电器励磁→ZXJ 重合闸信号继电器励磁→RZXJ 电阻→4D102（第一组控制电源负极）。

ZHJ 重合闸继电器励磁接通 A 相合闸回路，ZXJ 重合闸信号继电器励磁发出 A 相重合闸信号。在图 6-13 中有：

101（第一组控制电源正极）→4D1→ZHJ1 动合触点闭合→HBJa（合闸保持继电器励磁）→4X06-03（4X06-02）→4D114→TB1/14（端子号）→43LR 动断触点闭合（远方）→TB3/12（端子号）→52KCF 两动断触点→52B 断路器两动断触点→TB3/15（端子号）→$R_1$→52HQ（合闸线圈）→63AGL（31-32 动断触点闭合，空气低气压闭锁继电器）→63GLX（61-62 动断触点闭合，$SF_6$ 低气压闭锁继电器）→TB3/7（端子号）→102（第一组控制电源负极）。

HBJa 合闸保持继电器励磁后，其动合触点闭合，实现合闸回路的自保持。

3. 分相合闸回路

分相合闸回路如图 6-13 所示，具体回路分析参照重合闸回路。

## 二、三相跳闸回路

在图 6-12 中，手动跳闸回路中的 1STJ 手动跳闸继电器励磁后，接通断路器的两组跳闸线圈。而三跳、永跳和非电量跳闸回路 1 和跳闸回路 2 分别对应 500kV 线路、母线、线路高压并联高抗等两套不同的保护，保护 1 对应第一组跳闸线圈，保护 2 对应第二组跳闸线圈。三跳回路如图 6-13 所示。

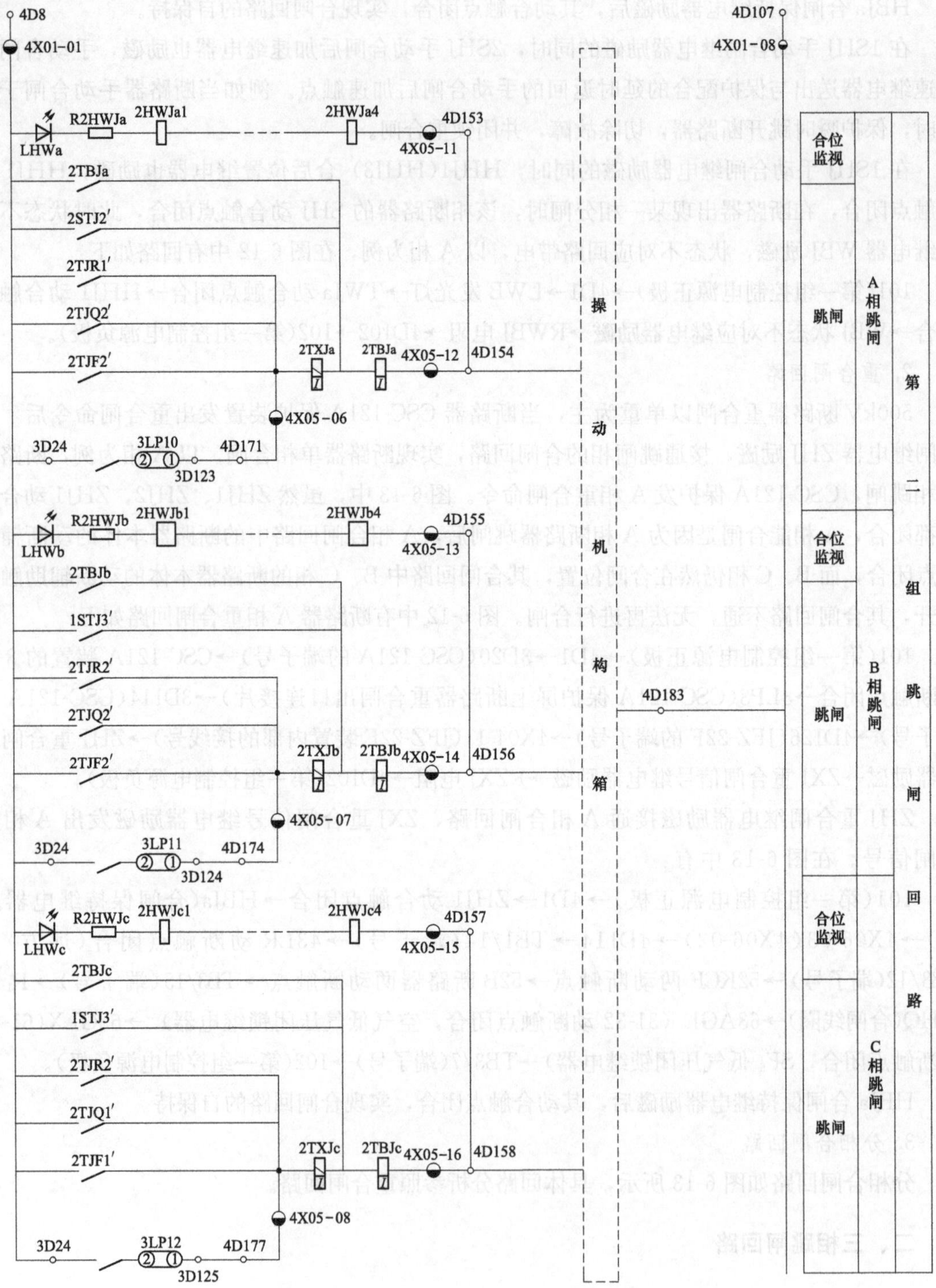


图 6-14　JFZ-22F 分相操作箱分闸回路 2

2TBJa(2TBJb 或 2TBJc)—A(B 或 C)相第一组跳闸回路跳闸保持继电器；

2HWJa(2HWJb 或 2HWJc)—A(B 或 C)相第二组跳闸回路合闸位置继电器；

2TXJa(2TXJb 或 2TXJc)—A(B 或 C)相第二组跳闸回路跳闸信号继电器；LHW—合位监视灯(黄)

1. 手动跳闸回路

在监控遥控进行断路器分闸或者在断路器测控屏上通过分合闸把手进行断路器分闸操作时，其分闸回路接到图 6-12 中 4D135 端子上后，1STJ 手动跳闸继电器励磁，其接在分闸回路 1 和分闸回路 2 中的 1STJ1′、1STJ2′、1STJ3′动合触点闭合，分别接通分闸 1 和分闸 2 回路，以 A 相分闸 1 和分闸 2 回路为例，其他两相类似。在图 6-13 中 A 相分闸 1 回路如下：

101(第一组控制电源正极)→4D1→1STJ1′动合触点闭合→1TBJa(跳闸保持继电器)→4D120→TB1/17→43LR(远方)动断触点闭合→TB3/21→52A 动合触点→52A 动合触点→R3→52YR1(跳闸线圈 1)→63AGL(61-62 动断触点闭合，空气低气压闭锁继电器)→63GLX(71-72 动断触点闭合，$SF_6$ 低气压闭锁继电器)→TB3/7(端子号)→102(第一组控制电源负极)。

1TBJa 跳闸保持继电器励磁后，其动合触点闭合，实现断路器分闸回路的自保持。

在图 6-14 中 A 相分闸 2 回路如下：

201(第二组控制电源正极)→4D8→2STJ2′动合触点闭合→2TBJa(跳闸保持继电器)→4D154→TB1/22→43LR(远方)动断触点闭合→TB3/34→52A 动合触点→52A 动合触点→R3→52YR2(跳闸线圈 2)→63AGL(71-72 动断触点闭合,空气低气压闭锁继电器)→63GLX(31-32 动断触点闭合,$SF_6$ 低气压闭锁继电器)→TB1/21(端子号)→202(第二组控制电源负极)。

2TBJa 跳闸保持继电器励磁后，其动合触点闭合，实现断路器分闸回路的自保持。

2. 永跳回路

断路器三相跳闸有两组永跳回路，每一组接入不同的保护或接同一保护分别跳断路器的两组跳闸回路。永跳回路接本断路器充电保护、500kV 母线保护、500kV 线路保护、500kV 线路高抗电量保护及相邻断路器保护三跳本断路器回路。永跳回路动作，闭锁断路器的重合闸。

500kV 断路器保护 CSC-121A 具备重合闸、充电、失灵和三相不一致保护功能，三相不一致保护仅使用断路器机构本体三相不一致保护。充电保护正常运行时退出，投充电保护时投入 3LP2 充电保护跳断路器出口 1 连接片和 3LP9 充电保护跳断路器出口 2 连接片，充电结束退出这两个连接片。

(1) 充电保护永跳断路器三相第一组跳闸线圈。在图 6-12 中有：

101(第一组控制电源正极)→4D1→3D19(CSC-121A 的端子号)→CSC-121A 装置的 6-4J 动合触点闭合→3LP2(CSC-121A 保护屏上充电保护跳断路器出口 1 连接片)→3D111(CSC-121A 的端子号)→4X04-02(JFZ-22F 装置内部的接线号)→1TJR1→1TJR2→1TJR3→1TJR4→1TJR5(5 个永跳继电器)→R1TJR 电阻→4D102(第一组控制电源负极)。

永跳继电器励磁后，其动合触点 1TJR1′、1TJR2′闭合接通断路器 A、B、C 相第一组分相跳闸回路，实现断路器三相跳闸。下面以 A 相为例，B、C 相回路与 A 相类似，在图 6-13 中回路如下：

101(第一组控制电源正极)→4D1→1TJR1′动合触点闭合→1TXJa(跳闸信号继电器)→1TBJa (跳闸保持继电器)→4X06-12→4D120→TB1/17→43LR(远方)动断触点闭合→TB3/21→52A 动合触点→52A 动合触点→R3→52TQ1(跳闸线圈 1)→63AGL(61-62 动断触点闭合，空气低气压闭锁继电器)→63GLX(71-72 动断触点闭合，$SF_6$ 低气压闭锁继电器)→TB3/7(端子号)→102(第一组控制电源负极)。

1TXJa 跳闸信号继电器励磁，发出跳闸信号，并点亮 JFZ-22F 装置液晶面板上“一组永跳”红灯。

（2）充电保护永跳断路器三相第二组跳闸线圈。在图 6-12 中有：

201（第二组控制电源正极）→4D8→3D22（CSC-121A 的端子号）→CSC-121A 装置的 6-4J 动合触点闭合→3LP9（CSC-121A 保护屏上充电保护跳断路器出口 2 连接片）→3D118（CSC-121A 的端子号）→4X05-02（JFZ-22F 装置内部的接线号）→2TJR1→2TJR2→2TJR3→2TJR4→2TJR5（5 个永跳继电器）→R2TJR 电阻→4D107（第二组控制电源负极）。

永跳继电器励磁后，其动合触点 2TJR1′、2TJR2′闭合接通断路器 A、B、C 相第二组分相跳闸回路，实现断路器三相跳闸。下面以 A 相为例，BC 相回路与 A 相类似，在图 6-14 中回路如下：

201（第一组控制电源正极）→4D8→2TJR1′动合触点闭合→2TXJa（跳闸信号继电器）→2TBJa（跳闸保持继电器）→4X05-12→4D154→TB1/22→43LR（远方）动断触点闭合→TB3/34→52A 动合触点→52A 动合触点→R3→52TQ2（跳闸线圈 2）→63AGL（71-72 动断触点闭合，空气低气压闭锁继电器）→63GLX（31-32 动断触点闭合，$SF_6$ 低气压闭锁继电器）→TB1/21（端子号）→202（第二组控制电源负极）。

2TXJa 跳闸信号继电器励磁，发出跳闸信号，并点亮 JFZ-22F 装置液晶面板上“二组永跳”红灯。

（3）500kV 母线保护 1、500kV 线路过电压保护 1 及远跳 1、500kV 线路高抗电量保护 1 及相邻断路器失灵保护三跳本断路器第一组跳闸线圈回路。

500kV 母线保护 1、500kV 线路过电压保护 1 及远跳 1、500kV 线路高抗电量保护 1 及相邻断路器失灵保护三跳本断路器第一组跳闸线圈时，跳闸信号接到图 6-12 JFZ-22F 分相操作箱的 4D137 端子上，同样是 1TJR1、1TJR2、1TJR3、1TJR4、1TJR5 五组永跳继电器励磁，接通断路器第一组跳闸线圈，使断路器三相跳闸。1TXJa 跳闸信号继电器励磁，发出跳闸信号，并点亮 JFZ-22F 装置液晶面板上“一组永跳”红灯。这些保护动作后启动断路器失灵保护但是闭锁断路器的重合闸。在图 6-12 中回路如下：

101（第一组控制电源正极）→500kV 母线保护 1、500kV 线路过电压保护 1 及远跳 1、500kV 线路高抗电量保护 1 及相邻断路器失灵保护三跳本断路器第一组跳闸线圈→4D137（JFZ-22F 的端子号）→4X04-02（JFZ-22F 装置内部的接线号）→1TJR1→1TJR2→1TJR3→1TJR4→1TJR5（5 个永跳继电器）→R1TJR 电阻→4D102（第一组控制电源负极）。

永跳继电器励磁后，其动合触点 1TJR1′、1TJR2′闭合接通断路器 A、B、C 相第一组分相跳闸回路，实现断路器三相跳闸。下面以 A 相为例，B、C 相回路与 A 相类似，在图 6-13 中回路如下：

101（第一组控制电源正极）→4D1→1TJR1′动合触点闭合→1TXJa（跳闸信号继电器）→1TBJa（跳闸保持继电器）→4X06-12→4D120→TB1/17→43LR（远方）动断触点闭合→TB3/21→52A 动合触点→52A 动合触点→R3→52TQ1（跳闸线圈 1）→63AGL（61-62 动断触点闭合，空气低气压闭锁继电器）→63GLX（71-72 动断触点闭合，$SF_6$ 低气压闭锁继电器）→TB3/7（端子号）→102（第一组控制电源负极）。

（4）500kV 母线保护 2、500kV 线路过电压保护 2 及远跳 2、500kV 线路高抗电量保护 2

及相邻断路器失灵保护三跳本断路器第二组跳闸线圈回路。

500kV母线保护2、500kV线路过电压保护2及远跳2、500kV线路高抗电量保护2及相邻断路器失灵保护三跳本断路器第二组跳闸线圈时，跳闸信号接到JFZ-22F分相操作箱的4D165端子上，同样是2TJR1、2TJR2、2TJR3、2TJR4、2TJR5五组永跳继电器励磁，接通断路器第二组跳闸线圈，使断路器三相跳闸。2TXJa跳闸信号继电器励磁，发出跳闸信号，并点亮JFZ-22F装置液晶面板上“二组永跳”红灯。这些保护动作后启动断路器失灵保护，但闭锁断路器的重合闸。在图6-12中回路如下：

201(第二组控制电源正极)→500kV母线保护2、500kV线路过电压保护2及远跳2、500kV线路高抗电量保护2及相邻断路器失灵保护三跳本断路器第二组跳闸线圈→4D165(JFZ-22F的端子号)→4X05-02(JFZ-22F装置内部的接线号)→2TJR1→2TJR2→2TJR3→2TJR4→2TJR5(5个永跳继电器)→R2TJR电阻→4D107(第二组控制电源负极)。

永跳继电器励磁后，其动合触点2TJR1′、2TJR2′闭合接通断路器A、B、C相第二组分相跳闸回路，实现断路器三相跳闸。下面以A相为例，B、C相回路与A相类似，在图6-14中回路如下：

201(第二组控制电源正极)→4D8→2TJR1′动合触点闭合→2TXJa(跳闸信号继电器)→2TBJa(跳闸保持继电器)→4X05-12→4D154→TB1/22→43LR(远方)动断触点闭合→TB3/34→52A动合触点→52A动合触点→R3→52TQ2(跳闸线圈2)→63AGL(71-72动断触点闭合,空气低气压闭锁继电器)→63GLX(31-32动断触点闭合,$SF_6$低气压闭锁继电器)→TB1/21(端子号)→202(第二组控制电源负极)。

3. 三跳回路

三相跳闸回路中三跳回路接入断路器失灵保护动作三跳本断路器，一组三跳接断路器失灵三跳本断路器第一组跳闸线圈，二组三跳接断路器失灵三跳本断路器第二组跳闸线圈。假如某一断路器拒动，CSC-121A保护装置失灵保护动作出口，瞬跳失灵相，例如延时0.15s跳本断路器三相，0.3s跳相邻断路器。三跳回路接入的正是0.15s跳本断路器三相回路。

三跳断路器第一组跳闸线圈和三跳断路器第二组跳闸线圈工作原理相同。

(1) 第一组跳闸线圈三跳回路。在图6-12中：

101(第一组控制电源正极)→4D1→3D19(CSC-121A的端子号)→CSC-121A装置的6-1J动合触点闭合→3LP7(CSC-121A保护屏上失灵保护三跳本断路器1连接片)→3D112(CSC-121A的端子号)→4D113→4X04-03(JFZ-22F装置内部的接线号)→1TJQ1→1TJQ2→1TJQ3→1TJQ4(4个三跳继电器)→R1TJQ电阻→4D102(第一组控制电源负极)。

三跳继电器TJQ励磁后，其动合触点1TJQ1′、1TJQ2′闭合接通断路器A、B、C相第一组分相跳闸回路，实现断路器三相跳闸。下面以A相为例，B、C相回路与A相类似，在图6-13中回路如下：

101（第一组控制电源正极）→4D1→1TJQ2′动合触点闭合→1TXJa（跳闸信号继电器）→1TBJa（跳闸保持继电器）→4X06-12→4D120→TB1/17→43LR（远方）动断触点闭合→TB3/21→52A动合触点→52A动合触点→R3→52TQ1（跳闸线圈1）→63AGL（61-62动断触点闭合，空气低气压闭锁继电器）→63GLX（71-72动断触点闭合，$SF_6$低气压闭锁继电器）→TB3/7（端子号）→102（第一组控制电源负极）。

1TXJa 跳闸信号继电器励磁，发出跳闸信号，并点亮 JFZ-22F 装置液晶面板上“一组三跳”红灯。

(2) 第二组跳闸线圈三跳回路。

在图 6-12 中：

201(第二组控制电源正极)→4D8→3D22(CSC-121A 的端子号)→CSC-121A 装置的 6-1J 动合触点闭合→3LP13(CSC-121A 保护屏上失灵保护三跳本断路器 2 连接片)→3D119(CSC-121A 的端子号)→4D163→4X05-03(JFZ-22F 装置内部的接线号)→2TJQ1→2TJQ2→2TJQ3→2TJQ4(4 个三跳继电器)→R2TJQ 电阻→4D107(第二组控制电源负极)。

三跳继电器 TJQ 励磁后，其动合触点 2TJQ1′、2TJQ2′闭合接通断路器 A、B、C 相第二组分相跳闸回路，实现断路器三相跳闸。下面以 A 相为例，B、C 相回路与 A 相类似，在图 6-14 中回路如下：

201（第一组控制电源正极）→4D8→2TJQ2′动合触点闭合→2TXJa（跳闸信号继电器）→2TBJa（跳闸保持继电器）→4X05-12→4D154→TB1/22→43LR（远方）动断触点闭合→TB3/34→52A 动合触点→52A 动合触点→R3→52YR2（跳闸线圈 2）→63AGL（71-72 动断触点闭合，空气低气压闭锁继电器）→63GLX（31-32 动断触点闭合，$SF_6$ 低气压闭锁继电器）→TB1/21（端子号）→202（第二组控制电源负极）。

2TXJa 跳闸信号继电器励磁，发出跳闸信号，并点亮 JFZ-22F 装置液晶面板上“二组三跳”红灯。

4. 非电量三相跳闸回路

该回路针对带有高抗的 500kV 线路。在高抗的非电量保护（如重瓦斯等保护）动作三跳线路断路器时使用，此时跳闸信号接到图 6-12 JFZ-22F 分相操作箱的 4D141 和 4D169 端子上。

高抗非电量保护动作给断路器三相两组跳闸回路送去跳闸命令并闭锁重合闸。

(1) 非电量保护跳第一组跳闸线圈。500kV 线路高抗非电量保护 1 三跳本断路器第一组跳闸线圈时，跳闸信号接到图 6-12 JFZ-22F 分相操作箱的 4D141 端子上，同样是 1TJF、1TJF1、1TJF2 三组非电量跳闸继电器励磁，接通断路器第一组跳闸线圈，使断路器三相跳闸。1TXJa 跳闸信号继电器励磁，发出跳闸信号，并点亮 JFZ-22F 装置液晶面板上“一组非电量”红灯。这些保护动作后启动断路器失灵保护但是闭锁断路器的重合闸。在图 6-12 中回路如下：

101(第一组控制电源正极)→500kV 线路高抗非电量保护 1 三跳本断路器第一组跳闸线圈→4D141(JFZ-22F 的端子号)→4X04-04(JFZ-22F 装置内部的接线号)→1TJF→1TJF1→1TJF2→(3 个非电量跳闸继电器)→R1TJF 电阻→4D102(第一组控制电源负极)。

非电量跳闸继电器励磁后，其动合触点 1TJF1′、1TJF2′闭合接通断路器 A、B、C 相第一组分相跳闸回路，实现断路器三相跳闸。下面以 A 相为例，B、C 相回路与 A 相类似，在图 6-13 中回路如下：

101(第一组控制电源正极)→4D1→1TJF1′动合触点闭合→1TXJa(跳闸信号继电器)→1TBJa(跳闸保持继电器)→4X06-12→4D120→TB1/17→43LR(远方)动断触点闭合→TB3/21→52A 动合触点→52A 动合触点→R3→52TQ1(跳闸线圈 1)→63AGL(61-62 动断触点闭合，空气低气压闭锁继电器)→63GLX(71-72 动断触点闭合，$SF_6$ 低气压闭锁继电器)→TB3/7(端子号)→102(第一组控制电源负极)。

(2) 非电量保护跳第二组跳闸线圈。500kV线路高抗非电量保护2三跳本断路器第二组跳闸线圈时，跳闸信号接到图6-12 JFZ-22F分相操作箱的4D169端子上，同样是2TJF、2TJF1、2TJF2三组非电量跳闸继电器励磁，接通断路器第二组跳闸线圈，使断路器三相跳闸。2TXJa跳闸信号继电器励磁，发出跳闸信号，并点亮JFZ-22F装置液晶面板上“二组非电量”红灯。这些保护动作后启动断路器失灵保护，但闭锁断路器的重合闸。在图6-12中回路如下：

201(第二组控制电源正极)→500kV线路高抗非电量保护2三跳本断路器第二组跳闸线圈→4D169(JFZ-22F的端子号)→4X05-04(JFZ-22F装置内部的接线号)→2TJF→2TJF1→2TJF2→(3个非电量跳闸继电器)→R2TJF电阻→4D107(第二组控制电源负极)。

非电量跳闸继电器励磁后，其动合触点2TJF1′、2TJF2′闭合接通断路器A、B、C相第二组分相跳闸回路，实现断路器三相跳闸。下面以A相为例，BC相回路与A相类似，在图6-14中回路如下：

201(第二组控制电源正极)→4D8→2TJF2′动合触点闭合→2TXJa(跳闸信号继电器)→2TBJa(跳闸保持继电器)→4X05-12→4D154→TB1/22→43LR(远方)动断触点闭合→TB3/34→52A动合触点→52A动合触点→R3→52TQ2(跳闸线圈2)→63AGL(71-72动断触点闭合,空气低气压闭锁继电器)→63GLX(31-32动断触点闭合,$SF_6$低气压闭锁继电器)→TB1/21(端子号)→202(第二组控制电源负极)。

## 三、分相跳闸回路

分相跳闸回路有两种接入情况：①断路器失灵保护动作瞬时跳单相断路器；②500kV两套线路保护动作跳线路单相断路器。线路单相故障，线路保护1启动一组跳闸线圈中故障相的跳闸回路，线路保护2启动二组跳闸线圈中故障相的跳闸回路。断路器失灵保护动作瞬时跳单相断路器，同时接通断路器的两组跳闸线圈。第一组跳闸回路如图6-13所示，第二组跳闸回路如图6-14所示。

### 1. 断路器失灵保护动作瞬时跳本断路器故障相回路

断路器失灵保护动作后，失灵保护会瞬时跳故障相断路器。以5031断路器A相失灵为例进行如下分析。

(1) 断路器失灵保护动作跳故障相第一组跳闸线圈。在图6-13中：

101(第一组控制电源正极)→3D21(CSC-121A的端子号)→CSC-121A装置内部6-TJA2动合触点闭合→3LP4(5031失灵跳5031A相出口1连接片)→3D120(CSC-121A的端子号)→4D143→1TXJa(跳闸信号继电器)→1TBJa(跳闸保持继电器)→4X06-12→4D120→TB1/17→43LR(远方)动断触点闭合→TB3/21→52A动合触点→52A动合触点→R3→52TQ1(跳闸线圈1)→63AGL(61-62动断触点闭合,空气低气压闭锁继电器)→63GLX(71-72动断触点闭合,$SF_6$低气压闭锁继电器)→TB3/7(端子号)→102(第一组控制电源负极)。

图6-13中，3LP4是5031失灵跳5031A相出口1连接片，3LP5是5031失灵跳5031B相出口1连接片，3LP6是5031失灵跳5031C相出口1连接片。

(2) 断路器失灵保护动作跳故障相第二组跳闸线圈。在图6-14中：

201(第二组控制电源正极)→3D24(CSC-121A的端子号)→CSC-121A装置内部6-TJA1动合触点闭合→3LP10(5031失灵跳5031A相出口2连接片)→3D123(CSC-121A的端子号)→4D171→4X05-06→2TXJa(跳闸信号继电器)→2TBJa(跳闸保持继电器)→4X05-12→4D154→TB1/22→43LR(远方)动断触点闭合→TB3/34→52A动合触点→52A动合触点→R3→52TQ2(跳闸线圈2)→63AGL(71-72动断触点闭合,空气低气压闭锁继电器)→63GLX(31-32动断触点闭合,$SF_6$低气压闭锁继电器)→TB1/21(端子号)→202(第二组控制电源负极)。

在第二组跳闸回路图6-14中，3LP10是5031失灵跳5031A相出口2连接片，3LP11是5031失灵跳5031B相出口2连接片，3LP12是5031失灵跳5031C相出口2连接片。

2.线路保护动作跳故障相断路器回路

(1) 线路保护1跳故障相断路器第一组跳闸线圈。线路保护1动作跳断路器A相、B相、C相第一组跳闸线圈时，跳闸命令分别接到图6-13 JFZ-22F分相操作箱中的4D143端子、4D146端子、4D149端子上。以跳A相为例进行如下分析。在图6-13中：

101(第一组控制电源正极)→线路保护1跳A相→4D143→1TXJa(跳闸信号继电器)→1TBJa(跳闸保持继电器)→4X06-12→4D120→TB1/17→43LR(远方)动断触点闭合→TB3/21→52A动合触点→52A动合触点→R3→52TQ1(跳闸线圈1)→63AGL(61-62动断触点闭合,空气低气压闭锁继电器)→63GLX(71-72动断触点闭合,$SF_6$低气压闭锁继电器)→TB3/7(端子号)→102(第一组控制电源负极)。

(2) 线路保护2跳故障相断路器第二组跳闸线圈。线路保护2动作跳断路器A相、B相、C相第二组跳闸线圈时，跳闸命令分别接到图6-14 JFZ-22F分相操作箱中的4D171端子、4D174端子、4D177端子上，以跳A相为例进行分析。在图6-14中：

201(第二组控制电源正极)→线路保护2跳A相→4D171→2TXJa(跳闸信号继电器)→2TBJa(跳闸保持继电器)→4X05-12→4D154→TB1/22→43LR(远方)动断触点闭合→TB3/34→52A动合触点→52A动合触点→R3→52TQ2(跳闸线圈2)→63AGL(71-72动断触点闭合,空气低气压闭锁继电器)→63GLX(31-32动断触点闭合,$SF_6$低气压闭锁继电器)→TB1/21(端子号)→202(第二组控制电源负极)。

## 四、JFZ-22F分相操作箱中分合位指示灯回路

1. JFZ-22F分相操作箱中A（B、C）相合位1指示灯回路

当断路器在合闸位置时，JFZ-22F分相操作箱中A相合位1，B相合位1，C相合位1黄灯点亮。这是因为分相操作箱中的1HWJ合闸位置继电器分别接到断路器A、B、C相分闸回路中的TB1/17、TB1/18、TB1/19端子上，接通了断路器三相分闸回路，证明断路器三相分闸回路1是完好的。因此HWJ合闸位置继电器接到断路器的跳闸回路中，有用来监视断路器分闸回路是否完好的作用。以A相为例，A相合位1黄灯亮，其分闸回路导通，A相合位1指示黄灯L1HWa点亮。在图6-13中回路如下：

101(第一组控制电源正极)→4D1→L1HWa(A相合位黄灯)→R1TWJa→1HWJa(A相合闸位置继电器)→4D119→TB1/17→43LR(远方)动断触点闭合→TB3/21→52A动合触点→52A动合触点→R3→52TQ1(跳闸线圈1)→63AGL(61-62动断触点闭合,空气低气压闭锁继电器)→63GLX(71-72动断触点闭合,$SF_6$低气压闭锁继电器)→TB3/7(端子号)→102(第一组控

制电源负极）。

2. JFZ-22F 分相操作箱中 A（B、C）相合位 2 指示灯回路

当断路器在合闸位置时，JFZ-22F 分相操作箱中 A 相合位 2，B 相合位 2，C 相合位 2 黄灯点亮。这是因为分相操作箱中的 2HWJ 合闸位置继电器分别接到断路器 A、B、C 相分闸回路中的 TB1/22、TB1/23、TB1/24 端子上，接通了断路器三相分闸回路，证明断路器三相分闸回路 2 是完好的。因此 HWJ 合闸位置继电器接到断路器的跳闸回路中，有用来监视断路器分闸回路是否完好的作用。以 A 相为例，A 相合位 2 黄灯亮，其分闸回路导通，A 相合位 2 指示黄灯 L2HWa 点亮。在图 6-14 中具体回路如下：

201（第二组控制电源正极）→4D8→L2HWa（A 相合位黄灯）→R2HWJa→2HWJa（A 相合闸位置继电器）→4D153→TB1/22→43LR（远方）动断触点闭合→TB3/34→52A 动合触点→52A 动合触点→R3→52TQ2（跳闸线圈 2）→63AGL（71-72 动断触点闭合，空气低气压闭锁继电器）→63GLX（31-32 动断触点闭合，$SF_6$ 低气压闭锁继电器）→TB1/21（端子号）→202（第二组控制电源负极）。

3. JFZ-22F 分相操作箱中 A（B、C）相跳位指示灯回路

当断路器在分闸位置时，以 A 相为例，A 相跳位绿灯亮，这是因为分相操作箱中的 TWJ 跳闸位置继电器接到断路器 A 相合闸回路中的 TB1/43 端子上，其合闸回路导通，A 相跳位指示绿灯 LTWa 点亮。在图 6-13 中具体回路如下：

101（第一组控制电源正极）→4D1（JFZ-22F 端子号）→LTWa（A 相跳位绿灯）→RTWJa（A 相跳闸位置继电器）→4D113（JFZ-22F 端子号）→TB1/43（端子号）→52B 断路器动断触点→52KCF 动断触点→43LR 动断触点闭合（远方）→TB3/12（端子号）→52KCF 两动断触点→52B 断路器两动断触点→TB3/15（端子号）→R1→52HQ（合闸线圈）→63AGL（31-32 动断触点闭合，空气低气压闭锁继电器）→63GLX（61-62 动断触点闭合，$SF_6$ 低气压闭锁继电器）→TB3/7（端子号）→102（第一组控制电源负极）。

因此，TWJ 跳闸位置继电器接在合闸回路中，起到监视合闸回路是否完好的作用。

JFZ-22F 分相操作箱图纸中涉及断路器辅助保护屏中的保护连接片可参照表 6-1 中对应的保护连接片。不同时期投产的 JFZ-22F 分相操作箱，与其相配合的断路器辅助保护屏中的保护连接片号由于设计单位的不同会有所不同。在 JFZ-22F 分相操作箱图纸中 3D 端为断路器辅助保护屏 CSC-121A 外部接线端子，4D 端子为分相操作箱外部接线端子。4X 端子为分相操作箱内部端子。下面以 5042 断路器辅助保护屏保护连接片表为例（见表 6-1），说明操作箱中各连接片对应的作用。

**表 6-1　5042 断路器辅助保护屏保护连接片表**

| 序号 | 连接片名称 | 正常位置 |
|---|---|---|
| 1 | 3LP1 备用 | 退出 |
| 2 | 3LP2 充电保护跳 5042 出口 Ⅰ | 退出 |
| 3 | 3LP3 5042 重合闸出口 | 退出 |
| 4 | 3LP4 5042 失灵跳 5042A 相出口 Ⅰ | 投入 |
| 5 | 3LP5 5042 失灵跳 5042B 相出口 Ⅰ | 投入 |
| 6 | 3LP6 5042 失灵跳 5042C 相出口 Ⅰ | 投入 |

续表

| 序号 | 连接片名称 | 正常位置 |
|---|---|---|
| 7 | 3LP7 5042 失灵三跳 5042 出口Ⅰ | 投入 |
| 8 | 3LP8 备用 | 退出 |
| 9 | 3LP9 充电保护跳 5042 出口Ⅱ | 退出 |
| 10 | 3LP10 5042 失灵跳 5042A 相出口Ⅱ | 投入 |
| 11 | 3LP11 5042 失灵跳 5042B 相出口Ⅱ | 投入 |
| 12 | 3LP12 5042 失灵跳 5042C 相出口Ⅱ | 投入 |
| 13 | 3LP13 5042 失灵三跳 5042 出口Ⅱ | 投入 |
| 14 | 3LP14 5042 失灵跳 5041 出口Ⅰ | 投入 |
| 15 | 3LP15 5042 失灵跳 5041 出口Ⅱ | 投入 |
| 16 | 3LP16 5042 失灵启动主变压器保护 A 柜失灵 1 | 投入 |
| 17 | 3LP17 5042 失灵启动主变压器保护 A 柜失灵 2 | 投入 |
| 18 | 3LP18 5042 失灵启动主变压器保护 B 柜失灵 1 | 投入 |
| 19 | 3LP19 5042 失灵启动主变压器保护 B 柜失灵 2 | 投入 |
| 20 | 3LP20 5042 失灵启动Ⅱ段母线 BP-2C 失灵 1 | 投入 |
| 21 | 3LP21 5042 失灵启动Ⅱ段母线 BP-2C 失灵 2 | 投入 |
| 22 | 3LP22 5042 失灵启动Ⅱ段母线 915E 失灵 1 | 投入 |
| 23 | 3LP23 5042 失灵启动Ⅱ段母线 915E 失灵 2 | 投入 |
| 24 | 3LP24 重合闸长延时控制 | 退出 |
| 25 | 3LP25 充电保护投入 | 退出 |
| 26 | 3LP26 闭锁远方操作 | 退出 |
| 27 | 3LP27 投检修状态 | 退出 |
| 28 | 4LP1 三跳启动断路器失灵保护 | 投入 |
| 29 | 4LP2 备用 | 退出 |
| 30 | 4LP3 备用 | 退出 |

## 第四节　500kV 断路器保护 CSC-121A 二次回路

500kV 断路器保护配置为四方的 CSC-121A 数字式综合重合闸及断路器辅助保护装置。该保护装置具备重合闸、充电、失灵保护、死区保护及三相不一致保护功能。

500kV 断路器保护 CSC-121A 具备重合闸功能、充电功能、失灵功能。分相操作箱 JFZ-22F 的功能主要是分合闸，同时它与 CSC-121A 保护相配合还可实现闭锁重合闸，断路器跳位监视等功能。本节以 5031 断路器保护为例说明。

5031 断路器保护 CSC-121A 收到保护跳 5031 断路器的动作命令不返回，同时该断路器失灵的判别元件相过电流元件动作不返回，则判断该断路器失灵，失灵保护启动。

断路器失灵保护有三个启动元件，分别是电流突变量启动，零序辅助启动和负序辅助启动，任一元件动作失灵保护就启动，失灵保护启动后，会开放整个保护的出口正电源。本线路失灵保护启动只用了突变量启动元件，定值 0.1A，失灵零序电流和失灵负序电流不用。此外将失灵高电流定值与低电流定值都整定为 0.2A，不需要考虑非故障相失灵。

CSC-121A 保护装置设置了失灵保护三个动作阶段，分别是失灵瞬时重跳功能、失灵延时三跳功能和失灵延时跳相邻断路器功能。在本断路器保护中延时三跳时间为 0.15s，延时跳相邻断路器时间为 0.3s。

失灵瞬时重跳功能指失灵保护启动后，收到单相跳闸信号，同时对应相有电流，则瞬时再跳一次该相断路器。如保护收到两相或者三相跳闸信号，任一相有电流，则失灵瞬时重跳断路器三相。不管是失灵瞬时重跳单相或者瞬时重跳三相，在外部的跳闸信号或者是相电流条件不满足时，瞬时重跳命令就会收回。

延时三跳功能指本保护延时三跳控制字投入，实现单跳延时跳三相的功能，同时单跳延时跳三相不经零序电流开放。也就是在失灵保护跳单相命令后，若相应相电流大于失灵保护定值（如 0.2A），到设定的延时（如 0.15s）直接跳断路器三相。同样在保护发出跳闸命令后，若外部跳闸命令返回或者有电流条件返回，则跳三相命令收回。

延时跳相关断路器指失灵动作单跳某相断路器且相应相电流大于失灵电流定值（如 0.2A），或者是失灵动作跳断路器三相且任一相电流大于失灵定值（如 0.2A），经延时（如 0.3s）后跳相关断路器。同样在达到延时之前，外部跳闸信号收回或者电流元件返回，则计时结束，收回发跳相关断路器命令。

500kV 断路器失灵保护的动作结果与断路器的接线方式有关。500kV 系统一个半断路器接线方式下，完整串中两个边断路器都接线路则动作行为一样，中间断路器与边断路器不同之处是少了启动 500kV 母线失灵出口。完整串中两个边断路器分别接线路和主变压器的则动作行为不一样，接主变压器的断路器失灵保护动作，还会跳主变压器三侧断路器，同样中间断路器失灵不启动 500kV 母线失灵出口，但失灵会跳主变压器三侧断路器。不完整串中两个断路器的动作行为一样。

以 5031 断路器为例分析断路器失灵保护整个过程。当 5031 断路器保护 CSC-121A 判定 5031 断路器失灵后，瞬跳单相或者三相本断路器。在跳闸命令不返回或者故障相电流仍然存在情况下，CSC-121A 保护会经延时（如 0.15s）再次三跳 5031 断路器一次。经延时（如 0.3s）后，跳闸命令还不返回或者故障相电流仍然存在，则向 5032 断路器发跳闸命令使 5032 断路器三跳，另外 CSC-121A 保护会启动 500kV Ⅰ段母差保护 1 和 2 的失灵保护，使 500kV Ⅰ段母线上的所有断路器跳闸，此外 CSC-121A 保护会通过线路的两套主保护 RCS-931 和 CSC-103 发远跳命令，使对侧的两个断路器三跳。失灵动作跳开的断路器是不允许其重合的。

500kV 甲乙线中 5031 和 5032 断路器 CSC-121A 中采用 5032 断路器先重合的方式，重合闸时间 0.6s。5031 断路器后重合，重合闸时间 0.9s。先重失败闭锁后重。失灵保护不采用零负序电流判断。失灵三跳延时 0.15s，失灵跳相邻延时 0.3s。使用断路器本体机构三相不一致，时间 2.5s。

500kV 断路器 CSC-121A 保护装置只配置一套并和分相操作箱 JFZ-22F 在同一面保护屏内，本节分析到的连接片均为该屏中的连接片。5031 断路器辅助保护屏保护连接片见表 6-2。

表 6-2　　5031 断路器辅助保护屏保护连接片

| 序号 | 连接片名称 | 正常位置 |
|---|---|---|
| 1 | 3CLP1 充电保护跳 5031 出口Ⅰ | 退出 |
| 2 | 3CLP2 5031 失灵跳 5031 出口Ⅰ | 投入 |
| 3 | 3CLP3 5031 重合闸出口 | 投入 |
| 4 | 3CLP4 充电保护跳 5031 出口Ⅱ | 退出 |
| 5 | 3CLP5 5031 失灵跳 5031 出口Ⅱ | 投入 |
| 6 | 3CLP6 5031 失灵跳 5032 出口Ⅰ | 投入 |
| 7 | 3CLP7 5031 失灵跳 5032 出口Ⅱ | 投入 |
| 8 | 3CLP8 5031 失灵启动Ⅰ段母线 BP-2C 保护 1 | 投入 |
| 9 | 3CLP9 5031 失灵启动Ⅰ段母线 BP-2C 保护 2 | 投入 |
| 10 | 3CLP10 5031 失灵启动Ⅰ段母线 RCS-915E 保护 1 | 投入 |
| 11 | 3CLP11 5031 失灵启动Ⅰ段母线 RCS-915E 保护 2 | 投入 |
| 12 | 3CLP12 5031 失灵经甲乙线 CSC-103 发远跳 | 投入 |
| 13 | 3CLP13 5031 失灵经甲乙线 RCS-931 发远跳 | 投入 |
| 14 | 4SLP1 5031 三跳启动失灵 | 投入 |
| 15 | LP19 充电保护投入 | 退出 |

## 一、5031 断路器失灵回路

1. 5031 失灵瞬跳本断路器单相回路

此回路在分析 JFZ-22F 分相操作箱中已经讲过，不再重复。

2. 5031 失灵三跳本断路器回路

此回路包括 5031 失灵三跳本断路器回路 1 和 5031 失灵三跳本断路器回路 2。该回路在该站 500kV 断路器中有两种接线方式，其中一种在 JFZ-22F 分相操作箱三跳回路中分析过，另一种接线方式在下面进行分析。

(1) 5031 失灵三跳本断路器回路 1。5031 失灵三跳本断路器回路 1 如图 6-15 所示。

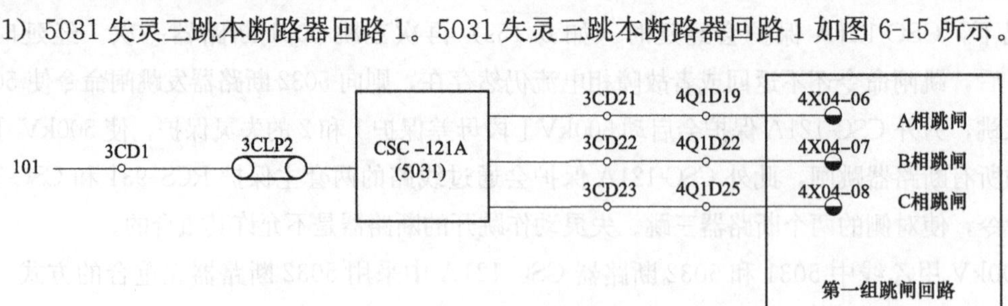


图 6-15　5031 失灵三跳本断路器回路 1

3CLP2 失灵保护跳 5031 出口Ⅰ，当 5031 断路器失灵三跳本断路器时，将 A、B、C 相跳闸信号分别接到图 6-13JFZ-22F 分相操作箱内部接线 4X04-06、4X04-07、4X04-08 端子上，然后 JFZ-22F 分相操作箱分别接通 5031 断路器机构箱内 A、B、C 相第一组跳闸线圈，实现断路器三相跳闸，具体回路见图 6-15 和 JFZ-22F 分相操作箱二次回路分析。

（2）5031 失灵三跳本断路器回路 2。5031 失灵三跳本断路器回路 2 如图 6-16 所示。

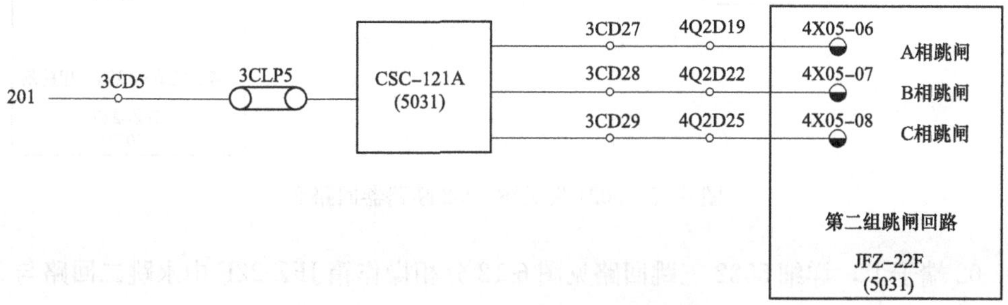


图 6-16　5031 失灵三跳本断路器回路 2

3CLP5 失灵保护跳 5031 出口Ⅱ，当 5031 断路器失灵三跳本断路器时，将 A、B、C 相跳闸信号分别接到图 6-14JFZ-22F 分相操作箱内部接线 4X05-06、4X05-07、4X05-08 端子上，然后 JFZ-22F 分相操作箱分别接通 5031 断路器机构箱内 A、B、C 相第二组跳闸线圈，实现断路器三相跳闸，具体回路见图 6-16 和 JFZ-22F 分相操作箱二次回路分析。

3. 5031 失灵三跳相邻断路器回路

5031 失灵跳相邻 5032 断路器三相回路，包括 5031 失灵跳 5032 断路器回路 1 和 5031 失灵跳 5032 断路器回路 2。

（1）5031 失灵跳 5032 断路器回路 1。5031 失灵跳 5032 断路器回路 1 如图 6-17 所示。3CD8 与 3CD32 中间部分为 5031 断路器 CSC-121 保护部分，其余为 5032 断路器操作箱 JFZ-22F 部分。其中 101 是 5032 断路器控制电源 1 的正极。

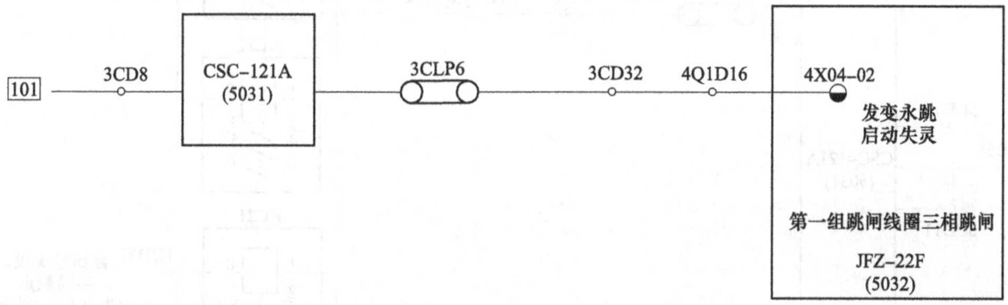


图 6-17　5031 失灵跳 5032 断路器回路 1

图 6-17 中 3CLP6 为 5031 失灵跳 5032 出口Ⅰ，该跳闸命令开入 5032 断路器分相操作箱的 4X04-02 端子上，详细 5032 三跳回路见图 6-12 分相操作箱 JFZ-22F 中永跳一回路与 500kV 断路器二次原理图。

（2）5031 失灵跳 5032 断路器回路 2。5031 失灵跳 5032 断路器回路 2 如图 6-18 所示。3CD9 与 3CD33 中间部分为 5031 断路器 CSC-121 保护部分，其余为 5032 断路器操作箱 JFZ-22F 部分。其中 102 是 5032 断路器控制电源 2 的正极。

图 6-18 中 3CLP7 为 5031 失灵跳 5032 出口Ⅱ，该跳闸命令开入 5032 断路器分相操作箱

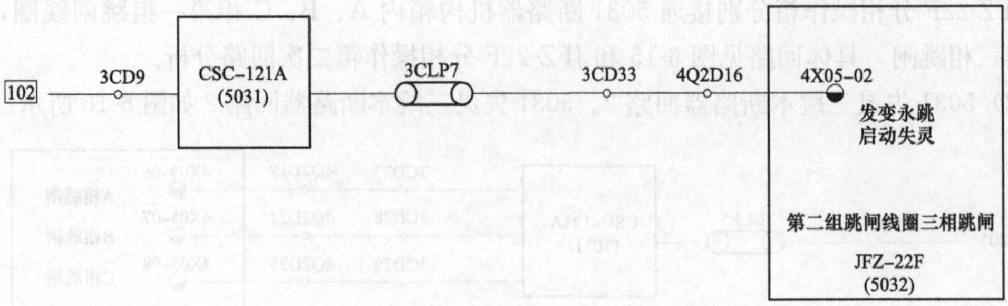


图 6-18　5031 失灵跳 5032 断路器回路 2

的 4X05-02 端子上，详细 5032 三跳回路见图 6-12 分相操作箱 JFZ-22F 中永跳二回路与 500kV 断路器二次原理图。

4. 5031 断路器失灵启动 500kV Ⅰ段母线失灵保护回路

此回路包括 5031 断路器失灵启动 500kV Ⅰ段母线 BP-2C 母线保护和 5031 断路器失灵启动 500kV Ⅰ段母线 RCS-915E 母线保护。500kV Ⅰ段母线收到 5031 断路器发来的失灵输入信号，使 500kV Ⅰ段母线上的所有断路器三跳。

（1）5031 断路器失灵启动 500kV Ⅰ段母线 BP-2C 母线保护回路如图 6-19 所示。3CLP8 为 5031 失灵启动Ⅰ段母线 BP-2C 保护 1，3CLP9 为 5031 失灵启动Ⅰ段母线 BP-2C 保护 2。图中 3CD10（或 3CD11）端子与 3CD34（或 3CD35）端子内部为 5031 断路器 CSC-121A 保护装置部分，其余为 BP-2C 母线保护部分。

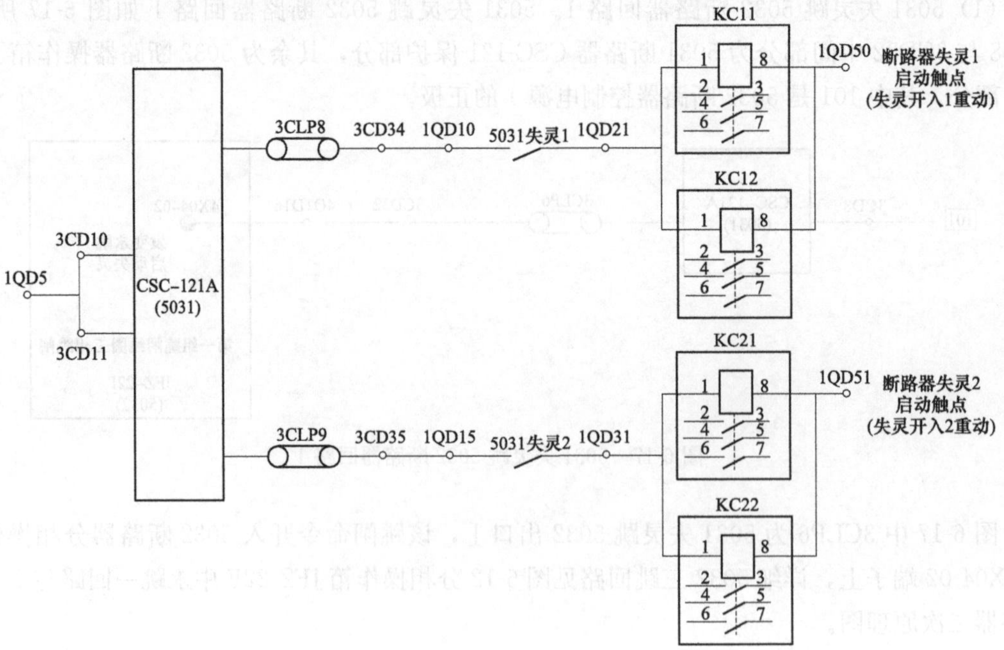


图 6-19　CSC-121A 保护装置启动 500kV Ⅰ段母线 BP-2C 失灵回路图

图 6-19 描述了 CSC-121A 保护装置启动 500kV Ⅰ段母线 BP-2C 失灵回路的连接情况。其中 ZJ11、ZJ12、ZJ21、ZJ22 为四个中间继电器，其动作励磁后，(2-3)、(6-7) 动合触点闭

合，BP-2C 失灵开入回路中便收到 5031 断路器 CSC-121A 保护中发来的失灵开入 1 和失灵开入 2。500kV 断路器失灵开入采用双开入，具体回路如图 6-20 所示，图中 1n501 和 1n517 是 500kV Ⅰ段母线 BP-2C 内部端子。

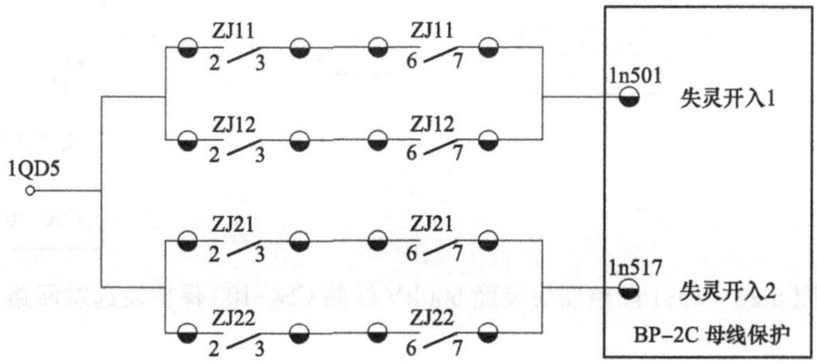


图 6-20　500kV 断路器失灵开入回路

(2) 5031 断路器失灵启动 500kV Ⅰ段母线 RCS-915E 母线保护回路如图 6-21 所示。图 6-21 中 3CLP10 为 5031 失灵启动Ⅰ段母线 RCS-915E 保护 1，3CLP11 为 5031 失灵启动Ⅰ段母线 RCS-915E 保护 2。1ZJ1 和 1ZJ2 是两中间继电器，图中 3CD12（或 3CD13）端子与 3CD36（或 3CD37）端子内部为 5031 断路器 CSC-121A 保护装置部分，其余是 500kV Ⅰ段母线 RCS-915E 保护部分。

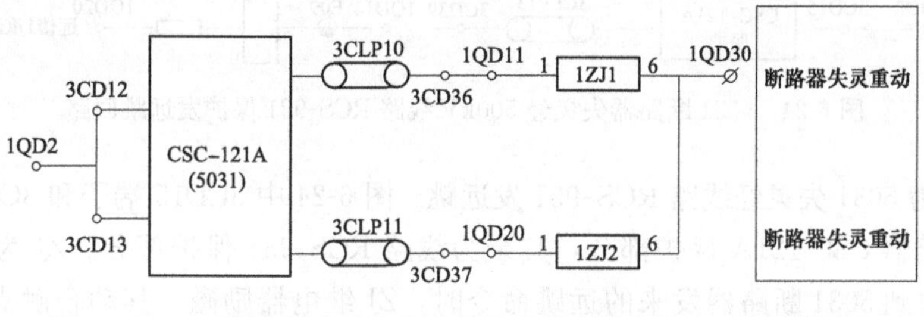


图 6-21　5031 断路器失灵启动 500kV Ⅰ段母线 RCS-915E 保护回路

图 6-22 中 1ZJ1 和 1ZJ2 是两中间继电器励磁，当 RCS-915E 收到 5031 断路器 CSC-121A 保护的双失灵开入后，其动合触点（8-9）闭合，此时 RCS-915E 就收到 5031 失灵双输入的弱电开关量信号。

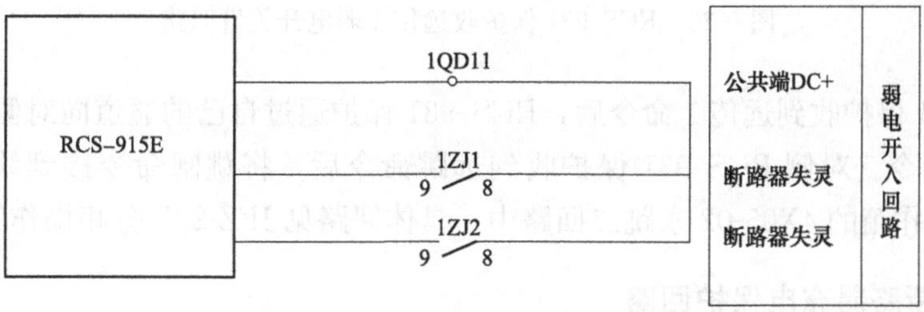


图 6-22　RCS-915E 收到 5031 断路器双失灵开入回路

5. 5031 断路器失灵经 500kV 线路两套主保护发远跳回路

(1) 5031 断路器失灵经 500kV 线路 CSC-103 保护发远跳回路。5031 断路器失灵经 500kV 线路 CSC-103 保护发远跳回路如图 6-23 所示。

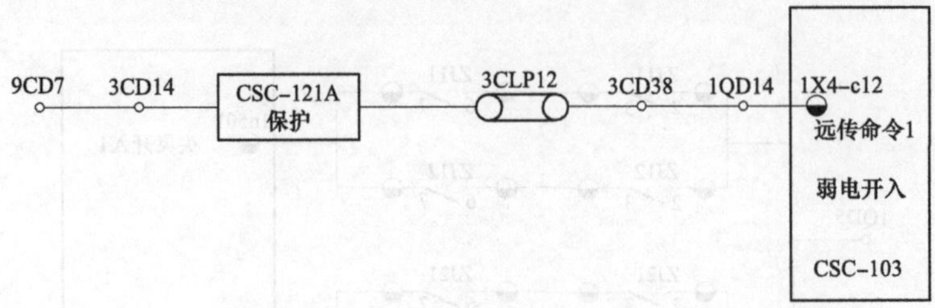


图 6-23　5031 断路器失灵经 500kV 线路 CSC-103 保护发远跳回路

3CLP12 为 5031 失灵经线路 CSC-103 保护发远跳。图 6-23 中 3CD14 端子和 3CD38 端子内部分是 5031 断路器 CSC-121A 保护部分，其余为线路 CSC-103 保护部分。当 CSC-103 保护的 1X4-C12 端子收到远传命令 1 后，CSC-103 保护通过自己的通道向对侧 CSC-103 保护装置发去远跳命令。对侧 CSC-103 保护收到远跳命令后，将跳闸命令接到线路两个断路器 JFZ-22F 分相操作箱的 4X04-02 永跳一回路中，具体回路见上面 JFZ-22F 分相操作箱部分。

(2) 5031 断路器失灵经 500kV 线路 RCS-931 保护发远跳回路。5031 断路器失灵经 500kV 线路 RCS-931 保护发远跳回路如图 6-24 所示。

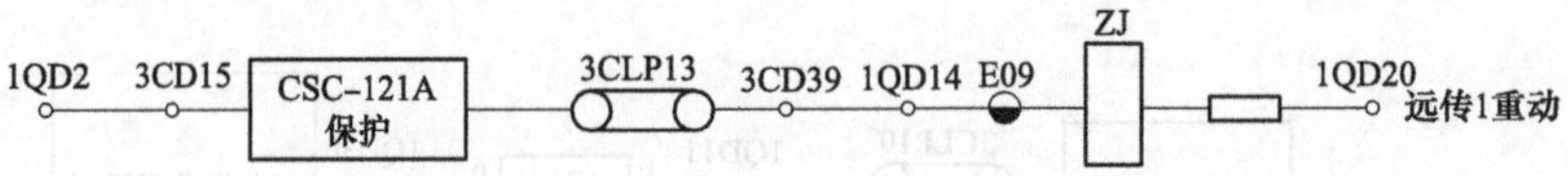


图 6-24　5031 断路器失灵经 500kV 线路 RCS-931 保护发远跳回路

3CLP13 为 5031 失灵经线路 RCS-931 发远跳。图 6-24 中 3CD15 端子和 3CD39 端子内部分是 5031 断路器 CSC-121A 保护部分，其余为线路 RCS-931 保护部分。ZJ 为中间继电器，当 RCS-931 收到 5031 断路器发来的远跳命令时，ZJ 继电器励磁，其动合触点闭合，RCS-931 保护就有远传 1 弱电开入，其回路如图 6-25 所示。

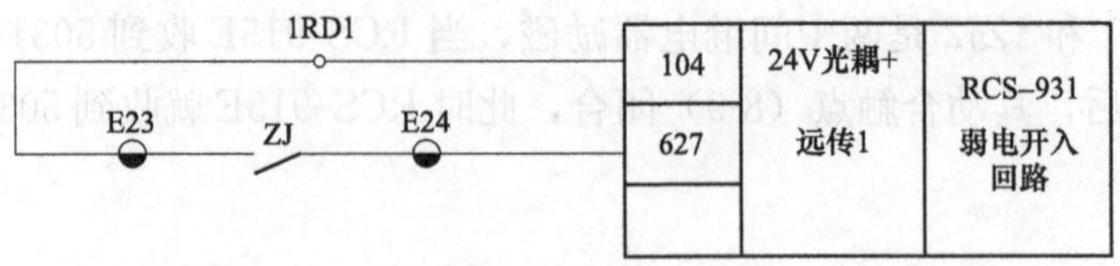


图 6-25　RCS-931 保护收远传 1 弱电开关量回路

当 RCS-931 保护收到远传 1 命令后，RCS-931 保护通过自己的通道向对侧 RCS-931 保护装置发去远跳命令。对侧 RCS-931 保护收到远跳命令后，将跳闸命令接到线路两个断路器 JFZ-22F 分相操作箱的 4X05-02 永跳二回路中，具体回路见 JFZ-22F 分相操作箱部分。

## 二、5031 断路器充电保护回路

500kV 线路或母线投产启动时，可用断路器对线路或母线充电，此时需投入 500kV 断路器的充电保护，投充电保护时需投入充电保护投入功能连接片和断路器充电跳闸出口 1 和充电跳闸出口 2 连接片及三跳启动失灵连接片。

该站中充电保护有两种接线方式，一种在 JFZ-22F 分相操作箱永跳回路中分析过，本部分主要讲另一种。假如投入 5031 断路器充电保护，在充电过程中有故障，此时充电保护跳闸回路如图 6-26 所示。

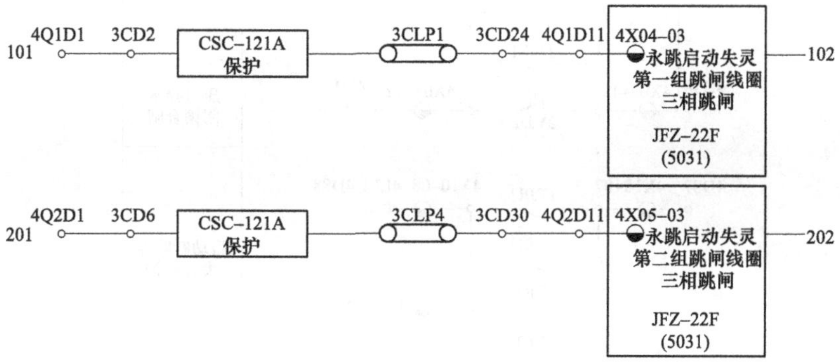


图 6-26 充电保护跳闸回路

3CLP1 为充电保护跳 5031 出口Ⅰ连接片，3CLP4 为充电保护跳 5031 出口Ⅱ连接片。图 6-26 中 3CD2（或 3CD6）端子和 3CD24（或 3CD30）端子内部分是 5031 断路器 CSC-121A 保护部分，4Q1D1（或 4Q2D1）端子和 4Q1D11（或 4Q2D11）端子内部是 5031 断路器分相操作箱 JFZ-22F 第一组（或第二组）三相跳闸部分。

充电保护动作后，5031 断路器 JFZ-22F 分相操作箱三相跳闸回路中的三跳继电器 TJQ 都励磁吸合，则第一组跳闸回路和第二组跳闸回路中的 TJQ 的动合触点闭合，接通 5031 断路器的分闸 1 和分闸 2 回路。与此同时，5031 断路器的 CSC-121A 保护收到永跳或者三跳弱电开入信号后，启动三跳启动失灵保护回路，其回路如图 6-27 所示。

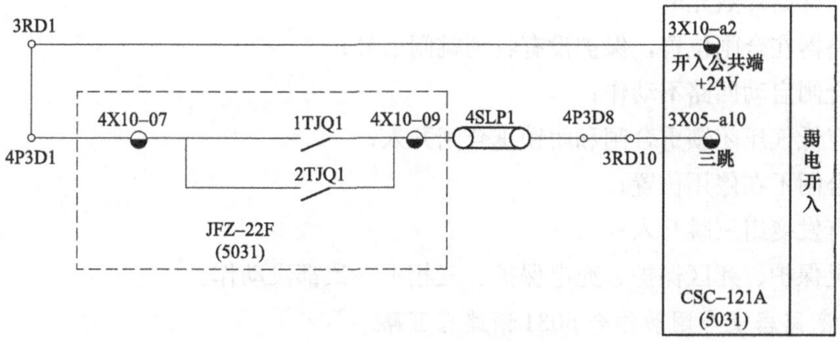


图 6-27 三跳启动失灵保护回路

4SLP1 为 5031 三跳启动失灵连接片。图 6-27 回路只画出了三跳启动失灵一部分，永跳启动失灵没有画出。在实际工程中，在 1TJQ1、1TJQ2 两动合触点的下方再并联上 1TJR1 和 1TJR2 两个动合触点后共同启动断路器三跳启动失灵回路，如图 6-28 所示，图中 4LP1 与 4SLP1 功能一样，不同时期图纸连接片编号不一样，但三跳启动断路器失灵回路一样。

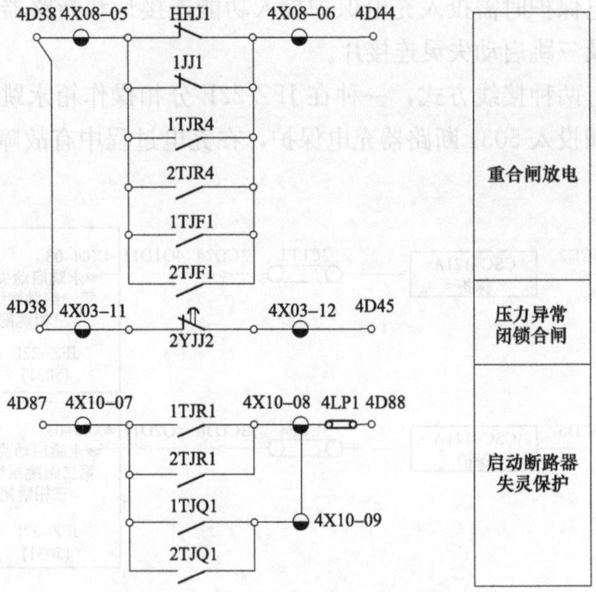


图 6-28 断路器三跳启动失灵回路

## 三、5031断路器重合闸回路

当保护动作使5031断路器跳闸，5031断路器CSC-121A保护判定可以重合时，5031断路器重合一次，因500kV断路器重合闸均采用单相重合闸，即保护跳单相断路器，重合闸动作重合一次。该站重合闸启动方式有线路保护启动和断路器单相偷跳启动两种。注意主变压器500kV侧断路器重合闸在停用位置。

CSC-121A保护装置中重合闸充满电时间是15s，充满电时允许重合，点亮面板上黄色充电灯，未充满电时闭锁重合闸，面板上黄色充电灯熄灭。断路器在均满足如下条件时，重合闸充电计数器开始计数充电：

(1) 断路器在合闸位置，保护没有收到跳闸信号；

(2) 重合闸启动回路不动作；

(3) 没有低气压闭锁重合闸和闭锁重合闸开入；

(4) 重合闸不在停用位置；

(5) 没有发变组三跳开入；

(6) 失灵保护、死区保护、充电保护、三相不一致都没动作。

1. 5031断路器重合闸动作合5031断路器回路

假如线路A相故障，保护动作跳开A相，此时，CSC-121A保护发出重合闸指令，其A相重合闸回路如图6-29所示。

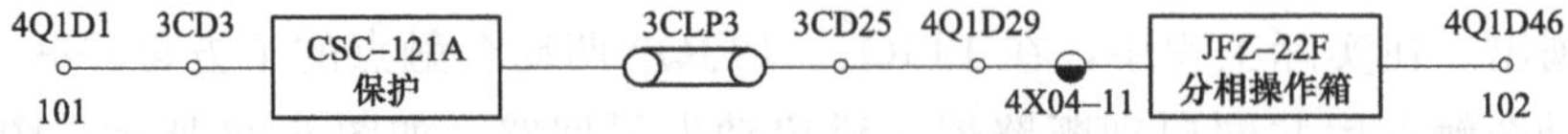


图 6-29 A相重合闸回路

3CLP3为5031重合闸出口连接片。图6-29中3CD3端子和3CD25端子内部分是5031断路器CSC-121A保护部分，其余是5031断路器的分相操作箱JFZ-22F部分。101和102是5031断路器控制电源1的正负极。CSC-121A保护发出重合闸命令时，JFZ-22F分相操作箱内的重合闸继电器ZHJ1′和ZHJ2′励磁，同时A相合闸、B相合闸、C相合闸回路中的ZHJ1′和ZHJ2′动合触点闭合，但只有5031断路器A相进行一次合闸操作，详细回路见JFZ-22F分相操作箱重合闸回路和500kV断路器二次原理图。

2. CSC-121A保护闭锁重合闸回路

CSC-121A保护重合闸计数器清零，进行放电有如下几种情况：

（1）收到外部闭锁重合闸信号，如手动跳闸闭锁重合闸；

（2）有发变组三跳开入；

（3）失灵保护、死区保护、三相不一致、充电保护动作的同时放电；

（4）重合闸方式在停用位置；

（5）重合闸在单重方式时保护动作三跳或断路器断开三相；

（6）重合闸出口命令发出的同时放电；

（7）重合闸充电未满前，有保护跳闸信号或者有保护启动重合闸信号开入；

（8）收到相邻断路器合闸信号后又收到保护跳闸信号，则认为相邻断路器重合在永久故障，给重合闸放电；

（9）重合闸启动前，收到低气压闭锁重合闸，经400ms延时后放电。

在CSC-121A保护中几种闭锁重合闸的回路如图6-30所示。

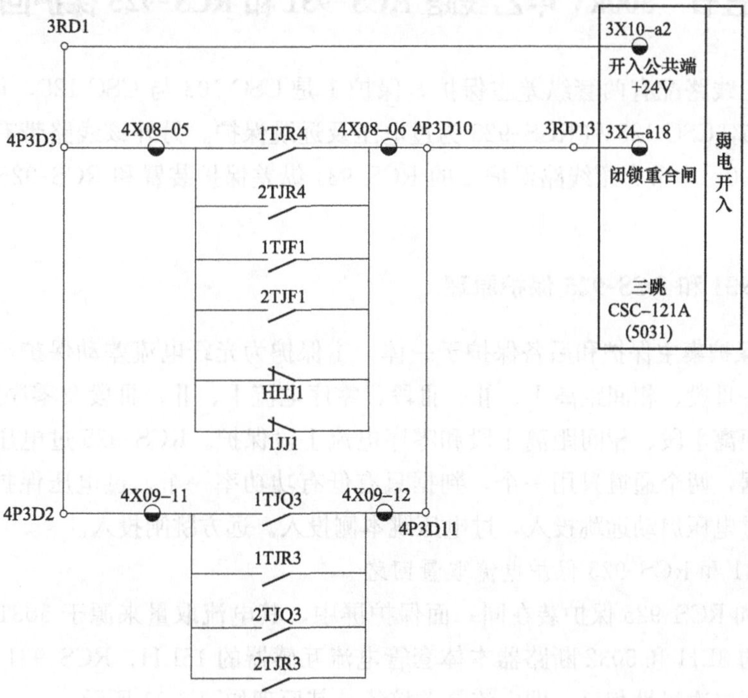


图6-30　CSC-121A保护闭锁重合闸回路

(1) 遥控或测控屏分断路器时闭锁重合闸；

(2) 5031 控制回路 1 断线闭锁重合闸；

(3) 保护动作使断路器三相跳闸闭锁重合闸。例如三相不一致、失灵保护、CSC-125A 及 RCS-925A 过电压及远跳跳 5031 断路器，充电保护跳断路器、高抗非电量保护跳断路器，高抗电量保护跳断路器或者是主变压器主保护跳断路器、主变压器非电量保护跳断路器等都属于这种情况。

图 6-30 中：

(1) 4X08-05 到 4X08-06 端子内部为 JFZ-22F 分相操作箱中重合闸放电回路。

(2) 充电保护动作时，1TJQ3 和 2 TJQ3 闭合，闭锁重合闸。

(3) 高抗及主变压器非电量保护动作时，1TJF1 和 2 TJF1 闭合，闭锁重合闸。

(4) 500kV 断路器失灵跳相邻断路器，母差跳断路器、过电压或收远跳断路器、主变压器或高抗电量保护跳断路器时，1TJR4 和 2 TJR4 闭合，闭锁重合闸。

(5) 500kV 断路器控制回路 1 断线时，1JJ1 动断触点断开，闭锁重合闸。这是因为断路器器重合闸回路和第一组跳闸线圈回路共用第一组操作电源。1JJ1 为断路器第一组控制电源监视继电器的动断触点，正常情况下断路器第一组控制电源在合位，1JJ1 继电器励磁，其 1JJ1 动断触点打开，闭锁重合闸回路不带电。当断路器第一组控制电源在跳位时，1JJ1 继电器失磁，其 1JJ1 动断触点闭合，闭锁断路器重合闸。

(6) 遥控跳闸或测控屏分断路器时，HHJ1 动断触点闭合，闭锁重合闸。

## 第五节　500kV 甲乙线路 RCS-931 和 RCS-925 保护回路

500kV 甲乙线路配有两套纵差主保护，保护 1 是 CSC-103 与 CSC-125，保护 2 是 RCS-931 与 RCS-925，CSC-125 和 RCS-925 为过电压及远跳保护。另外该线路带有高抗，电抗器保护是 WDK-600。本节介绍线路保护 2 的 RCS-931 纵差保护装置和 RCS-925 过电压及远跳保护装置。

### 一、RCS-931 和 RCS-925 保护原理

RCS-931 保护集主保护和后备保护于一体，主保护为光纤电流差动保护，后备保护有接地距离Ⅰ、Ⅱ、Ⅲ段、相间距离Ⅰ、Ⅱ、Ⅲ段，零序电流Ⅰ、Ⅱ、Ⅲ段及零序过电流加速段。其中退出接地距离Ⅰ段、相间距离Ⅰ段和零序电流Ⅰ段保护。RCS-925 过电压及远跳保护采用二取一有判据，两个通道只用一个，判据只有低有功功率一个。过电压保护投入，电压为三取一方式，过电压启动远跳投入，过电压跳本侧投入。远方跳闸投入。

1. RCS-931 和 RCS-925 保护电流取量回路

RCS-931 和 RCS-925 保护装在同一面保护屏中，其电流取量来源于 5031 断路器本体套管电流互感器的 3LH 和 5032 断路器本体套管电流互感器的 15LH，RCS-931 和 RCS-925 保护用电流互感器二次极性相反，即电流是差接线，其原理如图 6-31 所示。

RCS-931 和 RCS-925 保护共用电流量，取量先从 5031 和 5032 断路器各自本体电流互感器二次接线盒引出，经过汇控箱和断路器端子箱，最后接入到 RCS-931 保护屏和 RCS-925 保

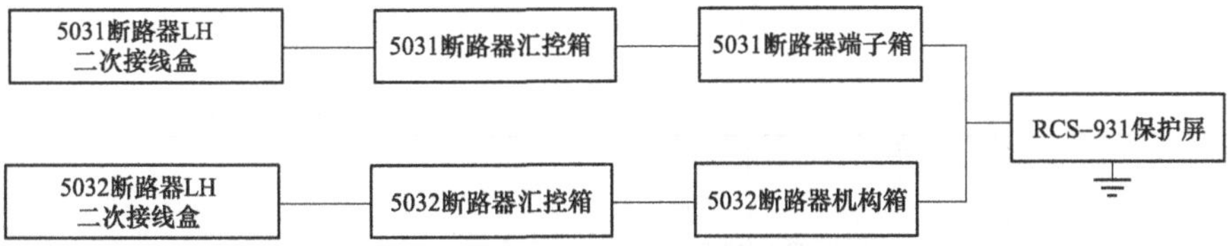


图 6-31 RCS-931 和 RCS-925 保护电流取量原理图

护屏中，电流互感器的二次接地点也在 RCS-931 保护屏。十八项反措规定“公用电流互感器二次绕组二次回路只允许且必须在相关保护屏内一点接地。独立的、与其他电压互感器和电流互感器的二次回路没有电气联系的二次回路应在开关场一点接地”。

以上原理图的接线图如图 6-32 所示，一个半断路器接线线路保护和电流二次接地点在保护屏后。

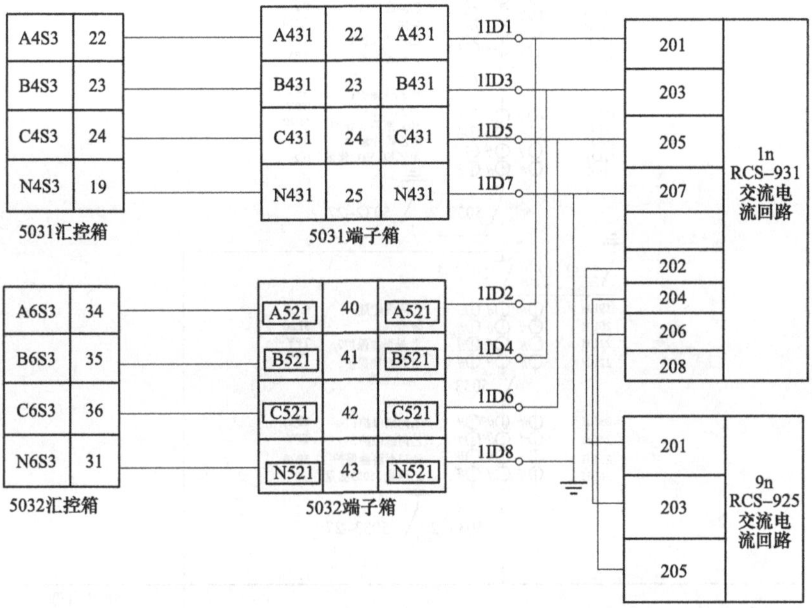


图 6-32 RCS-931 和 RCS-925 保护电流取量接线示意图

500kV 线路保护电流取量如图 6-33 所示。

图 6-33 中，电流互感器绕组 TPY 级是铁芯具有气隙的保护用考虑暂态特性的电流互感器。其中 T 代表暂态，P 代表保护，Y 代表气隙。TPY 级电流互感器具有抗饱和能力强等特性，缺点是故障电流消失过程中有短暂的拖尾现象。

2. RCS-931 和 RCS-925 保护电压取量回路

RCS-931 保护电压取量回路如图 6-34 所示。

RCS-931 和 RCS-925 保护共用电压量，取量先线路电压互感器本体电压互感器二次接线盒引出，经过线路电压互感器端子箱和保护小室的电压转接屏，最后接入到 RCS-931 保护屏和 RCS-925 保护屏中。电压互感器二次接地点在保护小室的电压转接屏中。以上原理图的接线图如图 6-35 所示。

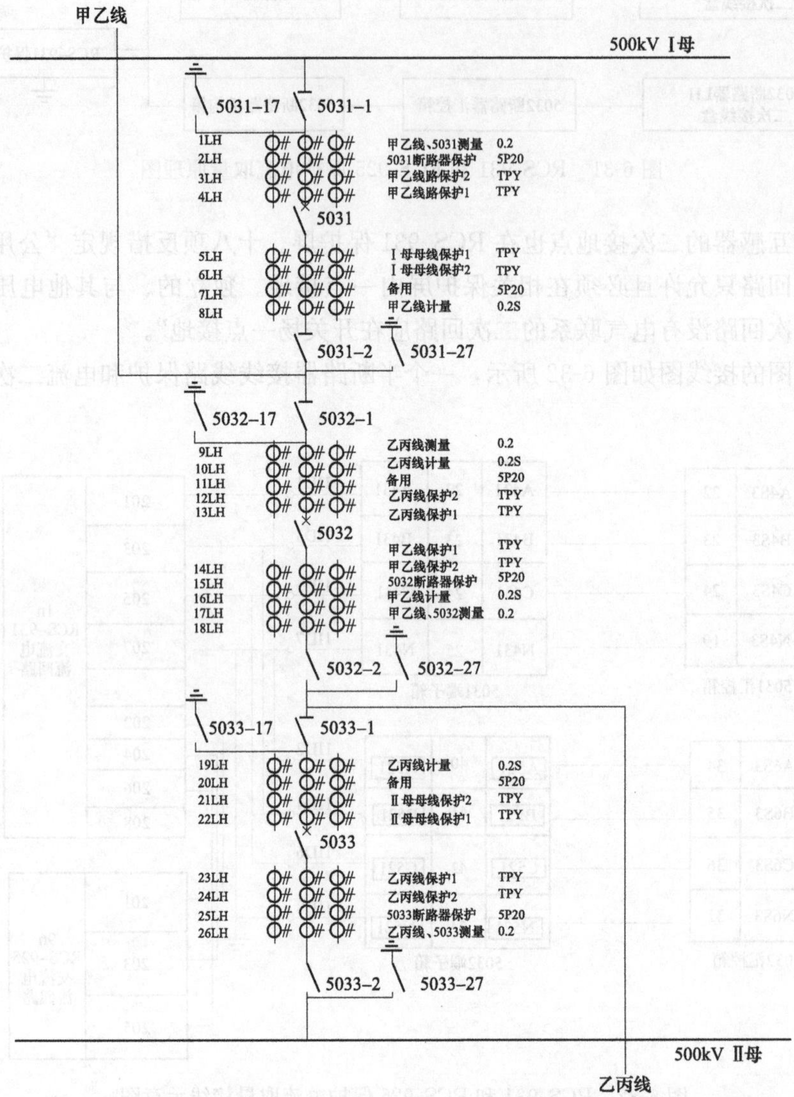


图 6-33　500kV 线路保护电流取量图

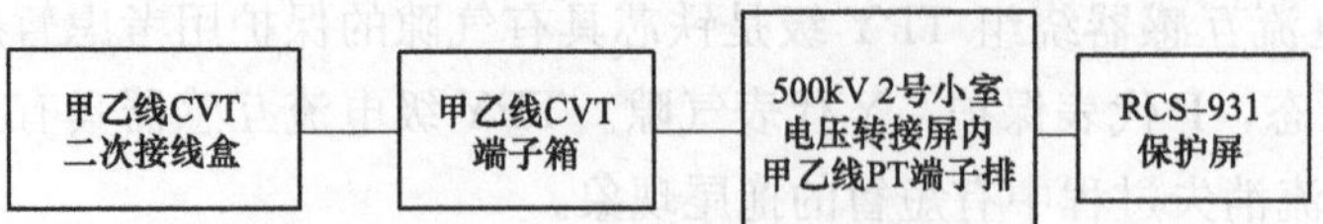


图 6-34　RCS-931 保护电压取量回路

图 6-35 中，3G、3XDL1、3XDL2、3XDL3 都在电压互感器端子箱内，其代表含义分别是保护Ⅱ电压隔离开关、保护ⅡA 相小空气开关、保护ⅡB 相小空气开关、保护ⅡC 相小空气开关。1ZKK 和 2ZKK 是 931 和 925 保护装置屏后电压空气开关。5031/5032 甲乙线 RCS 纵差及远跳 2 保护屏保护连接片见表 6-3。

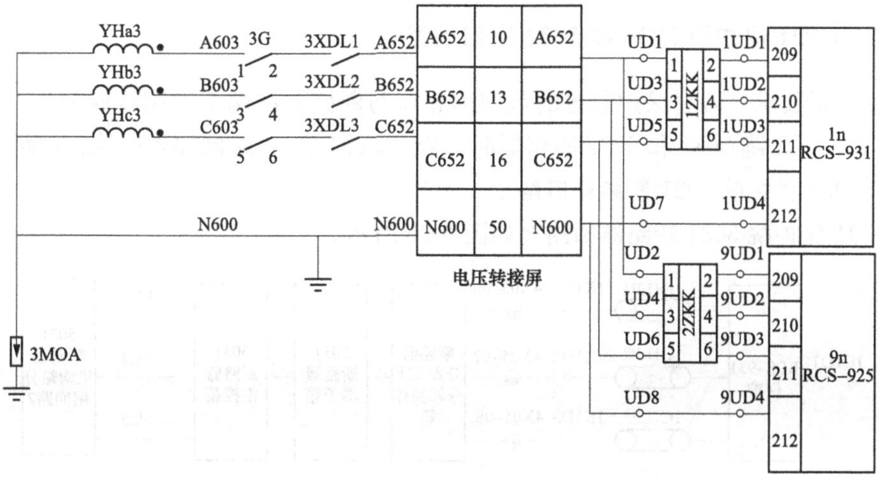


图 6-35　RCS-931 和 RCS-925 保护电压取量接线示意图

**表 6-3　5031/5032 甲乙线 RCS 纵差及远跳 2 保护屏保护连接片**

| 序号 | 连接片名称 | 正常位置 |
|---|---|---|
| 1 | 1C1LP1 5031 A 相跳闸出口Ⅱ | 投入 |
| 2 | 1C1LP2 5031 B 相跳闸出口Ⅱ | 投入 |
| 3 | 1C1LP3 5031 C 相跳闸出口Ⅱ | 投入 |
| 4 | 1C1LP5 启动 5031 A 相失灵 | 投入 |
| 5 | 1C1LP6 启动 5031 B 相失灵 | 投入 |
| 6 | 1C1LP7 启动 5031 C 相失灵 | 投入 |
| 7 | 1C1LP8 闭锁 5031 重合闸 | 投入 |
| 8 | 1C2LP1 5032 A 相跳闸出口Ⅱ | 投入 |
| 9 | 1C2LP2 5032 B 相跳闸出口Ⅱ | 投入 |
| 10 | 1C2LP3 5032 C 相跳闸出口Ⅱ | 投入 |
| 11 | 1C2LP5 启动 5032 A 相失灵 | 投入 |
| 12 | 1C2LP6 启动 5032 B 相失灵 | 投入 |
| 13 | 1C2LP7 启动 5032 C 相失灵 | 投入 |
| 14 | 1C2LP8 闭锁 5032 重合闸 | 投入 |
| 15 | 3CLP1 纵差保护投入 | 投入 |
| 16 | 3CLP2 零序保护投入 | 投入 |
| 17 | 3CLP3 距离保护投入 | 投入 |
| 18 | 3CLP4 投检修状态 | 退出 |
| 19 | 9CLP1 过电压及远跳 2 跳 5031 出口Ⅱ | 投入 |
| 20 | 9CLP2 过电压及远跳 2 跳 5032 出口Ⅱ | 投入 |
| 21 | 9CLP3 过电压经 RCS-931 纵差发远跳 2 | 投入 |
| 22 | 9CLP4 过电压保护投入 | 投入 |
| 23 | 9CLP5 过电压及远跳 2 投检修状态 | 退出 |

## 二、RCS-931保护跳5031和5032出口回路

十八项反措要求“两套保护装置的跳闸回路应与断路器的两个跳闸线圈分别一一对应”。为此保护RCS-931跳5031和5032断路器时，启动5031和5032断路器的第二组跳闸线圈。

1. RCS-931保护跳5031断路器回路2

RCS-931保护跳5031断路器回路2如图6-36所示。

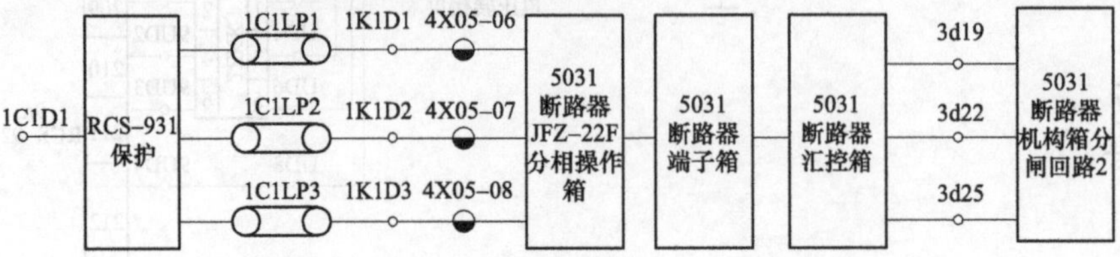


图6-36 RCS-931保护跳5031断路器回路2

1C1LP1为5031A相跳闸出口Ⅱ；1C1LP2为5031B相跳闸出口Ⅱ；1C1LP3为5031C相跳闸出口Ⅱ。

详细分闸回路见JFZ-22F和550PM63-40型断路器分闸回路2。

2. RCS-931保护跳5032断路器回路2

RCS-931保护跳5032断路器回路2如图6-37所示。

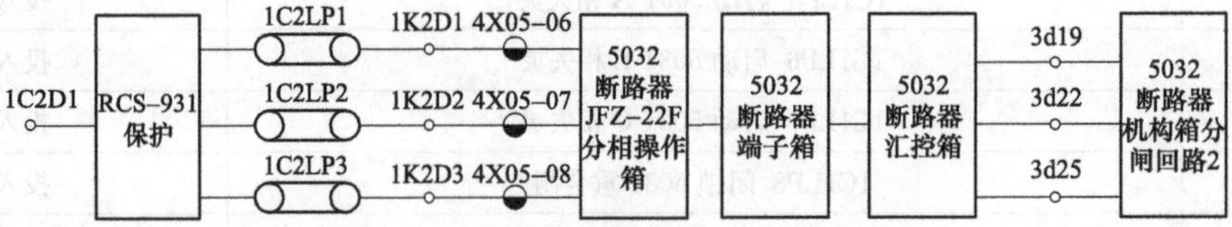


图6-37 RCS-931保护跳5032断路器回路2

1C2LP1为5032A相跳闸出口Ⅱ；1C2LP2为5032B相跳闸出口Ⅱ；1C2LP3为5032C相跳闸出口Ⅱ。

详细分闸回路见JFZ-22F和550PM63-40型断路器分闸回路2。

## 三、RCS-925保护跳5031和5032出口回路

RCS-925过电压及远跳保护跳5031和5032断路器回路，线路在过电压的情况下保护使5031和5032断路器三跳，同样RCS-925保护收到对方的远跳命令也使5031和5032断路器三跳，此外本侧线路过电压会给对侧发远跳命令。RCS-925过电压或收远跳跳5031、5032断路器时接通断路器的第二组跳闸线圈，并闭锁断路器的重合闸。

1. RCS-925过电压或收远跳跳5031断路器回路2

RCS-925过电压或收远跳跳5031断路器回路2如图6-38所示。

9CLP1为过电压及远跳2跳5031出口Ⅱ，RCS-925过电压或收远跳跳5031断路器命令接到JFZ-22F分相操作箱4X05-02端子上，详细三相跳闸回路见JFZ-22F分相操作箱第二组跳闸线圈中发变永跳启失灵三相跳闸回路和550PM63-40型断路器分闸回路2。

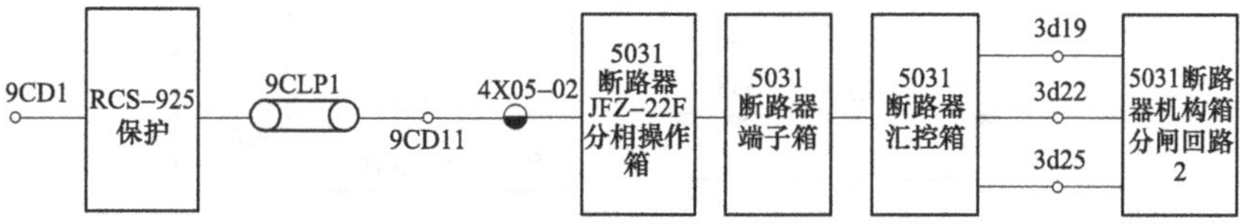


图 6-38 RCS-925 过电压或收远跳跳 5031 断路器回路 2

2. RCS-925 过电压或收远跳跳 5032 断路器回路 2

RCS-925 过电压或收远跳跳 5032 断路器回路 2 如图 6-39 所示。

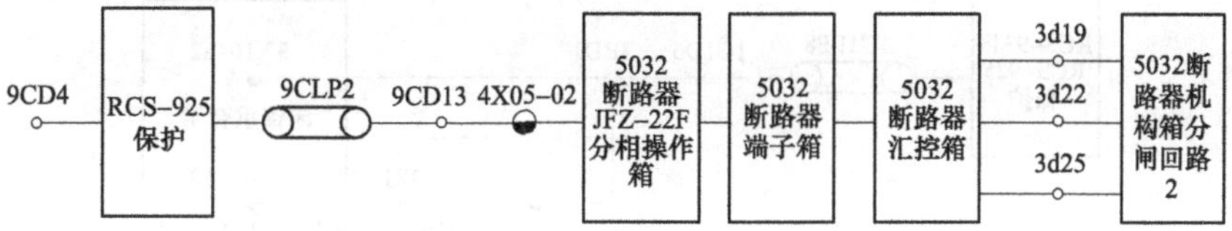


图 6-39 RCS-925 过电压或收远跳跳 5032 断路器回路

9CLP2 为过电压及远跳 2 跳 5032 出口Ⅱ，RCS-925 过电压或收远跳跳 5032 断路器命令接到 JFZ-22F 分相操作箱 4X05-02 端子上，详细三相跳闸回路见 JFZ-22F 分相操作箱第二组跳闸线圈中发变永跳启失灵三相跳闸回路和 550PM63-40 型断路器分闸回路 2。

3. 线路本侧过电压后 RCS-925 保护通过 RCS-931 保护向对侧发远跳回路

《继电保护和安全自动装置技术规程》(GB/T 14285—2006) 规定，一般情况下 220～500kV 线路，在下列故障应传送跳闸命令，使相关线路对侧断路器跳闸切除故障：①一个半断路器接线的断路器失灵保护动作；②线路过电压保护动作；③高压侧无断路器的线路并联电抗器保护动作。第一种情况在分析 CSC-121A 断路器失灵保护中已经介绍；第二种就是过电压发远跳；第三种情况将在本章分析线路电抗器保护时介绍。

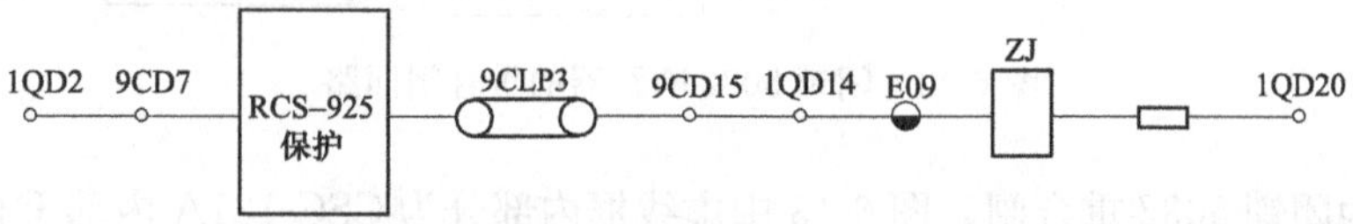


图 6-40 过电压经 RCS-931 纵联差动发远跳 2 给对端 RCS-931 保护装置

图 6-40 中 9CD 端子之间的部分为 RCS-925 保护部分。其余为 RCS-931 保护部分。9CLP3 为过电压经 RCS-931 纵差保护发远跳 2 连接片。ZJ 为中间继电器，励磁后其动合触点闭合，RCS-931 保护收到远跳 2 弱电开入信号。然后 RCS-931 保护装置将远跳信号通过光纤通道发送到对端的 RCS-931 保护装置。对端 RCS-931 保护装置收到远跳信号后，就地判据进行判断（如图 6-41 所示），满足条件跳两个断路器。本线路为二取一有判据，判据为低有功功率 2W。

## 四、闭锁重合闸回路

断路器闭锁重合闸的原因有很多，本部分只分析 RCS-931 和 RCS-925 保护动作跳断路器，又因该保护不允许断路器重合时，此回路在此起作用，向断路器 CSC-121A 保护屏输入一个弱电开关量信号，CSC-121A 保护收到信号后，使重合闸放电，闭锁了重合闸。

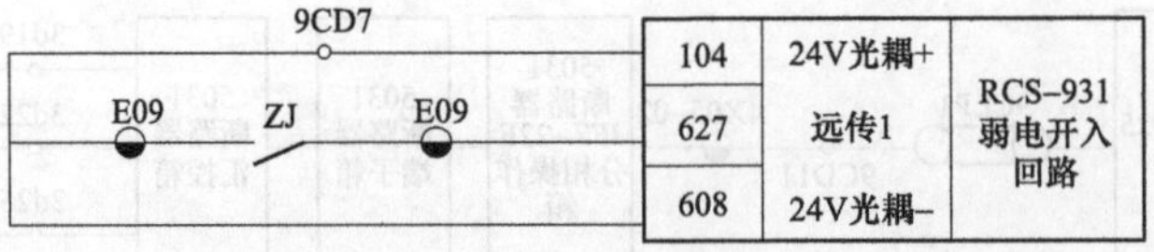


图 6-41　对端 RCS-931 保护装置收到远跳信号后进行就地判据

1. 闭锁 5031 断路器的重合闸回路

闭锁 5031 断路器的重合闸回路如图 6-42 所示。

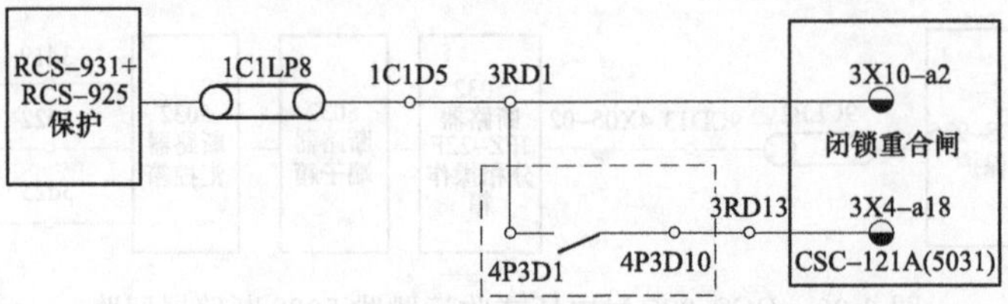


图 6-42　闭锁 5031 断路器的重合闸回路

1C1LP8 为闭锁 5031 重合闸，图 6-42 中虚线框内部分为 CSC-121A 内部重合闸放电回路，该回路在分析 CSC-121A 闭锁重合闸中已经讲过。

2. 闭锁 5032 断路器的重合闸回路

闭锁 5032 断路器的重合闸回路如图 6-43 所示。

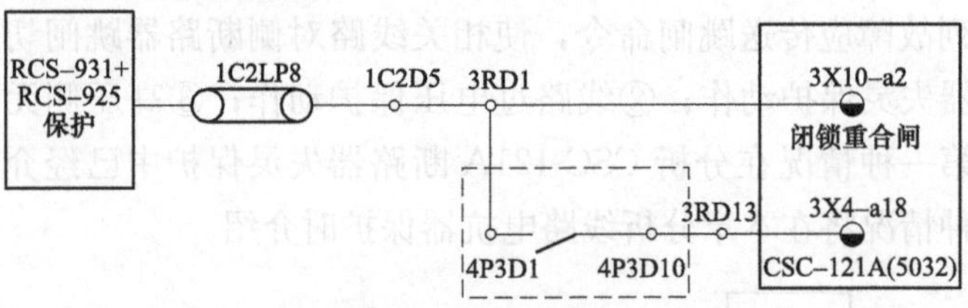


图 6-43　闭锁 5032 断路器的重合闸回路

1C2LP8 为闭锁 5032 重合闸，图 6-43 中虚线框内部分为 CSC-121A 内部重合闸放电回路，该回路在分析 CSC-121A 闭锁重合闸中已经讲过。

## 五、RCS-931 保护及 RCS-925 保护启动失灵回路

1. RCS-931 保护动作跳 5031 和 5032 断路器及启动 5031 和 5032 断路器失灵回路

RCS-931 保护动作跳 5031 和 5032 断路器的同时，启动 5031 和 5032 断路器的失灵，此失灵开入 5031 和 5032 各自的断路器保护屏 CSC-121A 内部 3X5-04、3X5-06、3X5-08 端子上。与此同时 CSC-121A 内部开始判断断路器是否失灵，若没有失灵，失灵不动作；若断路器失灵，则失灵保护动作出口瞬跳单相或者三相，延时跳本断路器三相，再延时跳相邻断路器或启动 500kV 母线失灵保护，或者发远跳命令跳开对侧的断路器。RCS-931 和 RCS-925 保护给 CSC-121A 保护启动失灵一个弱电开入回路如图 6-44 所示。若断路器失灵，其跳闸回路已经在 CSC-121A 保护中详细讲述过。

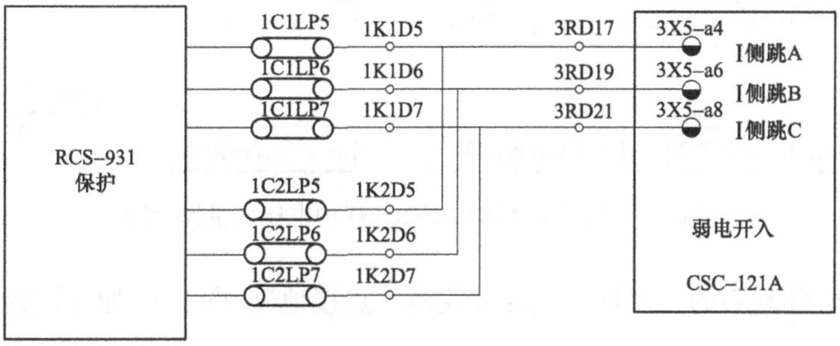


图 6-44 CSC-121A 保护失灵弱电开入回路

1C1LP5—启动 5031A 相失灵；1C2LP5—启动 5032A 相失灵；1C1LP6—启动 5031B 相失灵；
1C2LP6—启动 5032B 相失灵；1C1LP7—启动 5031C 相失灵；1C2LP7—启动 5032C 相失灵

图 6-44 中连接片均为 RCS-931 保护屏上 5031、5032 断路器启动失灵连接片。

2. RCS-925 保护动作跳 5031 和 5032 断路器及 5031 和 5032 断路器启动失灵回路

RCS-925 保护动作跳 5031 和 5032 断路器，启动 5031 和 5032 断路器失灵已在断路器 JFZ-22F 分相操作箱永跳回路中讲述，此处不再赘述。

## 第六节 500kV 甲乙线路 CSC-103 和 CSC-125 保护回路

500kV 甲乙线路配有两套纵差主保护，保护 1 是 CSC-103 及 CSC-125，保护 2 是 RCS-931 及 RCS-925，CSC-125 和 RCS-925 为过电压及远跳保护。另外该线路带有高抗，电抗器保护是 WDK-600。本节介绍线路保护 1 的 CSC-103 纵差保护装置和 CSC-125 过电压及远跳保护装置。

### 一、CSC-103 和 CSC-125 保护电流、电压取量回路

CSC-103 保护集主保护和后备保护于一体，主保护为光纤电流差动保护，后备保护有接地距离Ⅰ、Ⅱ、Ⅲ段，相间距离Ⅰ、Ⅱ、Ⅲ段，零序电流Ⅰ、Ⅱ、Ⅲ段及零序过电流加速段。其中退出接地距离Ⅰ段，相间距离Ⅰ段和零序电流Ⅰ、Ⅱ、Ⅲ段保护。CSC-125 过电压及远跳保护采用二取一有判据，两个通道只用一个，判据只有低有功功率一个。过电压保护投入，电压为三取一方式，过电压启动远跳投入，过电压跳本侧投入。远方跳闸投入。

1. CSC-103 和 CSC-125 保护电流取量回路

CSC-103 和 CSC-125 保护电流取量原理图如图 6-45 所示。

CSC-103 和 CSC-125 保护装在同一面保护屏中，其电流取量来源于 5031 断路器本体套管电流互感器的 4LH 和 5032 断路器本体套管电流互感器的 13LH，CSC-103 和 CSC-125 保护用电流互感器二次极性相反，即电流是差接线。

CSC-103 和 CSC-125 保护共用电流量，取量先从 5031 和 5032 断路器各自本体电流互感器二次接线盒引出，经过汇控箱和断路器端子箱，最后接入到 CSC-103 和 CSC-125 保护屏中，电流互感器的二次接地点也在 CSC-103 保护屏。十八项反措规定“公用电流互感器二次绕组二次回路只允许且必须在相关保护屏内一点接地。独立的、与其他电压互感器和电流互感器

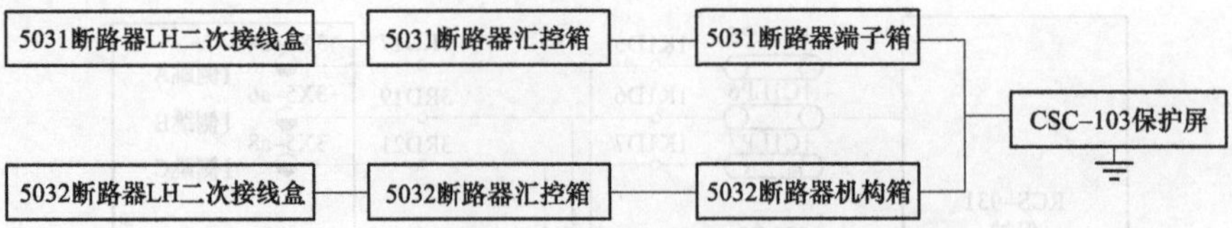


图 6-45 CSC-103 和 CSC-125 保护电流取量原理图

的二次回路没有电气联系的二次回路应在开关场一点接地”。图 6-45 原理图的接线示意图如图 6-46 所示。

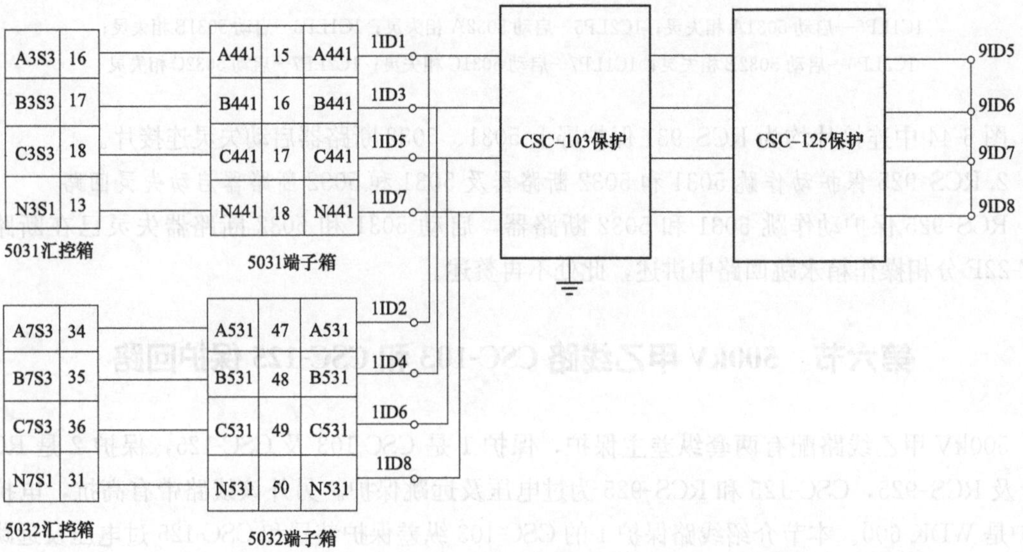


图 6-46 CSC-103 和 CSC-125 保护电流取量接线示意图

2. CSC-103 和 CSC-125 保护电压取量回路

CSC-103 和 CSC-125 保护电压取量原理图如图 6-47 所示。

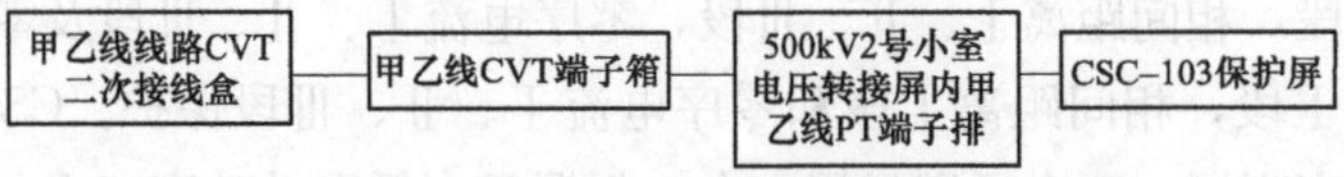


图 6-47 CSC-103 和 CSC-125 保护电压取量原理图

CSC-103 和 CSC-125 保护共用电压量，取量先线路电压互感器本体电压互感器二次接线盒引出，经过线路电压互感器端子箱和保护小室的电压转接屏，最后接入到 CSC-103 和 CSC-125 保护屏中。电压互感器二次接地点在保护小室的电压转接屏中。以上原理图的接线示意图如图 6-48 所示。

注：2G 和 2XDL1、2XDL2、2XDL3 都在线路电压互感器端子箱内，分别是保护Ⅰ隔离开关，保护ⅠA 相小空气开关、保护Ⅰ B 相小空气开关、保护ⅠC 相小空气开关。1ZKK 和 9ZKK 分别是 CSC-103 和 CSC-125 保护装置屏后电压空气开关。5031/5032 甲乙线 CSC 纵差及远跳 1 保护屏保护连接片见表 6-4。

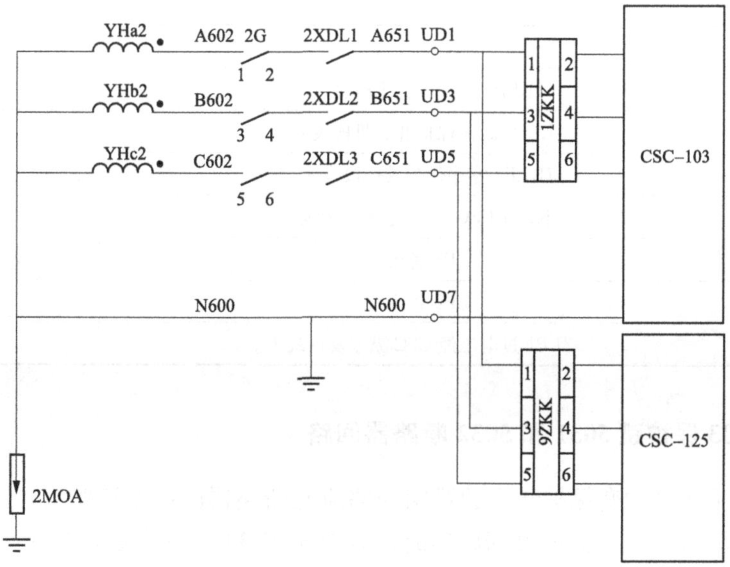


图 6-48 CSC-103 和 CSC-125 保护电压取量接线示意图

**表 6-4　　5031/5032 甲乙线 CSC 纵差及远跳 1 保护屏保护连接片**

| 序号 | 连接片名称 | 正常位置 |
|---|---|---|
| 1 | 1C1LP1 5031 A 相跳闸出口Ⅰ | 投入 |
| 2 | 1CLP2 5031 B 相跳闸出口Ⅰ | 投入 |
| 3 | 1CLP3 5031 C 相跳闸出口Ⅰ | 投入 |
| 4 | 1S1LP1 启动 5031 A 相失灵 | 投入 |
| 5 | 1S1LP2 启动 5031 B 相失灵 | 投入 |
| 6 | 1S1LP3 启动 5031 C 相失灵 | 投入 |
| 7 | 1Z1LP1 闭锁 5031 重合闸出口 | 投入 |
| 8 | 9CLP1 过电压及远跳 1 跳 5031 出口Ⅰ | 投入 |
| 9 | 1C2LP1 5032 A 相跳闸出口Ⅰ | 投入 |
| 10 | 1C2LP2 5032 B 相跳闸出口Ⅰ | 投入 |
| 11 | 1C2LP3 5032 C 相跳闸出口Ⅰ | 投入 |
| 12 | 1S2LP1 启动 5032 A 相失灵 | 投入 |
| 13 | 1S2LP2 启动 5032 B 相失灵 | 投入 |
| 14 | 1S2LP3 启动 5032 C 相失灵 | 投入 |
| 15 | 1Z2LP1 闭锁 5032 重合闸出口 | 投入 |
| 16 | 1Z2LP2 备用 | 退出 |
| 17 | 9CLP2 过电压及远跳 1 跳 5032 出口Ⅰ | 投入 |
| 18 | 1KLP1 纵差保护投入 | 投入 |
| 19 | 1KLP2 CSC-103A 投检修状态 | 退出 |

续表

| 序号 | 连接片名称 | 正常位置 |
|---|---|---|
| 20 | 1KLP3 距离保护Ⅰ段投入 | 投入 |
| 21 | 1KLP4 距离保护Ⅱ、Ⅲ段投入 | 投入 |
| 22 | 1KLP5 零序保护其他段投入 | 投入 |
| 23 | 9KLP1 CSC-125A 投检修状态 | 退出 |
| 24 | LP1 备用 | 退出 |
| 25 | LP2 备用 | 退出 |
| 26 | 9ZLP1 过电压经 CSC 纵差发远跳 1 | 投入 |

## 二、CSC-103 保护跳 5031 和 5032 断路器回路

十八项反措要求“两套保护装置的跳闸回路应与断路器的两个跳闸线圈分别一一对应”，为此保护 CSC-103 跳 5031 和 5032 断路器时，启动 5031 和 5032 断路器的第一组跳闸线圈。

1. CSC-103 保护跳 5031 断路器回路 1

CSC-103 保护跳 5031 断路器回路 1 如图 6-49 所示。

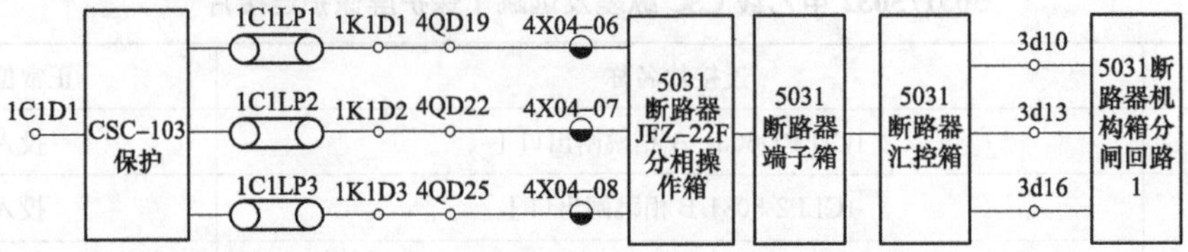


图 6-49　CSC-103 保护跳 5031 断路器回路 1

1C1LP1—5031A 相跳闸出口Ⅰ；1C1LP2—5031B 相跳闸出口Ⅰ；1C1LP3—5031C 相跳闸出口Ⅰ

详细分闸回路见图 6-13 JFZ-22F 分相操作箱和图 6-5 550PM63-40 型断路器分闸回路 1。

2. CSC-103 保护跳 5032 断路器回路 1

CSC-103 保护跳 5032 断路器回路 1 如图 6-50 所示。

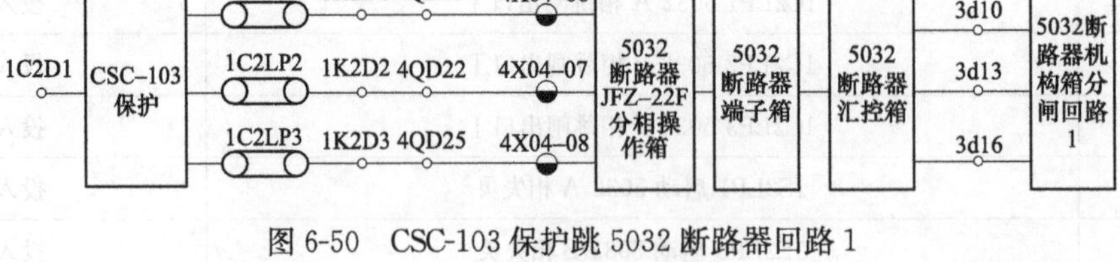


图 6-50　CSC-103 保护跳 5032 断路器回路 1

1C2LP1—5032A 相跳闸出口Ⅰ；1C2LP2—5032B 相跳闸出口Ⅰ；1C2LP3—5032C 相跳闸出口Ⅰ

详细分闸回路见图 6-13JFZ-22F 分相操作箱和图 6-5 550PM63-40 型断路器分闸回路 1。

## 三、CSC-125 保护跳 5031 和 5032 断路器回路

CSC-125 过电压及远跳保护跳 5031 和 5032 断路器回路，线路在过电压的情况下 CSC-125 保护使 5031 和 5032 断路器三跳，同样 CSC-125 保护收到对方的远跳命令后，在就地判据条

件满足时，也使 5031 和 5032 断路器三跳。此外，本侧线路过电压会通过 CSC-103 保护发过电压远跳命令，对侧收到本站发来的远跳命令同样会使对侧的两断路器三跳。在 CSC-125 过电压或收远跳跳 5031、5032 断路器时，接通断路器的第一组跳闸线圈，并闭锁断路器的重合闸。

1. CSC-125 过电压或收远跳跳 5031 断路器回路 1

CSC-125 过电压或收远跳跳 5031 断路器回路 1 如图 6-51 所示。

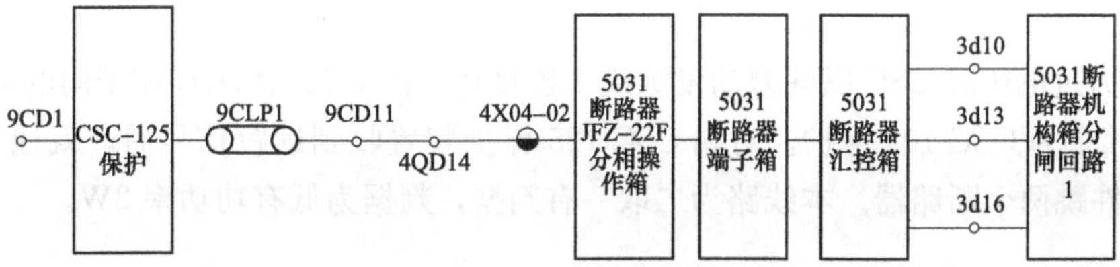


图 6-51　CSC-125 过电压或收远跳跳 5031 断路器回路 1

9CLP1 为过电压及远跳 1 跳 5031 出口 I，CSC-125 过电压或收远跳跳 5031 断路器命令接到 JFZ-22F 分相操作箱 4X04-02 端子上，详细三相跳闸回路见 JFZ-22F 分相操作箱第二组跳闸线圈中发变永跳启动失灵三相跳闸回路、图 6-13 JFZ-22F 分相操作箱和图 6-5 550PM63-40 型断路器分闸回路 1。

2. CSC-125 过电压或收远跳跳 5032 断路器回路 1

CSC-125 过电压或收远跳跳 5032 断路器回路 1 如图 6-52 所示。

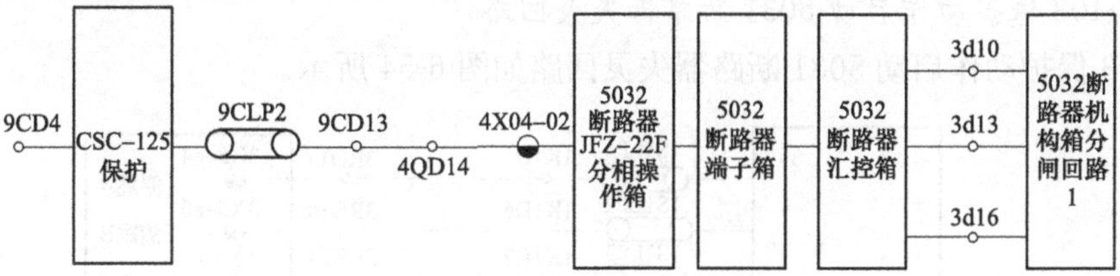


图 6-52　CSC-125 过电压或收远跳跳 5032 断路器回路 1

9CLP2 为过电压及远跳 1 跳 5032 出口 I，CSC-125 过电压或收远跳跳 5032 断路器命令接到 JFZ-22F 分相操作箱 4X04-02 端子上，详细三相跳闸回路见图 6-12 JFZ-22F 分相操作箱第二组跳闸线圈中发变永跳启动失灵三相跳闸回路、图 6-13 JFZ-22F 分相操作箱和图 6-5 550PM63-40 型断路器分闸回路 1。

3. 线路本侧过电压后 CSC-125 过电压经 CSC-103 发远跳回路

《继电保护和安全自动装置技术规程》（GB/T 14285—2006）规定，一般情况下 220～500kV 线路，在下列故障应传送跳闸命令，使相关线路对侧断路器跳闸切除故障：①一个半断路器接线的断路器失灵保护动作；②线路过电压保护动作；③高压侧无断路器的线路并联电抗器保护动作。第一种情况在分析 CSC-121A 断路器失灵保护中已经介绍，第二种就是过电压发远跳，第三种情况将在第七节分析线路电抗器保护时介绍。

当线路本侧过电压时，CSC-125 保护会将过电压信号发送到 CSC-103 保护内部，然后 CSC-103 保护会将过电压远跳信号发送到对侧，同样对侧收到该信号后，断路器三跳。CSC-

125 保护过电压发信与 CSC-103 保护收到远传命令弱电开入回路如图 6-53 所示。

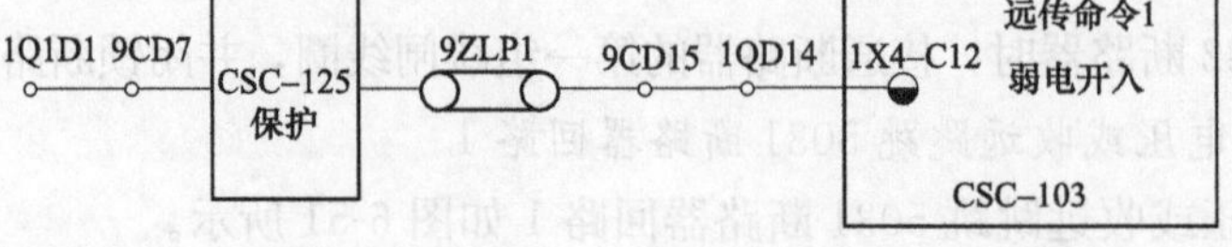


图 6-53　CSC-125 保护过电压发信与 CSC-103 保护收到远传命令弱电开入回路

9ZLP1 为过电压经 CSC 纵联差动发远跳 1 连接片，图 6-53 中 9CD 端子间的部分为 CSC-125 保护，其余为 CSC-103 保护。对端 CSC-125 保护装置收到远跳信号后，就地判据进行判断，满足条件跳两个断路器。本线路为二取一有判据，判据为低有功功率 2W。

## 四、CSC-103 保护及 CSC-125 保护动作启动 5031 和 5032 断路器失灵回路

CSC-103 保护动作跳 5031 和 5032 断路器的同时，启动 5031 和 5032 断路器的失灵，此失灵开入到 5031 和 5032 各自的断路器保护屏 CSC-121A 内部 3X5-04、3X5-06、3X5-08 端子上。与此同时 CSC-121A 内部开始判断断路器是否失灵，若没有失灵，则失灵保护启动回路返回。若断路器失灵了，则失灵保护动作出口瞬跳单相或者三相，延时跳本断路器三相，再延时跳相邻断路器或启动 500kV 母线失灵保护，或者发远跳命令跳开对侧的断路器。此处只讲到 CSC-103 和 CSC-125 保护给 CSC-121A 保护启动失灵一个弱电开入量。若断路器失灵，其跳闸回路已经在 CSC-121A 保护中详细讲述过。

1. CSC-103 保护动作启动 5031 断路器失灵回路

CSC-103 保护动作启动 5031 断路器失灵回路如图 6-54 所示。

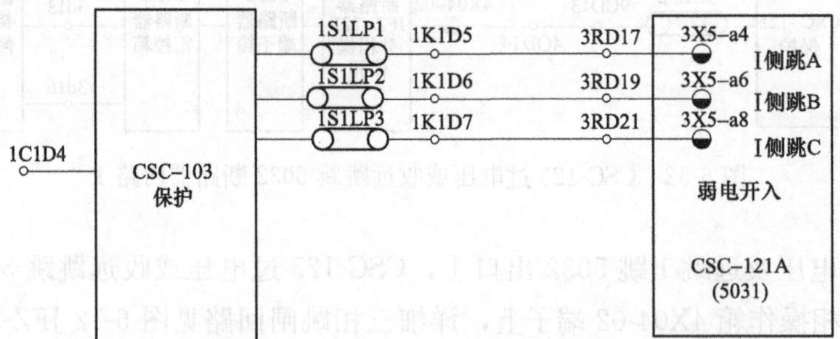


图 6-54　CSC-103 保护动作启动 5031 断路器失灵回路

1S1LP1—启动 5031A 相失灵连接片；1S1LP2—启动 5031B 相失灵连接片；1S1LP3—启动 5031C 相失灵连接片

图 6-54 中三个连接片为 CSC-103 保护中 5031 断路器分相启动失灵保护连接片。

2. CSC-103 保护动作启动 5032 断路器失灵回路

CSC-103 保护动作启动 5032 断路器失灵回路如图 6-55 所示。

图 6-55 中三个连接片为 CSC-103 保护中 5032 断路器分相启动失灵保护连接片。

3. CSC-125 保护跳 5031 和 5032 断路器及 5031 和 5032 断路器启失灵回路

CSC-125 保护动作跳 5031 和 5032 断路器，启动 5031 和 5032 断路器失灵已在断路器

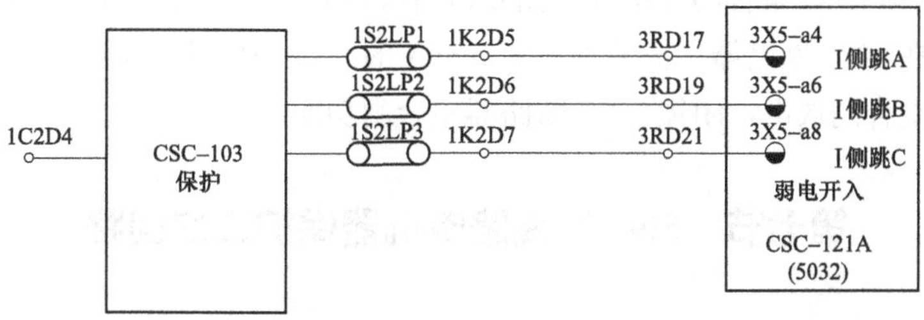


图 6-55　CSC-103 保护动作启动 5032 断路器失灵回路

1S2LP1—启动 5032A 相失灵连接片；1S2LP2—启动 5032B 相失灵连接片；

1S2LP3—启动 5032C 相失灵连接片

JFZ-22F 分相操作箱永跳回路中讲述。

## 五、闭锁重合闸回路

断路器闭锁重合闸的原因有很多，本部分只分析 CSC-103 和 CSC-125 保护动作跳断路器，又因该保护不允许断路器重合时，此回路在此起作用，向断路器 CSC-121A 保护屏输入一个弱电开关量信号，CSC-121A 保护收到信号后，使重合闸放电，闭锁了重合闸。

1. 保护闭锁 5031 断路器重合闸回路

保护闭锁 5031 断路器重合闸回路如图 6-56 所示。

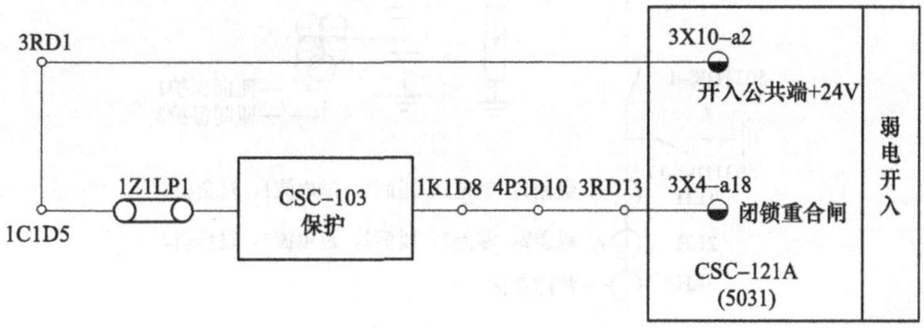


图 6-56　保护闭锁 5031 断路器重合闸回路

1Z1LP1 为闭锁 5031 重合闸连接片，图 6-56 中 CSC-103 保护代表 CSC-103 和 CSC-125 组成的整个保护。在 5031 断路器保护装置 CSC-121A 的 3X4-a18 端子收到闭锁重合闸弱电开入信号后，马上使重合闸放电，闭锁 5031 断路器重合闸功能。

2. 保护闭锁 5032 断路器重合闸回路

保护闭锁 5032 断路器重合闸回路如图 6-57 所示。

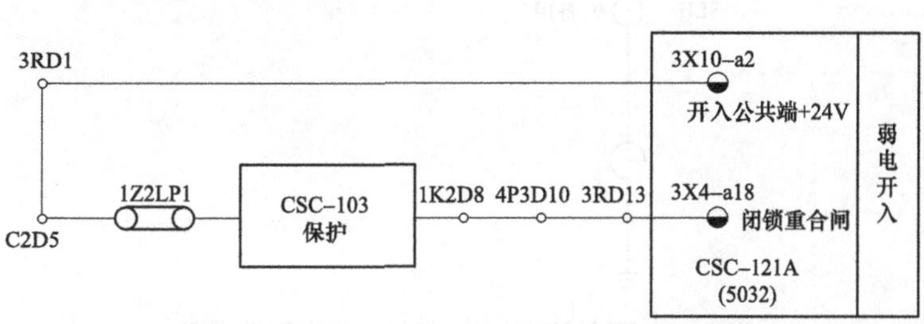


图 6-57　保护闭锁 5032 断路器重合闸回路

1Z2LP1 为闭锁 5032 重合闸连接片，图 6-57 中 CSC-103 保护代表 CSC-103 和 CSC-125 组成的整个保护。在 5031 断路器保护装置 CSC-121A 的 3X4-a18 端子收到闭锁重合闸弱电开入信号后，马上使重合闸放电，闭锁 5032 断路器重合闸功能。

## 第七节 500kV 线路电抗器保护二次回路

500kV 甲乙线路装设高抗，该电抗器型号为 BKD-50000/500，生产厂家为西安西电变压器有限公司。电抗器保护型号为 WDK-600，共设两套；还配用一套非电量保护，型号为 FST-BT。

WDK-600 保护配有分相差动、零序差动、匝间保护、过电流和过负荷保护。非电量保护 FST-BT 配有本体和有载重瓦斯跳闸，轻瓦斯、油温高、油位高、绕组温度高告警等保护功能。

### 一、WDK-600 保护电流电压取量回路

《继电保护和安全自动装置技术规程》（GB/T 14285—2006）中规定“220～500kV 并联电抗器，除非电量保护，保护应双重化配置”。本线路配置两套 WDK-600 保护，一套 FST-BT 非电量保护。两套 WDK-600 保护电流电压取量图如图 6-58 所示。

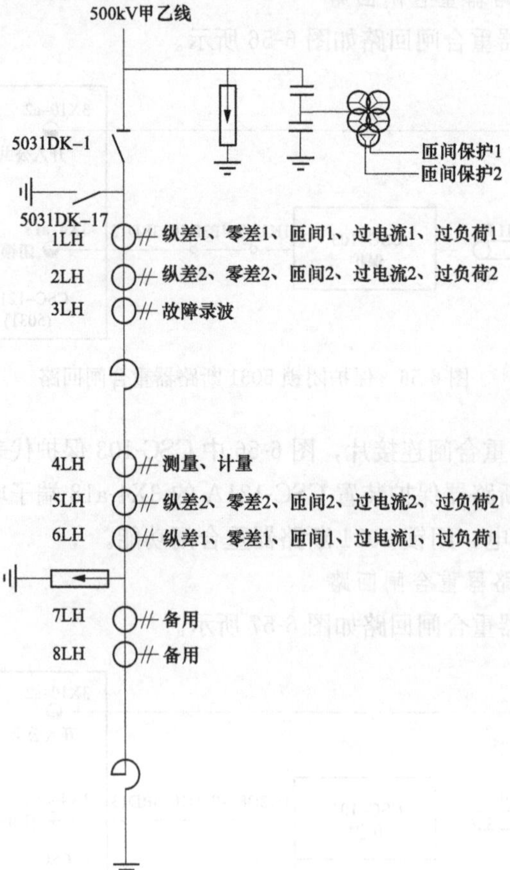


图 6-58 两套 WDK-600 保护电流电压取量图

1. WDK-600 保护电流取量回路

WDK-600 保护所用电流均来自主电抗器两侧套管电流互感器，其原理图如图 6-59 所示。

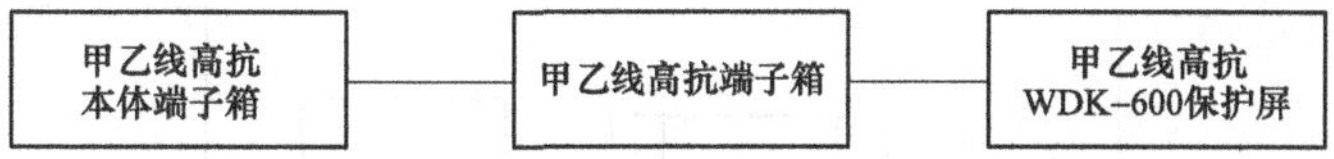


图 6-59　WDK-600 保护电流取量原理图

WDK-600 保护电流从电抗器本体套管电流互感器二次接线端子接到高抗本体端子箱内部，然后通过电缆接到线路高抗端子箱内部，最后通过电缆接到高抗 WDK-600 两套保护屏中。

以上原理图的接线图如图 6-60 所示。

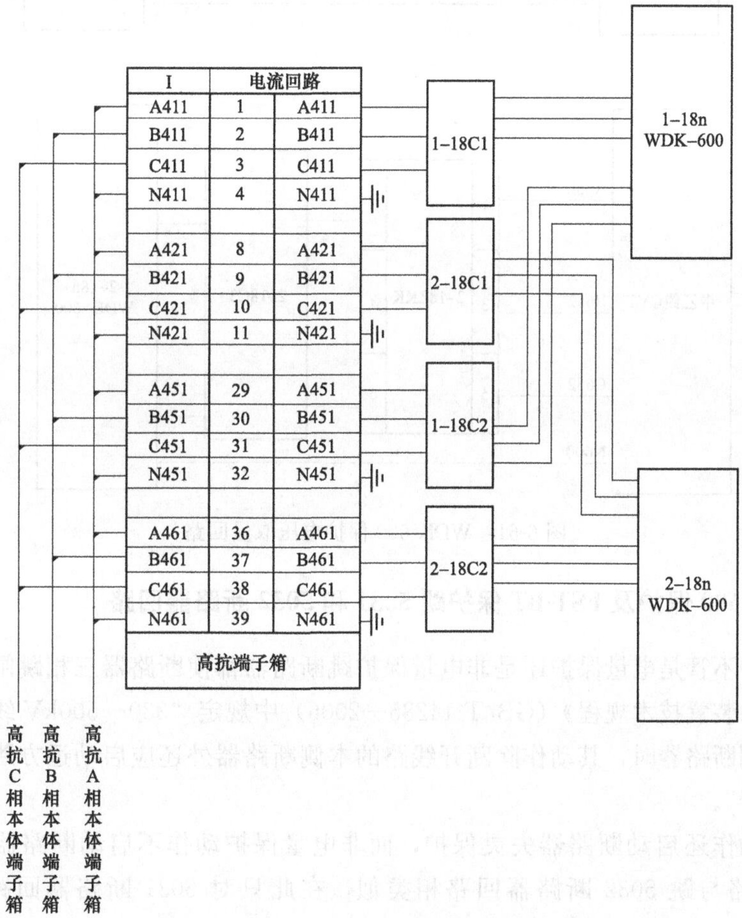


图 6-60　WDK-600 保护电流取量接线示意图

图 6-60 中，1-18C1、1-18C2、2-18C1、2-18C2 都是 WDK-600 保护装置内部电力变换元件。

2. WDK-600 保护电压取量回路

WDK-600 保护取用电压量来自线路电压互感器，WDK-600 保护 1 所用的电压取量与 CSC-103 电压取量取自于同一个电压，WDK-600 保护 2 所用电压取量与 RCS-931 保护电压取量也取自于同一个电压。WDK-600 保护电压取量回路如图 6-61 所示，图中，1-18ZKK 和 2-18ZKK 分别是保护 1 和保护 2 电压空气开关。

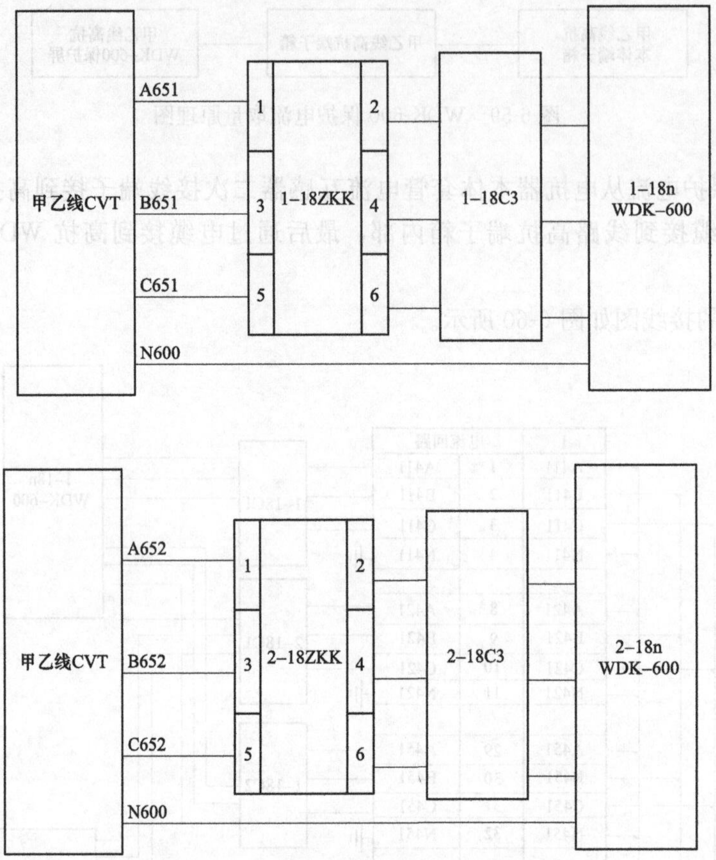


图 6-61　WDK-600 保护电压取量回路

## 二、WDK-600 保护及 FST-BT 保护跳 5031 和 5032 断路器回路

电抗器保护不管是电量保护还是非电量保护跳断路器都使断路器三相跳闸，而且《继电保护和安全自动装置技术规程》（GB/T 14285—2006）中规定“330～500kV 线路并联电抗器的保护在无专用断路器时，其动作除断开线路的本侧断路器外还应启动远方跳闸装置，断开线路对侧断路器”。

电量保护动作还启动断路器失灵保护，而非电量保护动作不启动断路器失灵保护，跳 5031 断路器回路与跳 5032 断路器回路相类似，在此只对 5031 断路器回路做详细说明。500kV 5031DK 电抗器、RCS 电抗器保护屏保护连接片见表 6-5。

表 6-5　　500kV 5031DK 电抗器、RCS 电抗器保护屏保护连接片

| 序号 | 连接片名称 | 正常位置 |
|---|---|---|
| 1 | 1-18LP8 保护 1 跳 5031 出口Ⅰ | 投入 |
| 2 | 1-18LP9 保护 1 跳 5031 出口Ⅱ | 投入 |
| 3 | 1-18LP10 保护 1 跳 5032 出口Ⅰ | 投入 |

续表

| 序号 | 连接片名称 | 正常位置 |
|---|---|---|
| 4 | 1-18LP11 保护 1 跳 5032 出口Ⅱ | 投入 |
| 5 | 1-18LP16 保护 1 经线路 CSC-103A 发远跳 | 投入 |
| 6 | 1-18LP17 保护 1 经线路 RCS-931 发远跳 | 投入 |
| 7 | 2-18LP8 保护 2 跳 5031 出口Ⅰ | 投入 |
| 8 | 2-18LP9 保护 2 跳 5031 出口Ⅱ | 投入 |
| 9 | 2-18LP10 保护 2 跳 5032 出口Ⅰ | 投入 |
| 10 | 2-18LP11 保护 2 跳 5032 出口Ⅱ | 投入 |
| 11 | 2-18LP16 保护 2 经线路 CSC-103A 发远跳 | 投入 |
| 12 | 2-18LP17 保护 2 经线路 RCS-931 发远跳 | 投入 |
| 13 | 3CLP1 差动保护 1 及匝间保护 1 | 投入 |
| 16 | 3CLP2 后备保护 1 | 投入 |
| 17 | 3CLP3 差动保护 1 线路 YH 退出 | 退出 |
| 18 | 3CLP4 差动保护 1 投检修状态 | 退出 |
| 19 | 3CLP5 差动保护 2 及匝间保护 2 | 投入 |
| 20 | 3CLP6 后备保护 2 | 投入 |
| 21 | 3CLP7 差动保护 2 线路 YH 退出 | 退出 |
| 22 | 3CLP8 差动保护 2 投检修状态 | 退出 |
| 23 | 12LP6 非电量跳 5031 出口Ⅰ | 投入 |
| 24 | 12LP7 非电量跳 5031 出口Ⅱ | 投入 |
| 25 | 12LP8 非电量跳 5032 出口Ⅰ | 投入 |
| 26 | 12LP9 非电量跳 5032 出口Ⅱ | 投入 |
| 27 | 12LP12 非电量经线路 CSC-103A 发远跳 | 投入 |
| 28 | 12LP13 非电量经线路 RCS-931 发远跳 | 投入 |
| 29 | 4SLP1 5031 三跳启动失灵 | 投入 |
| 30 | 4SLP2 5031 永跳启动失灵 | 投入 |
| 31 | 4SLP3 5032 三跳启动失灵 | 投入 |
| 32 | 4SLP4 5032 永跳启动失灵 | 投入 |
| 33 | 4LP8 非电量延时投入 | 退出 |
| 34 | 4LP9 RCS-974 投检修状态 | 退出 |
| 35 | 5LP1 主抗重瓦斯启动跳闸 | 投入 |
| 36 | 5LP2 小抗重瓦斯启动跳闸 | 投入 |
| 37 | 5LP3 主抗压力释放启动跳闸 | 退出 |
| 38 | 5LP4 小抗压力释放启动跳闸 | 退出 |
| 39 | 5LP5 主抗油温高启动跳闸 | 退出 |
| 40 | 5LP6 小抗油温高启动跳闸 | 退出 |
| 41 | 5LP7 主抗绕组过温启动跳闸 | 退出 |
| 42 | 5LP8 小抗绕组过温启动跳闸 | 退出 |

1. WDK-600 保护 1 和保护 2 及 FST-BT 保护跳 5031 断路器回路 1

WDK-600 保护 1 和保护 2 及 FST-BT 保护跳 5031 断路器时，一般对 5031 断路器的 2 个跳闸线圈同时发出跳闸命令。在之后的设计中 WDK-600 保护 1 只跳线路上两个断路器的第一组跳闸线圈，WDK-600 保护 2 只跳线路上两个断路器的第二组跳闸线圈，真正实现保护回路双重化和独立化。

(1) WDK-600 保护 1 和保护 2 跳 5031 断路器回路 1。WDK-600 保护 1 和保护 2 跳 5031 断路器回路 1 如图 6-62 所示。

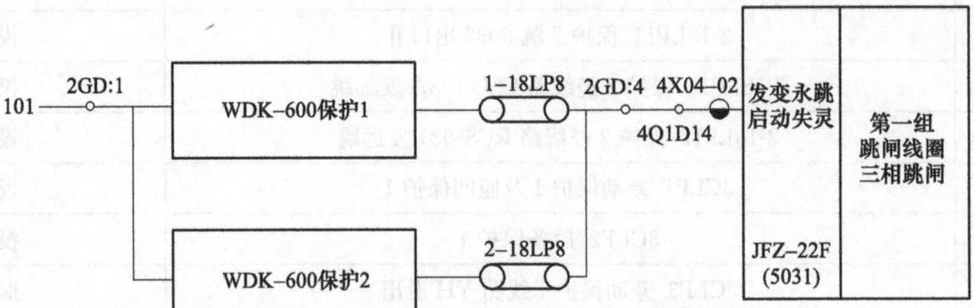


图 6-62　WDK-600 保护 1 和保护 2 跳 5031 断路器回路 1

1-18LP8—保护 1 跳 5031 出口Ⅰ连接片；2-18LP8—保护 2 跳 5031 出口Ⅰ连接片

跳闸命令接到 5031 断路器图 6-12 JFZ-22F 分相操作箱的 4X04-02 端子上，详细跳闸回路见图 6-13 JFZ-22F 操作箱第一组跳闸回路和 500kV 断路器图 6-5 550PM63-40 型跳闸 1 回路图。

(2) FST-BT 保护跳 5031 断路器回路 1。《防止电力生产事故的二十五项重点要求及编制释义》中规定“变压器、电抗器宜配置单套非电量保护，应同时作用于断路器的两个跳闸线圈”。FST-BT 保护跳 5031 断路器回路 1 如图 6-63 所示。

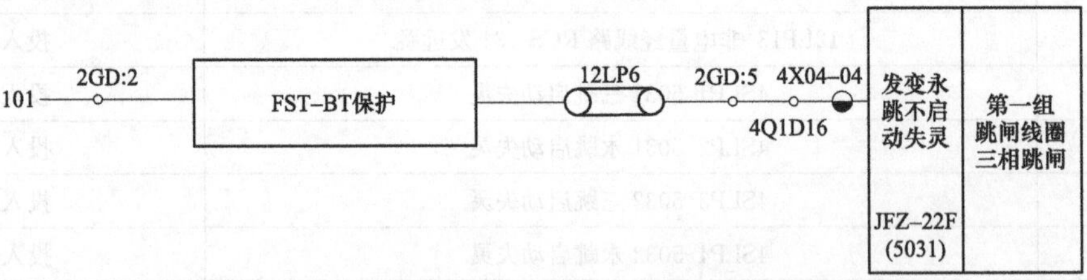


图 6-63　FST-BT 保护跳 5031 断路器回路 1

12LP6 为非电量跳 5031 出口Ⅰ连接片，跳闸命令接到 5031 断路器图 6-12 JFZ-22F 分相操作箱的 4X04-04 第一组跳闸线圈非电量三相跳闸端子上，详细跳闸回路见图 6-13 JFZ-22F 操作箱第一组跳闸回路 1 和图 6-5 500kV 断路器 550PM63-40 型跳闸 1 回路。

2. WDK-600 保护 1 和保护 2 及 FST-BT 保护跳 5031 断路器回路 2

(1) WDK-600 保护 1 和保护 2 跳 5031 断路器回路 2。WDK-600 保护 1 和保护 2 跳 5031 断路器回路 2 如图 6-64 所示。

1-18LP9 为保护 1 跳 5031 出口Ⅱ连接片，2-18LP9 为保护 2 跳 5031 出口Ⅱ连接片。跳闸命令接到图 6-125031 断路器图 6-12 JFZ-22F 分相操作箱的 4X05-02 端子上，详细跳闸回路见

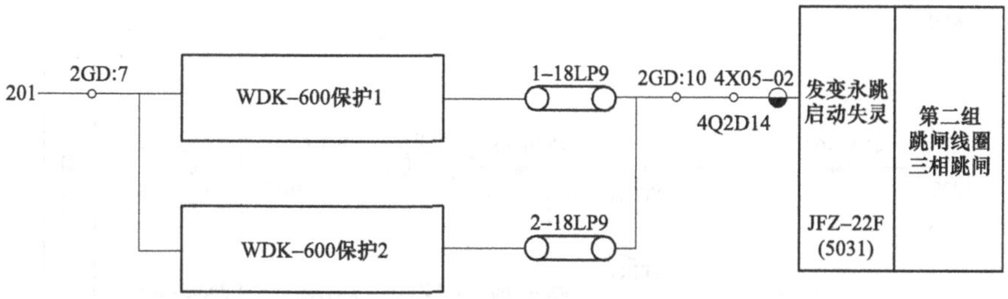


图 6-64　WDK-600 保护 1 和保护 2 跳 5031 断路器回路 2

图 6-14JFZ-22F 操作箱原理图三相永跳回路 2 和图 6-6 500kV 断路器 550PM63-40 型跳闸回路 2。

（2）FST-BT 保护跳 5031 断路器回路 2。FST-BT 保护跳 5031 断路器回路 2 如图 6-65 所示。

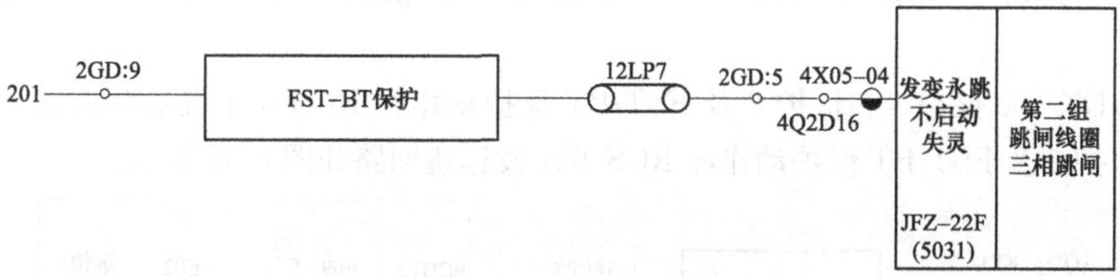


图 6-65　FST-BT 保护跳 5031 断路器回路 2

12LP7 为非电量跳 5031 出口Ⅱ连接片，跳闸命令接到图 6-12 5031 断路器 JFZ-22F 分相操作箱的 4X5-04 第二组跳闸线圈非电量三相跳闸端子上，详细跳闸回路见图 6-14 JFZ-22F 操作箱第二组跳闸回路 2 和图 6-6 500kV 断路器 550PM63-40 型跳闸回路 2。

3. WDK-600 保护 1 和保护 2 启动 5031 和 5032 断路器失灵回路

《防止电力生产事故的二十五项重点要求及编制释义》中规定“非电量保护动作后不能随故障消失而立即返回的保护（只能靠手动复位或延时返回）不应启动失灵保护”，所以电抗器的非电量保护 FST-BT 不启动断路器失灵保护，本部分分析电量保护 WDK-600 启动失灵保护回路。

WDK-600 保护跳 5031 和 5032 断路器时，使 5031 和 5032 断路器保护屏 CSC-121 内 JFZ-22F 分相操作箱内部的 1TJR1、1TJR2、1TJR3、1TJR4、1TJR5 及 2TJR1、2TJR2、2TJR3、2TJR4、2TJR5 永跳继电器励磁，接通了 JFZ-22F 分相操作箱三跳启动失灵回路，其回路如图 6-66 所示。以 5031 启动失灵为例，5032 和 5031 相类似。

4SLP1 为 5031 三跳启动失灵连接片，4SLP2 为 5031 永跳启动失灵连接片。1TJQ1 和 2TJQ1 两动合触点在 5031 投入充电保护后，若充电过程中遇故障，需跳开 5031 断路器时闭合，即充电保护三跳启动失灵，此失灵启动回路也是通过 JFZ-22F 分相操作箱给 CSC-121A 保护以弱电开入。

4. WDK-600 保护 1 和保护 2 及 FST-BT 保护启动远跳回路

电抗器故障时，WDK-600 保护及 FST-BT 保护一般会通过线路的两套主保护 RCS 纵差

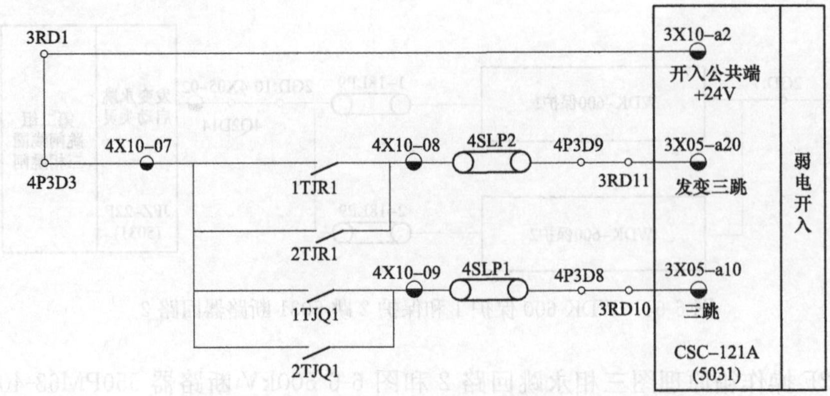


图 6-66 JFZ-22F 分相操作箱三跳启动失灵回路

保护和 CSC 纵差保护发远跳命令，跳开对侧的断路器。在之后的设计中 WDK-600 保护 1 只经 CSC-103 发远跳，WDK-600 保护 2 只经 RCS-931 发远跳，真正实现远跳回路双重化和独立化。

（1）WDK-600 保护 1 和保护 2 及 FST-BT 保护动作经 RCS-931 发远跳回路。WDK-600 保护 1 和保护 2 及 FST-BT 保护动作经 RCS-931 发远跳回路如图 6-67 所示。

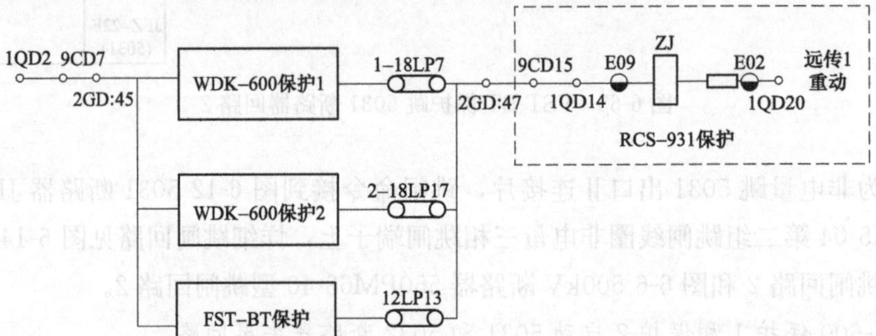


图 6-67 WDK-600 保护 1 和保护 2 及 FST-BT 保护动作经 RCS-931 发远跳回路

图 6-67 中，1-18LP17 为保护 1 经线路 RCS-931 发远跳连接片，2-18LP17 为保护 2 经线路 RCS-931 发远跳连接片，12LP13 为非电量经线路 RCS-931 发远跳连接片。ZJ 为中间继电器，ZJ 继电器动作后，ZJ 动合触点闭合，RCS-931 保护收到远传 1 弱电开入，其回路如图 6-68 所示。

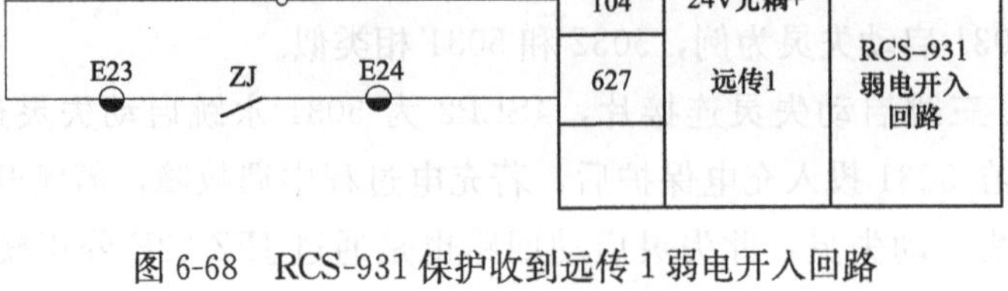


图 6-68 RCS-931 保护收到远传 1 弱电开入回路

本侧 RCS-931 保护收到远传信号后，通过光纤通道向对侧的对应保护发去远跳命令。对侧 RCS-925 保护装置收到远跳信号，在就地判据满足条件的情况下，跳线路对侧的两个断路器。

（2）WDK-600保护1和保护2及FST-BT保护动作经CSC-103发远跳回路。WDK-600保护1和保护2及FST-BT保护动作经CSC-103发远跳回路如图6-69所示。

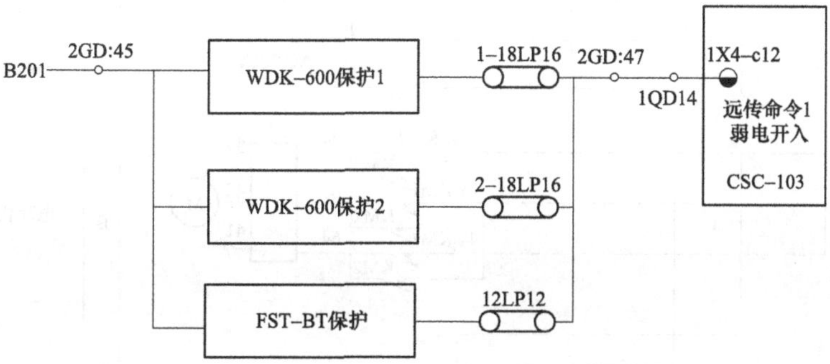


图6-69 WDK-600保护1和保护2及FST-BT保护动作经CSC-103发远跳回路

图6-69中，1-18LP16为保护1经线路CSC-103A发远跳连接片，2-18LP16为保护2经线路CSC-103A发远跳连接片，12LP12为非电量经线路CSC-103A发远跳连接片。本侧CSC-103保护收到远传信号后，通过光纤通道向对侧的对应保护发去远跳命令。对侧CSC-125保护装置收到远跳信号，在就地判据满足条件的情况下，跳线路对侧的两个断路器。

## 第八节 500kV隔离开关控制回路

该站500kV隔离开关厂家为新东北电气（沈阳）高压开关有限公司，其型号分别为GW12A-550DW，配有的操动机构为CJ2A-XG，这种操动机构二次控制回路图如图6-70所示。

### 一、三相远方合闸回路

操作隔离开关之前，对应的断路器和接地开关均在断开位置，所以QG和DL的动断触点闭合。SB3急停按钮动断触点在接通位置，电动机热继电器没有动作，所以KR动断触点接通，SL3手动电动闭锁触点接通。将SBT1单相/三相切换把手切至远方位置，此时SBT1的55、52、54触点接通隔离开关A、B、C三相分合闸回路。SBT2远方/就地切换把手切至远方位置，隔离开关B相机构箱内的SBT2动合触点闭合。

1. B相合闸回路

K2(71)→QG→DL→SB(合闸遥控接通)→远方SBT2(1↔80接通)→SB(合闸遥控接通)→三相SBT1(52接通)→KM1(合闸接触器)→KM2(分闸接触器动断触点)→SL1(6↔7接通)→SL3(动断触点接通)→KR(动断触点接通)→SB3(动断触点接通)→K2(61)。

KM1合闸接触器励磁后，合闸回路中的KM1动合触点闭合，实现合闸回路的自保持。电动机回路中的KM1动合触点闭合，电动机M带动隔离开关合闸。电动机回路如下：

交流380V电源→KK合位(46↔60)、(45↔59)、(44↔58)三触点接通→KM1三动合触点闭合→KR→M。

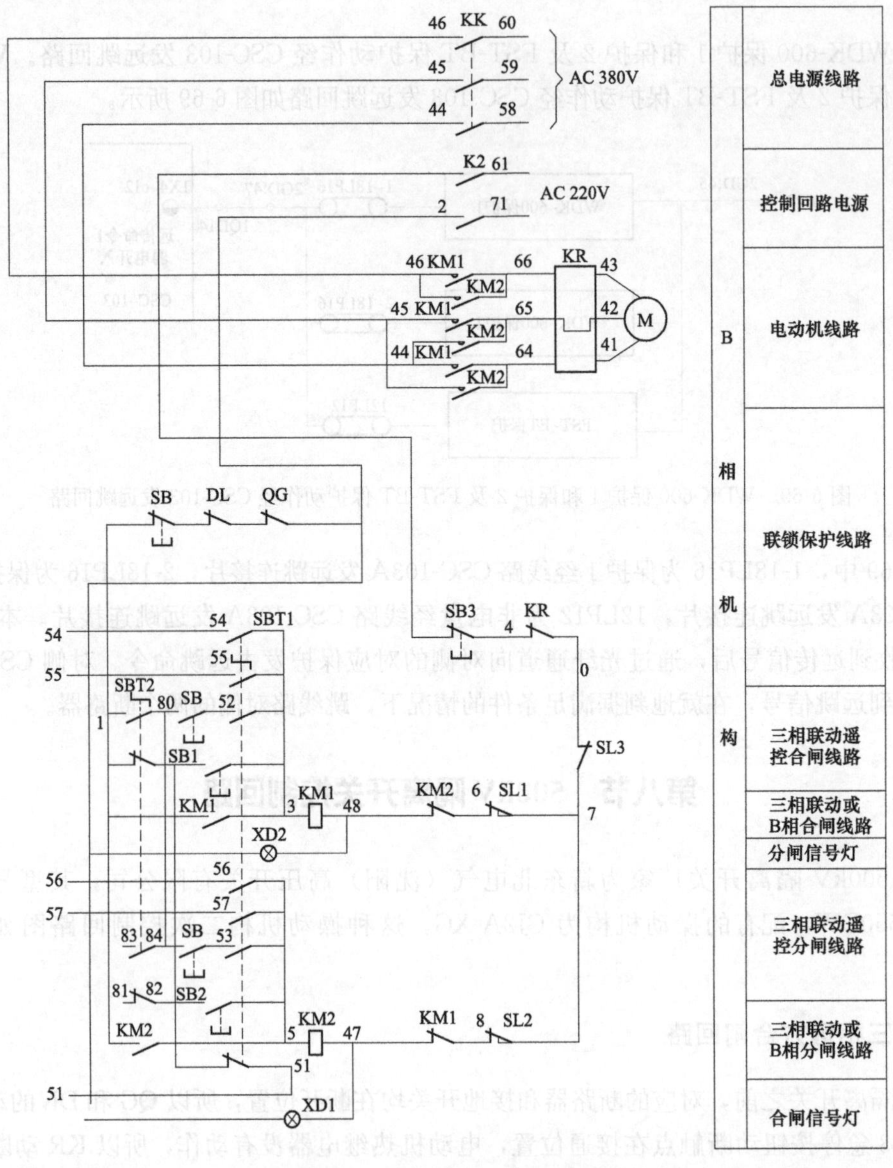


图 6-70　CJ2A-XG 二次控制回路图

K2—B 相机构箱内交流控制电源开关；KK—B 相机构箱内电动机电源开关；KR—交流电动机的热继电器；SB—遥控命令；QG—接地开关辅助触点；DL—断路器辅助触点；M—交流电动机；KM1—合闸接触器；SL3—手动电动闭锁触点；KM2—分闸接触器；SBT1—单相/三相切换把手；SBT2—远方/就地切换把手；SL2—分闸终端分断触点；SB1—合闸按钮；SB2—分闸按钮；SB3—急停按钮；SL1—合闸终端分断触点

2. A、C 相合闸回路

A 相合闸回路同 C 相合闸回路，下面以 A 相为例：K2（71）→三相 SBT1(55 接通)→KM1(A 相合闸接触器)→KM2（A 相分闸接触器动断触点）→SL1（A 相 6↔7 接通）→SL3（A 相动断触点接通）→KR(A 相动断触点接通)→SB3（A 相动断触点接通)→K2（61)。

A 相 KM1 合闸接触器励磁后，合闸回路中的 KM1 动合触点闭合，实现合闸回路的自保持。电动机回路中的 KM1 动合触点闭合，A 相电动机 M 带动隔离开关合闸。电动机回路如下：

交流 380V 电源→KK 合位(46↔60)、(45↔59)、(44↔58)三触点接通→KM1 三动合触点闭合→KR→M。

## 二、三相远方分闸回路

操作隔离开关之前，对应的断路器和接地开关均在断开位置，所以 QG 和 DL 的动断触点闭合。SB3 急停按钮动断触点在接通位置，电动机热继电器没有动作，所以 KR 动断触点接通，SL3 手动电动闭锁触点接通。将 SBT1 单相/三相切换把手切至远方位置，此时 SBT1 的 57、53、56 触点接通隔离开关 A、B、C 三相分闸回路。SBT2 远方/就地切换把手切至远方位置，隔离开关 B 相机构箱内的 SBT2 动合触点闭合。具体三相远方分闸回路如下：

1. B 相分闸回路

K2(71)→QG→DL→SB（分闸遥控接通）→远方 SBT2(83↔84 接通)→SB（分闸遥控接通)→三相 SBT1(53 接通)→KM2(分闸接触器)→KM1(合闸接触器动断触点)→SL2(动断触点接通)→SL3(动断触点接通)→KR(动断触点接通)→SB3(动断触点接通)→K2（61)。

KM2 分闸接触器励磁后，分闸回路中的 KM2 动合触点闭合，实现分闸回路自保持。电动机回路中的 KM2 动合触点闭合，电动机 M 带动隔离开关分闸。电动机回路如下：

交流 380V 电源→KK 合位(46↔60)、(45↔59)、(44↔58)三触点接通→KM2 三动合触点闭合→KR→M。

2. A 相分闸回路

A 相分闸回路同 C 相分闸回路，下面以 A 相为例：K2（71)→三相 SBT1(57 接通)→KM2(A 相分闸接触器)→KM1(A 相合闸接触器动断触点)→SL2（A 相动断接通)→SL3（A 相动断触点接通)→KR(A 相动断触点接通)→SB3（A 相动断触点接通)→K2（61)。

A 相 KM2 分闸接触器励磁后，分闸回路中的 KM2 动合触点闭合，实现分闸回路自保持。电动机回路中的 KM2 动合触点闭合，电动机 M 带动隔离开关分闸。电动机回路如下：

交流 380V 电源→KK 合位(46↔60)、(45↔59)、(44↔58)三触点接通→KM2 三动合触点闭合→KR→M。

## 三、单相就地合闸回路

操作隔离开关之前，对应的断路器和接地开关均在断开位置，所以 QG 和 DL 的动断触点闭合。SB3 急停按钮动断触点在接通位置，电动机热继电器没有动作，所以 KR 动断触点接通，SL3 手动电动闭锁触点接通。将 SBT1 单相/三相切换把手切至单相位置，此时 SBT1 的 55、52、54 触点断开。SBT2 远方/就地切换把手切至就地位置，隔离开关 B 相机构箱内的 SBT2 动断触点闭合。此时只能在 A、B、C 各相机构箱内实现隔离开关的分相合闸操作。

1. B 相合闸回路

K2(71)→QG→DL→SB（合闸遥控接通）→就地 SBT2(动断触点接通)→SB1(合闸按钮接通）→KM1(合闸接触器)→KM2（分闸接触器动断触点)→SL1（6↔7 接通)→SL3(动断触点接通)→KR(动断触点接通)→SB3(动断触点接通)→K2(61)。

KM1 合闸接触器励磁后，合闸回路中的 KM1 动合触点闭合，实现合闸回路的自保持。

电动机回路中的 KM1 动合触点闭合，电动机 M 带动隔离开关合闸。电动机回路如下：

交流 380V 电源 →KK 合位(46 ↔60)、(45 ↔59)、(44 ↔58)三触点接通→KM1 三动合触点闭合→KR→M。

2. A、C 相合闸回路

A 相合闸回路同 C 相合闸回路，下面以 A 相为例：K2 (71)→QG→DL →就地 SBT2(动断触点接通)→单相 SBT1(51 接通)→SB1((A 相合闸按钮接通)→KM1(A 相合闸接触器)→KM2 (A 相分闸接触器动断触点)→SL1 (A 相 6↔7 接通)→SL3(A 相动断触点接通)→KR(A 相动断触点接通)→SB3 (A 相动断触点接通)→K2 (61)。

A 相 KM1 合闸接触器励磁后，合闸回路中的 KM1 动合触点闭合，实现合闸回路的自保持。电动机回路中的 KM1 动合触点闭合，A 相电动机 M 带动隔离开关合闸。电动机回路如下：

交流 380V 电源 →KK 合位(46 ↔60)、(45 ↔59)、(44 ↔58)三触点接通→KM1 三动合触点闭合→KR→M。

## 四、单相就地分闸回路

操作隔离开关之前，对应的断路器和接地开关均在断开位置，所以 QG 和 DL 的动断触点闭合。SB3 急停按钮动断触点在接通位置，电动机热继电器没有动作，所以 KR 动断触点接通，SL3 手动电动闭锁触点接通。将 SBT1 单相/三相切换把手切至单相位置，此时 SBT1 的 57、53、56 触点断开。SBT2 远方/就地切换把手切至就地位置，隔离开关 B 相机构箱内的 SBT2 动断触点闭合。此时只能在 A、B、C 各相机构箱内实现隔离开关的分相分闸操作。

1. B 相分闸回路

K2(71)→QG→DL→SB(分闸遥控接通)→就地 SBT2(动断触点接通)→SB2(分闸按钮接通)→KM2(分闸接触器)→KM1(合闸接触器动断触点)→SL2(动断触点接通)→SL3(动断触点接通)→KR(动断触点接通)→SB3(动断触点接通)→K2(61)。

KM2 分闸接触器励磁后，分闸回路中的 KM2 动合触点闭合，实现分闸回路自保持。电动机回路中的 KM2 动合触点闭合，电动机 M 带动隔离开关分闸。电动机回路如下：

交流 380V 电源 →KK 合位(46 ↔60)、(45 ↔59)、(44 ↔58)三触点接通→KM2 三动合触点闭合→KR→M。

2. A 相分闸回路

A 相分闸回路同 C 相分闸回路，下面以 A 相为例：K2(71)→QG→DL→SB(分闸遥控接通)→就地 SBT2(动断触点接通)→SB2(A 相分闸按钮接通)→KM2(A 相分闸接触器)→KM1(A 相合闸接触器动断触点)→SL2 (A 相动断接通)→SL3 (A 相动断触点接通)→KR(A 相动断触点接通)→SB3 (A 相动断触点接通)→K2 (61)。

A 相 KM2 分闸接触器励磁后，分闸回路中的 KM2 动合触点闭合，实现分闸回路自保持。电动机回路中的 KM2 动合触点闭合，电动机 M 带动隔离开关分闸。电动机回路如下：

交流 380V 电源 →KK 合位(46 ↔60)、(45 ↔59)、(44 ↔58)三触点接通→KM2 三动合触点闭合→KR→M。

# 第七章 500kV母线保护二次回路

本章主要对500kV母线保护二次回路进行分析。

《继电保护和安全自动装置技术规程》(GB/T 14285—2006)中规定“对于220～500kV母线，对于一个半断路器接线每组母线应装设两套母线保护”。500kV变电站500kV Ⅰ、Ⅱ段母线分别配有两套母差保护，分别是BP-2C和RCS-915E，这两套保护均具有差动和失灵功能。母差保护范围为500kV母线及连接在该母差保护用电流互感器之间的设备。失灵保护是当母线收到连接在该母线上的断路器的失灵动作信号时，经延时跳母线上的所有断路器。本章以500kV Ⅰ段母线为例。

## 一、BP-2C母线保护二次回路

### 1. BP-2C母线保护中的差动保护二次回路

(1) BP-2C母差保护电流取量回路图。500kV Ⅰ段母线上只连接5021、5031、5041三种断路器，所以BP-2C母差保护中所取电流量来自5021、5031、5041断路器套管电流互感器，BP-2C电流取量如图7-1所示，虚线框为母差保护范围。

《继电保护和安全自动装置技术规程》(GB/T 14285—2006)中规定“电流互感器的二次回路必须有且只能有一点接地，一般在端子箱经端子排接地。但对于有几组电流互感器链接在一起的保护装置，如母差保护、各种双断路器主接线的保护等，则应在保护屏上经端子排接地”，但是该站设计的500kV Ⅰ段母线保护BP-2C各电流回路的接地点在各自断路器端子箱中，如图7-2所示。

(2) BP-2C母差保护动作跳5021、5031和5041断路器回路图。根据十八项反措中规定的“两套保护装置的跳闸回路应与断路器的两个跳闸线圈分别一一对应”原则，有保护1即BP-2C跳对应断路器的第一组跳闸线圈。BP-2C保护动作跳5031断路器回路与跳5021断路器回路相类似，都接通断路器三相跳闸回路中的第一组跳闸线圈。以跳5031断路器回路为例，BP-2C母差保护动作跳5031断路器回路图如图7-3所示。

具体5031断路器跳闸回路见图6-12 JFZ-22F分相操作箱中的第一组永跳回路和图6-13中的第一组三跳回路以及图6-5 550PM63-40型断路器第一组分闸回路。

### 2. BP-2C母线保护中失灵保护回路

BP-2C母线保护收到5031(5021或5041)断路器的失灵弱电开入断路器量时，会使500kV Ⅰ段母线所有的断路器三跳。BP-2C必须同时收到5031(5021或5041)两个失灵弱电开入信号才会出口跳闸。因失灵与母差保护共用1个出口，其跳闸回路见图6-12 JFZ-22F分相操作箱中的第一组永跳回路和图6-13 JFZ-22F分相操作箱中的第一组三跳回路及图6-5

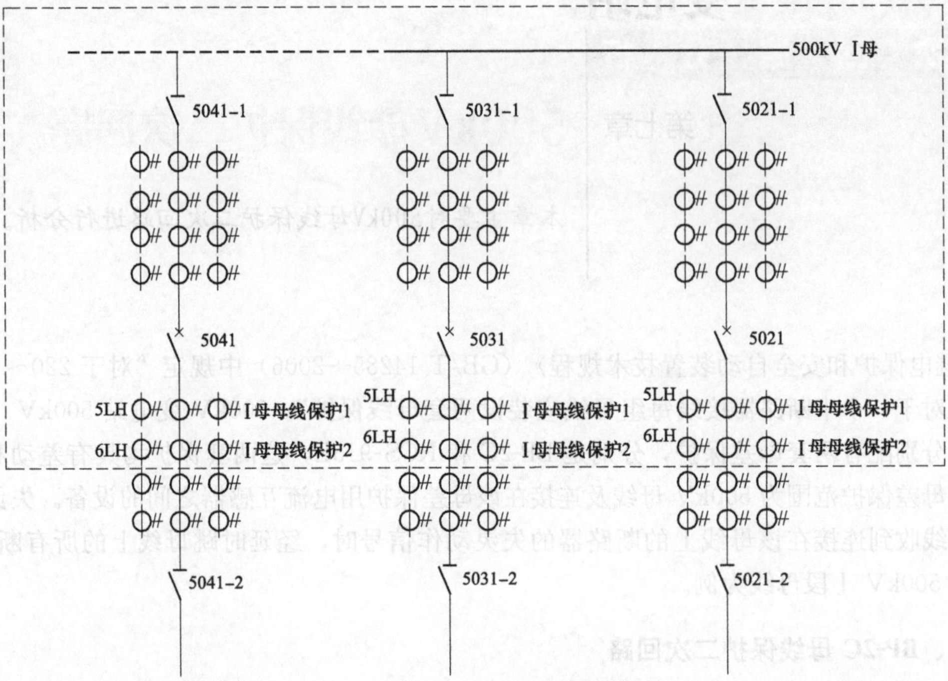


图 7-1　BP-2C 电流取量图

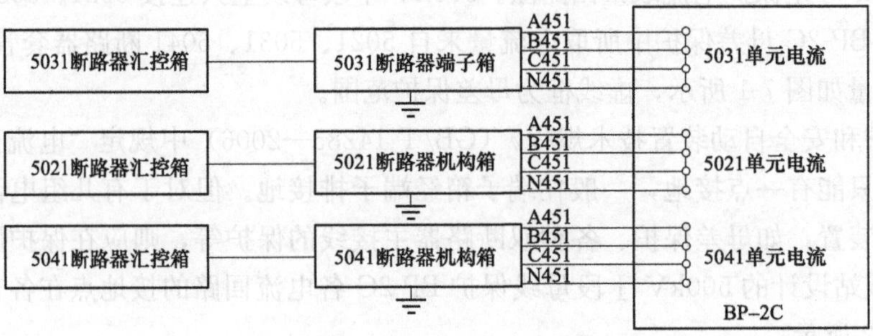


图 7-2　BP-2C 各电流回路接地点接线示意图

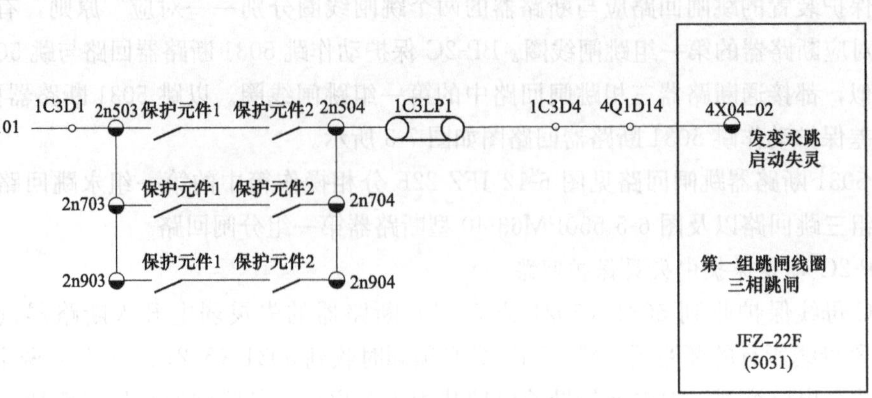


图 7-3　BP-2C 母差保护动作跳 5031 断路器回路图

550PM63-40 型断路器第一组分闸回路，不同的是 5031 失灵启动母线保护会跳 5021、5041 断路器。5031 断路器失灵启动 500kV Ⅰ段母线 BP-2C 母线保护回路如图 7-4 所示。

图 7-4 中，3CLP8 为 5031 失灵启动Ⅰ段母线 BP-2C 保护 1，3CLP9 为 5031 失灵启动Ⅰ段母线 BP-2C 保护 2。图中 3CD 端子内部为 CSC-121A 保护装置部分，其余为 BP-2C 母线保护部分。

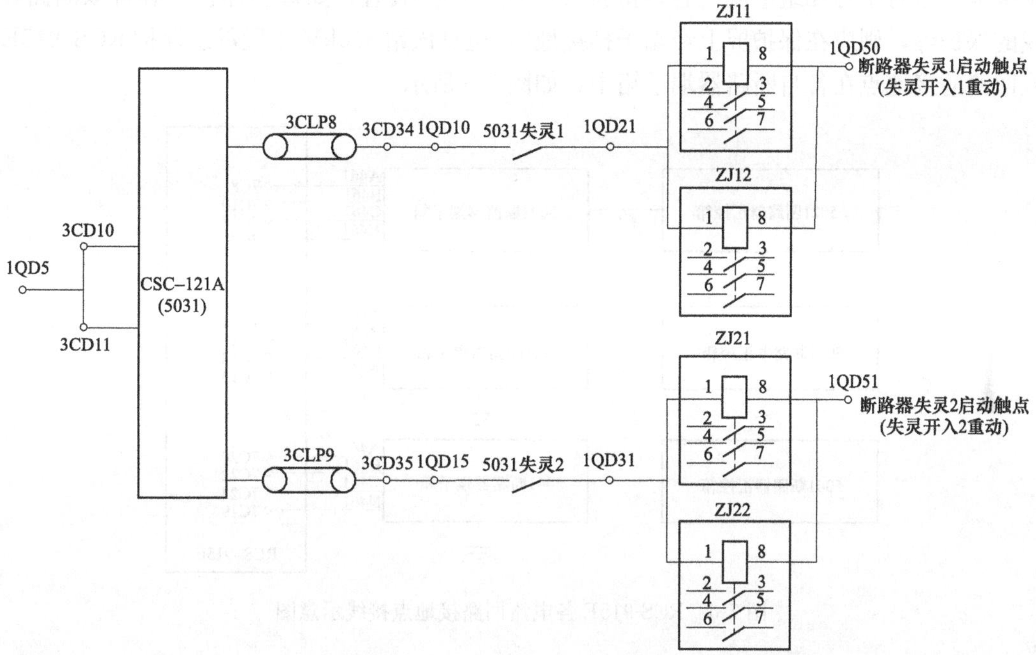


图 7-4 5031 断路器失灵启动 500kV Ⅰ段母线 BP-2C 母线保护回路

图 7-4 描述了 CSC-121A 保护装置启动 500kV Ⅰ段母线 BP-2C 失灵回路的连接情况。其中 KC11、KC12、KC21、KC22 为四个中间继电器，其动作励磁后，(2-3)、(6-7) 动合触点闭合，BP-2C 失灵开入回路中便收到 5031 断路器 CSC-121A 保护中发来的失灵开入 1 和失灵开入 2。500kV 断路器失灵开入采用双开入，具体回路如图 7-5 所示。

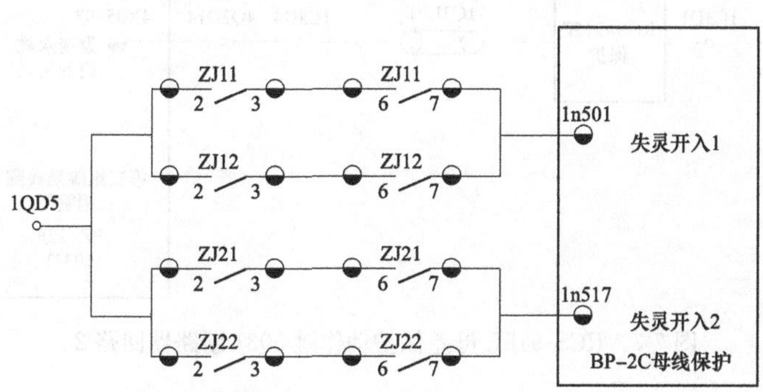


图 7-5 500kV 断路器失灵开入回路

## 二、RCS-915E 母线保护二次回路

1. RCS-915E 母差保护

(1) RCS-915E 母差保护电流取量回路图。《继电保护和安全自动装置技术规程》(GB/T 14285—2006) 中规定“电流互感器的二次回路必须有且只能有一点接地，一般在端子箱经端子排接地。但对于有几组电流互感器链接在一起的保护装置，如母差保护、各种双断路器主接线的保护等，则应在保护屏上经端子排接地”，但是该站 500kV Ⅰ段母线保护 RCS-915E 各电流回路的接地点在各自断路器端子箱中，如图 7-6 所示。

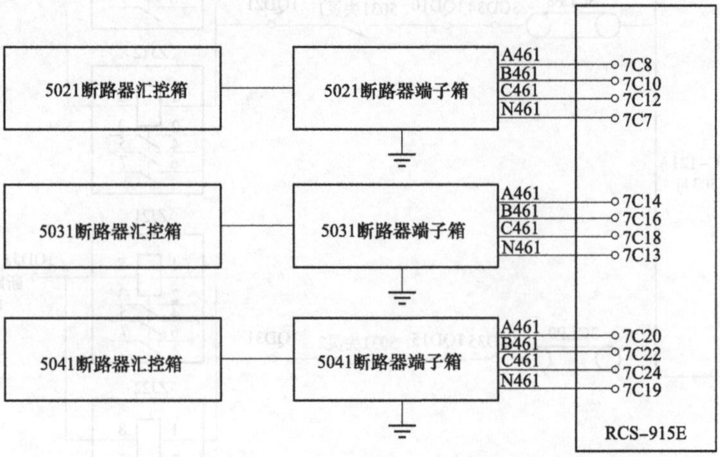


图 7-6 RCS-915E 各电流回路接地点接线示意图

(2) RCS-915E 母差保护动作跳 5021、5031 和 5041 断路器回路图。根据十八项反措中规定的“两套保护装置的跳闸回路应与断路器的两个跳闸线圈分别一一对应”原则，有保护 2 即 RCS-915E 跳对应断路器的第二组跳闸线圈。RCS-915E 保护动作跳 5031 断路器回路与跳 5021 断路器回路相类似，都接通断路器三相跳闸回路中的第二组跳闸线圈。以跳 5031 断路器回路为例，RCS-915E 母差保护动作跳 5031 断路器回路 2 如图 7-7 所示。

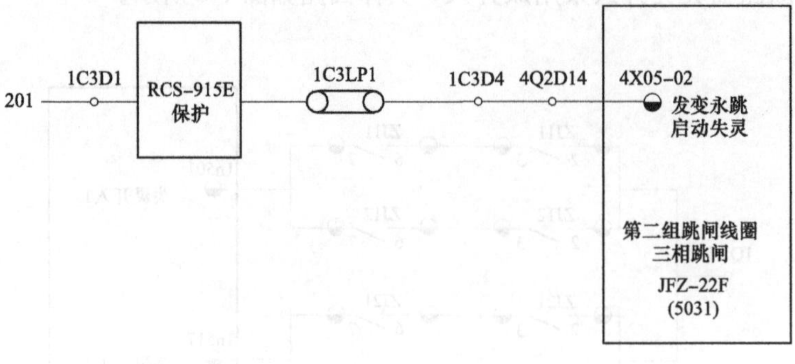


图 7-7 RCS-915E 母差保护动作跳 5031 断路器回路 2

图 7-7 中，1C3LP1 是 500kV Ⅰ段母线 RCS-915E 保护 2 跳 5031 断路器出口 2 连接片，具体 5031 断路器跳闸回路见图 6-12 JFZ-22F 分相操作箱和图 6-14 以及图 6-6 550PM63-40 型

断路器分闸回路 2。

2. RCS-915E 母线保护中失灵回路

RCS-915E 母线保护收到 5031（5021 或 5041）断路器 CSC-121A 发来的失灵弱电开入信号时，会使 500kV Ⅰ段母线所有的断路器跳闸。RCS-915E 必须同时收到 5031（5021 或 5041）断路器 CSC-121A 两个失灵弱电开入信号才会出口跳闸。因失灵与母差保护共用 1 个出口，其跳闸回路与母差保护跳闸回路相同，不同的是 5031 失灵启母线保护会跳 5021、5041 断路器。5031 断路器失灵启动 500kV Ⅰ段母线 RCS-915E 母线保护回路如图 7-8 所示。

图 7-8 中，3CLP10 为 5031 失灵启动Ⅰ段母线 RCS-915E 保护 1，3CLP11 为 5031 失灵启动Ⅰ段母线 RCS-915E 保护 2。1KC1 和 1KC2 是两中间继电器，图中 3CD 端子内部为 CSC-121A 保护装置部分，其余是 500kVⅠ段母线 RCS-915E 保护部分。

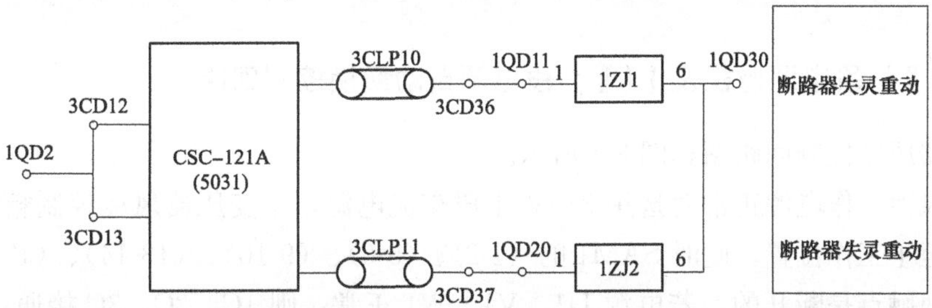


图 7-8 5031 断路器失灵启动 500kV Ⅰ段母线 RCS-915E 母线保护回路

图 7-8 中，1KC1 和 1KC2 是两中间继电器励磁，当 RCS-915E 收到 5031 断路器 CSC-121A 保护的双失灵开入后，其动合触点（8-9）闭合，此时 RCS-915E 就收到 5031 失灵双输入的弱电开入信号，其回路如图 7-9 所示。

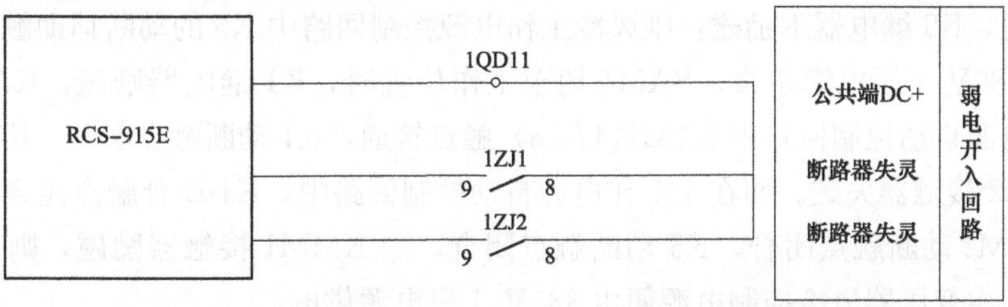


图 7-9 RCS-915E 收到 5031 失灵双输入弱电开入信号回路

# 第八章 主变压器部分二次回路

本章主要对500kV 主变压器的风冷控制回路、主变压器保护二次回路、主变压器三侧断路器测控及1号主变压器本体控制回路、1号主变压器220kV断路器二次回路进行分析。

## 第一节 主变压器风冷控制回路

### 一、Ⅰ(Ⅱ)段电源监视及Ⅰ(Ⅱ)段电源自动切换控制回路

主变压器风冷控制回路图如图 8-1 所示。

(1) 若风冷工作电源正常时选用 380V Ⅰ段交流电源，主变压器风冷控制箱内 ST1 电源控制把手切至Ⅰ工作位置，此时 SAM1 的 (1-2)、(5-6)、(9-10)、(13-14)、(17-18) 触点是接通的，其他触点是断开的。若电源 U1、V1、W1 正常，则 1C、2C、3C 接通，KE 接地继电器不励磁。若电源 U1、V1、W1 有断相，则 KE 接地继电器励磁，KE 动合触点闭合，K7 继电器励磁，K7 动合触点闭合，则工作电源断相指示灯 HLRD1 指示红灯亮。

(2) 主变压器正常运行时，SAM2 打至工作位置 (1-2) 触点接通，在冷却器自动投入控制回路中的 QF1、QF2、QF3 是主变压器三侧 5021、5022、201、301 四个断路器的动断辅助触点，正常运行时四个断路器在合位，断路器的动断触点是断开的，所以冷却器自动投入控制回路未接通，K5 继电器不励磁，则风冷工作电源控制回路中 K5 的动断辅助触点闭合。

(3) 当 380V Ⅰ段电源正常，SAM1 切至工作位置时，K1 继电器励磁，K7 继电器不励磁，Ⅱ工作电源自动控制回路中 SAM1(17-18) 触点接通，K1 动断触点断开，K7 动合触点断开，则 KMM2 接触器失磁。而在Ⅰ工作电源自动控制回路中，K1 动合触点闭合，K7 动断触点闭合，KMM2 动断触点闭合，K5 动断触点闭合，则 KMM1 接触器励磁，则 KMM1 动合主触头闭合，主变压器风冷控制电源便由 380V Ⅰ段电源供电。

(4) 风冷运行过程中，若 380V Ⅰ段电源故障，风冷电源将自动切换到 380V Ⅱ段电源，回路分析如下：

1) 380V Ⅰ段电源有一相或者两相断相，KE 接地继电器励磁，KE 动合触点闭合，K7 继电器励磁，Ⅰ工作电源自动控制回路中的 K7 动断触点断开，KMM1 接触器失磁，而Ⅱ工作电源自动控制回路中的 K7 动合触点闭合，KMM1 动断触点闭合，KMM2 动合主触头闭合，风冷电源自动切换到 380VⅡ段。

2) 380V Ⅰ段电源 U1、V1 相间短路，Ⅰ工作电源自动控制回路中的 K1 继电器失磁，K1 动合触点断开，KMM1 接触器失磁，KMM1 动合主触头断开风冷电源Ⅰ，而在Ⅱ工作电源自动控制回路中，K1 动断触点闭合，KMM1 动断触点闭合，KMM2 励磁，KMM2 动合主触头闭合，风冷电源自动切换到 380VⅡ段。

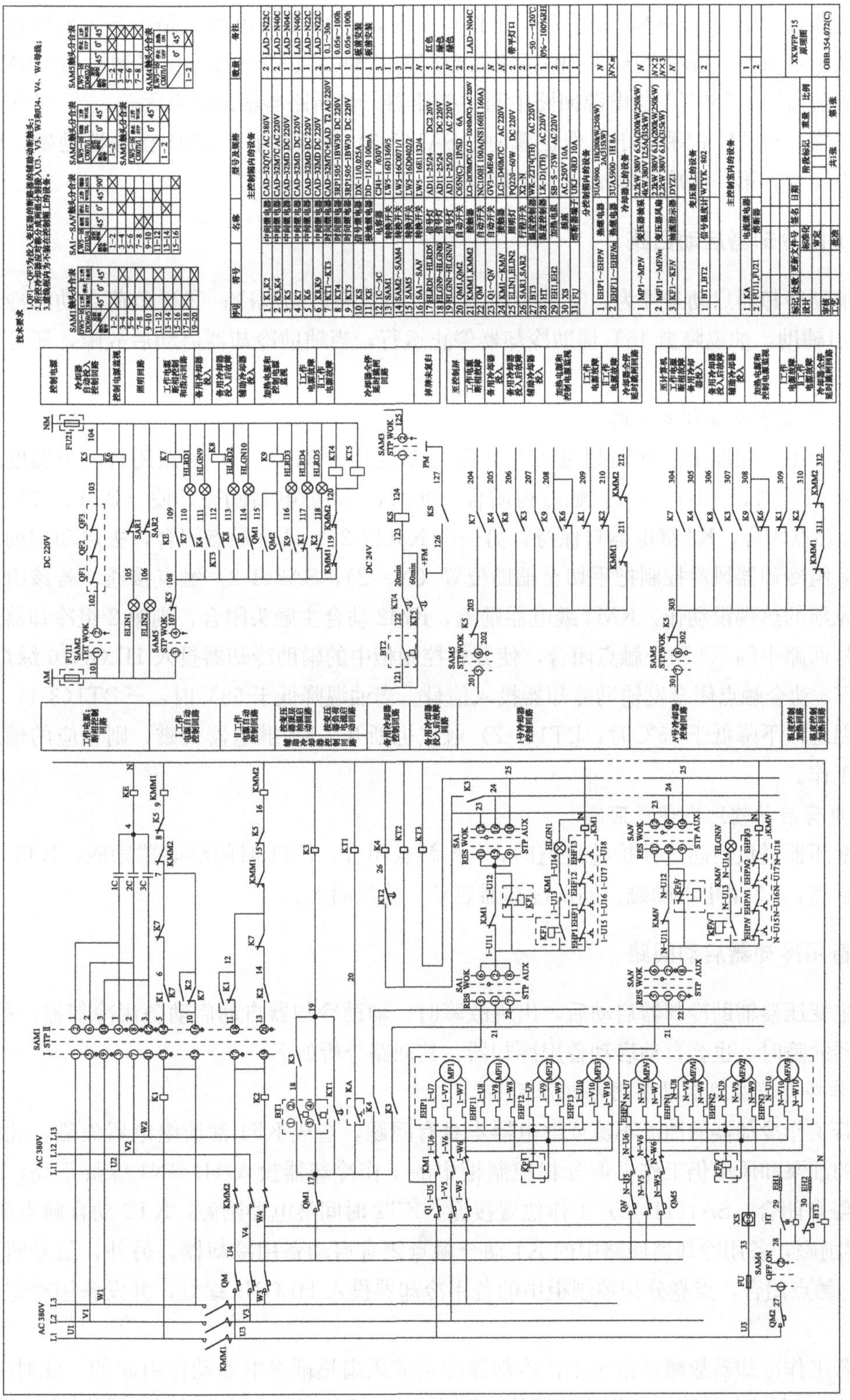

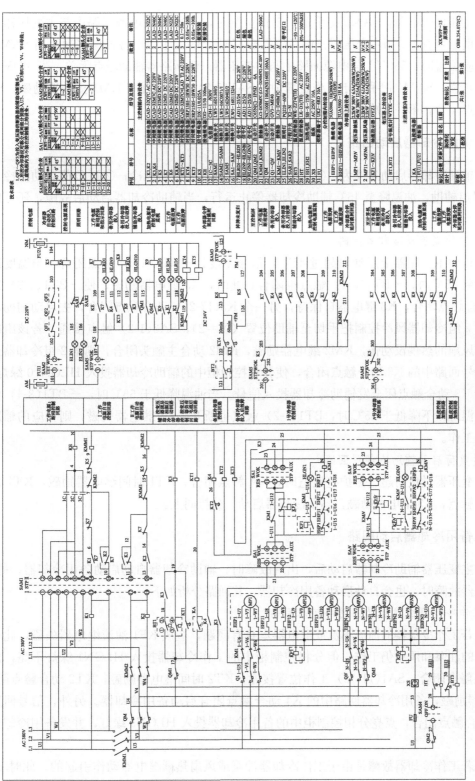

图 8-1　主变压器风冷控制回路图

## 二、工作冷却器启动回路

在主变压器带电前，SAM2 把手置于工作位置时，380VⅠ段电源回路中与主变压器三侧断路器辅助触点有关；当主变压器三侧断路器合好时，380VⅠ段电源回路接通；当 SAM2 把手置于试验位置时，380VⅠ段电源回路中与主变压器三侧断路器辅助触点无关。当 380VⅠ段电源回路正常，SAM1 把手置于工作位置时，SA1(5-6) 触点接通，KM1 接触器励磁，KM1 动合主触点闭合，第一组冷却器油泵风扇运行。

## 三、辅助冷却器启动回路

该站辅助冷却器启动条件为：①主变压器上层油温高启动风冷；②过负荷启动风冷。油温 55℃时启辅助，油温降至 45℃辅助冷却器停止运行，当辅助冷却器启动后故障，还可以启动备用冷却器。

1. 顶层油温启动冷却器回路

若运行中主变压器上层油温超过 45℃，信号温度计－BT1(1-2) 触点闭合，当温度进一步升高达到 55℃时，－BT1(3-4) 触点也闭合，此时，K3 继电器励磁，使－BT1(1-2) 回路中 K3 动合触点闭合，K3 继电器自保持，另一个 K3(17-21) 动合触点闭合，去启动辅助冷却器。设第 2 组冷却器风冷控制把手切至辅助位置（$N=2$），SA2(1-2) 触点接通，若该组冷却器油泵和风扇的热耦没动作，KM2 继电器励磁，KM2 动合主触头闭合，则第 2 组冷却器开始工作。信号回路中的 K3 动合触点闭合，使分相控制柜中的辅助冷却器投入 HLGN10 绿灯亮，另外两个 K3 动合触点闭合发辅助冷却器投入信号。当油温降低于 55℃时，－BT1(3-4) 触点断开，油温继续下降低于 45℃时，BT1(1-2) 触点也断开，K3 继电器失磁，则相应的辅助冷却器停止工作。

2. 过负荷启动辅助冷却器回路

当主变压器过负荷超过保护整定值时，KA 触点闭合，KT1 时间继电器励磁，KT1 延时闭合动合触点，K3 继电器励磁，辅助冷却器启动，分析同上。

## 四、备用冷却器启动回路

该站主变压器辅助冷却器启动后，出现故障时，辅助冷却器自动启动备用冷却器。另外，工作冷却器故障时，也会自动启动备用冷却器，其回路分析如下。

1. 工作冷却器故障启动备用冷却器回路

(1) 若工作冷却器的油流不流或继电器本身有问题，造成 KF1 油流继电器失磁，此时工作冷却器的油泵和风扇仍工作，但分相控制柜中的工作冷却器投入 HLGN1 绿灯不亮，此时 KF1 动断触点闭合，SA1(11-12) 工作位置接通，KT2 时间继电器励磁，KT2 动合触点闭合，K4 继电器励磁，备用冷却器回路中的 K4 动合触点闭合启动备用冷却器。另外，信号回路中的 K4 动合触点闭合，点亮分相控制柜中的备用冷却器投入 HLGN9 绿灯，并发备用冷却器投入信号

(2) 若工作冷却器故障是由于工作冷却器油泵或风扇热耦继电器动作引起的，此时 KM1 失磁，KM1 动合触点打开，工作冷却器停止工作，但 KM1 动断触点闭合启动备用冷却器。

(3) 若备用冷却器故障，此时 KT3 时间继电器励磁，KT3 动合触点闭合，信号回路中 K8 继电器励磁，K8 动合触点闭合，点亮分相控制柜中的备用冷却器投入后故障 HLRD2 红灯，同时发备用冷却器投入后故障信号。

2. 辅助冷却器故障启动备用冷却器回路

辅助冷却器启动，K3 励磁，K3 两个动合触点闭合，SA2(1-2)、SA2(15-16) 接通，若辅助冷却器故障，则 KM2 或 KF2 动断触点任一个接通，KT2 时间继电器励磁，K4 继电器励磁，启动备用冷却器。

## 五、冷却器全停延时跳闸回路

主变压器风冷 380V Ⅰ、Ⅱ段电源全部失电，KMM1、KMM2 两个接触器都失磁，KMM1 和 KMM2 动断触点闭合，冷却器全停延时跳闸回路中的 KT4 和 KT5 时间继电器均励磁，当温度达到 75℃时，BT2 触点（121-122）接通，延时 20min，KT4 动合触点闭合，若油温未达到 75℃，延时 60min，KT5 动合触点闭合，SAM3 切换把手切至工作位置，则延时跳闸回路接通，KS 继电器励磁，接通跳闸回路并发信号。注意，当分相控制柜中的 SAM3 切换把手切至试验位置时，冷却器全停延时跳闸回路不通，不跳闸。

## 六、主变压器风冷控制回路图存在的问题

1. QM 电源开关的设计存在缺陷

当风冷电源选用 380V Ⅰ段电源时，若 QM 接触不良，不仅影响辅助、备用冷却器的启动回路，还影响其他冷却器电源的正常工作。当风冷电源选用 380V Ⅱ段电源时，若 QM 接触不良，会影响其他冷却器的正常工作。

2. 冷却器自动投入控制回路存在问题

图 8-1 中冷却器自动投入控制回路中只有 3 个断路器辅助触点，如图 8-2 所示。

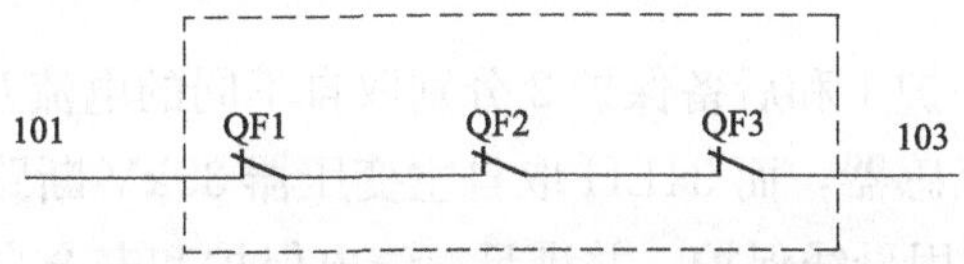


图 8-2　3 个断路器辅助触点示意图

经查图纸，冷却器自动投入控制回路应与主变压器三侧断路器（5021、5022、201、301）的 4 个断路器动断触点相串联，该串联回路图如图 8-3 所示。

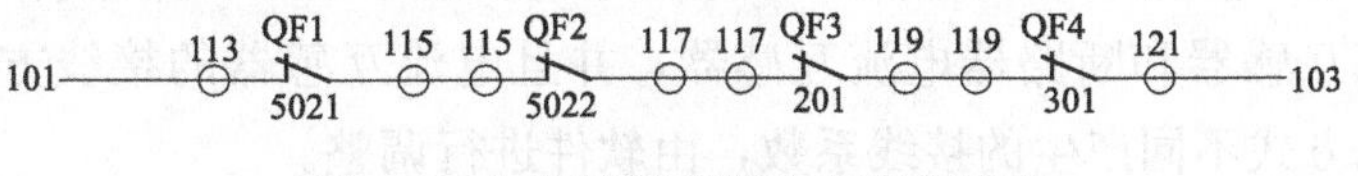


图 8-3　与断路器动断触点串联回路

在主变压器正常运行过程中，三侧断路器都在合闸位置，所以四个断路器的动断辅助触点是断开的，那么冷却器启动投入控制回路中的 K5 继电器是不带电的，处于失磁的状态，为此Ⅰ、Ⅱ工作电源自动控制回路中的 K5 动断触点是闭合的。

## 第二节　主变压器保护二次回路

### 一、RCS-978 和 CSC-326C 保护装置电压电流取量原理图

RCS-978 和 CSC-326 保护装置电压电流取量原理图如图 8-4 所示。

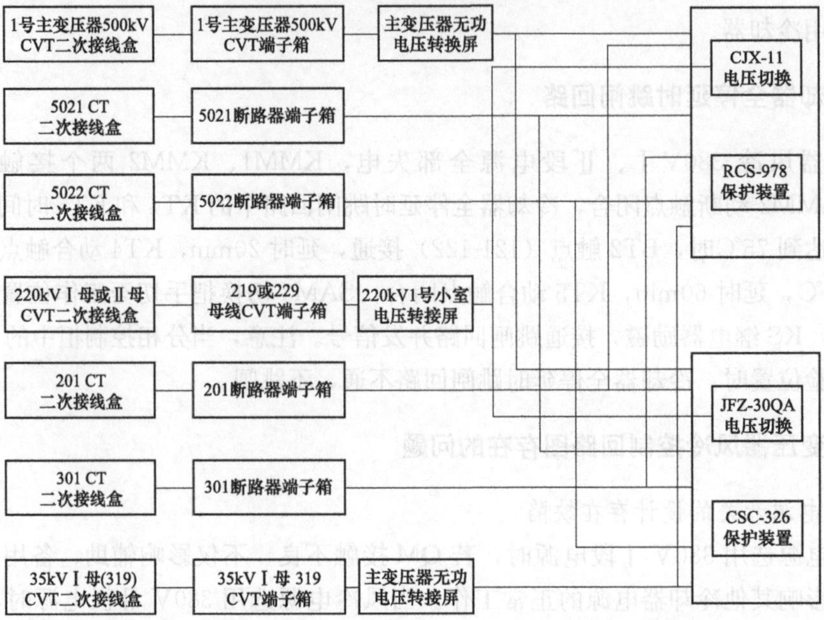


图 8-4　RCS-978 和 CSC-326 保护装置电压电流取量原理图

### 二、RCS-978 保护装置和 CSC-326C 保护装置电流取量图

主变压器低压侧后备保护 1 和后备保护 2 分别取自不同的电流互感器，31LH 取自主变压器本体三角接线侧的电流互感器，而 34LH 取自主变压器 35kV 断路器侧电流互感器。这是因为主变压器 35kV 母线无专用母线保护，并满足《继电保护和安全自动装置技术规程》(GB/T 14285—2006) 中规定的“如变压器低压侧无专用母线保护，变压器高压侧相间短路后备保护，对低压侧母线相间短路灵敏度不够时，为提高切除低压侧母线故障的可靠性，可在变压器低压侧配置两套相间短路后备保护。该两套后备保护接至不同的电流互感器”。以前的设计图中出过两套后备保护分别取不同的低压电流互感器绕组，现设计要求低压侧后备保护，需要同时取套管电流互感器和断路器电流互感器，并且电流互感器的接线方式都是星形接线，由电流互感器接线方式不同产生的接线系数，由软件进行调整。

本主变压器零序过电流保护电流取量满足《继电保护和安全自动装置技术规程》(GB/T 14285—2006) 中规定的“自耦变压器的零序过电流保护应接到高中压侧三相电流互感器的零序回路。对于自耦变压器，为增加切除单相接地短路的可靠性，可在变压器中性点回路增设零序过电流保护”。

RCS-978 保护装置和 CSC-326C 保护装置一次电流取量图如图 8-5 所示。

RCS-978保护装置和CSC-326C保护装置二次电流取量图如图8-6所示。

主变压器大差即差动保护1和差动保护2电流取自主变压器三侧断路器侧的电流互感器，而分相差动或零序差动电流取自主变压器高中压侧断路器侧的电流互感器和中性点电流互感器。装设分差的作用，在《继电保护和安全自动装置技术规程》（GB/T 14285—2006）中规定为“为提高切除自耦变压器内部单相接地短路故障的可靠性，可增设只接入高中压侧和公共绕组回路电流互感器的星形接线电流分相差动保护或零序差动保护”。

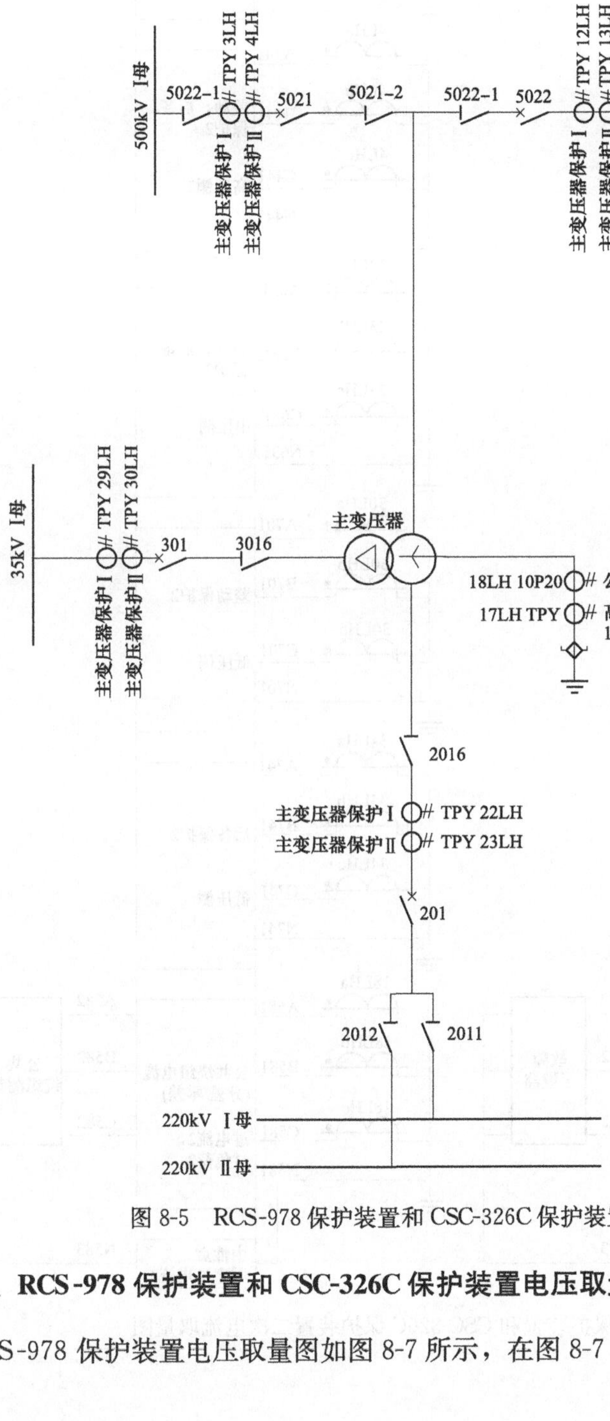


图8-5 RCS-978保护装置和CSC-326C保护装置一次电流取量图

## 三、RCS-978保护装置和CSC-326C保护装置电压取量图

RCS-978保护装置电压取量图如图8-7所示，在图8-7中1ZKK1、1ZKK2、1ZKK3分别

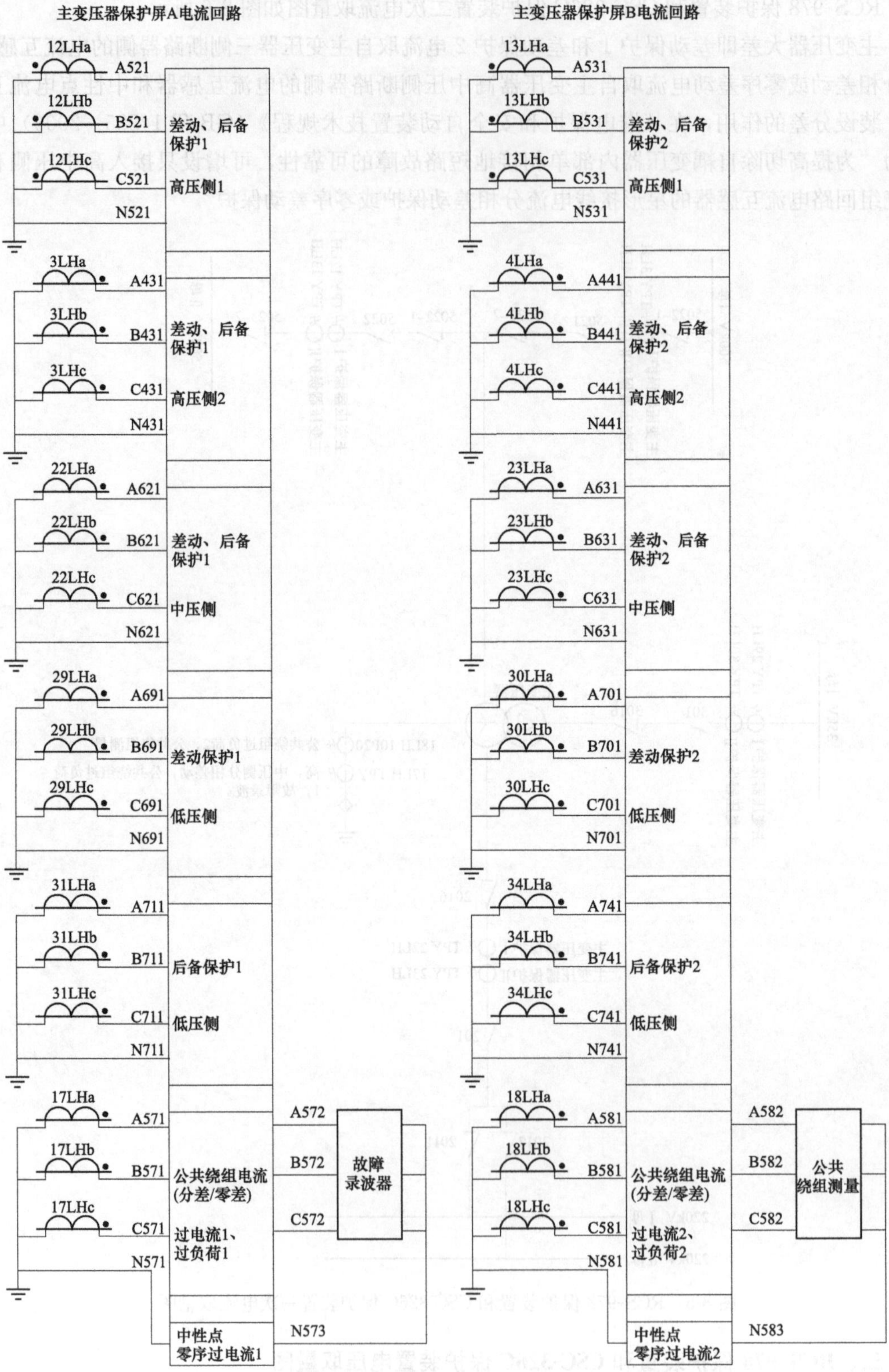


图 8-6　RCS-978 保护装置和 CSC-326C 保护装置二次电流取量图

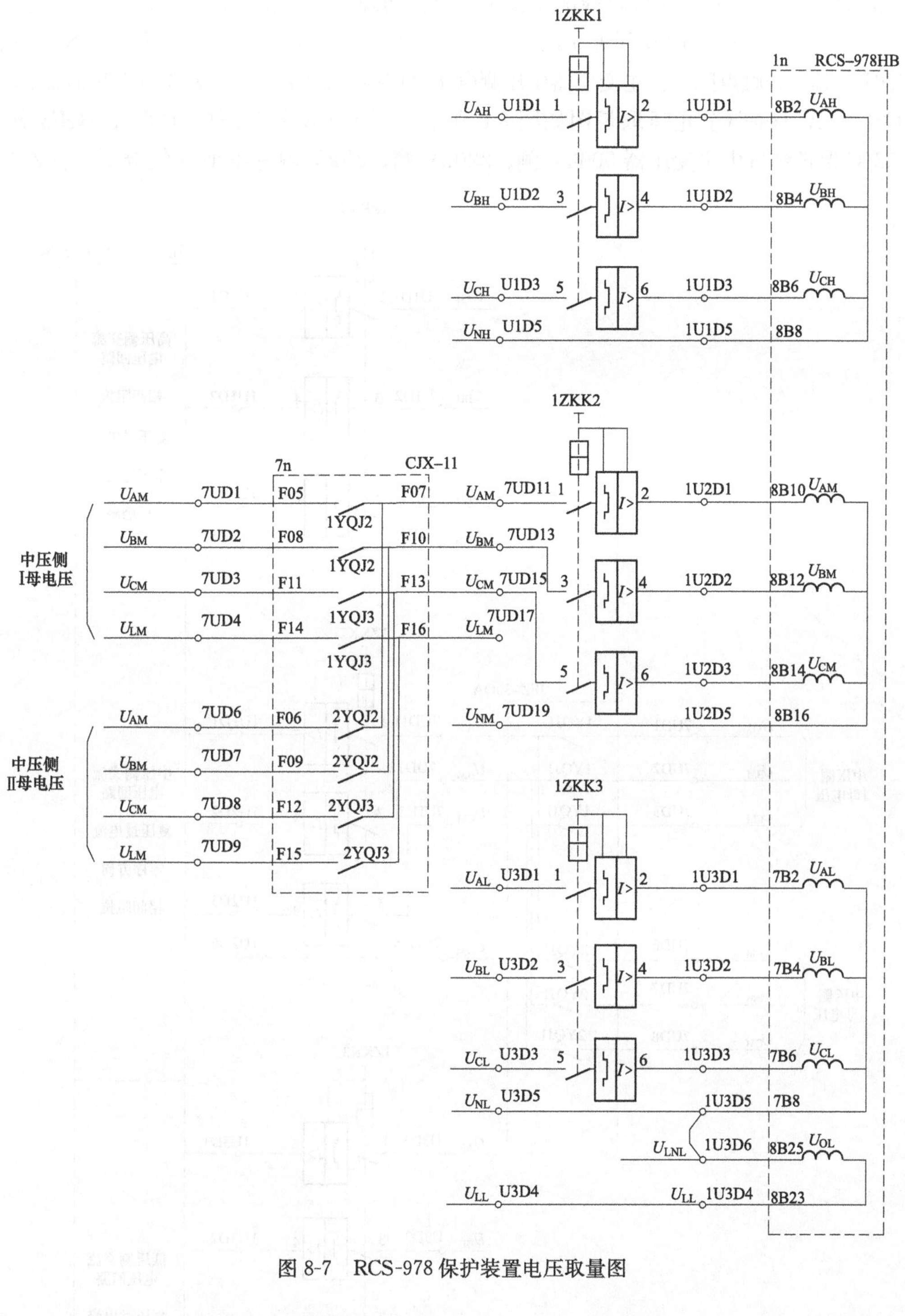


图 8-7　RCS-978 保护装置电压取量图

是 RCS-978 保护装置中主变压器 500kV 侧、220kV 侧、35kV 侧电压小空气开关，CJX-11 是主变压器 220kV 侧电压切换箱。1YQJ2、1YQJ3、2YQJ2、2YQJ3 是电压切换箱 CJX-11 中的电压切换继电器。当主变压器 220kV 侧的断路器 201 上Ⅰ段母线运行时，2011 隔离开关在合位，2012 隔离开关在跳位，1YQJ2、1YQJ3 电压切换继电器励磁，其动合触点闭合，主变压器中压侧电压就切换到220kV Ⅰ段母线电压互感器上。同理，当主变压器220kV侧的断路器201上Ⅱ段母线运行时，2011隔离开关在跳位，2012隔离开关在合位，2YQJ2、2YQJ3电压切换继电器励磁，其动合触点闭合，主变压器中压侧电压就切换到220kV Ⅱ段母线电压互感器上。

CSC-326C保护装置电压取量图如图8-8所示，在图8-8中1QF1、1QF2、1QF3分别是CSC-326C保护装置中主变压器500kV侧、220kV侧、35kV侧电压小空气开关，JFZ-30QA

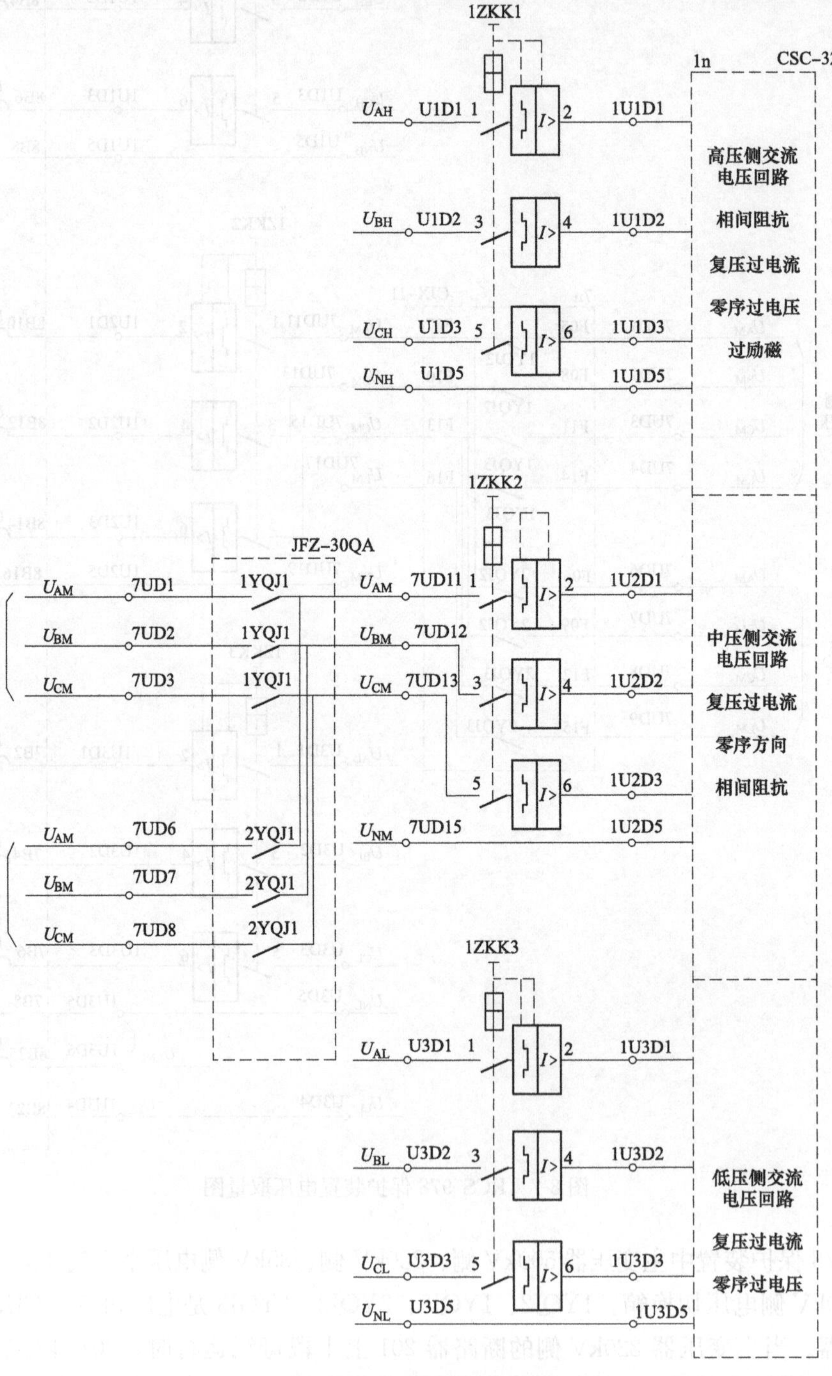


图8-8 CSC-326C保护装置电压取量图

是主变压器 220kV 侧电压切换箱。1YQJ1、2YQJ1 是电压切换箱 JFZ-30QA 中的电压切换继电器。当主变压器 220kV 侧的断路器 201 上Ⅰ段母线运行时，2011 隔离开关在合位，2012 隔离开关在跳位，1YQJ1 电压切换继电器励磁，其动合触点闭合，主变压器中压侧电压就切换到 220kV Ⅰ段母线电压互感器上。同理，当主变压器 220kV 侧的断路器 201 上Ⅱ段母线运行时，2011 隔离开关在跳位，2012 隔离开关在合位，2YQJ1 电压切换继电器励磁，其动合触点闭合，主变压器中压侧电压就切换到 220kV Ⅱ段母线电压互感器上。

主变压器 500kV 侧电压取自主变压器 500kV 侧电压互感器。主变压器 35kV 侧电压取自主变压器 35kV 侧母线电压互感器。

RCS-978 保护差动速断保护投入、比率差动保护投入、分相差动保护投入、过激磁保护投入及高、中、低压和公共绕组后备保护投入。CSC-326C 保护差动速断保护投入、比率差动保护投入、过励磁保护投入及高、中、低压和公共绕组后备保护投入。电流互感器二次额定电流 1A。差动速断保护、比率差动保护、分相差动保护、过励磁保护动作跳主变压器三侧断路器。

高压侧后备保护有相间Ⅰ段、相间Ⅱ段和零序过电流Ⅰ段保护。相间Ⅰ段、相间Ⅱ段方向指向变压器。相间Ⅰ段 1 时限 2s 跳主变压器 220kV 侧双分段 213、224 断路器，相间Ⅰ段 2 时限 2.5s 跳主变压器 220kV 侧母联 212 断路器，相间Ⅰ段 3 时限 3s 跳主变压器 220kV 侧 201 断路器。零序过电流Ⅲ段 1 时限 7.5s 跳主变压器三侧断路器。

中压侧后备保护有相间Ⅰ段保护、零序过电流Ⅰ段保护和零序方向过电流Ⅰ段保护。相间Ⅰ段方向指向变压器，零序方向Ⅰ段指向 220kV 母线。相间Ⅰ段 1 时限 2s 跳主变压器 500kV 侧断路器，相间Ⅰ段 2 时限 2.5s 跳主变压器三侧断路器。零序方向Ⅰ段 1 时限 1.5s 跳主变压器 220kV 侧双分段 213、224 断路器，零序方向Ⅰ段 2 时限 2s 跳主变压器 220kV 侧母联 212 断路器，零序方向Ⅰ段 3 时限 2.5s 跳主变压器 220kV 侧 201 断路器。零序过电流Ⅰ段 1 时限 5.5s 跳主变压器三侧断路器。

低压侧后备保护有复压过电流Ⅰ段保护、复压过电流Ⅱ段保护。复合低电压取线电压 65V，负序电压 6V。复压过电流Ⅰ段 1 时限 0.3s 跳主变压器 35kV 侧断路器，复压过电流Ⅰ段 2 时限 0.45s 跳主变压器三侧断路器。复压过电流Ⅱ段 1 时限 1s 跳主变压器 35kV 侧断路器，复压过电流Ⅱ段 2 时限 1.5s 跳主变压器三侧断路器。

### 四、201 断路器操作箱 CZX-12S 二次回路

主变压器 220kV 侧 201 断路器操作箱型号为 CZX-12S，其分合闸二次回路原理图如图 8-9 所示。

1. 合闸回路

在图 8-9 中手动合闸回路为：

手动合闸命令→1-4Q1D17→1-4Q1D18→1SHJ→第一组电源－。

当 1SHJ 继电器励磁后，其动合触点闭合。201 断路器操作箱 CZX-12S 中的防跳回路不适用，所以防跳继电器的电压线圈 TBUJ 和电流线圈 TBIJ 被短联线短接。具体合闸回路如图 8-10 所示，下面回路接通：

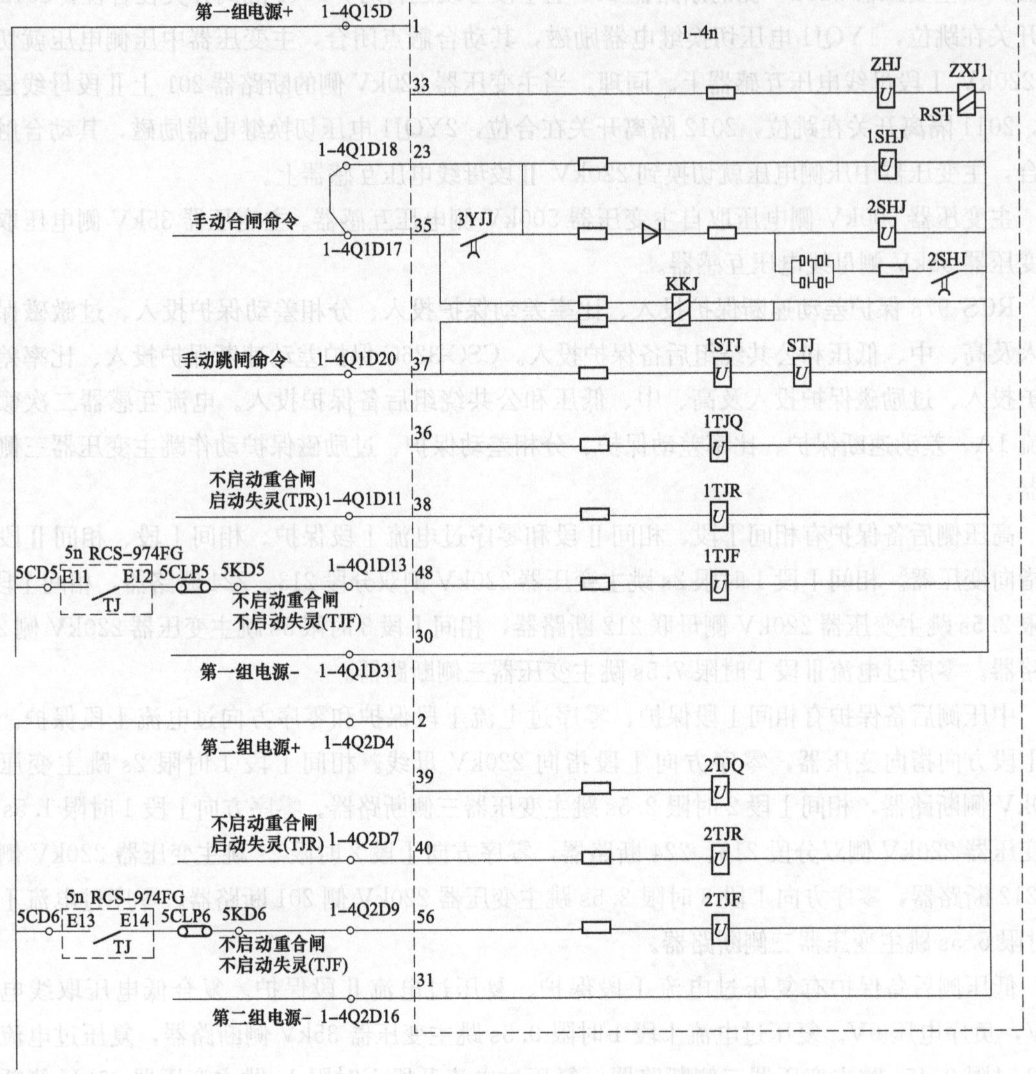


图 8-9　分合闸二次回路原理图

ZHJ—重合闸继电器；ZXJ—重合闸信号继电器；SHJ—手动合闸继电器；TJR—永跳继电器；STJ—手动跳闸继电器；
TJQ—三跳继电器；TJF—非电量跳闸继电器

第一组控制电源正极→1-4Q1D5→1SHJ 动合触点闭合→SHJ 合闸保持继电器→1-4C1D6→1-4C1D5→201 断路器操动机构箱→第一组控制电源负极。

2. 分闸回路

在图 8-9 中手动跳闸回路为：手动跳闸命令→1-4Q1D20→1STJ→STJ→第一组控制电源负极。当 1STJ 继电器励磁后，其动合触点闭合，下面回路接通。

（1）第一组分闸回路如图 8-11 所示。

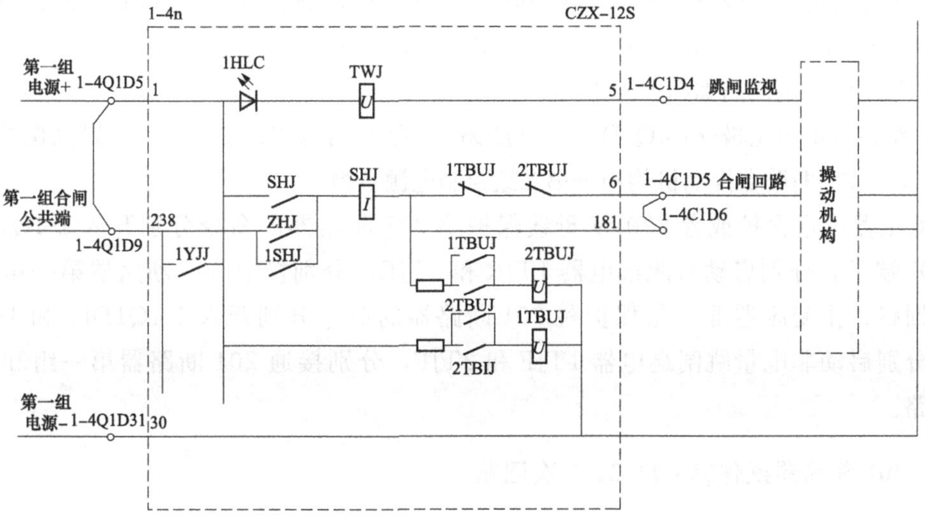


图 8-10　合闸回路

ZHJ—重合闸继电器动合触点；1SHJ—手动合闸继电器动合触点；TWJ—跳闸位置继电器；

SHJ—合闸保持继电器；1HLC—合闸指示灯

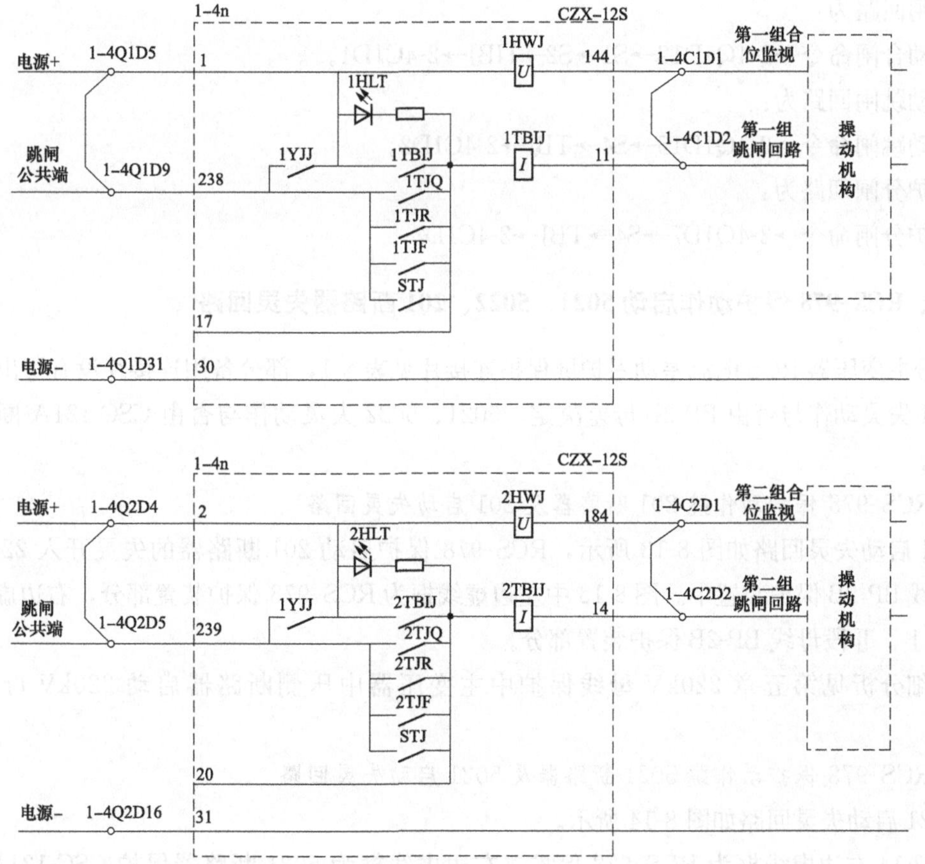


图 8-11　分闸回路

TJR—永跳继电器；STJ—手动跳闸继电器；TJQ—三跳继电器；TJF—非电量跳闸继电器；HWJ—合闸位置继电器；

TBIJ—跳闸保持继电器；1HLT—分闸 1 指示灯；2HLT—分闸 2 指示灯

第一组控制电源正极→1-4Q1D5→1-4Q1D9→STJ 动合触点闭合→1TBIJ 跳闸保持继电器→1-4C1D2→201 断路器操动机构箱→第一组控制电源负极。

(2) 第二组分闸回路如图 8-11 所示。

第二组控制电源正极→1-4Q2D4→1-4Q2D5→STJ 动合触点闭合→2TBIJ 跳闸保持继电器→1-4C2D2→201 断路器操动机构箱→第二组控制电源负极。

主变压器电量保护或者 220kV 母线保护跳 201 断路器的命令分别开入 1-4Q1D11 和 1-4Q2D7 端子，分别启动永跳继电器 1TJR 和 2TJR，分别接通 201 断路器第一组和第二组跳闸回路；主变压器非电量保护跳 201 断路器的命令分别开入 1-4Q1D13 和 1-4Q2D9 端子，分别启动非电量跳闸继电器 1TJF 和 2TJF，分别接通 201 断路器第一组和第二组跳闸回路。

## 五、301 断路器操作箱 CJX-21 二次回路

图 8-12 中 S1、S2、S4 为短联线，短接与其并联的触点。301 断路器第二组跳闸线圈不接线。SHKKJ 和 STKKJ 为磁保持继电器。合闸时 SHKKJ 继电器动作并保持，分闸时 STKKJ 继电器动作并保持。

合闸回路为：

手动合闸命令→2-4Q1D12→S1→S2→HBJ→2-4C1D4。

手动跳闸回路为：

手动跳闸命令→2-4Q1D15→S4→TBJ→2-4C1D2。

保护分闸回路为：

保护分闸命令→2-4Q1D7→S4→TBJ→2-4C1D2

## 六、RCS-978 保护动作启动 5021、5022、201 断路器失灵回路

1 号主变压器 RCS 电流差动保护屏保护连接片见表 8-1，部分备用连接片没有写出。

201 失灵动作与否由 BP-2B 母差决定，5021、5022 失灵动作与否由 CSC-121A 断路器保护决定。

1. RCS-978 保护动作跳 201 断路器及 201 启动失灵回路

201 启动失灵回路如图 8-13 所示，RCS-978 保护启动 201 断路器的失灵开入 220kV Ⅰ、Ⅱ段母线 BP-2B 保护装置中。图 8-13 中左边虚线框为 RCS-978 保护装置部分，右边虚线框为 220kV Ⅰ、Ⅱ段母线 BP-2B 保护装置部分。

详细分析见第五章 220kV 母线保护中主变压器中压侧断路器启动 220kV 母线保护回路。

2. RCS-978 保护动作跳 5021 断路器及 5021 启动失灵回路

5021 启动失灵回路如图 8-14 所示。

图 8-14 左边虚线框为 RCS-978 保护，右边虚线框为 5021 断路器保护 CSC-121A 保护。5021 启动失灵回路信号开入断路器保护的 3X5-a20 端子。断路器失灵是否动作由 CSC-121A 保护内部判断。具体失灵回路见第六章的第四节内容。

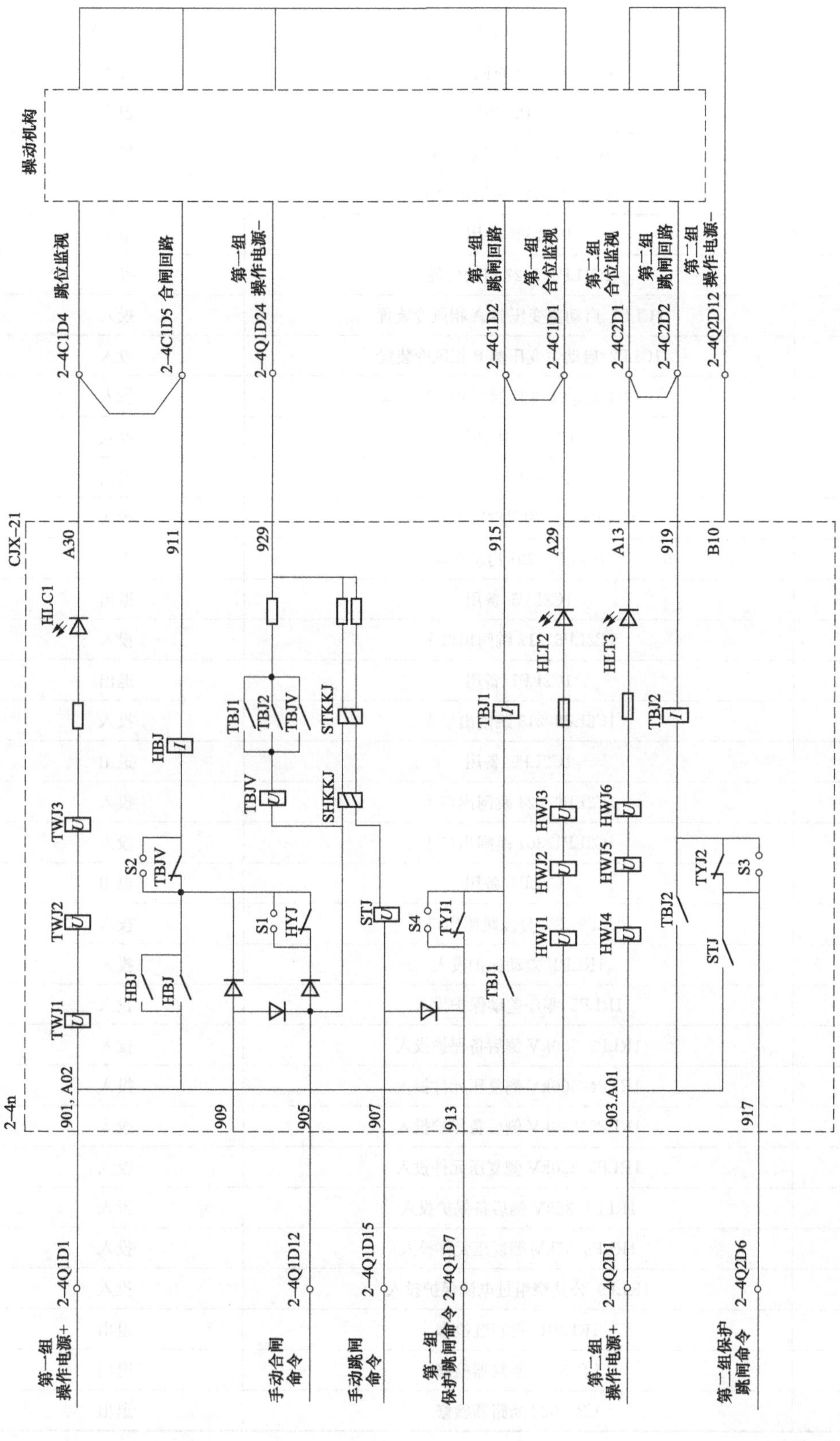


图 8-12　301 断路器操作箱 CJX-21 二次回路

SHKKJ—合闸磁保持继电器；STKKJ—跳闸磁保持继电器；TWJ—跳闸位置继电器；HWJ—合闸位置继电器；HBJ—合闸保持继电器；

TBJ—跳闸保持继电器；HLC1—合位指示灯；HLT2—分闸 1 指示灯；HLT3—分闸 2 指示灯

表 8-1　　1号主变压器 RCS 电流差动保护屏保护连接片

| 序号 | 连接片名称 | 正常位置 |
|---|---|---|
| 1 | 1C1LP1 5021 跳闸出口Ⅰ | 投入 |
| 2 | 1C1LP2 备用 | 退出 |
| 3 | 1C1LP3 5021 启动失录 | 投入 |
| 4 | 1C1LP4 5022 跳闸出口Ⅰ | 投入 |
| 5 | 1C1LP5 备用 | 退出 |
| 6 | 1C1LP6 5022 启动失灵 | 投入 |
| 7 | 1CLP1 启动主变压器 A 相风冷装置 | 投入 |
| 8 | 1CLP2 启动主变压器 B 相风冷装置 | 投入 |
| 9 | 1CLP3 启动主变压器 C 相风冷装置 | 投入 |
| 10 | 1C2LP1 201 跳闸出口Ⅰ | 投入 |
| 11 | 1C2LP2 备用 | 退出 |
| 12 | 1C2LP3 201 失灵解除复压闭锁 | 投入 |
| 13 | 1C2LP4 201 启动失灵 | 投入 |
| 14 | 1C2LP5 备用 | 退出 |
| 15 | 1C2LP6 212 跳闸出口Ⅰ | 投入 |
| 16 | 1C2LP7 备用 | 退出 |
| 17 | 1C2LP8 213 跳闸出口Ⅰ | 投入 |
| 18 | 1C2LP9 备用 | 退出 |
| 19 | 1C2LP9 224 跳闸出口Ⅰ | 投入 |
| 20 | 1C3LP1 301 跳闸出口Ⅰ | 投入 |
| 21 | 1C3LP2 备用 | 退出 |
| 22 | 3CLP9 224 分段跳闸出口Ⅱ | 投入 |
| 23 | 1RLP1 差动保护投入 | 投入 |
| 24 | 1RLP2 零序差动保护投入 | 投入 |
| 25 | 1RLP3 500kV 侧后备保护投入 | 投入 |
| 26 | 1RLP4 500kV 侧复压元件投入 | 投入 |
| 27 | 1RLP5 220kV 侧后备保护投入 | 投入 |
| 28 | 1RLP6 220kV 侧复压元件投入 | 投入 |
| 29 | 1RLP7 35kV 侧后备保护投入 | 投入 |
| 30 | 1RLP8 35kV 侧复压元件投入 | 投入 |
| 31 | 1RLP9 公共绕组过电流保护投入 | 投入 |
| 32 | 1RLP10 投装置检修 | 退出 |
| 33 | LP 5021 断路器检修 | 退出 |
| 34 | LP 5022 断路器检修 | 退出 |

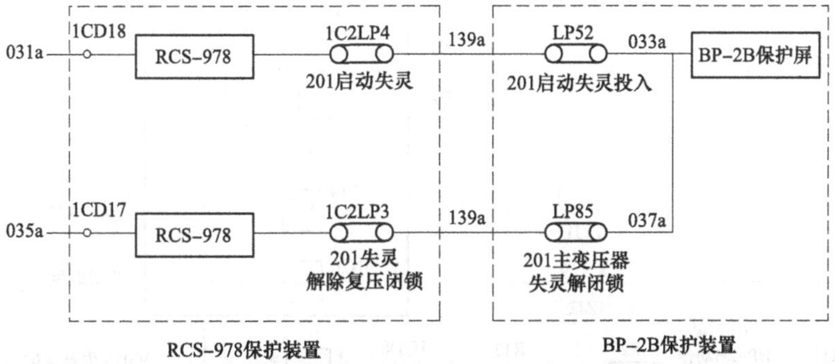


图 8-13　201 启动失灵回路

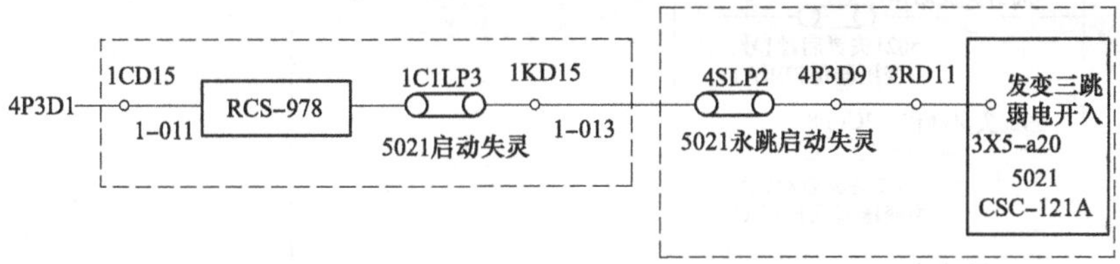


图 8-14　5021 启动失灵回路

3. RCS-978 保护动作跳 5022 断路器及 5022 启动失灵回路

5022 启动失灵回路如图 8-15 所示。

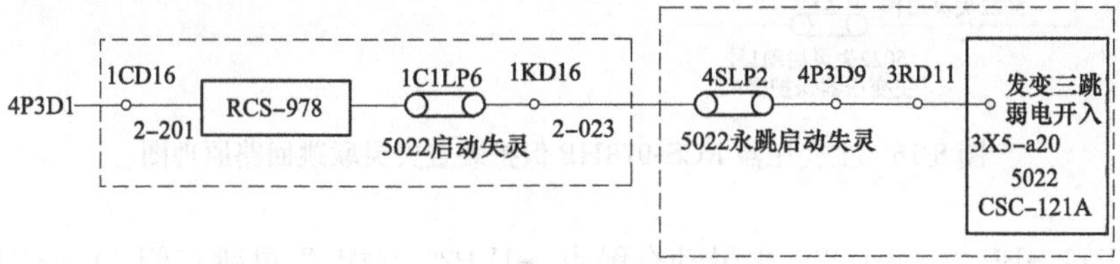


图 8-15　5022 启动失灵回路

图 8-15 左边虚线框为 RCS-978 保护，右边虚线框为 5022 断路器保护 CSC-121A 保护。5022 启动失灵回路信号开入断路器保护的 3X5-a20 端子。断路器失灵是否动作由 CSC-121A 保护内部判断。具体失灵回路见第六章的第四节内容。

4. 主变压器 RCS-978HB 保护装置失灵联跳回路

主变压器 5021、5022、201 三个断路器只要有一个断路器失灵动作，不论何种原因跳 5021、5022、201 断路器，RCS-978 收到任一个失灵启动命令，直接跳主变压器三侧断路器。主变压器 RCS-978HB 保护装置失灵联跳回路原理图如图 8-16 所示。图 8-16 中 DC 为 RCS-978HB 保护装置的直流电流模块，1ZJ1、1ZJ2 为两中间继电器。图 8-16 中主变压器中压侧和高压侧断路器失灵启动为双开入，动作出口也为两个相互独立的回路。

（1）当主变压器中压侧断路器所在母线保护 BP-2B 母差动作，而中压侧断路器 201 失灵时，1ZJ1、1ZJ2 两中间继电器励磁，其对应两个动合触点闭合，接通失灵联跳主变压器三侧断路器回路 1 和回路 2。201 断路器失灵联跳回路 1 与回路 2 类似，以回路 1 为例，分析如下：

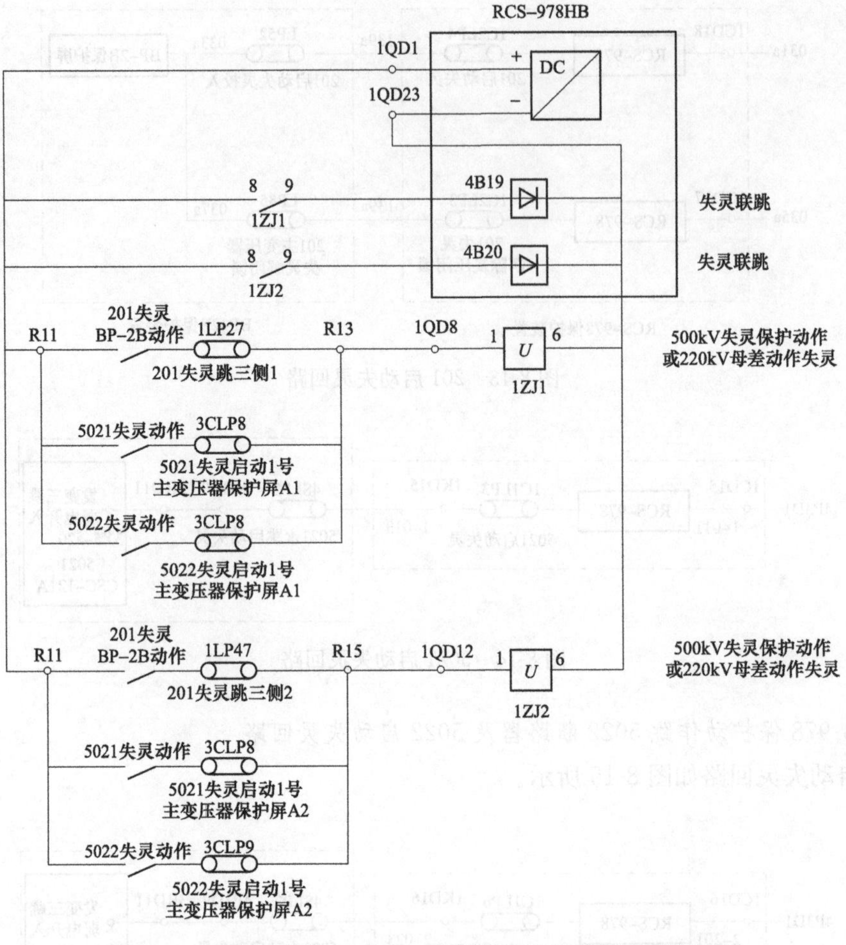

图 8-16 主变压器 RCS-978HB 保护装置失灵联跳回路原理图

1QD1→R11→BP-2B 动作 201 失灵动合触点→1LP27（201 失灵跳三侧 1）→R13→1QD8→1ZJ1→1QD23。

1ZJ1 励磁后，动合触点闭合接通 RCS-978HB 保护装置内部失灵联跳回路。

（2）不论何种保护动作（例如 500kV Ⅰ段母差、500kV Ⅰ段母线失灵、本主变压器中压侧后备保护）跳主变压器高压侧 5021 断路器，且 5021 断路器失灵时，1ZJ1、1ZJ2 两中间继电器励磁，其对应两个动合触点闭合，接通失灵联跳主变压器三侧断路器回路 1 和回路 2。

5021 断路器失灵联跳回路 1 与回路 2 类似，回路 1 分析如下：

1QD1→R11→5021 失灵动作动合触点→3CLP8（5021 失灵启动 1 号主变压器保护屏 A1）→R13→1QD8→1ZJ1→1QD23。

1ZJ1 励磁后，动合触点闭合接通 RCS-978HB 保护装置内部失灵联跳回路。

（3）不论何种保护动作（例如本主变压器中压侧后备保护或者线变串中线路保护动作）跳主变压器高压侧 5022 断路器，且 5022 断路器失灵时，主变压器 RCS-978HB 保护装置中 1ZJ1、1ZJ2 两中间继电器励磁，其对应两个动合触点闭合，接通失灵联跳主变压器三侧断路器回路 1 和回路 2。5022 断路器失灵联跳回路 1 与回路 2 类似，以回路 1 为例，分析如下：

1QD1→R11→5022 失灵动作动合触点→3CLP8（5022 失灵启动 1 号主变压器保护屏 A1）→R13→1QD8→1ZJ1→1QD23。

1ZJ1 励磁后，动合触点闭合接通 RCS-978HB 保护装置内部失灵联跳回路。

## 七、CSC-326C 保护动作启动 5021、5022、201 断路器失灵回路

1 号主变压器 CSC 电流差动保护屏保护连接片见表 8-2，部分备用连接片没有写出。

表 8-2 1 号主变压器 CSC 电流差动保护屏保护连接片

| 序号 | 连接片名称 | 正常位置 |
|---|---|---|
| 1 | 1C1LP1 5021 跳闸出口Ⅱ | 投入 |
| 2 | 1C1LP2 备用 | 退出 |
| 3 | 1SLP1 5021 启动失灵Ⅱ | 投入 |
| 4 | 1C1LP3 5022 跳闸出口Ⅱ | 投入 |
| 5 | 1C1LP4 备用 | 退出 |
| 6 | 1SLP2 5022 启动失灵Ⅱ | 投入 |
| 7 | 1ZLP1 启动主变压器 A 相风冷装置 | 投入 |
| 8 | 1ZLP2 启动主变压器 B 相风冷装置 | 投入 |
| 9 | 1ZLP3 启动主变压器 C 相风冷装置 | 投入 |
| 10 | 1C2LP1 201 跳闸出口Ⅱ | 投入 |
| 11 | 1C2LP2 备用 | 退出 |
| 12 | 1SLP3 解除中压复压闭锁 | 投入 |
| 13 | 1SLP4 启动 201 失灵Ⅱ | 投入 |
| 14 | 1SLP5 备用 | 退出 |
| 15 | 1C2LP3 212 跳闸出口Ⅱ | 投入 |
| 16 | 1C2LP4 备用 | 退出 |
| 17 | 1C2LP5 213 跳闸出口Ⅱ | 投入 |
| 18 | 1C2LP6 备用 | 退出 |
| 19 | 1C2LP7 224 跳闸出口Ⅱ | 投入 |
| 20 | 1C3LP1 301 跳闸出口Ⅱ | 投入 |
| 21 | 1C3LP2 备用 | 退出 |
| 22 | 1KLP1 差动保护投入 | 投入 |
| 23 | 1KLP2 零序/母差保护投入 | 投入 |
| 24 | 1KLP3 500kV 侧后备保护投入 | 投入 |
| 25 | 1KLP4 500kV 侧复压元件投入 | 投入 |
| 26 | 1KLP5 220kV 侧后备保护投入 | 投入 |
| 27 | 1KLP6 220kV 侧复压元件投入 | 投入 |
| 28 | 1KLP7 35kV 侧后备保护投入 | 投入 |
| 29 | 1KLP8 35kV 侧复压元件投入 | 投入 |
| 30 | 1KLP9 公共绕组过电流保护投入 | 投入 |
| 31 | 1KLP10 投装置检修 | 退出 |

201失灵动作与否由SGB-750母差决定，5021、5022失灵动作与否由CSC-121A断路器保护决定。

1. CSC-326C保护动作跳201断路器及201启动失灵回路

201启动失灵回路如图8-17所示。

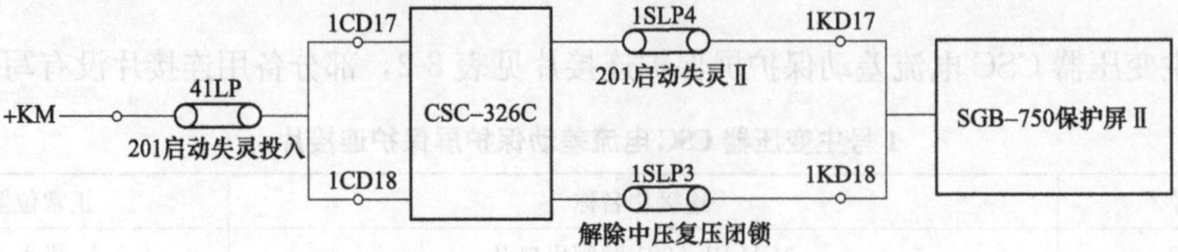


图8-17　201启动失灵回路

图8-17中41LP 201启动失灵投入连接片为220kV母差保护屏中201失灵开入连接片，1SLP4 201启动失灵Ⅱ连接片和1SLP3解除中压复压闭锁连接片为主变压器保护CSC-326C中201失灵开出连接片。详细分析见第五章220kV母线保护中主变压器中压侧断路器启动220kV母线保护回路。

2. CSC-326C保护动作跳5021断路器及5021启动失灵回路

5021启动失灵回路如图8-18所示。

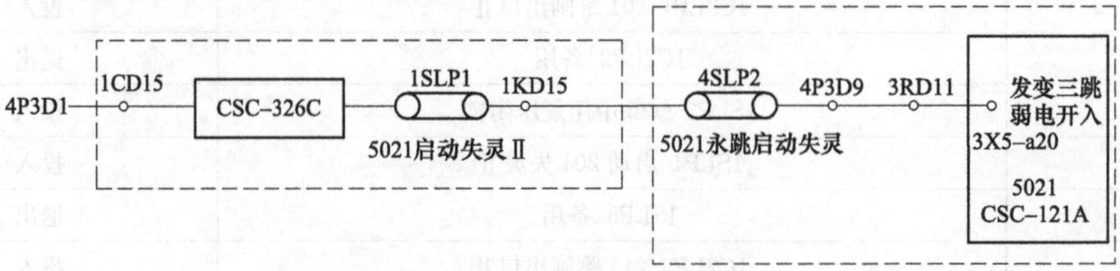


图8-18　5021启动失灵回路

图8-18左边虚线框为CSC-326C保护，右边虚线框为5021断路器保护CSC-121A保护。5021启动失灵回路信号开入断路器保护的3X5-a20端子。断路器失灵是否动作由CSC-121A保护内部判断。1SLP1为主变压器保护CSC-326C中5021断路器失灵开出连接片，4SLP2为5021断路器CSC-121A保护中失灵开入连接片。具体失灵回路见第六章的第四节内容。

3. CSC-326C保护动作跳5022断路器及5022启动失灵回路

5022启动失灵回路如图8-19所示。

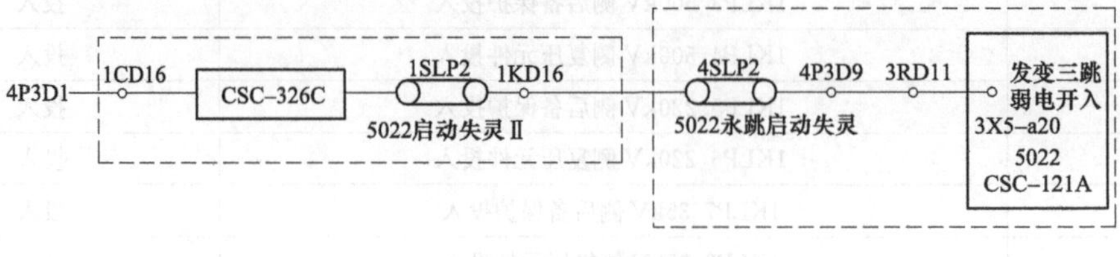


图8-19　5022启动失灵回路

图8-19左边虚线框为CSC-326C保护，右边虚线框为5022断路器保护CSC-121A保护。

5022 启动失灵回路信号开入断路器保护的 3X5-a20 端子。断路器失灵是否动作由 CSC-121A 保护内部判断。1SLP2 为主变压器保护 CSC-326C 中 5022 断路器失灵开出连接片，4SLP2 为 5022 断路器 CSC-121A 保护中失灵开入连接片。具体失灵回路见第六章的第四节内容。

4. CSC-326C 跳主变压器三侧断路器回路

1 号主变压器 5021、5022、201 三个断路器只要有一个断路器失灵动作，不论何种原因跳 5021、5022、201 断路器，CSC-326C 收到这三个任一个失灵启动命令，直接跳主变压器三侧断路器。失灵保护动作 CSC-326C 跳主变压器三侧断路器回路如图 8-20 所示。图 8-20 中 1ZJ1、1ZJ2 为 CSC-326C 保护装置两中间继电器。图 8-20 中主变压器中压侧和高压侧断路器失灵启动为双开入，动作出口也为两个相互独立的回路。

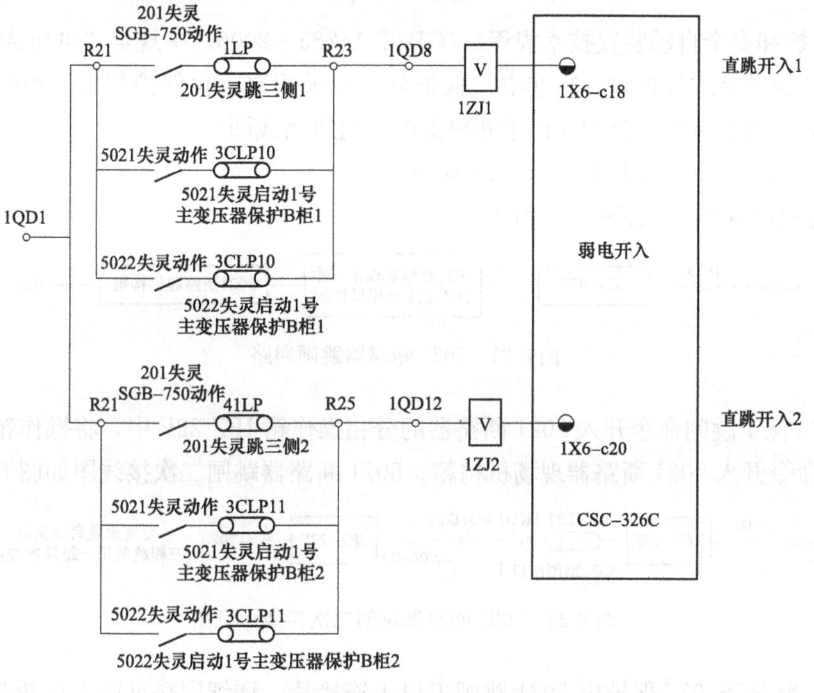


图 8-20 失灵保护动作 CSC-326C 跳主变压器三侧断路器回路

（1）当主变压器中压侧断路器所在母线保护 SGB-750 母差动作，而中压侧断路器 201 失灵时，1ZJ1、1ZJ2 两中间继电器励磁，其对应直跳开入 1 和直跳开入 2 弱电开入动作，接通失灵联跳主变压器三侧断路器回路 1 和回路 2。201 断路器失灵联跳回路 1 与回路 2 类似，以回路 1 为例，分析如下：

1QD1→R21→SGB-750 动作 201 失灵动合触点→1LP（201 失灵跳三侧 1）→R23→1QD8→1X6-C18，直跳开入 1 接通 CSC-326C 保护装置内部失灵联跳回路。

（2）不论何种保护动作（例如 500kV Ⅰ段母差、500kV Ⅰ段母线失灵、本主变压器中压侧后备保护）跳主变压器高压侧 5021 断路器，且 5021 断路器失灵时，1ZJ1、1ZJ2 两中间继电器励磁，其对应直跳开入 1 和直跳开入 2 弱电开入动作，接通失灵联跳主变压器三侧断路器回路 1 和回路 2。5021 断路器失灵联跳回路 1 与回路 2 类似，以回路 1 为例，分析如下：

1QD1→R21→5021 失灵动作动合触点→3CLP10（5021 失灵启动 1 号主变压器保护屏 B1）→R23→1QD8→1X6-C18，直跳开入 1 接通 CSC-326C 保护装置内部失灵联跳回路。

（3）不论何种保护动作（例如本主变压器中压侧后备保护或者线变串中线路保护动作）跳主变压器高压侧 5022 断路器，且 5022 断路器失灵时，1ZJ1、1ZJ2 两中间继电器励磁，其对应直跳开入 1 和直跳开入 2 弱电开入动作，接通失灵联跳主变压器三侧断路器回路 1 和回路 2。5022 断路器失灵联跳回路 1 与回路 2 类似，以回路 1 为例，分析如下：

1QD1→R21→5022 失灵动作动合触点→3CLP10（5022 失灵启动 1 号主变压器保护屏 B1）→R23→1QD8→1X6-C18，直跳开入 1 接通 CSC-326C 保护装置内部失灵联跳回路。

## 八、RCS-978 和 CSC-326C 跳 5021、5022、201、301 断路器回路

《继电保护和安全自动装置技术规程》（GB/T 14285—2006）中规定“电压为 220kV 及以上的变压器装设数字式保护时，除非电量保护外，应采用双重化保护配置。当断路器具有两组跳闸线圈时，两套保护宜分别动作于断路器的一组跳闸线圈”。

1. RCS-978 跳 5021 跳闸回路（5022 同 5021）

5021 断路器跳闸回路如图 8-21 所示。

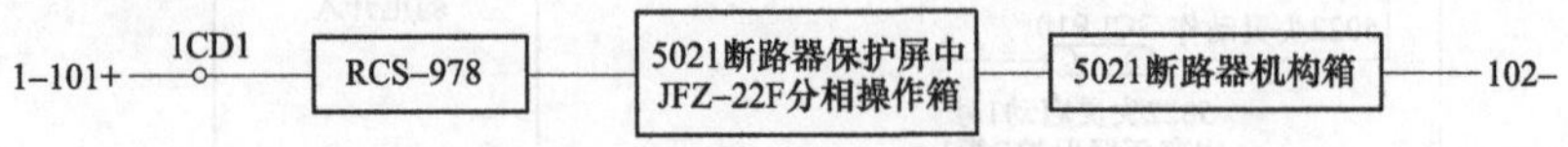


图 8-21　5021 断路器跳闸回路

RCS-978 保护跳闸命令开入 5021 断路器的分相操作箱 JFZ-22F 中，将操作箱中第一组三相跳闸跳闸命令开入 5021 断路器现场机构箱。5021 断路器跳闸二次接线图如图 8-22 所示。

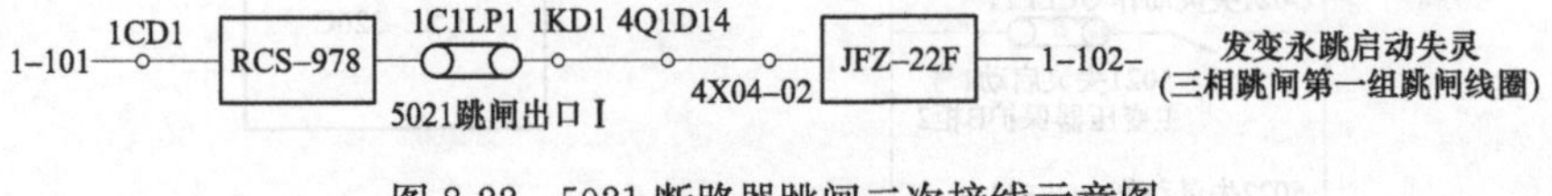


图 8-22　5021 断路器跳闸二次接线示意图

1C1LP1 为 RCS-978 保护中 5021 跳闸出口Ⅰ连接片，详细回路见第六章断路器和分相操作箱相关内容。

2. CSC-326 跳 5021 跳闸回路（5022 同 5021）

5021 断路器跳闸回路如图 8-23 所示。

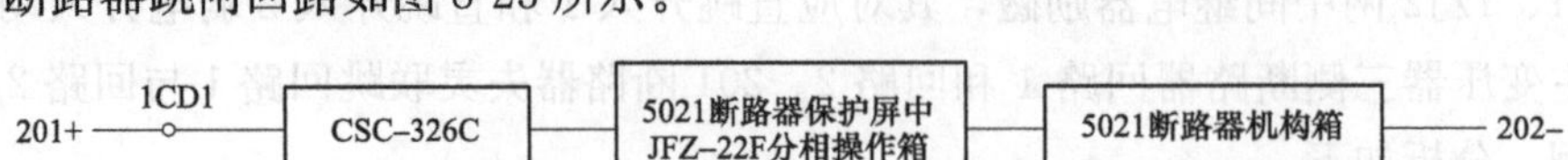


图 8-23　5021 断路器跳闸回路

CSC-326 保护跳闸命令开入 5021 断路器的分相操作箱 JFZ-22F 中，将操作箱中第二组三相跳闸跳闸命令开入 5021 断路器现场机构箱。5021 断路器跳闸二次接线图如图 8-24 所示。

1C1LP1 为 CSC-326 保护中 5021 跳闸出口Ⅱ连接片，详细回路见第六章断路器和分相操作箱相关内容。

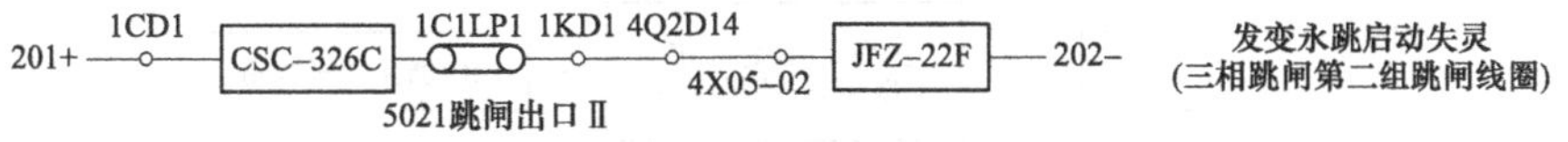


图 8-24 5021 断路器跳闸二次接线示意图

3. RCS-978 跳 201 跳闸回路

201 断路器跳闸回路如图 8-25 所示。

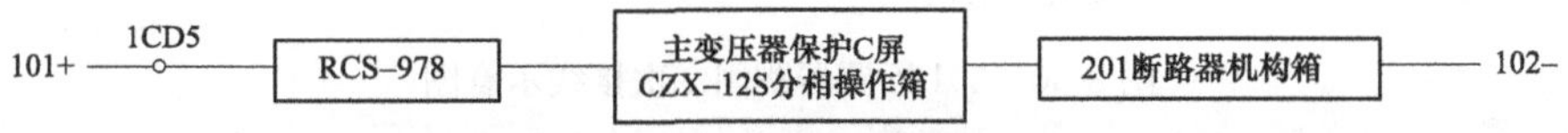


图 8-25 201 断路器跳闸回路

RCS-978 保护跳闸命令开入主变压器保护 C 屏中 201 断路器操作箱 CZX-12S 中，将操作箱中第一组永跳命令开入 201 断路器现场机构箱。201 断路器跳闸二次接线图如图 8-26 所示。

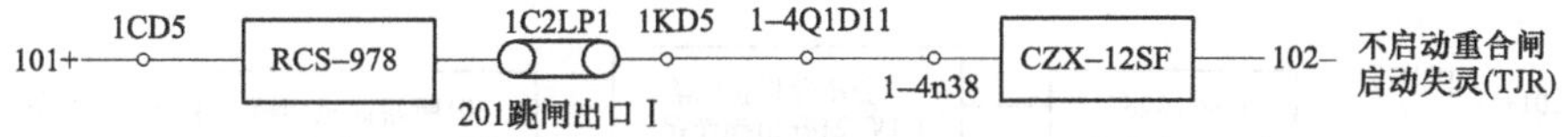


图 8-26 201 断路器跳闸二次回路图

1C2LP1 为 RCS-978 保护中 201 跳闸出口Ⅰ连接片，详细回路见本章 201 断路器和 CZX-12S 分相操作箱相关内容。

4. CSC-326 跳 201 跳闸回路

201 断路器跳闸回路如图 8-27 所示。

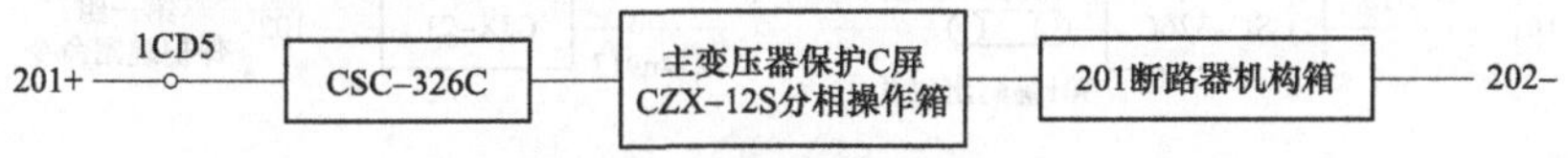


图 8-27 201 断路器跳闸回路

CSC-326 保护跳闸命令开入主变压器保护 C 屏中 201 断路器操作箱 CZX-12S 中，将操作箱中第二组永跳命令开入 201 断路器现场机构箱。201 断路器跳闸二次接线图如图 8-28 所示。

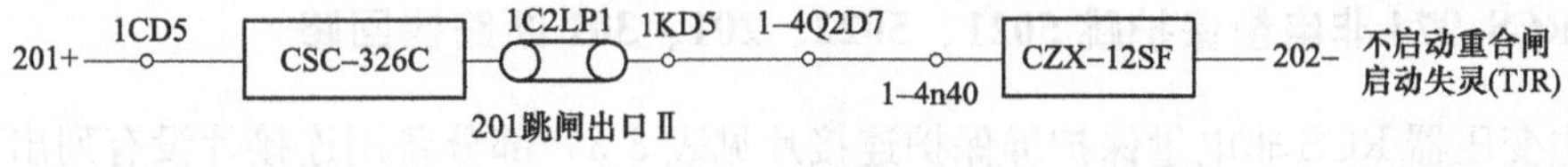


图 8-28 201 断路器跳闸二次接线示意图

1C2LP1 为 CSC-326C 保护中 201 跳闸出口Ⅱ连接片，详细回路见本章 201 断路器和 CZX-12S 分相操作箱相关内容。

5. RCS-978 跳 301 跳闸回路

301 断路器跳闸回路如图 8-29 所示。

RCS-978 保护跳闸命令开入主变压器保护 C 屏中 301 断路器操作箱 CJX-21 中，经操作箱将跳命令开入 301 断路器现场机构箱。301 断路器跳闸二次接线图如图 8-30 所示。

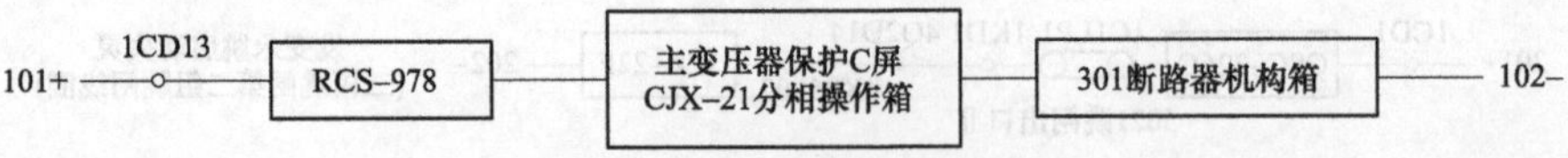


图 8-29　301 断路器跳闸回路

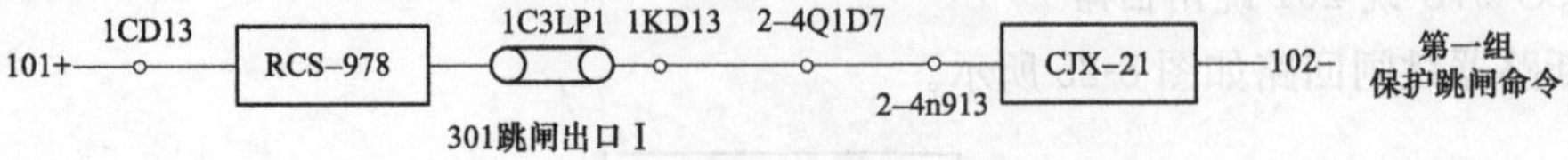


图 8-30　301 断路器跳闸二次接线示意图

1C3LP1 为 RCS-978 保护中 301 跳闸出口Ⅰ连接片，详细回路见本章 301 断路器和 CJX-21 操作箱相关内容。

6. CSC-326 跳 301 跳闸回路

301 断路器跳闸接线示意如图 8-31 所示。

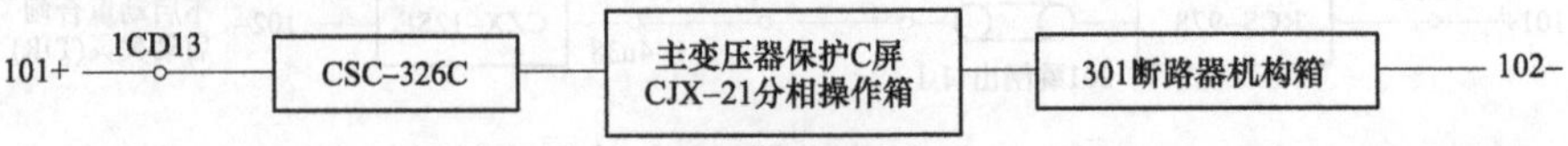


图 8-31　301 断路器跳闸接线示意图

CSC-326 保护跳闸命令开入主变压器保护 C 屏中 301 断路器操作箱 CJX-21 中，经操作箱将跳命令开入 301 断路器现场机构箱。301 断路器跳闸二次接线图如图 8-32 所示。

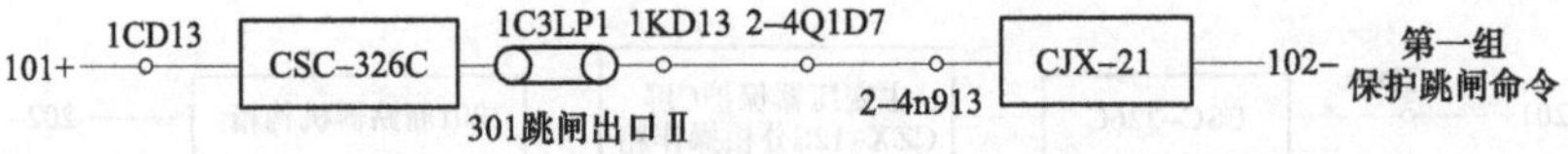


图 8-32　301 断路器跳闸二次接线示意图

1C3LP1 为 CSC-326C 保护中 301 跳闸出口Ⅱ连接片，详细回路见本章 301 断路器和 CJX-21 操作箱相关内容。注意，CSC-326 和 RCS-978 保护跳 301 都接到 CJX-21 操作箱第一组跳闸回路。

## 九、RCS-974 非电量保护跳 5021、5022、201、301 断路器回路

1 号主变压器 RCS 非电量保护屏保护连接片见表 8-3，部分备用连接片没有列出。

**表 8-3　　1 号主变压器 RCS 非电量保护屏保护**

| 序号 | 连接片名称 | 正常位置 |
| --- | --- | --- |
| 1 | 5CLP1 非电量跳 5021 出口Ⅰ | 投入 |
| 2 | 5CLP2 非电量跳 5021 出口Ⅱ | 投入 |
| 3 | 5CLP3 非电量跳 5022 出口Ⅰ | 投入 |
| 4 | 5CLP4 非电量跳 5022 出口Ⅱ | 投入 |

续表

| 序号 | 连接片名称 | 正常位置 |
|---|---|---|
| 5 | 5CLP5 非电量跳 201 出口Ⅰ | 投入 |
| 6 | 5CLP6 非电量跳 201 出口Ⅱ | 投入 |
| 7 | 5CLP7 非电量跳 301 出口 | 投入 |
| 8 | 5CLP8 压力突变启动跳闸 | 退出 |
| 9 | 5CLP9 冷控失电延时跳闸 | 投入 |
| 10 | 5CLP10 备用 | 退出 |
| 11 | 5CLP11 备用 | 退出 |
| 12 | 5CLP12 油温高跳闸 | 退出 |
| 13 | 5CLP13 投非全相保护 | 退出 |
| 14 | 5CLP14 投非电量延时保护 | 投入 |
| 15 | 5CLP15 投检修状态 | 退出 |
| 16 | 5CLP16 本体重瓦斯启动跳闸 | 投入 |
| 17 | 5CLP17 压力释放 2 启动跳闸 | 退出 |
| 18 | 5CLP18 绕组过温启动跳闸 | 退出 |
| 19 | 5CLP19 压力释放 1 启动跳闸 | 退出 |

该站 RCS-974 非电量保护符合《防止电力生产事故的二十五项重点要求及编制释义》中“变压器、电抗器宜配置单套非电量保护，应同时作用于断路器的两个跳闸线圈”的规定。

《继电保护和安全自动装置技术规程》(GB/T 14285—2006) 中规定“对于高压侧为 330kV 及以上的变压器，为防止由于频率降低或者电压升高引起变压器磁密过高而损坏变压器，应装设过励磁保护。保护应具有定时限或反时限特性并与被保护变压器的过励磁特性配合。定时限保护由两段组成，低定值动作于信号，高定值动作于跳闸”。“变压器非电气量保护不应启动失灵保护”。“对变压器油温、绕组温度及油箱内压力升高超过允许值和冷却系统故障，应装设动作于跳闸或信号的装置”。

该站油浸式变压器和高抗绕组温度保护和顶层油温保护作用于信号。该站运行规程规定对于自然循环的油浸式变压器和高抗，顶层油温报警值设定为 85℃；对于强迫油循环的风冷变压器，顶层油温报警值设定为 80℃。该站油浸式变压器和高抗压力释放阀接点作用于信号。

该变压器是强迫油循环风冷变压器，该站运行规程规定当冷却系统故障切除全部冷却器时，允许带额定负载运行 20min，如 20min 后顶层油温尚未达到 75℃，则允许上升到 75℃，但在这种情况下的最长时间不得超过 1h，达到 1h，风冷全停跳主变压器三侧断路器。

1. RCS-974 非电量保护跳 5021 跳闸 1 回路（5022 同 5021）

RCS-974 非电量保护跳 5021 和 5022 断路器命令开入各自分相操作箱的非电量三相跳闸回路中，TJF 非电量跳闸继电器励磁后，其动合触点闭合接通断路器两组跳闸回路，实现分闸。非电量跳 5021 断路器第一组跳闸线圈二次接线图如图 8-33 所示。

2. RCS-974 非电量保护跳 5021 跳闸 2 回路（5022 同 5021）

非电量跳 5021 断路器第二组跳闸线圈二次接线图如图 8-34 所示。

5CLP1 5021 跳闸出口Ⅰ和 5CLP2 5021 跳闸出口Ⅱ为 RCS-974 非电量保护屏上 5021 两

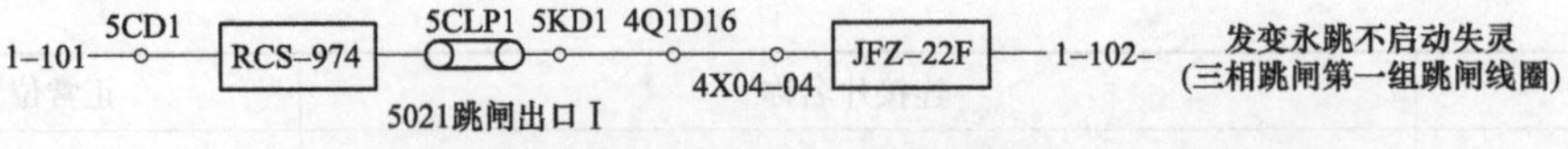


图 8-33　非电量跳 5021 断路器第一组跳闸线圈二次接线示意图

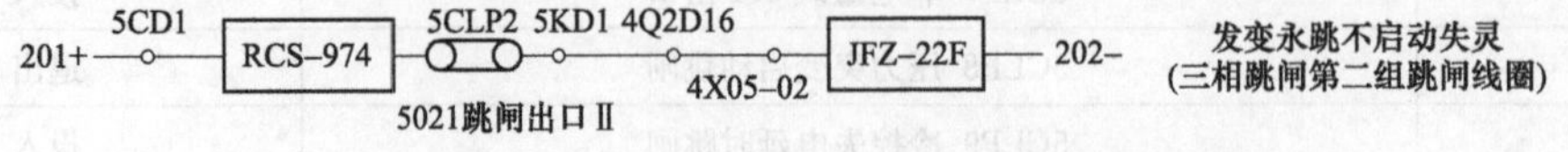


图 8-34　非电量跳 5021 断路器第二组跳闸线圈二次接线示意图

个跳闸出口连接片，详细回路见第六章 JFZ-22F 分相操作箱中内容。

3. RCS-974 非电量保护 跳 201 跳闸 1 回路

非电量跳 201 断路器第一组跳闸线圈二次接线图如图 8-35 所示。

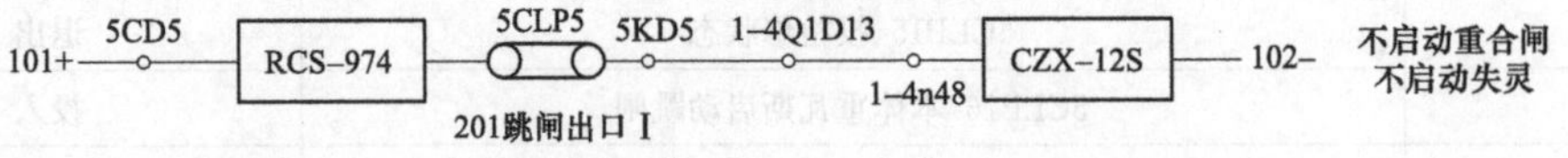


图 8-35　非电量跳 201 断路器第一组跳闸线圈二次接线示意图

4. RCS-974 非电量保护跳 201 跳闸 2 回路

非电量跳 201 断路器第二组跳闸线圈二次接线图如图 8-36 所示。

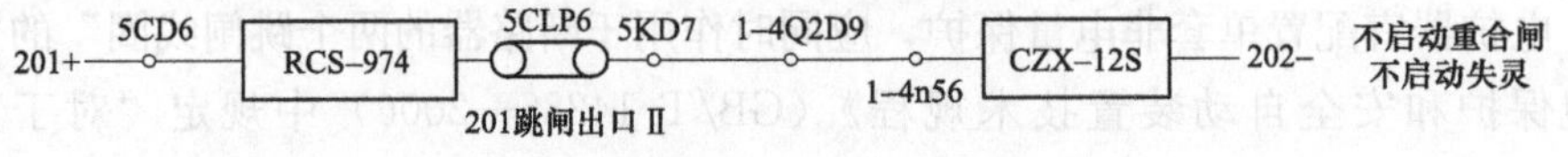


图 8-36　非电量跳 201 断路器第二组跳闸线圈二次接线示意图

5CLP5 201 跳闸出口Ⅰ和 5CLP6 201 跳闸出口Ⅱ为 RCS-974 非电量保护屏上 201 两个跳闸出口连接片，详细回路见本章 CZX-12S 操作箱中内容。

5. RCS-974 非电量保护跳 301 跳闸回路

非电量跳 301 断路器跳闸线圈二次接线图如图 8-37 所示。

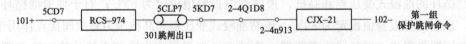

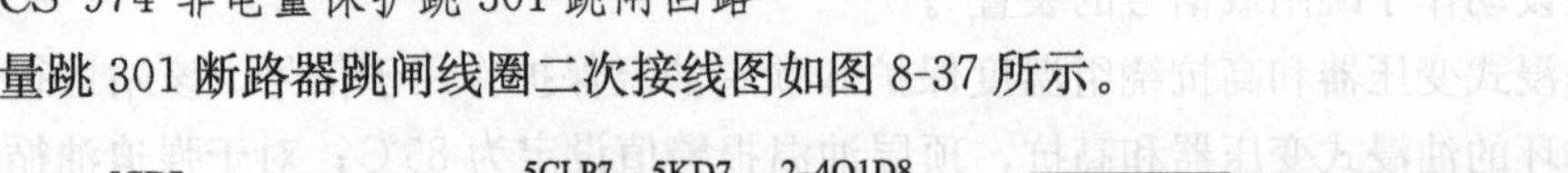


图 8-37　非电量跳 301 断路器跳闸线圈二次接线示意图

RCS-974、CSC-326 和 RCS-978 保护跳 301 都接到 CJX-21 操作箱第一组跳闸命令回路。

5CLP7 为 RCS-974 非电量保护屏上 301 跳闸出口连接片，详细回路见本章 CJX-21 操作箱相关内容。

## 十、1 号主变压器启动通风与闭锁调压回路

当 1 号主变压器过负荷时，保护装置 RCS-978 及 CSC-326 会给主变压器本体发信号并启动主变压器辅助冷却器。保护装置 RCS-978 及 CSC-326 高、中、低及公共绕组过负荷起风冷

见主变压器后备保护定值单。该主变压器高、中、低及公共绕组有过负荷保护。主变压器高压侧和中压侧具有过负荷启动风冷的功能，主变压器高压侧和中压侧额定电流为 0.33A 和 0.76A，主变压器高压侧和中压侧启动风冷的电流为 0.26A 和 0.61A。对于强迫油循环风冷变压器，辅助冷却器启动温度 55℃，辅助冷却器停止温度为 45℃，辅助冷却器按变压器 2/3 额定电流启动。1 号主变压器启动通风回路如图 8-38 所示。

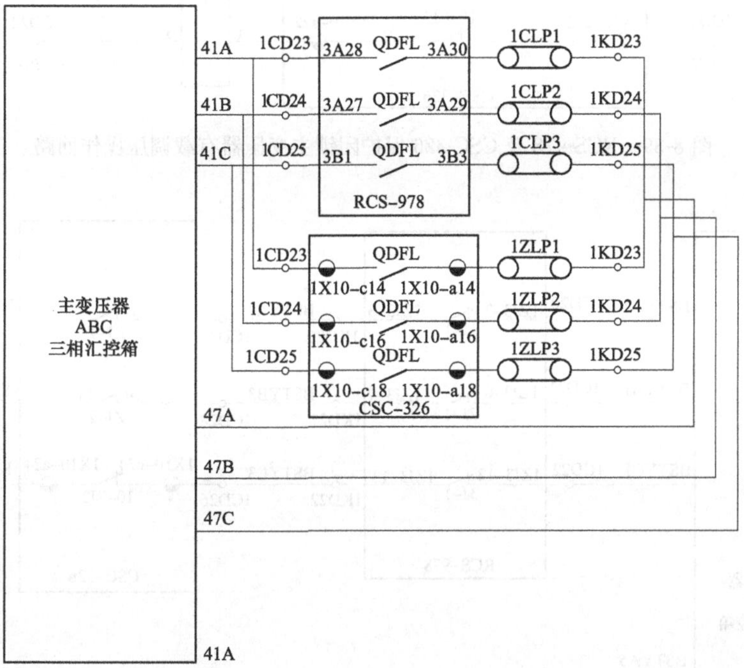

图 8-38 1 号主变压器启动通风回路

在图 8-38 主变压器启动风冷二次接线中，RCS-978 及 CSC-326 保护启动风冷采用并联的方式启动主变压器辅助冷却器。QDFL 启动风冷动合触点代表 RCS-978 及 CSC-326 保护过负荷启动风冷。1CLP1、1CLP2、1CLP3 代表 RCS-978 保护中 A、B、C 相过负荷启动风冷出口连接片。1ZLP1、1ZLP2、1ZLP3 代表 CSC-326 保护中 A、B、C 相过负荷启动风冷出口连接片。

当主变压器过负荷时，RCS-978 及 CSC-326 保护闭锁主变压器有载调压操作，其回路如图 8-39 和图 8-40 所示。

在图 8-40 中，RCS-978 和 CSC-326 保护采用串联的方式闭锁调压。1ZJ3 是 RCS-978 保护中闭锁调压的继电器，ZJ 是 CSC-326 保护中闭锁调压的继电器。在 RCS-978 保护中，当主变压器高压侧或者中压侧负荷达到闭锁调压值时，图 8-39 中的 BSTY 闭锁调压动断触点打开，1ZJ3 中间继电器失磁，1ZJ3(2、3)、1ZJ3(6、7)、1ZJ3(12、13) 动断触点闭合。在 CSC-326 保护中，当主变压器高压侧或者中压侧负荷达到闭锁调压值时，10-7J2 闭锁调压动断触点打开，ZJ 中间继电器失磁，ZJ(2、3)、ZJ(10、11) 动断触点闭合。只有 RCS-978 和 CSC-326 保护闭锁调压同时动作，主变压器才能实现 ABC 三相闭锁调压。

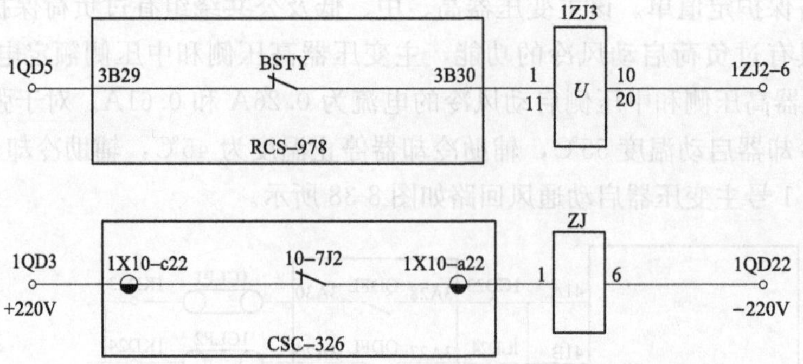


图 8-39　RCS-978 及 CSC-326 保护闭锁主变压器有载调压操作回路

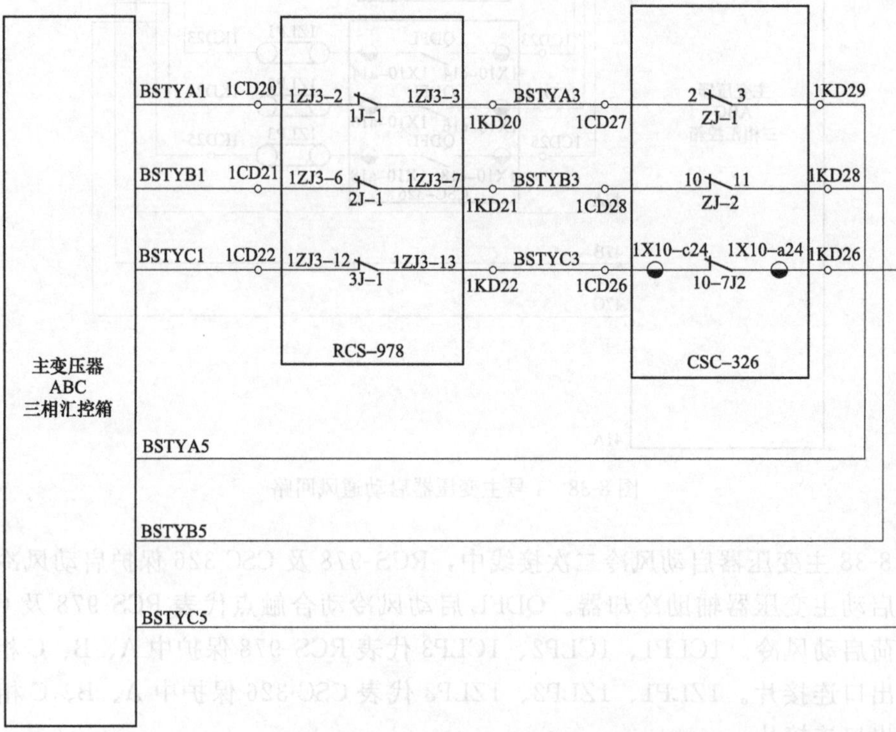


图 8-40　主变压器闭锁调压二次接线图

## 第三节　主变压器三侧断路器测控及 1 号主变压器本体控制回路

### 一、1 号主变压器高压侧 5021(或 5022）断路器控制回路

1 号主变压器高压侧 5021、5022 断路器测控屏控制回路相类似，以其中之一为例，其控制回路图如图 8-41 所示。

1. 监控遥控跳闸控制回路

首先将 21KSH 远方/就地切换把手置于远方位置，则 21KSH（1-2）触点接通，再投入

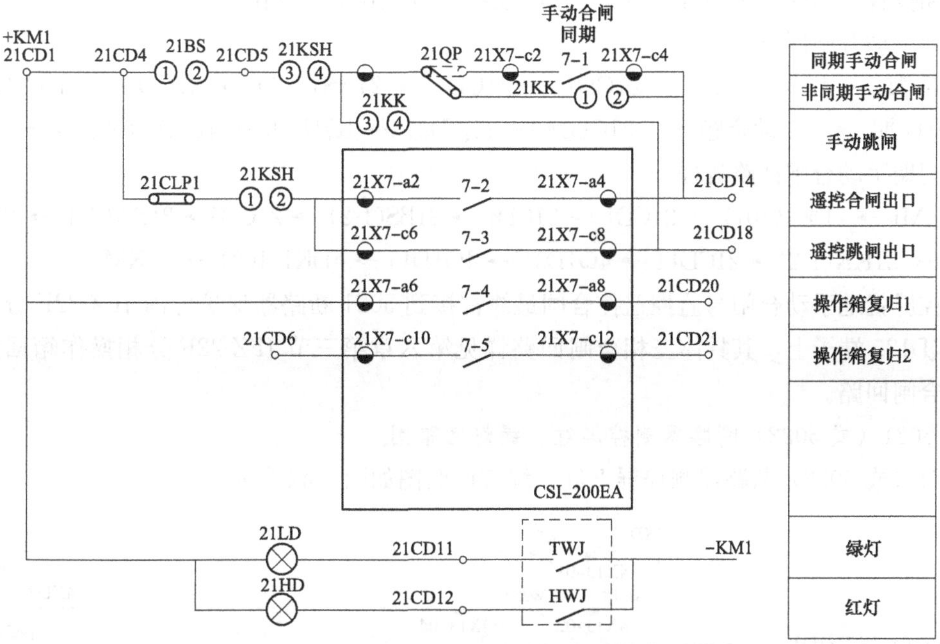


图 8-41 1 号主变压器高压侧 5021 或 5022 断路器控制回路

21BS—“五防”验电口；21SA—断路器远方/就地切换把手；21KK—分/合闸选择把手；21CLP1—5021 或 5022 断路器的遥控连接片；21QP—5021 或 5022 断路器投同期/非同期切换片

21CLP1 为 5021 断路器的遥控连接片，当监控下达 5021 断路器分闸命令时，图 8-41 中 7-3 动合触点闭合，断路器分闸。其回路流程如下：

+KM1 → 4DK1(101) → 21CD1 → 21CD4 → 21CLP1 →21SA(1-2)→ 7-3 动合触点→ 21CD18 → 4Q1D35 → 4Q1D46 → 4DK1(102) →—KM1。

2. 测控屏就地分闸控制回路

将 21SA 远方/就地切换把手置于就地位置，则 21SA（3-4）触点接通，在 21BS 处插入“五防”钥匙，再将 21KK 把手切至分闸位置，则 21KK（3-4）触点接通，断路器便可进行分闸操作。其回路流程如下：

+KM1 → 4DK1(101) → 21CD1 → 21CD4 → 21BS(1-2)→21SA(3-4)→ 21KK(3、4)→ 21CD18 → 4Q1D35 → 4Q1D46 → 4DK1(102) →—KM1。

测控屏就地分闸和监控分闸都接到 5021 断路器 JFZ-22F 分相操作箱内 4D135 端子上，其具体三相分闸回路详见第六章第三节 JFZ-22F 分相操作箱回路图中的手动跳闸回路。

3. 监控遥控合闸控制回路

当监控下达 5021 断路器合闸命令时，图 8-41 中 7-2 动合触点闭合，断路器合闸。其回路流程如下：

+KM1 → 4DK1(101) → 21CD1 → 21CD4 → 21CLP1 →21SA(1-2)→ 7-2 动合触点→ 21CD14 → 4Q1D31 → 4Q1D46 → 4DK1(102) → —KM1。

4. 测控屏就地合闸控制回路

测控屏就地合闸分为同期手动合闸与非同期手动合闸，同期手动合闸时将 21QP 切换片投至投同期位置，非同期手动合闸时将 21QP 切换片投至投非同期位置。

同期手动合闸回路流程：

＋KM1 → 4DK1(101) → 21CD1 → 21CD4 → 21BS(1-2) → 21CD5→ 21SA(3-4)→ 21LP(投同期)→ 7-1 动合触点→ 21CD14 → 4Q1D31 → 4Q1D46 → 4DK1(102) → －KM1。

非同期手动合闸回路流程：

＋KM1 → 4DK1(101) → 21CD1 → 21CD4 → 21BS(1-2) → 21CD5→ 21SA(3-4)→ 21LP(投非同期)→ 21KK(1-2)→ 21CD14 → 4Q1D31 → 4Q1D46 → 4DK1(102) → －KM1。

测控屏就地手动合闸与监控遥控合闸最终都接到 5021 断路器保护屏内 JFZ-22F 分相操作箱内 4QD129 端子上，其具体三相合闸回路详见第六章第三节 JFZ-22F 分相操作箱回路图中的手动合闸回路。

5. 5021（或 5022）断路器测控屏红、绿灯回路图

5021（或 5022）断路器测控屏上红、绿灯回路图如图 8-42 所示。

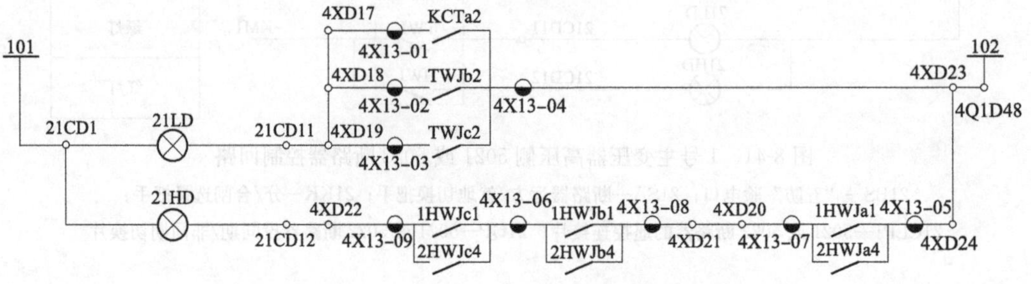


图 8-42　5021（或 5022）断路器测控屏上红、绿灯回路图

红灯表示断路器在合位，绿灯表示断路器在跳位。因为 500kV 断路器是分相断路器，所以将断路器三相合闸位置继电和三相分闸位置继电器的动合触点分别接入红绿灯控制回路中。

(1) 绿灯不亮分析。三个跳闸位置继电器 TWJ 的动合触点并联后和绿灯 21LD 串联在回路中。当绿灯不亮时，可能是灯的问题，但也可能是合闸回路有问题。后一种情况非常严重，因为当断路器在分闸位置时，跳闸位置继电器 TWJ 接在合闸回路中，它是带电励磁的，所以其动合触点闭合，绿灯亮。若三相 TWJ 失磁，它的动合触点断开，说明合闸回路中断，合闸回路有问题，断路器不能进行合闸操作。三相跳闸位置继电器动合触点并联有缺陷，假如某一相的合闸回路不通，虽然其 TWJ 失磁，对应动合触点打开，但是仍然不影响绿灯正常点亮。

(2) 红灯不亮分析。500kV 断路器有两组跳闸回路，所以有两组合闸位置继电器 HWJ。每一相的两组合闸位置继电器 HWJ 的动合触点分别并联后再与红灯 21HD 串联在回路中。当红灯不亮时，可能是灯的问题，但也可能是分闸回路有问题。后一种情况非常严重，当断路器在合闸位置时，合闸位置继电器 HWJ 接在分闸回路中，它是带电励磁的，所以其动合触点闭合，红灯亮。若分闸回路有问题，则 HWJ 失磁，它的动合触点断开，红灯不亮，这是实际的运行中值得注意的。

## 二、1 号主变压器中压侧 201 断路器控制回路

1 号主变压器中压侧 201 断路器控制回路如图 8-43 所示。

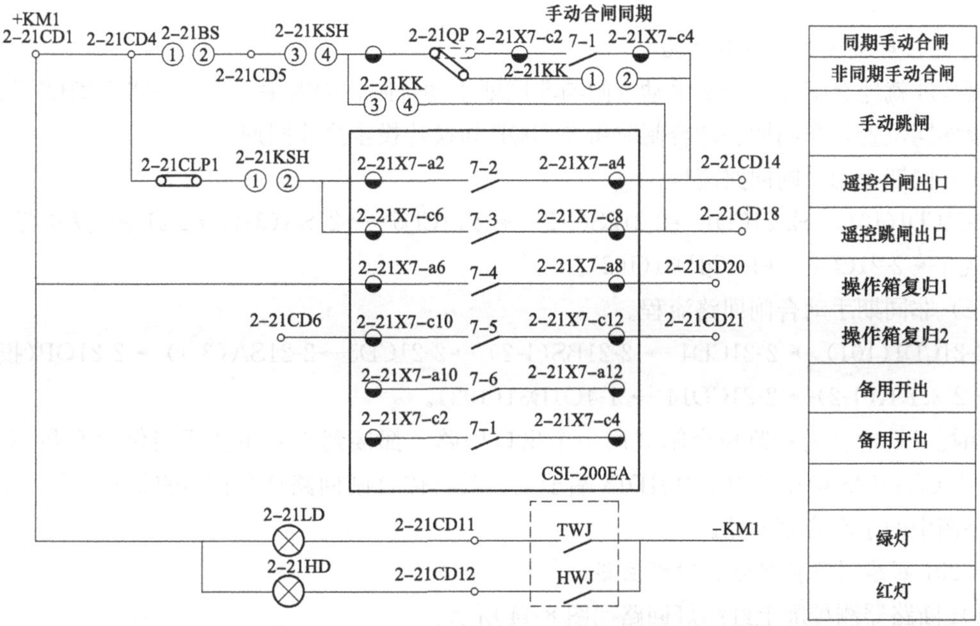


图 8-43　1 号主变压器中压侧 201 断路器控制回路

2-21BS—“五防”验电口；2-21KSH—断路器远方/就地切换把手；2-21KK—分/合闸选择把手；

2-21CLP1—201 断路器的遥控连接片；2-21QP—201 断路器投同期/非同期切换片

1. 监控遥控跳闸控制回路

首先将 2-21KSH 远方/就地切换把手置于远方位置，则 2-21KSH（1-2）触点接通，再投入 2-21CLP1 为 201 断路器的遥控连接片，当监控下达 201 断路器分闸命令时，图 8-43 中 7-3 动合触点闭合，断路器分闸。其回路流程如下：

2-21CD1(101)→ 2-21CD4 → 2-21CLP1 →2-21KSH(1-2)→ 7-3 动合触点→2- 21CD18 → 1-4Q1D31 →(102)。

2. 测控屏就地分闸控制回路

将 2-21KSH 远方/就地切换把手置于就地位置，则 2-21KSH（3-4）触点接通，在 2-21BS 处插入“五防”钥匙，再将 2-21KK 把手切至分闸位置，则 2-21KK（3-4）触点接通，断路器便可进行分闸操作。其回路流程如下：

2-21CD1(101) →2-21CD4 → 2-21BS(1-2)→2-21CD5→2-21KSH(3-4)→2-21KK(3-4)→2-21CD18 → 1-4Q1D31(102)。

测控屏就地分闸和监控分闸共用一个出口回路，都接到 1 号主变压器保护 C 屏（RCS-974）中 CZX-12S 操作箱内 1-4Q1D20 端子上，其具体分闸回路详见图 8-9CZX-12S 分相操作箱回路图中的手动跳闸回路。

3. 监控遥控合闸控制回路

当监控下达 201 断路器合闸命令时，图 8-43 中 7-2 动合触点闭合，断路器合闸。其回路流程如下：

2-21CD1(101)→2-21CD4 → 2-21CLP1 → 2-21SA(1-2)→ 7-2 动合触点→ 2-21CD14 → 1-4Q1D31 →(102)。

4. 测控屏就地合闸控制回路

测控屏就地合闸分为同期手动合闸与非同期手动合闸，同期手动合闸时将 2-21QP 切换片投至投同期位置，非同期手动合闸时将 2-21QP 切换片投至投非同期位置。

（1）同期手动合闸回路流程。

2-21CD1(101) →2-21CD4 →2-21BS(1-2) → 2-21CD5→2-21SA(3-4)→2-21QP(投同期)→7-1 动合触点→ 2-21CD14 →1-4Q1D31(102)。

（2）非同期手动合闸回路流程。

2-21CD1(101) → 2-21CD4 → 2-21BS(1-2) →2-21CD5→2-21SA(3-4)→ 2-21QP(投非同期)→ 2-21KK(1-2)→ 2-21CD14 → 1-4Q1D31(102)。

测控屏就地合闸和监控合闸共用一个出口回路，都接到 1 号主变压器保护 C 屏（RCS-974）中 CZX-12S 操作箱内 1-4Q1D18 端子上，其具体合闸回路详见图 8-9CZX-12S 分相操作箱回路图中的手动合闸回路。

5. 201 断路器测控屏红、绿灯回路

201 断路器测控屏上红绿灯回路如图 8-44 所示。

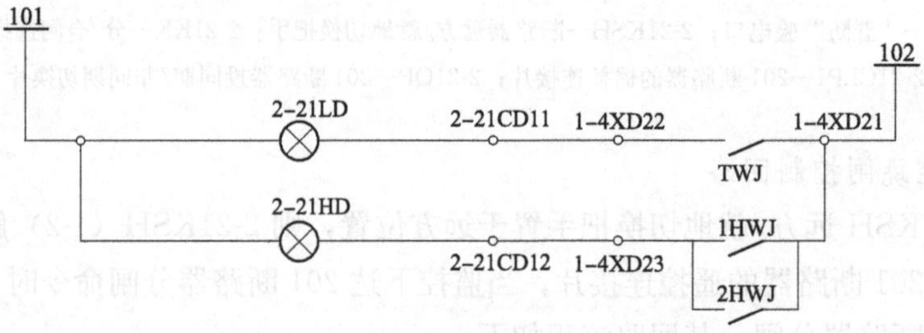


图 8-44　201 断路器测控屏上红绿灯回路

红灯表示断路器在合位，绿灯表示断路器在跳位。

（1）绿灯不亮分析。绿灯和跳闸位置继电器 TWJ 的动合触点串联在回路中。当绿灯不亮时，可能是灯的问题，但也可能是合闸回路有问题。后一种情况非常严重，因为当断路器在分闸位置时，跳闸位置继电器 TWJ 接在合闸回路中，它是带电励磁的，所以其动合触点闭合，绿灯亮。若 TWJ 失磁，它的动合触点断开，绿灯不亮说明合闸回路中断，合闸回路有问题，断路器不能进行合闸操作。

（2）红灯不亮分析。201 断路器有两组跳闸回路，所以有两组合闸位置继电器 HWJ。两组合闸位置继电器 HWJ 的动合触点并联后和红灯串联在回路中。当红灯不亮时，可能是灯的问题，但也可能是分闸回路有问题。后一种情况非常严重，当断路器在合闸位置时，合闸位置继电器 HWJ 接在分闸回路中，它是带电励磁的，所以其动合触点闭合，红灯亮。若分闸回路有问题，则 HWJ 失磁，它的动合触点断开，红灯不亮，这是实际的运行中值得注意的。

## 三、1号主变压器低压侧301断路器测控控制回路图

1号主变压器低压侧301断路器测控回路如图8-45所示。

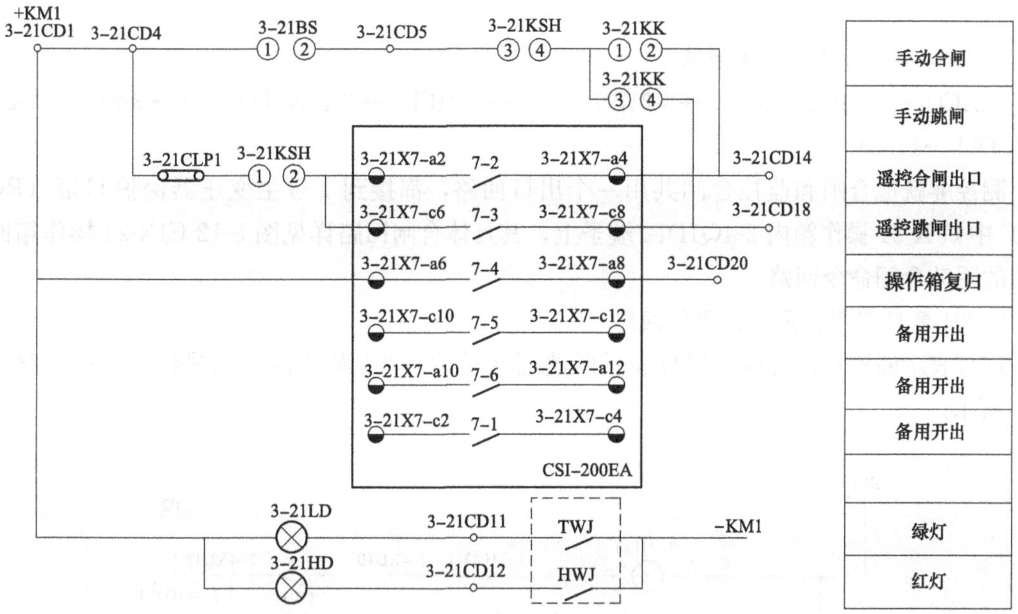


图8-45 1号主变压器低压侧301断路器侧控回路

301断路器相比5021、201断路器测控屏控制回路简单些，没有同期或非同期手动合闸，只有一个手动合闸回路，在1号主变压器低压侧301断路器测控装置中：3-21BS为测控屏的“五防”验电口，3-21SA为测控屏上断路器远方/就地切换把手，3-21KK为测控屏上分/合闸选择把手，3-21CLP1为301断路器的遥控连接片。

1. 监控遥控跳闸控制回路

将3-21SA远方/就地切换把手置于远方位置，则3-21KSH（1-2）触点接通，再投入3-21CLP1301断路器的遥控连接片，当监控下达301断路器分闸命令时，图8-45中7-3动合触点闭合，断路器分闸。其回路流程如下：

3-21CD1(101)→3-21CLP1→3-21KSH(1-2)→7-3动合触点→3- 21CD18→(102)。

2. 测控屏就地分闸控制回路

将3-21KSH远方/就地切换把手置于就地位置，则3-21KSH（3-4）触点接通，在3-21BS处插入“五防”钥匙，再将3-21KK把手切至分闸位置，则3-21KK（3-4）触点接通，断路器便可进行分闸操作。其回路流程如下：

3-21CD1(101)→3-21BS(1-2)→3-21CD5→3-21KSH(3-4)→3-21KK(3-4)→3-21CD18→(102)。

测控屏就地分闸和监控分闸共用一个出口回路，都接到1号主变压器保护C屏（RCS-974）中CJX-21操作箱内2-4Q1D15端子上，其具体分闸回路详见图8-12 CJX-21操作箱回路图中的手动跳闸命令回路。

3. 监控遥控合闸控制回路

当监控下达 301 断路器合闸命令时，图 8-45 中 7-2 动合触点闭合，断路器合闸。其回路流程如下：

3-21CD1→3-21CD4（101）→3-21CLP1 → 3-21KSH（1-2）→ 7-2 动合触点→3-21CD14 →（102）。

4. 测控屏就地合闸控制回路

3-21CD1→3-21CD4（101）→3-21BS（1-2）→3-21CD5→3-21KSH（3-4）→3-21KK（1-2）→3-21CD14 →（102）。

测控屏就地合闸和监控合闸共用一个出口回路，都接到 1 号主变压器保护 C 屏（RCS-974）中 CJX-21 操作箱内 2-4Q1D12 端子上，其具体合闸回路详见图 8-12 CJX-21 操作箱回路图中的手动合闸命令回路。

5. 301 断路器测控屏红、绿灯回路

红灯表示断路器在合位，绿灯表示断路器在跳位。301 断路器测控屏红、绿灯回路如图 8-46 所示。

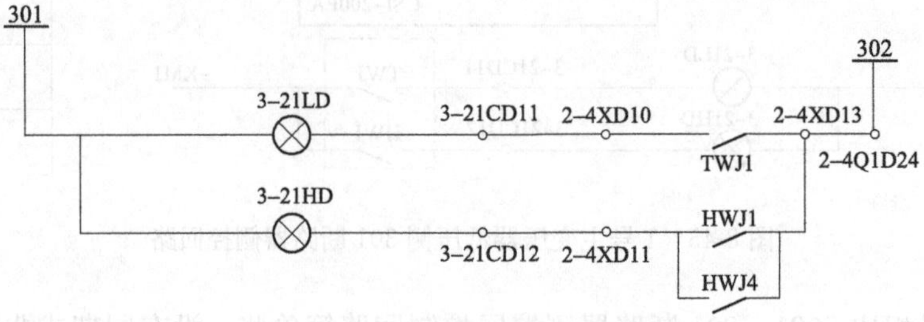


图 8-46　301 断路器测控屏红、绿灯回路

（1）绿灯不亮分析。绿灯和跳闸位置继电器 TWJ 的动合触点串联在回路中。当绿灯不亮时，可能是灯的问题，但也可能是合闸回路有问题。后一种情况非常严重，因为当断路器在分闸位置时，跳闸位置继电器 TWJ 接在合闸回路中，它是带电励磁的，所以其动合触点闭合，绿灯亮。若 TWJ 失磁，它的动合触点断开，说明合闸回路中断，合闸回路有问题，断路器不能进行合闸操作。

（2）红灯不亮分析。注意图 8-46 中 HWJ4 是个动合触点，因 301 断路器没有第二组跳闸回路，所以在此回路中 HWJ4 始终是动合的。合闸位置继电器 HWJ 的动合触点和红灯串联在回路中。当红灯不亮时，可能是灯的问题，但也可能是分闸回路有问题。后一种情况非常严重，当断路器在合闸位置时，合闸位置继电器 HWJ 接在分闸回路中，它是带电励磁的，所以其动合触点闭合，红灯亮。若分闸回路有问题，则 HWJ 失磁，它的动合触点断开，红灯不亮，这是实际运行中值得注意的。

## 四、主变压器测控屏中高中低及本体控制屏原理图与信号回路

主变压器测控屏中高中低及本体控制屏原理图与信号回路如图 8-47 所示，图 8-47 中主变压器高中低压侧信号通过对应侧的测控装置上传到监控系统。主变压器高中低压侧测控装置

公用遥信端子 COM。

图 8-47　主变压器测控屏中高中低及本体控制屏原理图与信号回路

## 第四节　1 号主变压器 220kV 断路器二次回路图

1 号主变压器 220kV 断路器为阿海珐公司所生产，型号为 GL314，为弹簧操动机构，该型号适用于 1 号主变压器中压侧 201 断路器，也适用于分段 213、224 及母联 234 断路器，都是三相一体的断路器。本节所述回路图断路器处于分闸状态，合闸弹簧已储能，无 $SF_6$ 气体，无电压。

## 一、合闸回路

合闸时，需满足 $SF_6$ 低气压闭锁不动作、防跳不动作、弹簧储能、断路器动断辅助触点完好等条件。合闸回路如图 8-48 所示。

1. 远方合闸回路

将远方/就地切换把手切至远方位置，此时 S10(1-2) 闭合，S10(3-4) 断开，当有远方合闸命令下传时，合闸线圈 Y01 励磁，便可进行断路器的合闸操作，合闸流程如下：

X01(109) →S10(1-2)→K03(31-32)→K13(31-32)→K01(21-22)→S04(9-10)→S01(9-10)→Y01(A1-A2) →－X01(15)。

S04 是弹簧储能限位接点，弹簧储能时 S04（9-10）接通。K03 和 K13 是 $SF_6$ 低气压闭锁分合闸操作密度继电器的辅助触点。

2. 就地合闸回路

将远方/就地切换把手切至就地位置，此时 S10（3-4）闭合，再按下合闸按钮 SB11，同样合闸线圈 Y01 励磁，便可进行断路器的合闸操作，合闸流程如下：

L＋→SB11(13-14)→S10(3-4)→K03(31-32)→以下同远方合闸流程→L－。

3. 防跳回路

使用本断路器本体的防跳回路，防跳回路作用防止断路器出现重复“分-合”现象，假如断路器合闸后，合闸命令不解除，此时断路器动合辅助触点 S01(7-8）闭合，且 K01 防跳继电器励磁，K01(21-22）断开，切断合闸回路，同时 K01(13-14）闭合，使防跳继电器 K01 自保持。

4. 合闸监视回路

合闸监视作用是监视远方合闸回路完好性，当断路器在分闸位置时，防跳继电器不励磁，且断路器的动断辅助触点是接通的。其回路如下：

X01(75) →S01(13-14)→K01(31-32)→S10(1-2)→以下同远方合闸流程→L－。

## 二、分闸回路 1

从断路器二次原理图分析得知，断路器能进行分闸操作，首先 $SF_6$ 低气压闭锁条件不满足，另外，与分闸回路 1 串联的断路器动合辅助触点接通等条件。分闸回路 1 如图 8-49 所示。

1. 保护分闸回路

虽经查图知本二次回路不用，但当有保护动作需要跳开断路器时，跳闸线圈 Y02 励磁，断路器进行分闸操作，其流程如下：

保护分闸 X01(21) →K03(21-22)→S01(1-2)→Y02(A1-A2) →L1－。

2. 远方分闸回路

二次回路包括保护跳 201 断路器，保护种类有主变压器 A、B、C 屏保护及 220kV 母线保护 1 和 2。另外监控分闸及测控屏分闸也用到该回路。将远方/就地切换把手切至远方位置，此时 S10（5-6）闭合，当有远方分闸命令下传时，同样跳闸线圈 Y02 励磁，断路器进行分闸操作，其流程如下：

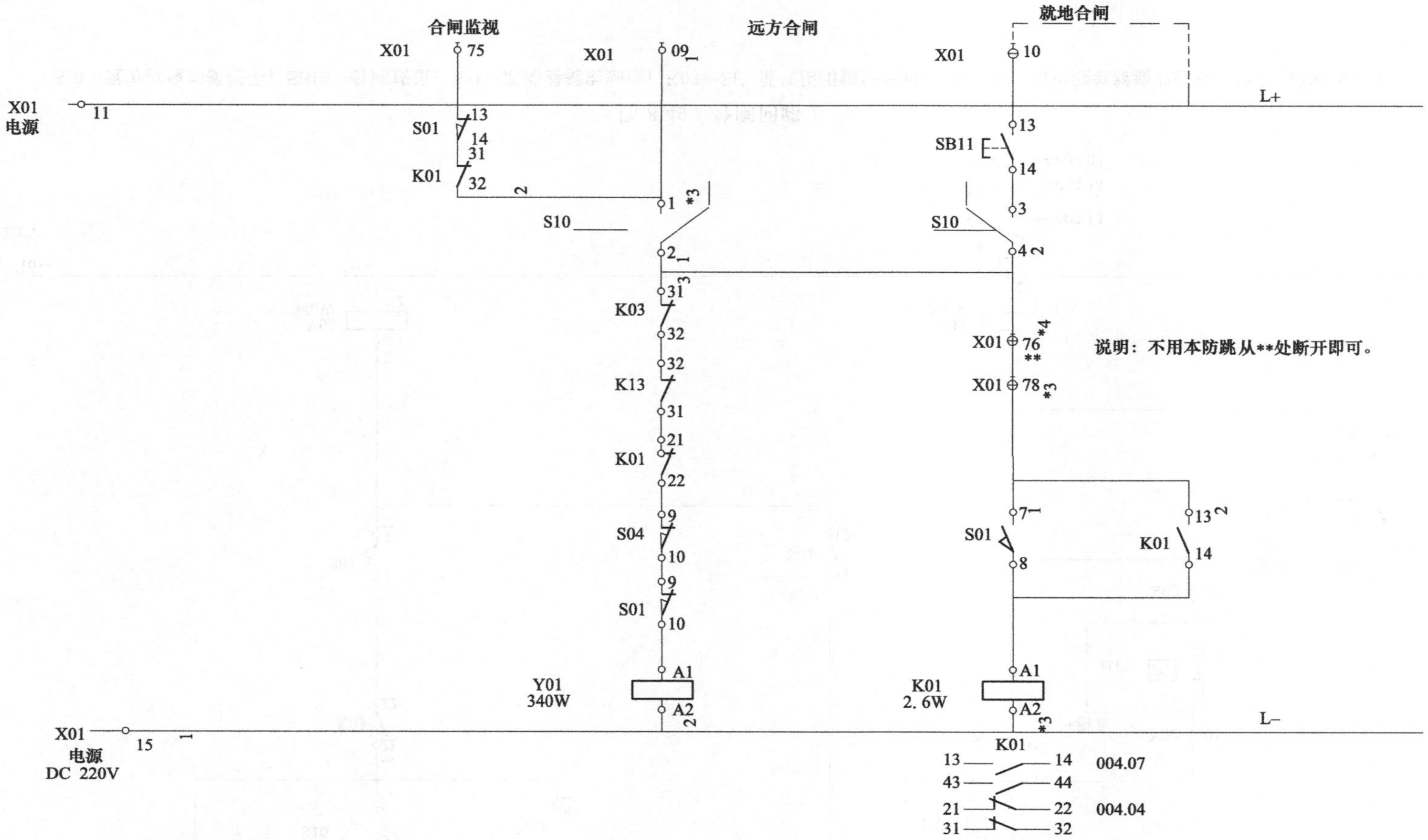


图 8-48　合闸回路

S10—远方就地切换把手；SB11—合闸按钮；S04—弹簧储能限位触点；S01—断路器辅助触点；
K01—防跳继电器；K03—$SF_6$ 低气压闭锁分合闸；K13—$SF_6$ 低气压闭锁分合闸；Y01—合闸线圈

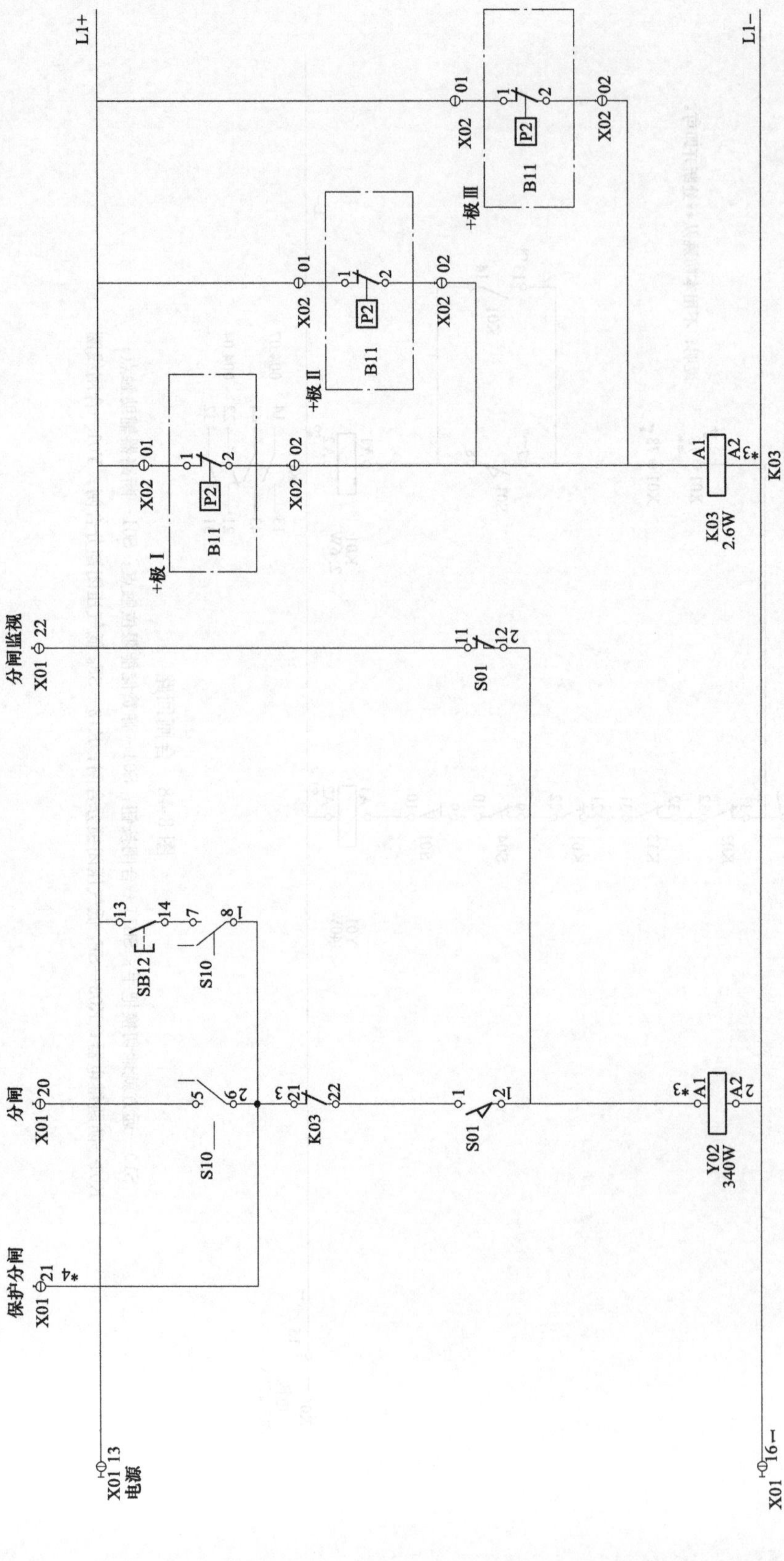


图 8-49 分闸回路 1

S10—远方就地切换把手；SB12—分闸按钮；S01—断路器辅助触点；K03—$SF_6$ 低气压闭锁分合闸；B11—$SF_6$ 密度继电器辅助触点；Y02—跳闸线圈 1

远方分闸 X01(20) →S10(5-6)→K03(21-22)→S01(1-2)→Y02(A1-A2) →L1－。

3. 就地分闸回路

二次回路专指在 201 断路器本体进行分闸操作。首先将远方/就地切换把手切至就地位置，此时 S10（7-8）闭合，按下分闸按钮 S12 时，断路器便可进行分闸操作。其流程如下：

L1＋→S12(13-14) →S10(7-8)→K03(21-22)→S01(1-2)→Y02(A1-A2) →L1－。

4. 分闸监视回路

分闸监视的作用是监视跳闸线圈完好性，当断路器分闸后，S01(11-12) 接点闭合，分闸监视回路如下：

X01(22) →S01(11-12)→Y02(A1-A2) →L1。

## 三、分闸回路 2

分闸 2 与分闸 1 相类似，分闸回路 2 如图 8-50 所示。

## 四、电动机启动回路

电动机启动回路如图 8-51 所示，该回路使用交流 220V 的电源，Q23 是电动机电源小开关，当断路器合闸后，合闸弹簧释放，弹簧储能行程限位触点 S04（1-2）和 S04（3-4）闭合，此时电动机 M 启动开始对弹簧进行储能，电动机启动回路流程如下：

X01(03)→Q23(1-2)→Q23(3-4)→S04(1-2)→M01(1-2)→S04(3-4)→Q23(5-6)→X01(04)。

弹簧储能到规定值时，弹簧储能行程限位触点 S04(1-2) 和 S04(3-4) 断开，电动机停止运转。

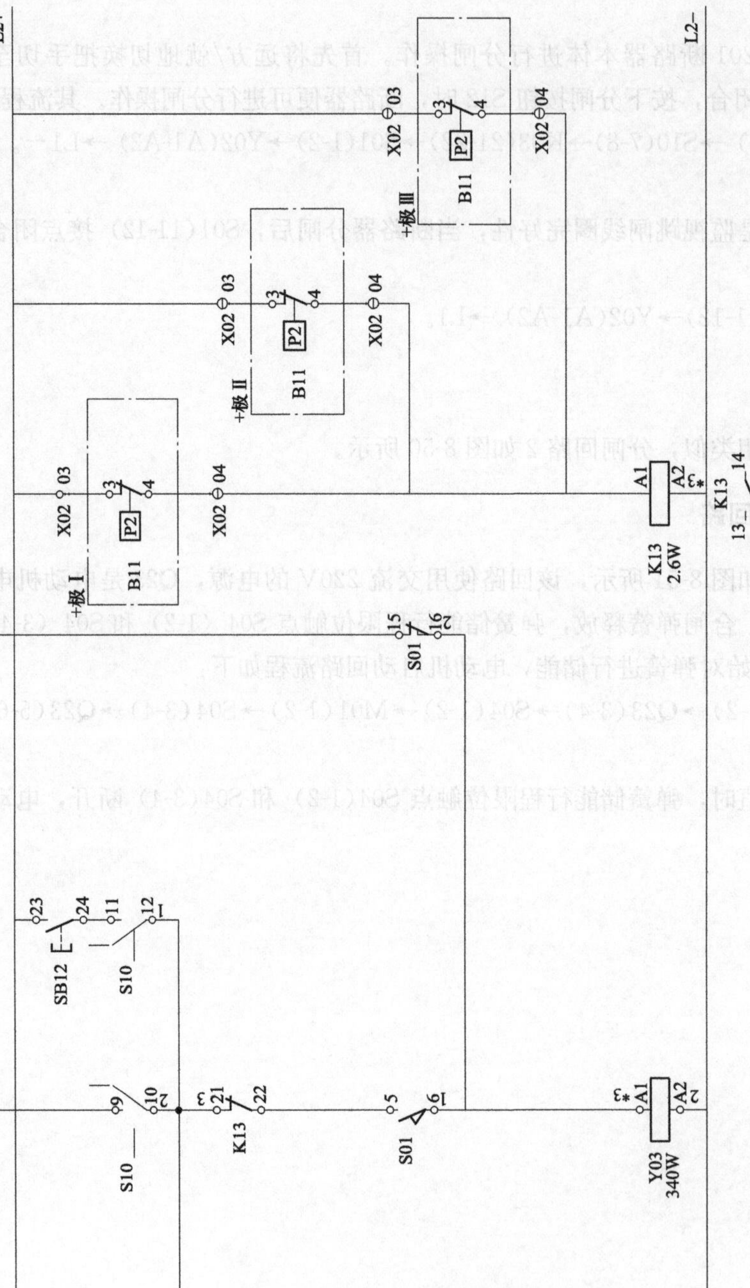


图 8-50 分闸回路 2

S10—远方就地切换把手；SB12—分闸按钮；S01—断路器辅助触点；K13—$SF_6$低气压闭锁分合闸；Y03—跳闸线圈 2

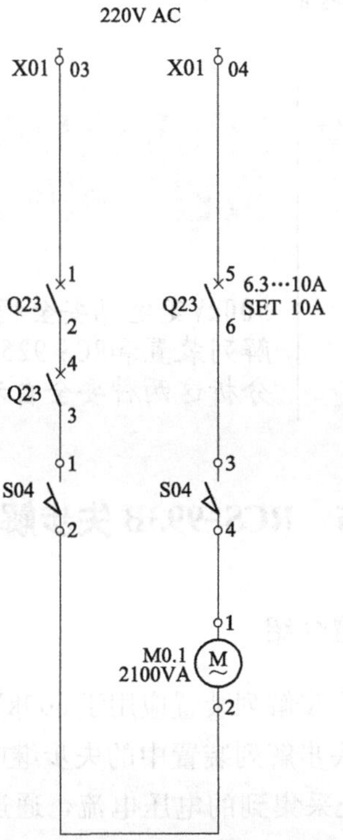


图 8-51　电动机启动回路

Q23—电动机电源；M—电动机；S04—弹簧储能行程限位辅助触点

# 第九章 500kV变电站安全稳定装置二次回路

500kV变电站安全稳定装置包括RCS-993B失步解列装置和RCS-925AMM远跳装置，本章主要分析这两种安全自动装置。

## 第一节 RCS-993B失步解列装置

### 一、RCS-993B失步解列装置介绍

该500kV变电站RCS-993B失步解列装置应用于500kV乙丙线。500kV乙丙线接有5032和5033两种断路器。RCS-993B失步解列装置中的失步继电器利用UCOSA的变化轨迹来判断电力系统失步，利用装置安装处采集到的电压电流，通过计算UCOSA反应振荡中心的电压，根据振荡中心电压的变化规律来区分失步振荡和同步振荡及短路故障。该线路振荡次数整定为2次，且在一个周期内最大电流必须大于0.5倍额定电流，装置才判为失步。

RCS-993B失步解列装置只保护500kV乙丙线，投二取二方式保护控制字及投二取二方式连接片退出运行。保护定值中线路范围低电压定值0.75$U_N$、线路失步解列投入控制字投入置“1”、线路电压一次额定值500kV，二次额定值100V、电流一次值2500A，二次值1A。

有关注意事项如下：

(1) 正常运行时，500kV乙丙线的RCS-993B失步解列装置（A、B）投掉闸，即投入500kV乙丙线失步解列功能，跳5032、5033断路器掉闸连接片，退出二取二失步功能。

(2) 本变电站地区无电源时装置投信号。

(3) 装置异常先退出，然后汇报调度。

### 二、RCS-993B失步解列装置二次回路

RCS-993B失步解列装置动作不启动断路器失灵保护，外部回路特别注意，投二取二方式连接片投入时，两条线路同时失步才出口。

1. RCS-993B失步解列装置A二次分析

(1) RCS-993B失步解列装置A电压电流取量回路。RCS-993B失步解列装置A电压取自500kV乙丙线线路电压互感器中的电压，电流取自P544纵差保护装置中的电流。RCS-993B失步解列装置A电压电流取量图如图9-1所示。

A432、B432、C432、N432为A相、B相、C相及中性点电流，A651、B651、C651、N651为A相、B相、C相及中性点电压。

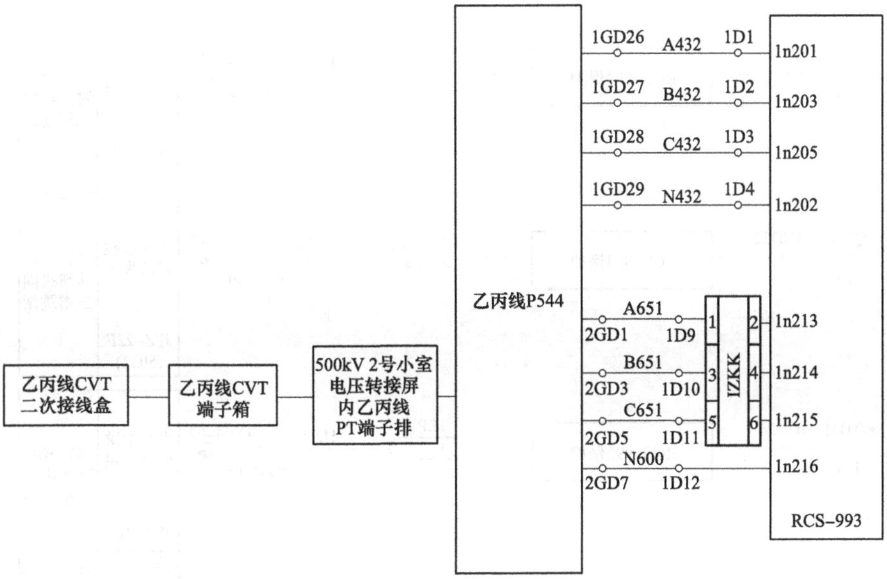


图 9-1　RCS-993B 失步解列装置 A 电压电流取量图

(2) RCS-993B 失步解列装置 A 功能及出口回路。RCS-993B 失步解列装置 A 功能回路如图 9-2 所示。

1LP2 为投 500kV 乙丙线失步解列连接片，1LP10 为投二取二方式连接片。这两个连接片为 RCS-993B 失步解列装置 A 的功能连接片。

RCS-993B 失步解列装置 A 出口回路如图 9-3 所示。

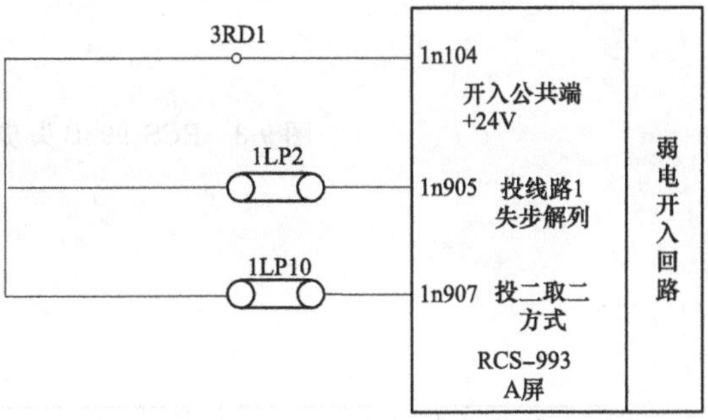


图 9-2　RCS-993B 失步解列装置 A 功能回路

在图 9-3 中，1LP3 为 5032 跳闸出口Ⅰ连接片，1LP6 为 5032 跳闸出口Ⅱ连接片，1LP7 为 5033 跳闸出口Ⅰ连接片，1LP8 为 5033 跳闸出口Ⅱ连接片。

2. RCS-993B 失步解列装置 B 二次分析

(1) RCS-993B 失步解列装置 B 电压电流取量回路。RCS-993B 失步解列装置 B 电压取自 500kV 乙丙线电压互感器中的电压，电流取自 RCS-931 纵差保护装置中的电流。RCS-993B 失步解列装置 B 电压电流取量图如图 9-4 所示。

A432、B432、C432、N432 为 A 相、B 相、C 相及中性点电流，A651、B651、C651、N651 为 A 相、B 相、C 相及中性点电压。

(2) RCS-993B 失步解列装置 B 功能及出口回路。RCS-993B 失步解列装置 B 功能及出口回路同 RCS-993B 失步解列装置 A 功能及出口回路，具体见图 9-2 和图 9-3。

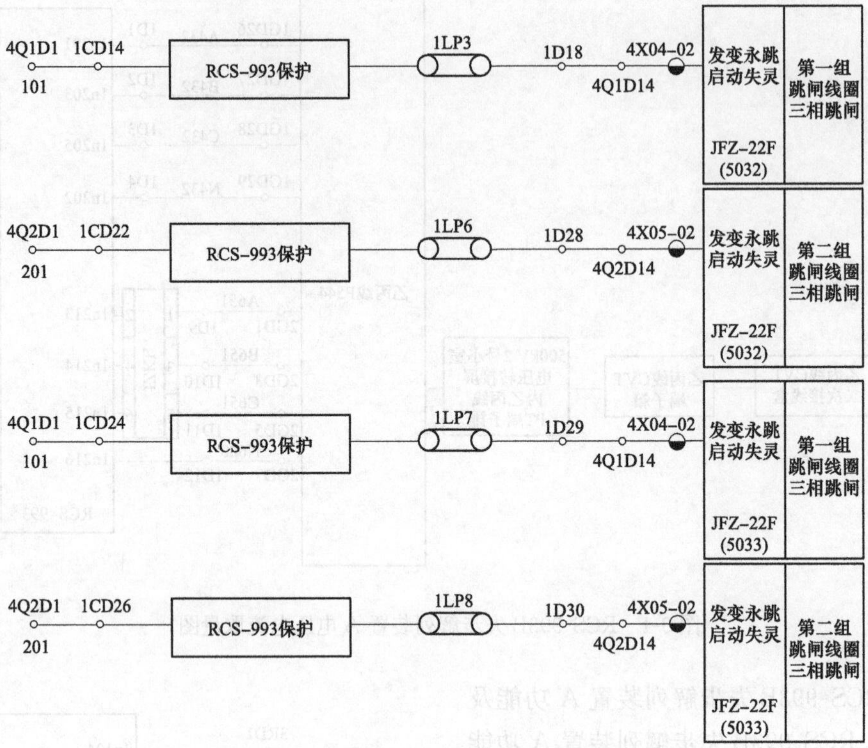


图 9-3 RCS-993B 失步解列装置 A 出口回路

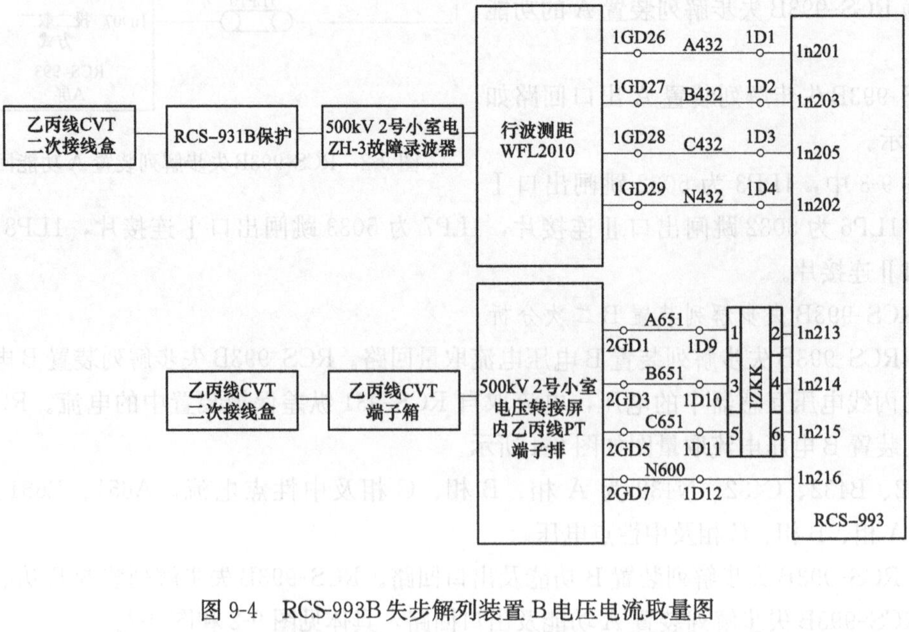


图 9-4 RCS-993B 失步解列装置 B 电压电流取量图

# 第二节 RCS-925AMM 远跳装置

## 一、RCS-925AMM 远跳装置介绍

RCS-925AMM 远跳装置适用于 500kV 甲乙线。500kV 甲乙线接有 5031 和 5032 两种断路器。RCS-925AMM 过压远跳装置中电压电流都不接任何量。该装置只监视 5031 和 5032 两断路器本体三相的动断辅助触点，当 5031 断路器三相分闸且 5032 断路器三相也分闸时，经 0.02s 后 RCS-925AMM 远跳装置向线路对侧发送远方跳闸信号，使对侧两断路器三相跳闸。

RCS-925AMM 远跳装置中光纤通道投入和远方跳闸投入控制字都置“1”。

有关注意事项如下：

(1) 正常运行时，远切装置功能和掉闸连接片投入，通道连接片投入，检修连接片退出。

(2) 光纤通道检修或异常时，退出通道连接片。

(3) 断路器检修时，注意投入装置相应断路器检修连接片。

(4) 远切装置或通道异常，先退出装置掉闸连接片，然后汇报调度。

(5) 线路停电前需要先退出远切装置，退出装置掉闸连接片和通道连接片。

(6) 线路投运前，应确保退出远切装置，在线路正常运行后，再投入远切装置，投入掉闸连接片和通道连接片。

## 二、RCS-925AMM 远跳装置二次回路

1. RCS-925AMM 远跳装置弱电开入回路

该回路包括远跳功能和收 5031 和 5032 断路器 TWJ 回路，如图 9-5 所示。

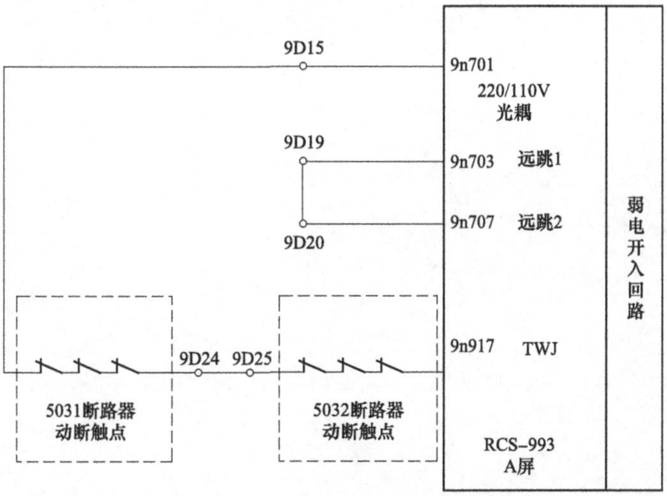


图 9-5 RCS-925AMM 远跳装置弱电开入回路

图 9-5 中虚线框表示 5031 和 5032 断路器本体三相的动断辅助触点相串联。线路正常运行中，5031 和 5032 断路器合闸，所以各自的三相动断辅助触点断开，装置收不到 TWJ 信号，

只有 5031 和 5032 断路器同时分闸后，各自的三相动断辅助触点闭合，装置收到 TWJ 信号，立刻给线路对侧断路器发送跳闸命令。

2. RCS-925AMM 远跳装置跳 5031 和 5032 断路器回路

RCS-925AMM 远跳装置 A 和 B 动作跳 5031 和 5032 断路器，都只启动 5031 和 5032 断路器的第一组跳闸线圈。其回路如图 9-6 所示。

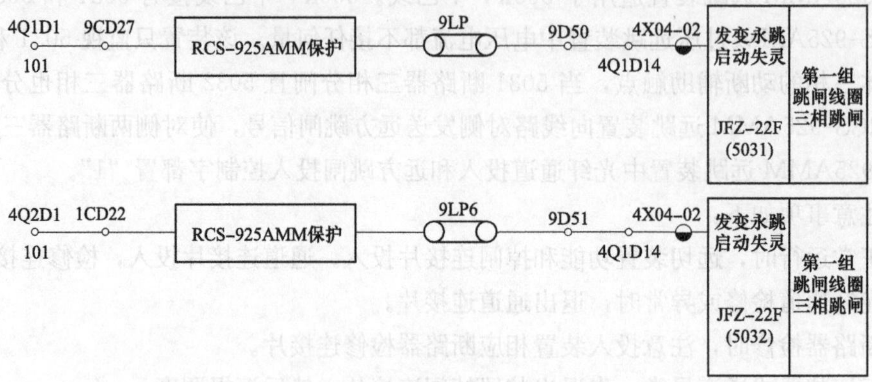


图 9-6 RCS-925AMM 远跳装置跳 5031 和 5032 断路器回路

图 9-6 中 4Q1D1 端子和 4Q1D14 端子之间部分为 RCS-925AMM 远跳装置，其余为断路器分相操作箱部分。9LP5 为 5031 跳闸出口 Ⅰ 连接片，9LP6 为 5032 跳闸出口 Ⅰ 连接片。RCS-925AMM 远跳装置跳 5031 和 5032 断路器时，跳闸命令接到断路器分相操作箱 JFZ-22F 的 4X04-02 端子上，启动永跳继电器，接通三相分闸回路。详细回路见图 6-12 JFZ-22F 分相操作箱和图 6-5 550PM63-40 型断路器分闸 1 回路。

# 第十章 500kV智能变电站概述

本章简要介绍500kV典型智能变电站的体系结构、作用，变电站一次主接线图、典型继电保护系统及网络配置。

## 第一节 智能变电站简介

### 一、智能变电站概念

智能变电站是采用先进、可靠、集成和环保的智能设备，以全站信息数字化、通信平台网络化、信息共享标准化为基本要求，自动完成信息采集、测量、控制、保护、计量和检测等基本功能，同时具备支持电网实时自动控制、智能调节、在线分析决策和协同互动等高级功能的变电站。现阶段，具备电网实时自动控制、智能调节、在线分析决策和协同互动等高级功能的智能变电站尚在少数。

### 二、智能变电站特点

1. “三层两网”

智能变电站采用“三层两网”结构，“三层”自上而下分别为站控层、间隔层、过程层，“两网”分别为站控层网络、间隔层网络。

过程层包含一次设备、合并单元和智能终端，在传统一次设备功能基础上增加交流量采样、回路切换等相关功能。

2. 全站信息数字化

因为过程层的存在，使全站信息由模拟信号转为数字信号，进而实现光纤代替电缆，使设计安装调试变得简单。

3. 通信平台网络化

模拟量输入回路和开关量输入输出回路都被通信网络所取代，二次设备硬件系统大为简化。

4. 信息共享标准化

普遍采用IEC 61850标准，统一信息模型，避免了规约转换，信息可以充分共享。

### 三、名词解释

1. IEC 61850

IEC 61850标准是电力系统自动化领域唯一的全球通用标准。它通过标准实现了智能变电站的工程运作标准化。

2. SCD

SCD是IEC 61850标准中Substation Configuration Description的缩写，即全站配置描述文件。

3. 合并单元MU（Mergering Unit）

合并单元MU指对一次互感器传输过来的电气量进行合并和同步处理，并将处理后的数字信号按照特定格式转发给间隔层设备使用的装置。

4. 智能终端ST（Smart Terminal）

智能终端ST指断路器、隔离开关等一次设备开关量状态采集和分合闸GOOSE操作指令解析执行的智能装置。

5. SV（Sample Value）

SV即采样值，为IEC 61850中过程层报文类型之一，通常是经合并单元转换的电压、电流实时采样值。

6. GOOSE（Generic Object Oriented Substation Event）

GOOSE指面向通用对象的变电站事件，为IEC 61850中过程层报文类型之一，通常用于传输分合闸状态、分合闸指令等事件信号。

7. 软连接片

软连接片指保护、测控装置中用于开启、关闭特定功能或接通、断开虚回路的软件控制字，与传统变电站中的连接片功能类似。

8. 虚端子

虚端子指装置间的映射关系，其作用相当于传统二次回路中端子连接。

9. 数据集

数据集也称为逻辑装置，物理装置中某一系列功能（输出数据）的集合。

## 第二节　智能变电站主接线图

智能变电站在电网中的作用与常规变电站一致，典型500kV智能变电站一次主接线图如图10-1所示，该站有主变压器2台，容量为1200MVA；500kV出线2条，220kV出线7条；站用变压器3台，每台容量为1250kVA。0号站用变压器为备用变压器，空载运行；无功补偿设备8组，其中有66kV电容器6组，66kV电抗器2组。

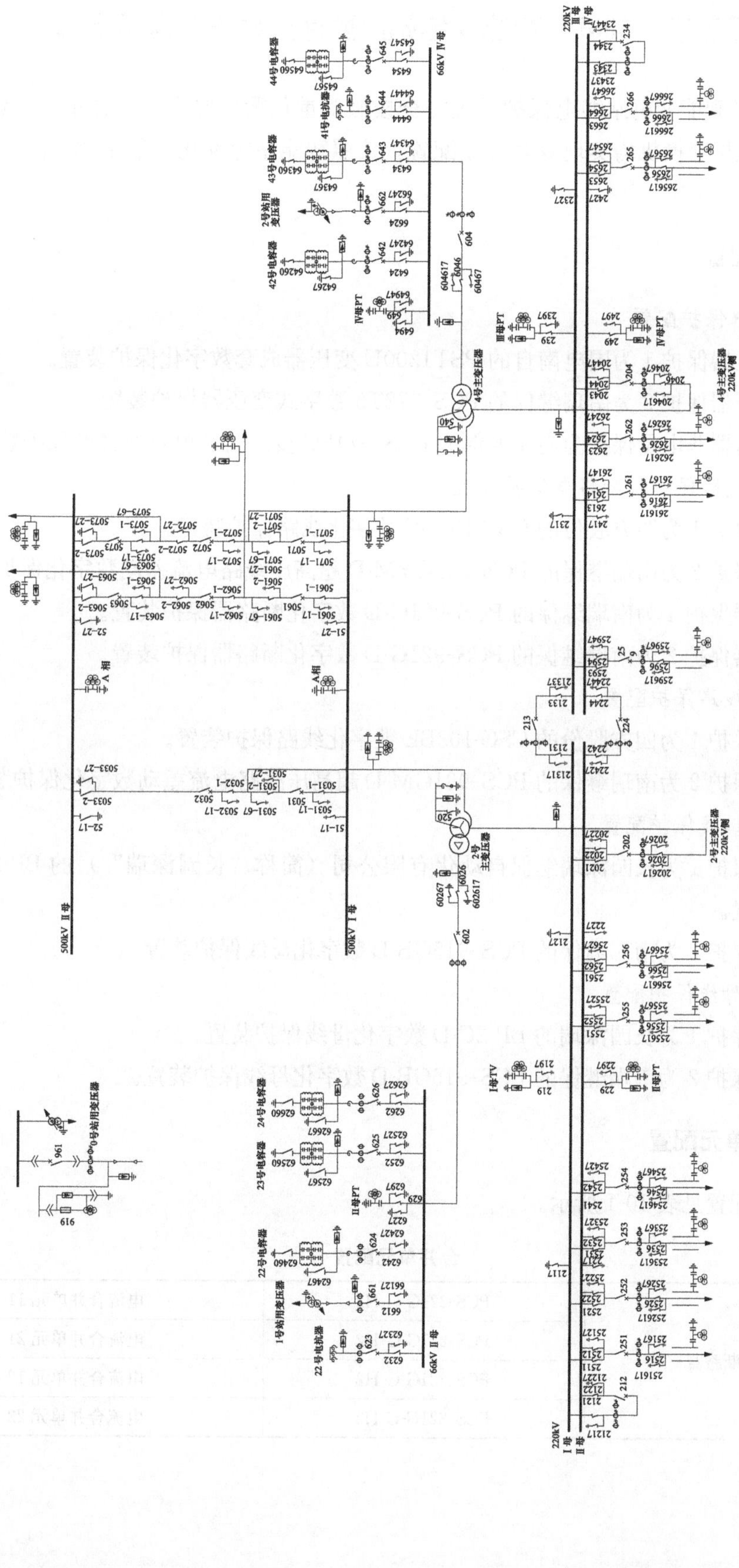


图 10-1　典型 500kV 智能变电站一次主接线图

## 第三节 500kV智能变电站典型保护系统及网络配置

典型500kV智能变电站继电保护系统完全按照双重化配置要求，合并单元、保护装置、智能终端、过程层交换机均实现双套独立配置，按照智能站标准化、数字化、网络化的体系进行组建连接。

### 一、保护配置

1. 主变压器保护配置

(1) 主变压器保护1为国电南自的PST1200U变压器成套数字化保护装置。

(2) 主变压器保护2为南瑞继保的PCS-978T5数字式变压器保护装置。

(3) 主变压器非电量保护为南瑞继保的PCS-974FG变压器非电量及辅助保护装置。

2. 500kV线路保护及断路器保护配置

(1) 线路保护1为四方股份的CSC-103BE数字化线路保护装置。

(2) 线路保护2为南瑞继保的PCS-931GYM-D超高压线路电流差动数字化保护装置。

(3) 断路器保护1为南瑞继保的PCS-921G-D数字化断路器保护装置。

(4) 断路器保护2为南瑞继保的PCS-921G-D数字化断路器保护装置。

3. 220kV线路保护配置

(1) 线路保护1为四方股份的CSC-103BE数字化线路保护装置。

(2) 线路保护2为南瑞继保的PCS-931GM-D超高压线路电流差动数字化保护装置。

4. 500kV母线保护配置

(1) 母差保护1为长园深瑞继保自动化有限公司（简称“长园深瑞”）的BP-2C-D数字化母线保护装置。

(2) 母差保护2为南瑞继保的PCS-915GB-D数字化母线保护装置。

5. 220kV母线保护配置

(1) 母差保护1为长园深瑞的BP-2C-D数字化母线保护装置。

(2) 母差保护2为南瑞继保的PCS-915GB-D数字化母线保护装置。

### 二、合并单元配置

合并单元配置见表10-1所示。

**表10-1　合并单元配置**

| | | |
|---|---|---|
| 500kV断路器 | PCS-221G-G-H2 | 电流合并单元11 |
| | PCS-221G-G-H2 | 电流合并单元21 |
| | PCS-221G-G-H2 | 电流合并单元12 |
| | PCS-221G-G-H2 | 电流合并单元22 |

续表

| | | |
|---|---|---|
| 500kV Ⅰ段母线 | PCS-221N-G-H2 | 合并单元 1 |
| | PCS-221N-G-H2 | 合并单元 2 |
| 500kV Ⅱ段母线 | PCS-221N-G-H2 | 合并单元 1 |
| | PCS-221N-G-H2 | 合并单元 2 |
| 500kV 线路（含主变压器） | PCS-221N-G-H2 | 电压合并单元 1 |
| | PCS-221N-G-H2 | 电压合并单元 2 |
| 主变压器本体 | PCS-221G-G-H2 | 公共绕组合并单元 1 |
| | PCS-221G-G-H2 | 公共绕组合并单元 2 |
| | PCS-221G-G-H2 | 低压套管合并单元 1 |
| | PCS-221G-G-H2 | 低压套管合并单元 2 |
| 主变压器低压侧 | PCS-221G-G-H2 | 合并单元 1 |
| | PCS-221G-G-H2 | 合并单元 2 |
| 220kV Ⅰ、Ⅱ段母线 | PCS-221N-G-H2 | Ⅰ、Ⅱ段母线合并单元 1 |
| | PCS-221N-G-H2 | Ⅰ、Ⅱ段母线合并单元 2 |
| 220kV Ⅲ、Ⅳ段母线 | PCS-221N-G-H2 | Ⅲ、Ⅳ段母线合并单元 1 |
| | PCS-221N-G-H2 | Ⅲ、Ⅳ段母线合并单元 2 |
| 220kV 线路 | PCS-221G-G-H2 | 合并单元 1 |
| | PCS-221G-G-H2 | 合并单元 2 |
| 220kV 母联、分段断路器 | PCS-221G-G-H2 | 合并单元 1 |
| | PCS-221G-G-H2 | 合并单元 2 |

智能变电站合并单元通过电缆与常规互感器连接，采集模拟量电压、电流，进行双 A/D（模拟/数字）转换，完成数据采样、数据合并、数据同步，最后通过光纤 SV 网输出数字化的电流或电压量，供继电保护、测控装置、故障录波、功角测量、故障信息子站等使用。

合并单元数据输出严格进行时钟同步，外部时钟信号通过光纤 B 码输入。

智能变电站计量所采集的交流量未接入合并单元，仍为常规电缆硬触点接入计量系统。

继电保护装置采用光纤点对点方式与合并单元连接（直采）。

测控装置、故障录波装置、同步相量测量装置（PMU）等装置经交换机与合并单元连接（网采）。

智能变电站所使用的合并单元共有两种，分别为南瑞继保生产的 PCS-221G-G-H2 常规采样合并单元和 PCS-221N-G-H2 常规母线电压合并单元，安装于相应的智能控制柜中。

## 三、智能终端配置

智能终端配置见表 10-2。

**表 10-2　　智能终端配置**

| | | |
|---|---|---|
| 500kV 断路器 | PCS-222B-1 | 智能终端 1 |
| | PCS-222B-1 | 智能终端 2 |
| 500kV Ⅰ段母线 | PCS-222C-1 | 智能终端 |

续表

| | | |
|---|---|---|
| 500kV Ⅱ段母线 | PCS-222C-1 | 智能终端 |
| 2号主变压器本体 | PCS-222TU | 智能单元1 |
| | PCS-222TU | 智能单元2 |
| 4号主变压器本体 | PCS-222TU | 智能单元1 |
| | PCS-222TU | 智能单元2 |
| 主变压器低压侧 | PCS-222C-1 | 智能终端1 |
| | PCS-222C-1 | 智能终端2 |
| 220kV Ⅰ段母线 | PCS-222C-1 | 智能终端 |
| 220kV Ⅱ段母线 | PCS-222C-1 | 智能终端 |
| 220kV Ⅲ段母线 | PCS-222C-1 | 智能终端 |
| 220kV Ⅳ段母线 | PCS-222C-1 | 智能终端 |
| 220kV各线路 | PCS-222B-1 | 智能终端1 |
| | PCS-222B-1 | 智能终端2 |
| 220kV母联、分段断路器 | PCS-222B-1 | 智能终端1 |
| | PCS-222B-1 | 智能终端2 |

智能变电站智能终端通过电缆与断路器、隔离开关（含接地开关）的机构箱连接，实现保护跳合闸、遥控、遥信等功能。智能终端通过光纤与继电保护装置、测控装置以及过程层网络交换机连接，接收间隔层设备（继电保护、测控装置等）的GOOSE指令报文（如跳闸命令、遥控指令、三跳闭锁重合闸等信息），以及以GOOSE报文的形式向间隔层或过程层设备发送断路器、隔离开关位置、断路器压力闭锁信号、远方/就地切换把手位置等遥信量。

智能变电站所使用的智能终端是南瑞继保生产的PCS-222B和PCS-222C常规智能终端，采用双重化配置，安装于相应的智能控制柜中。

保护装置与智能终端通过光纤点对点连接（直采、直跳）。

PCS-222B/C装置接收测控装置的各种GOOSE命令，包括断路器、隔离开关（接地开关）的分合闸及闭锁控制命令，并驱动相应的出口继电器动作，将GOOSE命令解析为硬触点输出，所对应的网络只是点对点或经交换机的GOOSE网。

## 四、智能变电站的体系结构与通信网络

1. 总体结构

IEC 61850将智能变电站分为过程层、间隔层和站控层三层，以及各层内部及各层之间的通信网络。整个系统的通信网络可以分为两种：站控层和间隔层之间的站控层网络；间隔层与过程层之间的间隔层网络。“三层两网”间的信息交互全部为数字化的信息，只有装置失电、闭锁等少数的硬触点信号通过测控传输。

2. 站控层

站控层通信全面采用IEC 61850标准，符合IEC 61850标准的监控后台、远动通信管理机和保护信息子站均可直接接入。同时提供了完备的IEC 61850工程工具，用以生成符合IEC 61850-6规范的SCL（变电站配置语言）文件，可在不同厂家的工程工具之间进行数据信

息交互。

站控层设备包括监控后台机、故障信息子站、远动设备、故障录波与网络报文记录管理机、同步时钟主机。

3. 间隔层

间隔层通信网采用星形网络架构，在该网络上同时实现跨间隔的横向联锁功能。变电站自动化系统仍采用 A、B 双 MMS（制造报文规范）以太网。

间隔层 MMS 网络按照 A、B 网互为备用的方式配置，两套间隔层 MMS 网络交换机接入的设备完全一致。

间隔层设备包括各间隔保护装置、测控装置、同步相量测量装置、故障录波装置、网络记录分析一体化装置、同步时钟装置。

4. 过程层

过程层网络按照 A、B 套配置，即过程层 A 套交换机接入的设备均为 A 套合并单元、A 套智能终端、A 套保护装置及 A 套测控装置，B 套过程层交换机接入的设备均为相应的 B 套合并单元、B 套智能终端、B 套保护装置及 B 套公用测控装置。

220kV 和 500kV 过程层网络按照电压等级进行独立组网，220kV 系统每个间隔配置两台过程层交换机，并由过程层中心交换机进行集中组网管理，SV 和 GOOSE 为共网模式。500kV 的过程层交换机分为 SV 交换机和 GOOSE 交换机，SV 和 GOOSE 独立组网。

过程层二次设备包括合并单元、智能终端。

## 五、互感器配置

500kV 智能变电站采用传统的电流互感器、电压互感器反映一次设备的电流和电压值，进行二次电流和电压量的输出。数字化互感器因技术还不够成熟等原因，系统内还未大量配置使用。

# 第十一章 继电保护系统采样回路

本章主要对智能变电站220kV线路电流及电压采样，220kV双母线接线母线电压及母联、分段电流采样，变压器本体及外设电流电压采样，220kV线路保护及母差保护采样，500kV断路器电流及电压采样，500kV保护装置的采样，其他设备或系统采样进行分析。

## 第一节 220kV线路电流及电压采样回路

### 一、220kV线路电流采样回路

线路常规电磁式电流互感器二次线圈（电流互感器二次接线柱见图 11-1）按照双重化要求供保护用的两个二次线圈接线 411 和 421（母差保护和线路保护共用），通过外部二次电缆接入出线间隔智能控制柜交流电流端子 CTD（见图 11-2），再经控制柜内部二次电缆分别对应转接到出线间隔合并单元 1 和 2 进行电流量的采样。线路合并单元 1 如图 11-3 所示。合并单元进行电流采样后，根据接入的外部同步时钟进行时间相关，打上时标后输出数字化的电流采样值，通过采样光缆直接点对点上送到间隔层线路保护、母线保护。电流互感器其他供测量等用的二次线圈的采样值通过组网光纤接入间隔层交换机网络组网输出（见图 11-3 中 1136E 板）。

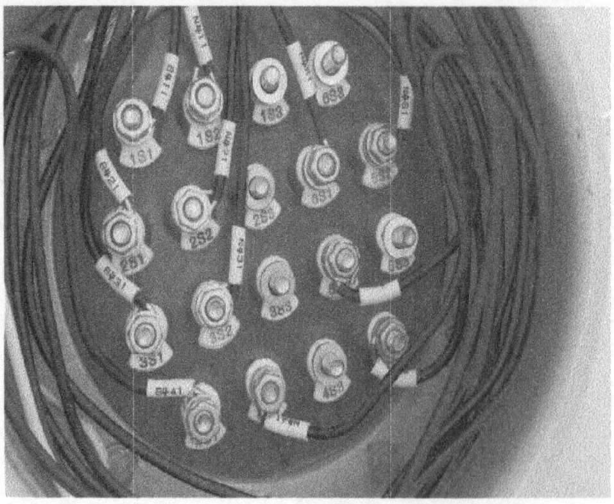

图 11-1 电流互感器二次接线柱

图 11-2 智能控制柜交流电流端子 CTD

### 二、220kV线路电压采样回路

线路电压互感器二次线圈通过二次电缆将单相的同期和测量用电压量接入线路合并单元 1 进行采样输出，供线路保护的重合闸和测控装置检同期等使用。

图 11-3 线路合并单元 1

## 第二节 220kV 双母线接线母线电压及母联、分段电流采样回路

### 一、220kV 双母线接线母线电压采样回路

两条母线的常规电压互感器各自供第一套保护用的二次线圈 601（电压互感器二次接线柱见图 11-4）通过外部二次电缆接入母线智能控制柜电压端子 PTD（见图 11-5）后，经内部二次电缆转接到第一个母线电压合并单元 1；两条母线的电压互感器各自供第二套保护用的二次线圈 601′通过外部二次电缆接入母线智能控制柜电压端子后，经内部二次电缆转接到第二个母线电压合并单元 2；母线电压合并单元 1 和 2 各自独立经过 A/D 转换和时间同步后，各自通过采样光缆都输出两条母线的电压量。

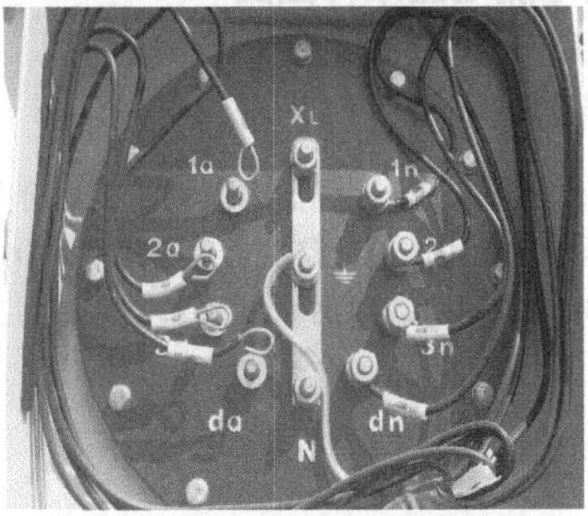


图 11-4 电压互感器二次接线柱

图 11-5 母线智能控制柜电压端子 PTD

### 二、220kV 线路合并单元对母线电压采样回路

母线电压合并单元 1（2）将两条母线的电压量通过光纤点对点输出到各线路合并单元 1（2）（见图 11-3 中 1157B 板）。线路合并单元 1（2）通过电缆采集母线侧隔离开关位置，或通过 GOOSE 网络采集母线侧隔离开关位置对两条母线的电压进行电压切换后通过采样光缆输出到线路保护。

南瑞 PCS-221 合并单元的 1136E 板的光纤连接光纤分别为线路保护直采、母差保护直采、组网及单芯对时。220kV 某线路 251 智能柜光纤统计表见表 11-1。

**表 11-1　220kV 某线路 251 智能柜光纤统计表**

| | 本侧光口 | 本侧接口编号 | 对侧去向 | 功能 |
|---|---|---|---|---|
| 11n 合并单元 1 | B01-1-TX | 60-蓝 | 光配 1-A01 | 线路保护 1 直采 |
| | B01-1-RX | 60-黑 | 光配 1-A02 | |
| | B01-2-TX | 64-蓝 | 光配 1-B01 | 母差保护 1 直采 |
| | B01-2-RX | 64-黑 | 光配 1-B02 | |
| | B01-6-TX | 26-蓝 | 光配 1-C01 | SV/GOOSE 组 A 网 |
| | B01-6-RX | 26-黑 | 光配 1-C02 | |
| | B01-1RIG-B | 21-黑 | 光配 1-C05 | 对时 |
| | B02-1-RX | 20-黑 | 光配 1-A09 | 母线电压直采 |

注　“光配”指光纤配线架。

### 三、220kV 母联、分段断路器间隔电流采样回路

母联、分段电流互感器二次线圈通过外部电缆接入母联、分段间隔智能控制柜交流电流端子后，再经控制柜内部电缆分别转接到母联、分段间隔合并单元 1 和 2 进行采样。合并单元进行电流采样后，根据接入的外部同步时钟进行时间相关，打上时标后输出数字电流量，通过采样光缆直接上送到间隔层母联、分段断路器保护、母线保护等设备或接入过程层交换机组网输出。

## 第三节　变压器本体及外设电流电压采样回路

### 一、主变压器中压侧断路器间隔电流电压采样回路

主变压器中压侧断路器电流互感器二次线圈通过电缆接入主变压器中压侧断路器合并单元 1（2），母线合并单元 1（2）通过光缆将母线电压输出到中压侧断路器合并单元 1（2），合并单元 1（2）经过电压切换、时间同步后通过采样光缆点对点或组网输出数字交流量到主变压器保护或过程层交换机。

### 二、主变压器低压侧断路器间隔电流电压采样回路

主变压器低压侧断路器电流互感器二次线圈通过电缆接入主变压器低压侧断路器合并单元 1（2），低压侧母线电压互感器通过电缆将母线电压也接入主变压器低压侧断路器合并单元 1（2），合并单元 1（2）经过电压切换、时间同步后通过采样光缆点对点或组网输出数字交流量到主变压器保护或过程层交换机。

### 三、主变压器本体套管电流采样回路

主变压器本体公共绕组及低压侧套管电流互感器二次线圈通过电缆接入本体套管合并单元 1（2）进行采样，通过采样光缆点对点或组网输出数字交流量到主变压器保护或过程层网络。

# 第四节　220kV 线路保护及母差保护采样回路

## 一、220kV 线路保护采样回路

220kV 线路保护 1（2）一般采用点对点直采方式即通过采样光缆直接连接对应线路合并单元 1（2）进行线路电流量和母线和线路电压量的采集接入。

南瑞 PCS-931GM 线路保护及重合闸装置接线如图 11-6 所示。其中，1136A 板的三对光纤分别是直采、直跳和 GOOSE 组网，1213A 板为通道板接一对保护通道黄色单模光纤。

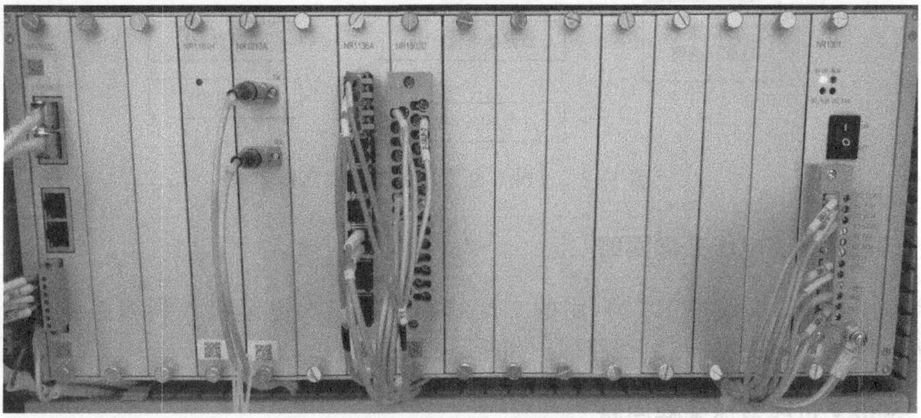

图 11-6　PCS-931GM 线路保护及重合闸装置接线

## 二、220kV 母差保护采样回路

220kV 母差保护 1（2）通过采样光缆点对点直采每条出线、母联和分段合并单元 1（2）的电流量，通过采样光缆点对点直采母线合并单元 1（2）的电压量。

南瑞 PCS-915GB 母线保护装置接线如图 11-7 所示。其中，4 块 1136A 板所接光纤为每个间隔的电流直采、母线电压直采、直跳和 GOOSE 组网，取代传统微机母线保护的大量硬触点开入和开出信号。

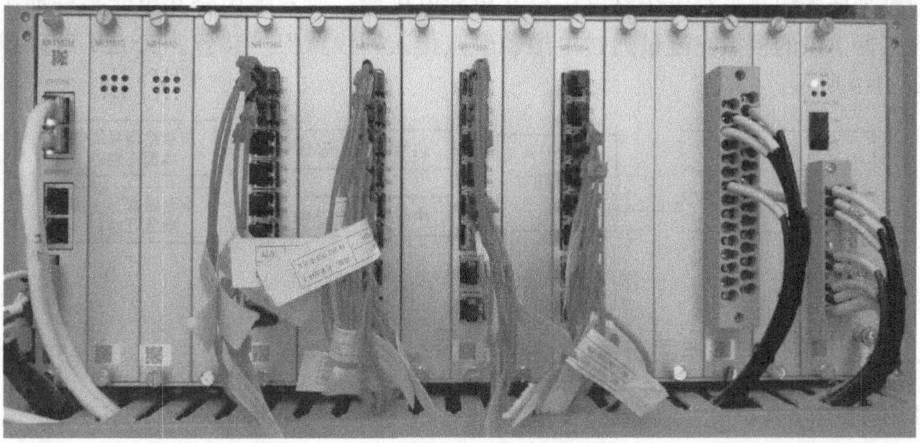

图 11-7　PCS-915GB 母线保护装置接线

## 第五节　500kV 断路器电流及电压采样回路

### 一、500kV 断路器电流采样回路

断路器双侧电流互感器二次线圈（母差和线路保护一般独立配置）通过电缆将模拟电流量接入断路器电流合并单元 1（2）进行采样后通过采样光缆点对点输出到断路器保护、线路保护、母差保护，以及接入交换机组网输出。500kV 断路器电流采样回路如图 11-8 所示。

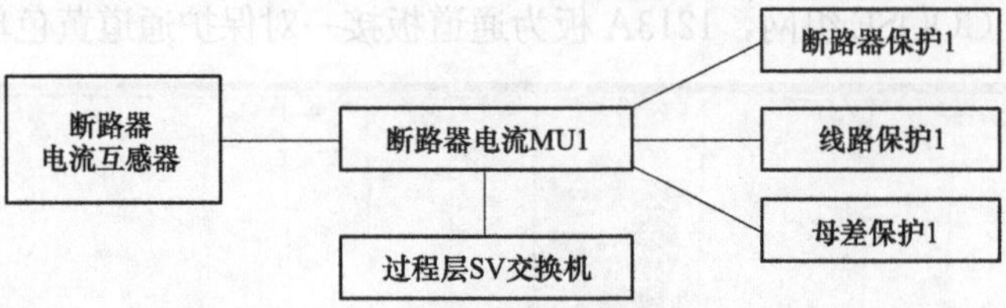


图 11-8　500kV 断路器电流采样回路

### 二、500kV 线路电压采样回路

线路电压互感器供保护 1（2）用的二次线圈通过二次电缆接入到线路电压合并单元 1（2）进行采样，点对点输出到线路保护和断路器保护 1（2）。

### 三、500kV 母线电压采样回路

500kV 母线电压互感器二次线圈通过电缆将模拟电压量接入母线电压合并单元采样后通过采样光缆输出数字量到间隔层设备。

## 第六节　500kV 保护装置采样回路

### 一、500kV 线路保护采样回路

线路保护通过采样光缆直采对应边断路器电流合并单元和中断路器电流合并单元数字电流量，通过采样光缆直采对应线路电压合并单元电压量；或不采用合并单元采样而采用传统电缆将互感器下来的模拟交流量通过电缆硬触点接入到线路保护装置。500kV 线路保护采样回路如图 11-9 所示。

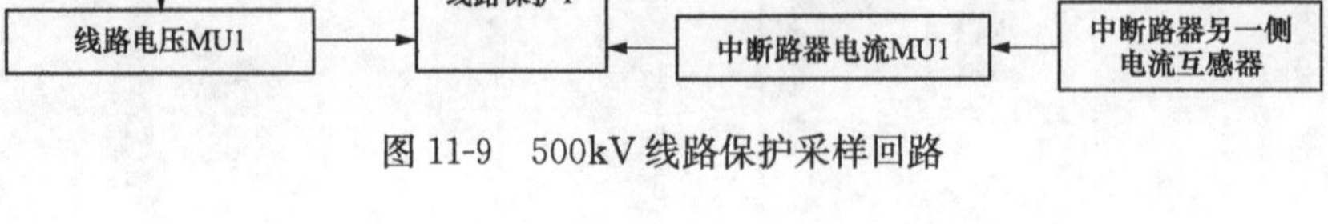

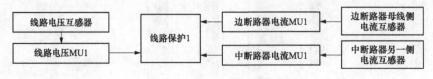


图 11-9　500kV 线路保护采样回路

### 二、主变压器保护采样回路

500kV 主变压器保护通过光纤接入高压侧两断路器电流合并单元（MU）直采高压侧电流。

500kV 主变压器保护通过光纤接入高压侧电压合并单元（MU）直采高压侧电压。

500kV 主变压器保护通过光纤接入中压侧断路器合并单元（MU）直采中压侧电流和母线电压量。

500kV 主变压器保护通过光纤接入低压侧断路器合并单元（MU）直采低压侧电流和母线电压量。

500kV 主变压器保护通过光纤接入主变压器本体套管电流合并单元（MU）直采本体套管电流。

主变压器保护采样回路如图 11-10 所示。

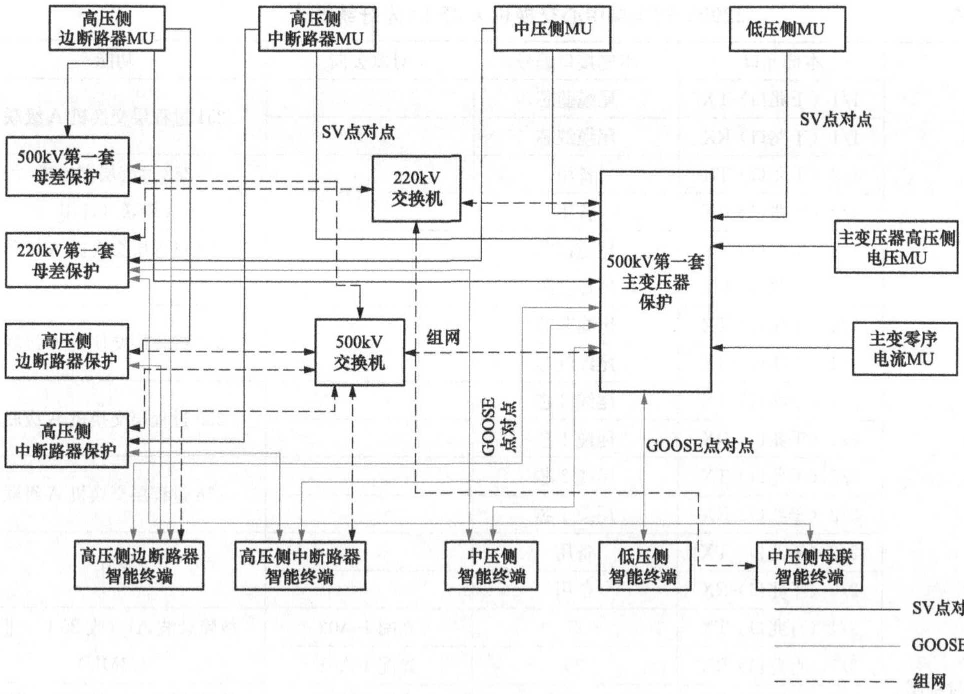

图 11-10 主变压器保护采样回路

## 三、500kV 母差保护采样回路

通过光纤点对点接入对应边断路器线路侧电流互感器电流合并单元直采电流，不采电压。

## 四、500kV 断路器保护采样回路

通过光纤点对点直采对应断路器电流合并单元电流，直采两侧线路（含主变压器）电压或母线电压合并单元同期电压。

# 第七节 其他设备或系统采样回路

## 一、测控、故障录波等网采设备采样回路

各间隔合并单元对互感器的二次交流量进行采样、转换后，以 SV 报文形式经间隔过程层交换机广播输出至过程层中心交换机，过程层中心交换机通过划分虚拟局域网（VLAN）等

方式对报文进行管理，需要采集相应交流量的测控、故障录波、功角等设备通过光纤接入过程层中心交换机进行订阅，获取相应数据。

220kV线路测控一般直接接入到间隔过程层交换机进行交流量采集；500kV断路器测控一般接入断路器间隔交换机进行交流量采集；500kV线路测控分别接入对应断路器间隔交换机进行交流量采集；故障录波、功角等公用系统一般接入过程层中心交换机进行交流量采集。220kV过程层中心交换机A套1n光纤统计表见表11-2。

表11-2　　220kV过程层中心交换机A套1n光纤统计表

| | 本侧光口 | 本侧接口编号 | 对侧去向 | 功能 |
|---|---|---|---|---|
| 1号小室过程层中心交换机A套 | 1/1（千兆口）-TX | 尾缆蓝芯 | | 251过程层交换机A级联 |
| | 1/1（千兆口）-RX | 尾缆红芯 | | |
| | 1/2（千兆口）-TX | 备用 | | 252过程层交换机A级联（备用） |
| | 1/2（千兆口）-RX | 备用 | | |
| | 1/3（千兆口）-TX | 尾缆蓝芯 | | 253过程层交换机A级联 |
| | 1/3（千兆口）-RX | 尾缆红芯 | | |
| | 1/4（千兆口）-TX | 尾缆蓝芯 | | 254过程层交换机A级联 |
| | 1/4（千兆口）-RX | 尾缆红芯 | | |
| | 2/1（千兆口）-TX | 尾缆2芯 | | 255过程层交换机A级联 |
| | 2/1（千兆口）-RX | 尾缆1芯 | | |
| | 2/2（千兆口）-TX | 尾缆2芯 | | 256过程层交换机A级联 |
| | 2/2（千兆口）-RX | 尾缆1芯 | | |
| | 2/3（千兆口）-TX | 备用 | | 备用 |
| | 2/3（千兆口）-RX | 备用 | | |
| | 3/1（百兆口）-TX | 27 | 光配1-A02 | 故障录波A1（收25Ⅰ、Ⅱ、253MU） |
| | 3/1（百兆口）-RX | 26 | 光配1-A01 | |
| | 3/2（百兆口）-TX | 29 | 光配1-A04 | 故障录波A2（收254、255、256MU） |
| | 3/2（百兆口）-RX | 28 | 光配1-A03 | |
| | 3/3（百兆口）-TX | 41 | 光配1-A06 | 故障录波A3（收212、213MU） |
| | 3/3（百兆口）-RX | 40 | 光配1-A05 | |
| | 3/4（百兆口）-TX | 43 | 光配1-A08 | 故障录波A4（收257、258MU） |
| | 3/4（百兆口）-RX | 42 | 光配1-A07 | |
| | 4/1（百兆口）-TX | 45 | 光配1-A10 | 故障录波A5（收20） |
| | 4/1（百兆口）-RX | 44 | 光配1-A09 | |
| | 4/2（百兆口）-TX | 47 | 光配1-A12 | 故障录波A6（收GOOSE） |
| | 4/2（百兆口）-RX | 46 | 光配1-A11 | |
| | 4/3（百兆口）-TX | 04 | 光配3-A05 | 公用测控A（收20） |
| | 4/3（百兆口）-RX | 05 | 光配3-A06 | |
| | 4/4（百兆口）-TX | 备用 | | 调试口 |
| | 4/4（百兆口）-RX | 备用 | | |
| | 7/1（千兆口）-TX | 61-蓝 | 2n | 级联220kV 1号小室中心交换机2n |
| | 7/1（千兆口）-RX | 61-黑 | | |
| | 7/2（千兆口）-TX | 00-蓝 | 1n | 级联220kV 2号小室中心交换机1n |
| | 7/2（千兆口）-RX | 00-黑 | | |

## 二、计量的交流量采集

计量根据设计可以采用传统的电缆连接对应的互感器二次线圈进行交流量采集，也可以通过合并单元光纤点对点直采或网采。

# 第十二章 500kV智能变电站测控二次回路

本章主要对智能变电站测控网络及对应回路进行分析。

## 第一节 测控网络

### 一、测控组网方式

500kV 智能变电站过程层测控网络为单网方式，间隔层及站控层 MMS 网络为双网方式。线路测控、断路器测控、母线测控为单套组 A 网方式，公用测控为单套组 B 网方式。

### 二、合并单元链路

A 网合并单元将遥测量、合并单元自身异常告警等遥信量通过相应间隔 A 网测控装置上传监控系统。B 网合并单元将自身异常告警等遥信量通过 B 网公用测控装置上传监控系统。

### 三、智能终端链路

A 网智能终端将自身遥信量，A 网合并单元告警、闭锁，及 B 网智能终端告警、闭锁遥信量通过相应测控装置上传监控系统，并通过与相应 A 网测控装置及监控系统的配合实现对一次设备的遥控。B 网智能终端将自身遥信量，B 网合并单元告警、闭锁，及 A 网智能终端告警、闭锁遥信量通过公用测控装置上传监控系统。过程层、间隔层、站控层测控链路总图如图 12-1 所示。

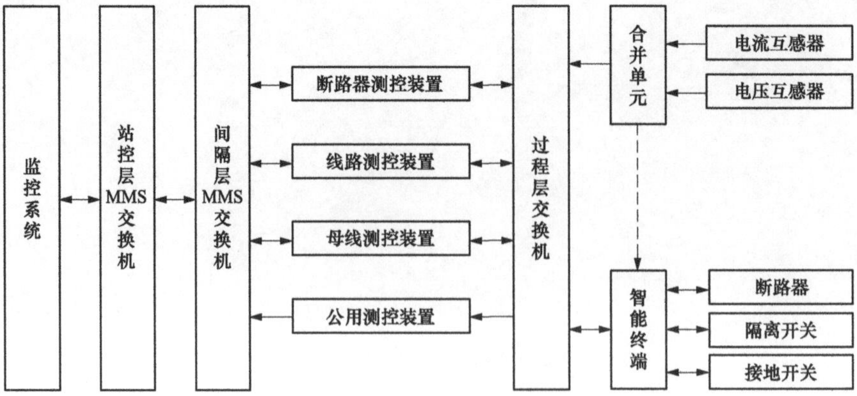


图 12-1 过程层、间隔层、站控层测控链路总图

# 第二节　500kV 中断路器测控回路

500kV 中断路器测控回路物理连接图如图 12-2 所示。

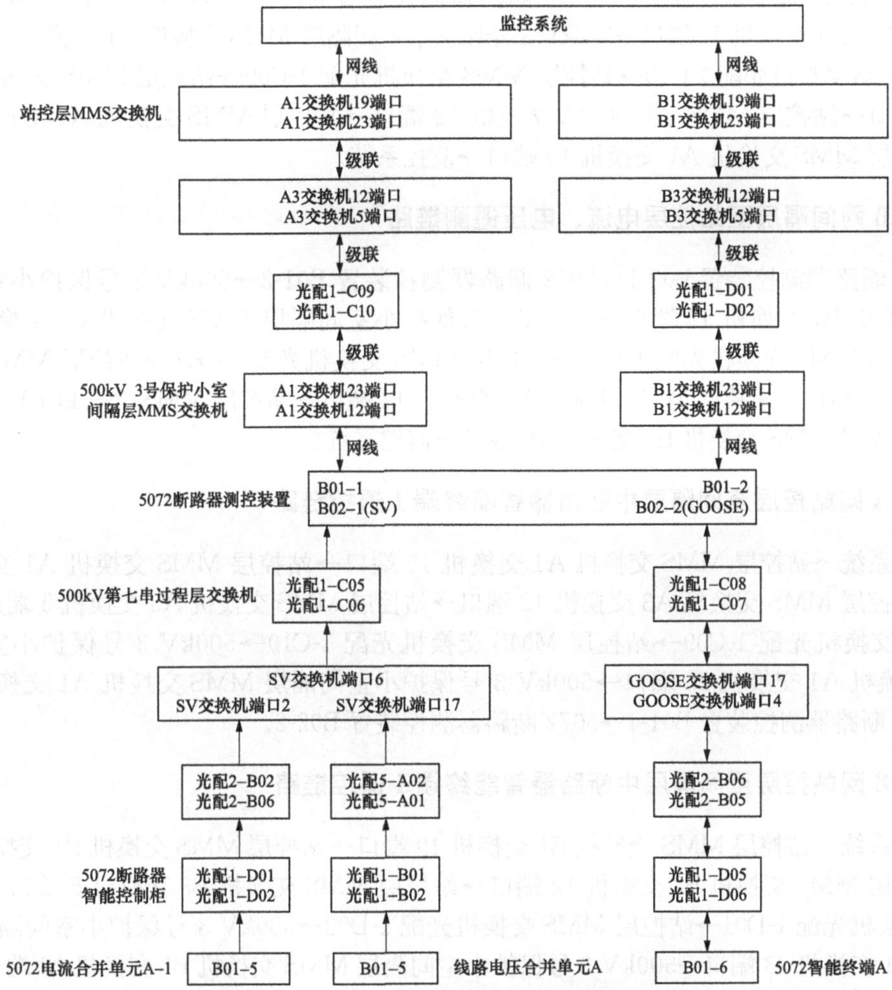

图 12-2　500kV 中断路器测控回路物理连接图

## 一、A 网过程层至间隔层中断路器电流合并单元 1-1 电流遥测链路

5072 电流合并单元 B01-5→5072 智能控制柜光配 1-D02→5072 智能控制柜光配 1-D01→第七串过程层 SV 交换机光配 2-B06→第七串过程层 SV 交换机光配 2-B02→第七串过程层 SV 交换机端口 2→第七串过程层 SV 交换机端口 6→第七串过程层 SV 交换机光配 1-C06→第七串过程层 SV 交换机光配 1-C05→5072 断路器测控装置 B02-1。

## 二、A 网过程层至间隔层线路电压合并单元 1 电压遥测链路

线路电压合并单元 B01-5→5072 智能控制柜光配 1-B02→5072 智能控制柜光配 1-B01→第七串过程层 SV 交换机光配 5-A01→第七串过程层 SV 交换机光配 5-A02→第七串过程层 SV

交换机端口 17→第七串过程层 SV 交换机端口 6→第七串过程层 SV 交换机光配 1-C06→第七串过程层 SV 交换机光配 1-C05→5072 断路器测控装置 B02-1。

## 三、A 网间隔层至站控层电流、电压遥测链路

5072 断路器测控装置 B02-1→5072 断路器测控装置 B01-1→500kV 3 号保护小室间隔层 MMS 交换机 A1 交换机 12 端口→500kV 3 号保护小室间隔层 MMS 交换机 A1 交换机 23 端口→站控层 MMS 交换机光配 1-C10→站控层 MMS 交换机光配 1-C09→站控层 MMS 交换机 A3 交换机 5 端口→站控层 MMS 交换机 A3 交换机 12 端口→站控层 MMS 交换机 A1 交换机 23 端口→站控层 MMS 交换机 A1 交换机 19 端口→监控系统。

## 四、B 网间隔层至站控层电流、电压遥测链路

5072 断路器测控装置 B02-1→5072 断路器测控装置 B01-2→500kV 3 号保护小室间隔层 MMS 交换机 B1 交换机 12 端口→500kV 3 号保护小室间隔层 MMS 交换机 B1 交换机 23 端口→站控层 MMS 交换机光配 1-D02→站控层 MMS 交换机光配 1-D01→站控层 MMS 交换机 B3 交换机 5 端口→站控层 MMS 交换机 B3 交换机 12 端口→站控层 MMS 交换机 B1 交换机 23 端口→站控层 MMS 交换机 B1 交换机 19 端口→监控系统。

## 五、A 网站控层至间隔层中断路器智能终端 1 遥控链路

监控系统→站控层 MMS 交换机 A1 交换机 19 端口→站控层 MMS 交换机 A1 交换机 23 端口→站控层 MMS 交换机 A3 交换机 12 端口→站控层 MMS 交换机 A3 交换机 5 端口→站控层 MMS 交换机光配 1-C09→站控层 MMS 交换机光配 1-C10→500kV 3 号保护小室间隔层 MMS 交换机 A1 交换机 23 端口→500kV 3 号保护小室间隔层 MMS 交换机 A1 交换机 12 端口→5072 断路器测控装置 B01-1→5072 断路器测控装置 B02-2。

## 六、B 网站控层至间隔层中断路器智能终端 1 遥控链路

监控系统→站控层 MMS 交换机 B1 交换机 19 端口→站控层 MMS 交换机 B1 交换机 23 端口→站控层 MMS 交换机 B3 交换机 12 端口→站控层 MMS 交换机 B3 交换机 5 端口→站控层 MMS 交换机光配 1-D01→站控层 MMS 交换机光配 1-D02→500kV 3 号保护小室间隔层 MMS 交换机 B1 交换机 23 端口→500kV 3 号保护小室间隔层 MMS 交换机 B1 交换机 12 端口→5072 断路器测控装置 B01-2→5072 断路器测控装置 B02-2。

## 七、A 网间隔层至过程层中断路器智能终端 1 遥控链路

5072 断路器测控装置 B02-2→第七串过程层 GOOSE 交换机光配 1-C08→第七串过程层 GOOSE 交换机光配 1-C07→第七串过程层 GOOSE 交换机端口 17→第七串过程层 GOOSE 交换机端口 4→第七串过程层 GOOSE 交换机光配 2-B06→第七串过程层 GOOSE 交换机光配 2-B05→5072 智能控制柜光配 1-D05→5072 智能控制柜光配 1-D06→5072 智能终端。

该站 500kV 设备合并单元未设计 GOOSE 链路，5072 智能终端 1 遥信链路与遥控链路相反，在此均不做详细介绍。

## 八、500kV 中断路器测控回路 A 网逻辑连接图

500kV 中断路器测控回路 A 网逻辑连接图如图 12-3 所示。

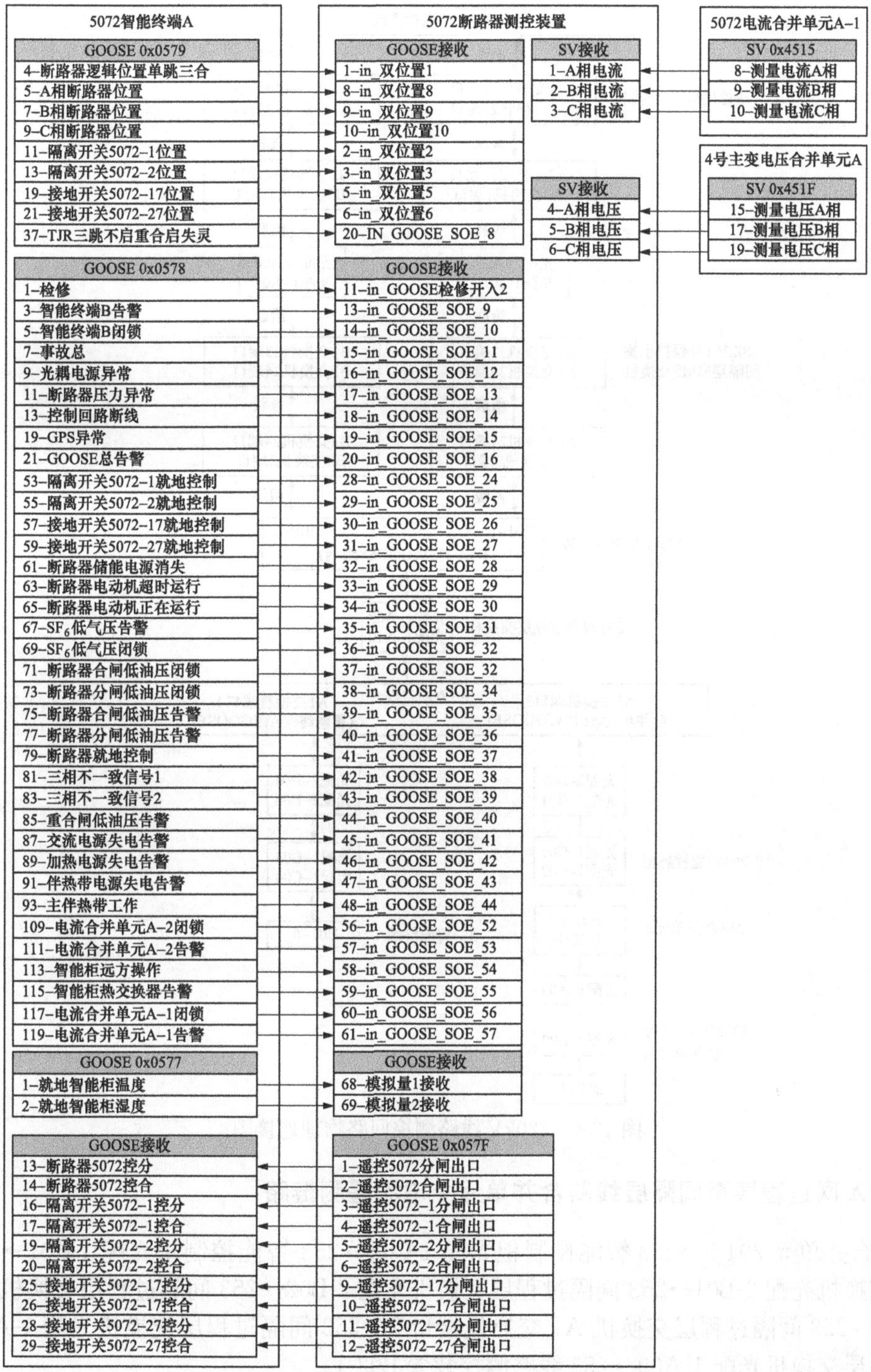


图 12-3　500kV 中断路器测控回路 A 网逻辑连接图

# 第三节　220kV 线路测控回路

200kV 线路测控回路物理连接图如图 12-4 所示。

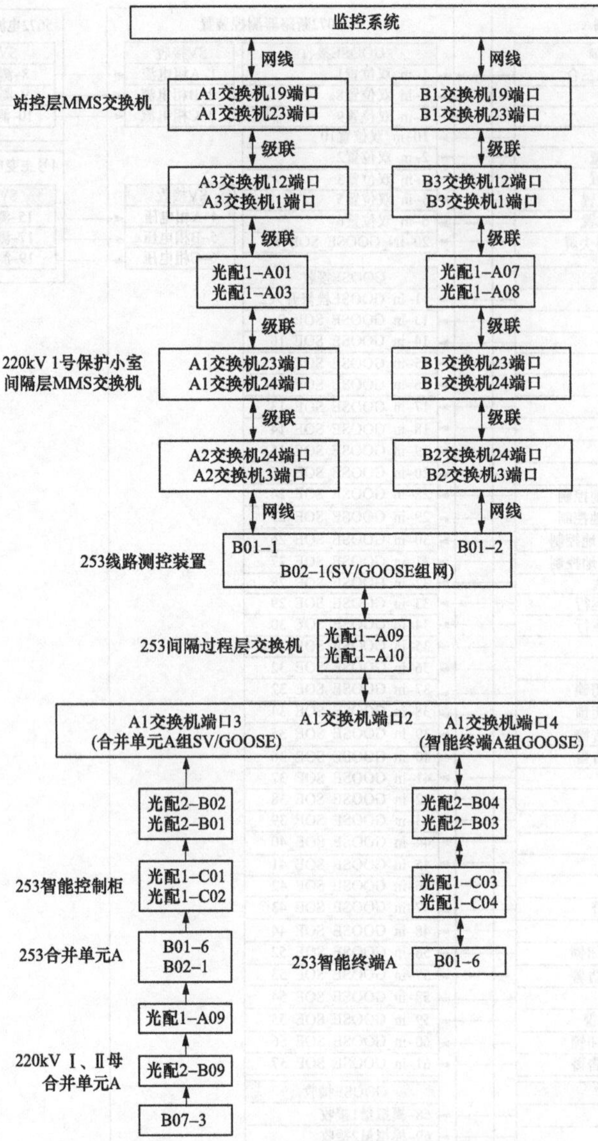


图 12-4　220kV 线路测控回路物理连接图

## 一、A 网过程层至间隔层线路合并单元 1 电流遥测链路

253 合并单元 201-6→253 智能控制柜光配 1-C02→253 智能控制柜光配 1-C01→253 间隔过程层交换机光配 2-B01→253 间隔过程层交换机光配 2-B02→253 间隔过程层交换机 A1 交换机端口 3→253 间隔过程层交换机 A1 交换机端口 2→253 间隔过程层交换机光配 1-A10→253 间隔过程层交换机光配 1-A09→253 线路测控装置 B02-1。

## 二、A 网过程层至间隔层母线合并单元 1 电压遥测链路

Ⅰ段母线合并单元 B07-3→Ⅰ段母线合并单元光配 2-B09→253 合并单元光配 1-A09→253 合并单元 B02-1→253 合并单元 B01-6→253 合并单元 201-6→253 智能控制柜光配 1-C02→253 智能控制柜光配 1-C01→253 间隔过程层交换机光配 2-B01→253 间隔过程层交换机光配 2-B02→253 间隔过程层交换机 A1 交换机端口 3→253 间隔过程层交换机 A1 交换机端口 2→253 间隔

过程层交换机光配 1-A10→253 间隔过程层交换机光配 1-A09→253 线路测控装置 B02-1。

### 三、A 网间隔层至站控层电流、电压遥测链路

253 线路测控装置 B02-1→253 线路测控装置 B01-1→220kV 1 号保护小室间隔层 MMS 交换机 A2 交换机 3 端口→220kV 1 号保护小室间隔层 MMS 交换机 A2 交换机 24 端口→220kV 1 号保护小室间隔层 MMS 交换机 A1 交换机 24 端口→220kV 1 号保护小室间隔层 MMS 交换机 A1 交换机 23 端口→站控层 MMS 交换机光配 1-A03→站控层 MMS 交换机光配 1-A01→站控层 MMS 交换机 A3 交换机 1 端口→站控层 MMS 交换机 A3 交换机 12 端口→站控层 MMS 交换机 A1 交换机 23 端口→站控层 MMS 交换机 A1 交换机 19 端口→监控系统。

### 四、B 网间隔层至站控层电流、电压遥测链路

253 线路测控装置 B02-1→253 线路测控装置 B01-2→220kV 1 号保护小室间隔层 MMS 交换机 B2 交换机 3 端口→220kV 1 号保护小室间隔层 MMS 交换机 B2 交换机 24 端口→220kV 1 号保护小室间隔层 MMS 交换机 B1 交换机 24 端口→220kV 1 号保护小室间隔层 MMS 交换机 B1 交换机 23 端口→站控层 MMS 交换机光配 1-A08→站控层 MMS 交换机光配 1-A07→站控层 MMS 交换机 B3 交换机 1 端口→站控层 MMS 交换机 B3 交换机 12 端口→站控层 MMS 交换机 B1 交换机 23 端口→站控层 MMS 交换机 B1 交换机 19 端口→监控系统。

A 网合并单元遥信链路与电流遥测链路相同。

### 五、A 网站控层至间隔层线路智能终端 1 遥控链路

监控系统→站控层 MMS 交换机 A1 交换机 19 端口→站控层 MMS 交换机 A1 交换机 23 端口→站控层 MMS 交换机 A3 交换机 12 端口→站控层 MMS 交换机 A3 交换机 1 端口→站控层 MMS 交换机光配 1-A01→站控层 MMS 交换机光配 1-A03→220kV 1 号保护小室间隔层 MMS 交换机 A1 交换机 23 端口→220kV 1 号保护小室间隔层 MMS 交换机 A1 交换机 24 端口→220kV 1 号保护小室间隔层 MMS 交换机 A2 交换机 24 端口→220kV 1 号保护小室间隔层 MMS 交换机 A2 交换机 3 端口→253 线路测控装置 B01-1→253 线路测控装置 B02-1。

### 六、B 网站控层至间隔层线路智能终端 1 遥控链路

监控系统→站控层 MMS 交换机 B1 交换机 19 端口→站控层 MMS 交换机 B1 交换机 23 端口→站控层 MMS 交换机 B3 交换机 12 端口→站控层 MMS 交换机 B3 交换机 1 端口→站控层 MMS 交换机光配 1-A07→站控层 MMS 交换机光配 1-A08→220kV 1 号保护小室间隔层 MMS 交换机 B1 交换机 23 端口→220kV 1 号保护小室间隔层 MMS 交换机 B1 交换机 24 端口→220kV 1 号保护小室间隔层 MMS 交换机 B2 交换机 24 端口→220kV 1 号保护小室间隔层 MMS 交换机 B2 交换机 3 端口→253 线路测控装置 B01-2→253 线路测控装置 B02-1。

### 七、A 网间隔层至过程层线路智能终端 1 遥控链路

253 线路测控装置 B02-1→253 间隔过程层交换机光配 1-A09→253 间隔过程层交换机光配 1-A10→253 间隔过程层交换机 A1 交换机端口 2→253 间隔过程层交换机 A1 交换机端口 4→253 间隔过程层交换机光配 2-B04→253 间隔过程层交换机光配 2-B03→253 智能控制柜光配 1-C03→253 智能控制柜光配 1-C04→253 智能终端 201-6。

253 智能终端 1 遥信链路与遥控链路相反，在此不做详细介绍。

## 八、220kV 线路测控回路 A 网逻辑连接图

220kV 线路测控回路 A 网逻辑连接图如图 12-5 所示。

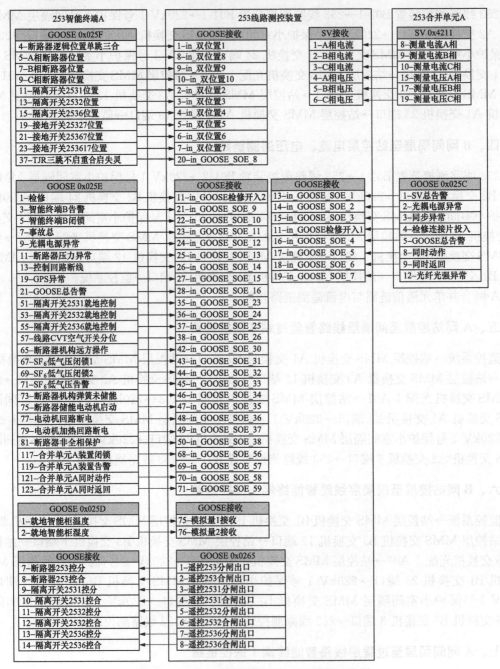


图 12-5　220kV 线路测控回路 A 网逻辑连接图

# 第四节　220kV 母线测控回路

220kV 母线测控回路物理连接图如图 12-6 所示。

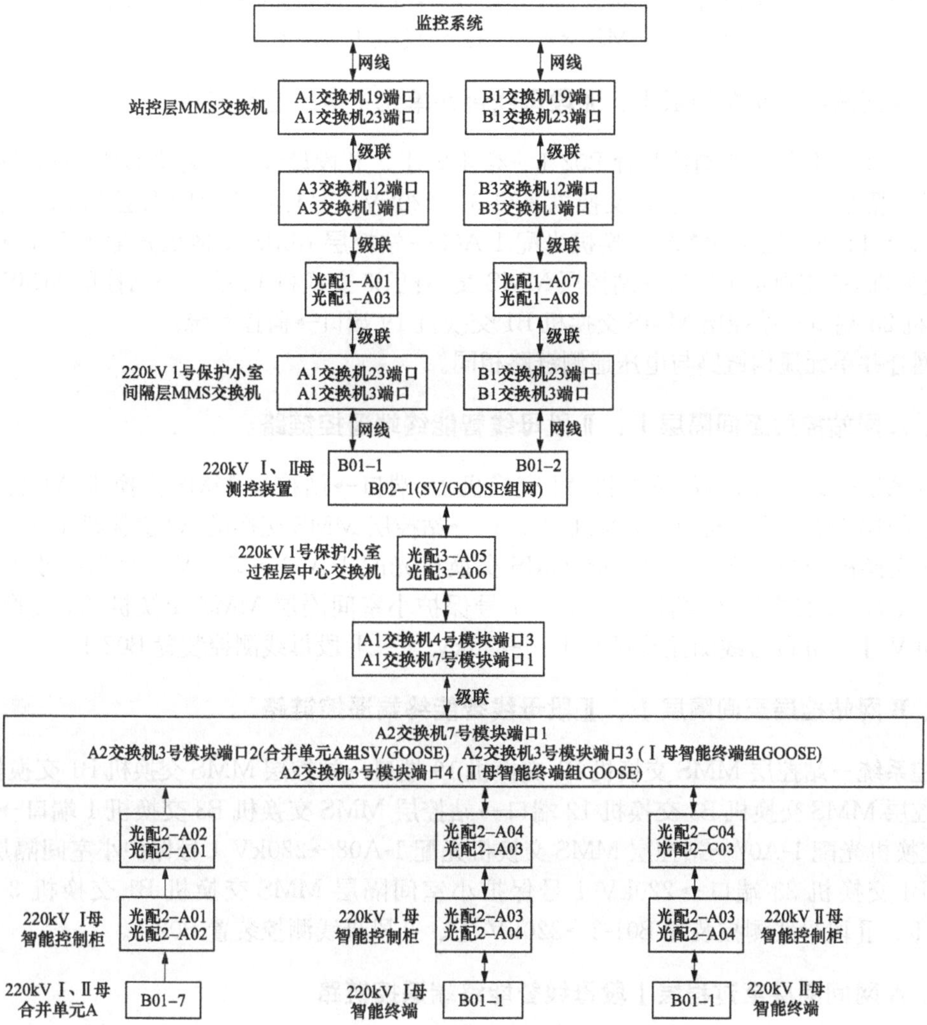


图 12-6　220kV 母线测控回路物理连接图

## 一、A 网过程层至间隔层Ⅰ、Ⅱ段母线合并单元 1 电压遥测链路

220kV Ⅰ、Ⅱ段母线合并单元 B01-7→220kV Ⅰ、Ⅱ段母线智能控制柜光配 2-A02→220kV Ⅰ、Ⅱ段母线智能控制柜光配 2-A01→220kV 1 号保护小室过程层中心交换机光配 2-A01→220kV 1 号保护小室过程层中心交换机光配 2-A02→220kV 1 号保护小室过程层中心交换机 A2 交换机 3 号模块端口 2→220kV 1 号保护小室过程层中心交换机 A2 交换机 7 号模块端口 1→220kV 1 号保护小室过程层中心交换机 A1 交换机 7 号模块端口 1→220kV 1 号保护小室过程层中心交换机 A1 交换机 4 号模块端口 3→220kV 1 号保护小室过程层中心交换机光配 3-A06→220kV 1 号保护小室过程层中心交换机光配 3-A05→220kV Ⅰ、Ⅱ段母线测控装置 B02-1。

## 二、A 网间隔层至站控层Ⅰ、Ⅱ段母线合并单元 1 电压遥测链路

220kV Ⅰ、Ⅱ段母线测控装置 B02-1→220kV Ⅰ、Ⅱ段母线测控装置 B01-1→220kV 1 号保护小室间隔层 MMS 交换机 A1 交换机 3 端口→220kV 1 号保护小室间隔层 MMS 交换机 A1 交换机 23 端口→站控层 MMS 交换机光配 1-A03→站控层 MMS 交换机光配 1-A01→站控层

MMS交换机A3交换机1端口→站控层MMS交换机A3交换机12端口→站控层MMS交换机A1交换机23端口→站控层MMS交换机A1交换机19端口→监控系统。

## 三、B网间隔层至站控层Ⅰ、Ⅱ段母线合并单元1电压遥测链路

220kV Ⅰ、Ⅱ段母线测控装置B02-1→220kV Ⅰ、Ⅱ段母线测控装置B01-2→220kV 1号保护小室间隔层MMS交换机B1交换机3端口→220kV 1号保护小室间隔层MMS交换机B1交换机23端口→站控层MMS交换机光配1-A08→站控层MMS交换机光配1-A07→站控层MMS交换机B3交换机1端口→站控层MMS交换机B3交换机12端口→站控层MMS交换机B1交换机23端口→站控层MMS交换机B1交换机19端口→监控系统。

A网合并单元遥信链路与电压遥测链路相同。

## 四、A网站控层至间隔层Ⅰ、Ⅱ段母线智能终端遥控链路

监控系统→站控层MMS交换机A1交换机19端口→站控层MMS交换机A1交换机23端口→站控层MMS交换机A3交换机12端口→站控层MMS交换机A3交换机1端口→站控层MMS交换机光配1-A01→站控层MMS交换机光配1-A03→220kV 1号保护小室间隔层MMS交换机A1交换机23端口→220kV 1号保护小室间隔层MMS交换机A1交换机3端口→220kV Ⅰ、Ⅱ段母线测控装置B01-1→220kV Ⅰ、Ⅱ段母线测控装置B02-1。

## 五、B网站控层至间隔层Ⅰ、Ⅱ段母线智能终端遥控链路

监控系统→站控层MMS交换机B1交换机19端口→站控层MMS交换机B1交换机23端口→站控层MMS交换机B3交换机12端口→站控层MMS交换机B3交换机1端口→站控层MMS交换机光配1-A07→站控层MMS交换机光配1-A08→220kV 1号保护小室间隔层MMS交换机B1交换机23端口→220kV 1号保护小室间隔层MMS交换机B1交换机3端口→220kV Ⅰ、Ⅱ段母线测控装置B01-2→220kV Ⅰ、Ⅱ段母线测控装置B02-1。

## 六、A网间隔层至过程层Ⅰ段母线智能终端遥控链路

220kVⅠ、Ⅱ段母线测控装置B02-1→220kV 1号保护小室过程层中心交换机光配3-A05→220kV 1号保护小室过程层中心交换机光配3-A06→220kV 1号保护小室过程层中心交换机A1交换机4号模块端口3→220kV 1号保护小室过程层中心交换机A1交换机7号模块端口1→220kV 1号保护小室过程层中心交换机A2交换机7号模块端口1→220kV 1号保护小室过程层中心交换机A2交换机3号模块端口3→220kV 1号保护小室过程层中心交换机光配2-A04→220kV 1号保护小室过程层中心交换机光配2-A03→220kV Ⅰ段母线智能控制柜光配2-A03→220kV Ⅰ段母线智能控制柜光配2-A04→220kV Ⅰ段母线智能终端B01-1。

## 七、A网间隔层至过程层Ⅱ段母线智能终端遥控链路

220kVⅠ、Ⅱ段母线测控装置B02-1→220kV 1号保护小室过程层中心交换机光配3-A05→220kV 1号保护小室过程层中心交换机光配3-A06→220kV 1号保护小室过程层中心交换机A1交换机4号模块端口3→220kV 1号保护小室过程层中心交换机A1交换机7号模块端口1→220kV 1号保护小室过程层中心交换机A2交换机7号模块端口1→220kV 1号保护小室过程层中心交换机A2交换机3号模块端口4→220kV 1号保护小室过程层中心交换机光配2-C04→220kV 1号保护小室过程层中心交换机光配2-C03→220kV Ⅱ段母线智能控制柜光配2-A03→

220kV Ⅱ段母线智能控制柜光配 2-A04→220kV Ⅱ段母线智能终端 B01-1。

智能终端遥信链路与遥控链路相反，在此不做详细介绍。

## 八、220kV 母线测控回路 A 网逻辑连接图

220kV 母线测控回路 A 网逻辑连接图如图 12-7 所示。

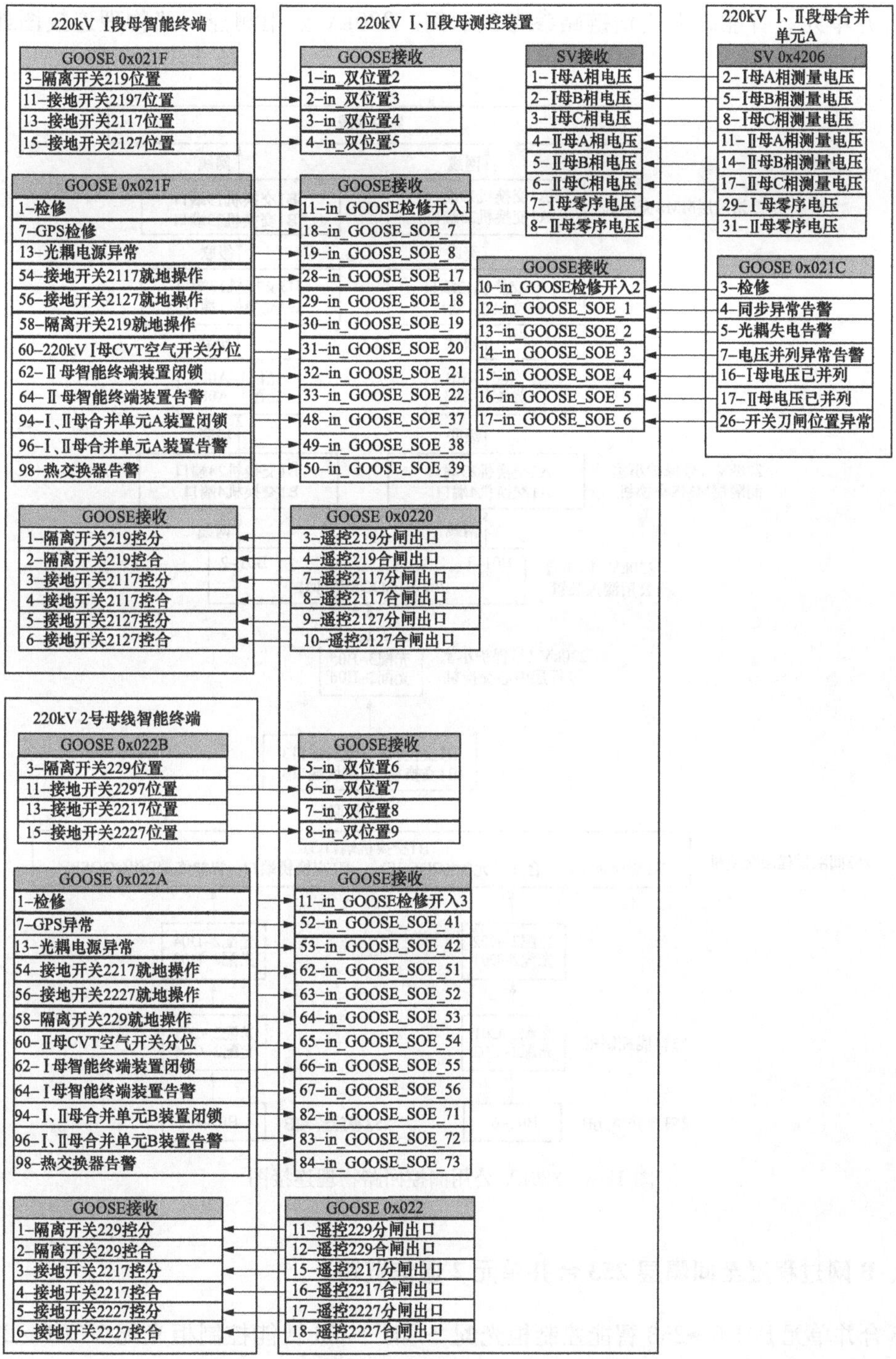


图 12-7　220kV 母线测控回路 A 网逻辑连接图

## 第五节　220kV 公用测控回路

220kV Ⅰ、Ⅱ段母线所有间隔 B 网的合并单元、智能终端遥信均通过Ⅰ、Ⅱ段母线公用测控上传监控系统，本节只选用一个间隔的合并单元、智能终端遥信链路作为示例，其他间隔合并单元、智能终端遥信链路参考该示例。220kV 公用测控回路物理连接图如图 12-8 所示。

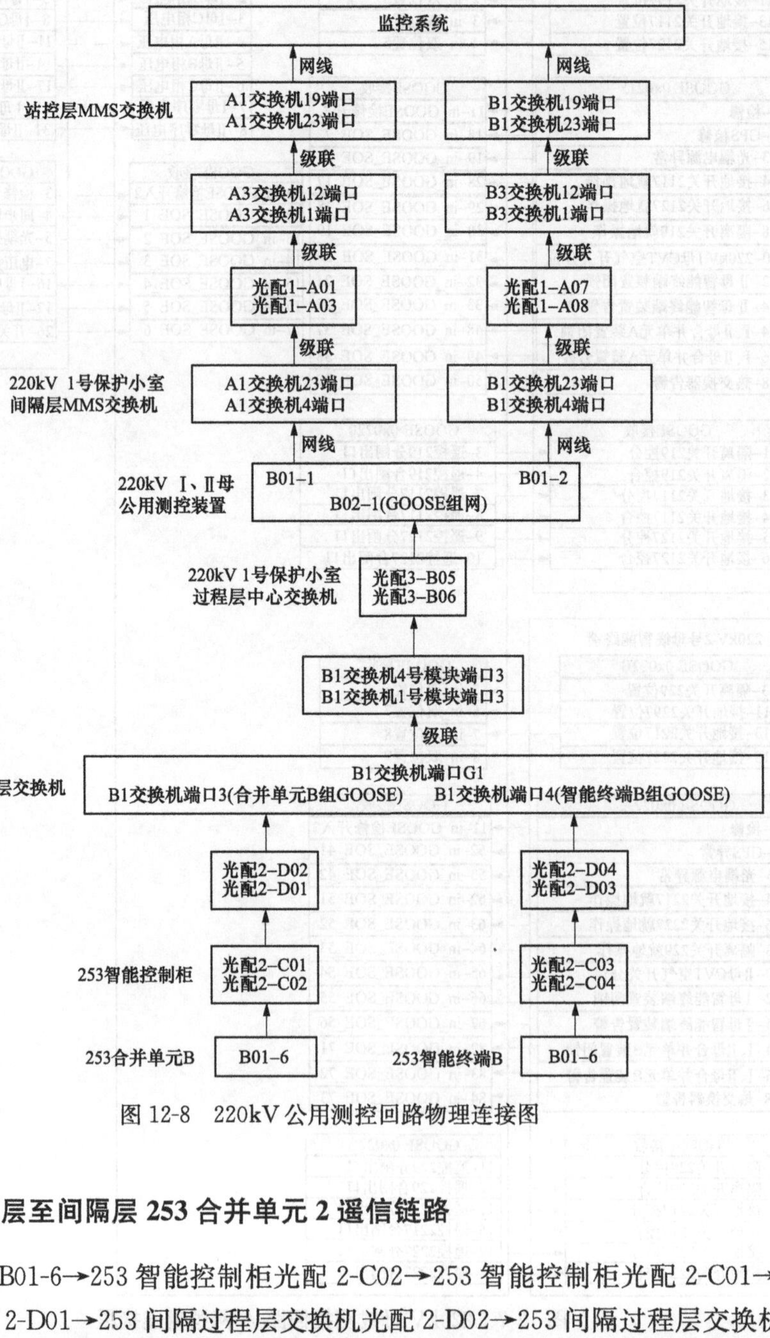


图 12-8　220kV 公用测控回路物理连接图

### 一、B 网过程层至间隔层 253 合并单元 2 遥信链路

253 合并单元 B01-6→253 智能控制柜光配 2-C02→253 智能控制柜光配 2-C01→253 间隔过程层交换机光配 2-D01→253 间隔过程层交换机光配 2-D02→253 间隔过程层交换机 B1 交换

机端口 3→253 间隔过程层交换机 B1 交换机端口 G1→220kV 1 号保护小室过程层中心交换机 B1 交换机 1 号模块端口 3→220kV 1 号保护小室过程层中心交换机 B1 交换机 4 号模块端口 3→220kV 1 号保护小室过程层中心交换机光配 3-B06→220kV 1 号保护小室过程层中心交换机光配 3-B05→220kV Ⅰ、Ⅱ段母线公用测控装置 B02-1。

## 二、A 网间隔层至站控层 253 合并单元 2 遥信链路

220kV Ⅰ、Ⅱ段母线公用测控装置 B02-1→220kV Ⅰ、Ⅱ段母线公用测控装置 B01-1→220kV 1 号保护小室间隔层 MMS 交换机 A1 交换机 4 端口→220kV 1 号保护小室间隔层 MMS 交换机 A1 交换机 23 端口→站控层 MMS 交换机光配 1-A03→站控层 MMS 交换机光配 1-A01→站控层 MMS 交换机 A3 交换机 1 端口→站控层 MMS 交换机 A3 交换机 12 端口→站控层 MMS 交换机 A1 交换机 23 端口→站控层 MMS 交换机 A1 交换机 19 端口→监控系统。

## 三、B 网间隔层至站控层 253 合并单元 2 遥信链路

220kV Ⅰ、Ⅱ段母线公用测控装置 B02-1→220kV Ⅰ、Ⅱ段母线公用测控装置 B01-2→220kV 1 号保护小室间隔层 MMS 交换机 B1 交换机 4 端口→220kV 1 号保护小室间隔层 MMS 交换机 B1 交换机 23 端口→站控层 MMS 交换机光配 1-A08→站控层 MMS 交换机光配 1-A07→站控层 MMS 交换机 B3 交换机 1 端口→站控层 MMS 交换机 B3 交换机 12 端口→站控层 MMS 交换机 B1 交换机 23 端口→站控层 MMS 交换机 B1 交换机 19 端口→监控系统。

## 四、B 网过程层至间隔层 253 智能终端 2 遥信链路

253 智能终端 B01-6→253 智能控制柜光配 2-C04→253 智能控制柜光配 2-C03→253 间隔过程层交换机光配 2-D03→253 间隔过程层交换机光配 2-D04→253 间隔过程层交换机 B1 交换机端口 4→253 间隔过程层交换机 B1 交换机端口 G1→220kV 1 号保护小室过程层中心交换机 B1 交换机 1 号模块端口 3→220kV 1 号保护小室过程层中心交换机 B1 交换机 4 号模块端口 3→220kV 1 号保护小室过程层中心交换机光配 3-B06→220kV 1 号保护小室过程层中心交换机光配 3-B05→220kV Ⅰ、Ⅱ段母线公用测控装置 B02-1。

## 五、A 网间隔层至站控层 253 智能终端 2 遥信链路

220kV Ⅰ、Ⅱ段母线公用测控装置 B02-1→220kV Ⅰ、Ⅱ段母线公用测控装置 B01-1→220kV 1 号保护小室间隔层 MMS 交换机 A1 交换机 4 端口→220kV 1 号保护小室间隔层 MMS 交换机 A1 交换机 23 端口→站控层 MMS 交换机光配 1-A03→站控层 MMS 交换机光配 1-A01→站控层 MMS 交换机 A3 交换机 1 端口→站控层 MMS 交换机 A3 交换机 12 端口→站控层 MMS 交换机 A1 交换机 23 端口→站控层 MMS 交换机 A1 交换机 19 端口→监控系统。

## 六、B 网间隔层至站控层 253 智能终端 2 遥信链路

220kV Ⅰ、Ⅱ段母线公用测控装置 B02-1→220kV Ⅰ、Ⅱ段母线公用测控装置 B01-2→220kV 1 号保护小室间隔层 MMS 交换机 B1 交换机 4 端口→220kV 1 号保护小室间隔层 MMS 交换机 B1 交换机 23 端口→站控层 MMS 交换机光配 1-A08→站控层 MMS 交换机光配 1-A07→站控层 MMS 交换机 B3 交换机 1 端口→站控层 MMS 交换机 B3 交换机 12 端口→站控层 MMS 交

换机 B1 交换机 23 端口→站控层 MMS 交换机 B1 交换机 19 端口→监控系统。

## 七、220kV 公用测控回路 B 网逻辑连接

220kV 公用测控回路 B 网逻辑连接图如图 12-9 所示。

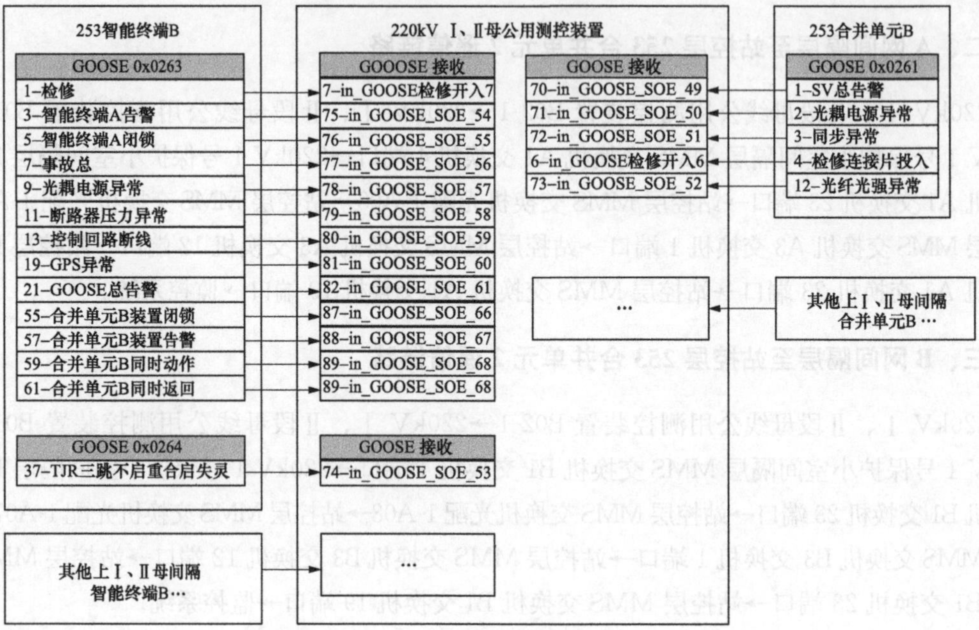


图 12-9　220kV 公用测控回路 B 网逻辑连接图

# 第十三章 500kV智能变电站500kV保护二次回路

本章主要对智能变电站500kV线路保护跳闸回路、500kV母差保护跳闸回路、500kV断路器失灵回路、500kV断路器保护跳闸回路及重合闸回路进行分析。

## 第一节 500kV 线路保护跳闸回路

### 一、500kV 线路保护 1 跳中断路器回路

500kV 线路保护 1（CSC-103BE）发出跳 5062 断路器 GOOSE 命令，且跳 5062 智能终端 1 GOOSE 发送软连接片投入，通过本装置 X7 板光口 B-TX 发送跳闸报文，报文经光纤直送至 5062 PCS-222 智能终端 1 B01 板 2-RX 光口，5062 智能终端 1 接收报文后按照内部逻辑进行动作。500kV 线路保护 1 跳中断路器回路如图 13-1 所示。

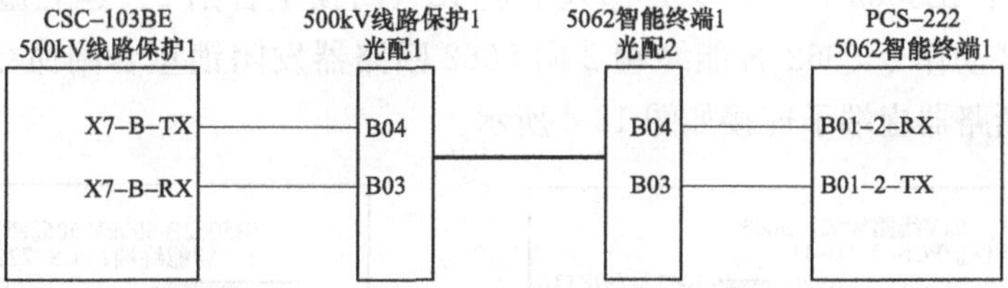


图 13-1 500kV 线路保护 1 跳中断路器回路

逻辑连接中，500kV 线路保护 1（装置号：PL5063A）数据集 GOOSE：0x0565 节点 4、5、6 分别与 5062 智能终端 1（装置号：IB5062A）GOOSE 输入节点 8、9、10 建立虚端子连接，实现 500kV 线路保护 1 动作令 5062 智能终端 1 向 5062 断路器跳 A 相、B 相、C 相命令的功能。500kV 线路保护 1 数据集 GOOSE：0x0565 节点 14（5062 启失灵闭锁重合闸）与 5062 智能终端 1（装置号：IB5062A）GOOSE 输入节点 11（TJR 闭锁重合闸三跳 5）建立虚端子连接，实现 500kV 线路保护 1 动作令 5062 智能终端 1 向 5062 断路器发闭锁重合闸命令的功能。500kV 线路保护 1 跳中断路器回路虚端子连接如图 13-2 所示。

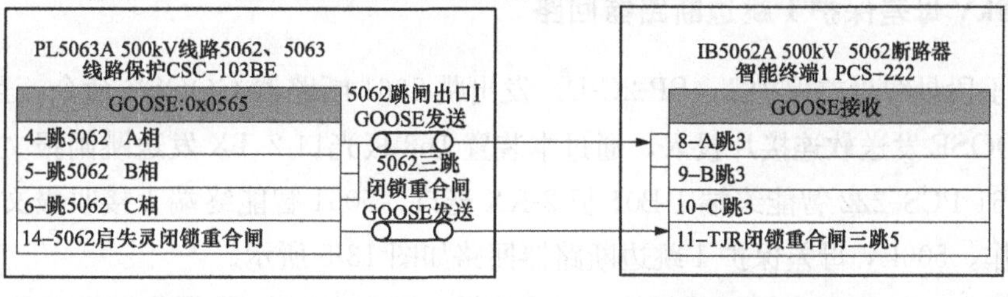


图 13-2 500kV 线路保护 1 跳中断路器回路虚端子连接

## 二、500kV线路保护2跳中断路器回路

500kV线路保护2（PCS-931GYM-D）发出跳5062断路器GOOSE命令，跳5062智能终端2 GOOSE发送软连接片投入，通过本装置B07板光口4-TX发送跳闸报文，报文经光纤直送至5062 PCS-222智能终端2 B01板2-RX光口，5062智能终端2接收报文后按照内部逻辑进行动作。500kV线路保护2跳中断路器回路如图13-3所示。

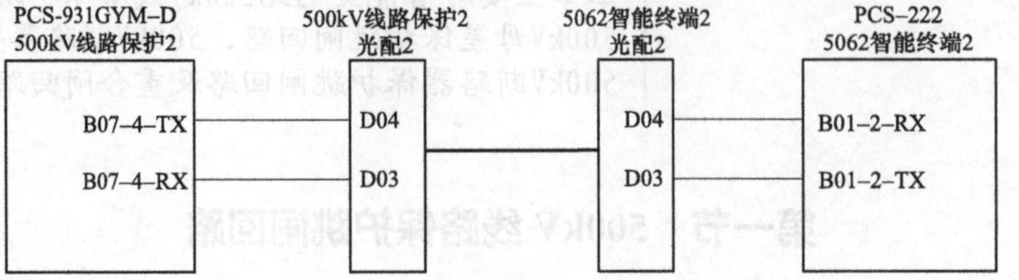


图13-3　500kV线路保护2跳中断路器回路

逻辑连接中，500kV线路保护2（装置号：PL5063B）数据集GOOSE：0x0566节点8、9、10分别与5062智能终端2（装置号：IB5062B）GOOSE输入节点7、8、9建立虚端子连接，实现500kV线路保护2动作令5062智能终端2向5062断路器跳A相、B相、C相命令的功能。500kV线路保护2数据集GOOSE：0x0566节点14（闭锁5062重合闸）与5062智能终端2（装置号：IB5062B）GOOSE输入节点12（闭锁重合闸2）建立虚端子连接，实现500kV线路保护2动作令5062智能终端2向5062断路器发闭锁重合闸命令的功能。500kV线路保护2跳中断路器虚端子连接如图13-4所示。

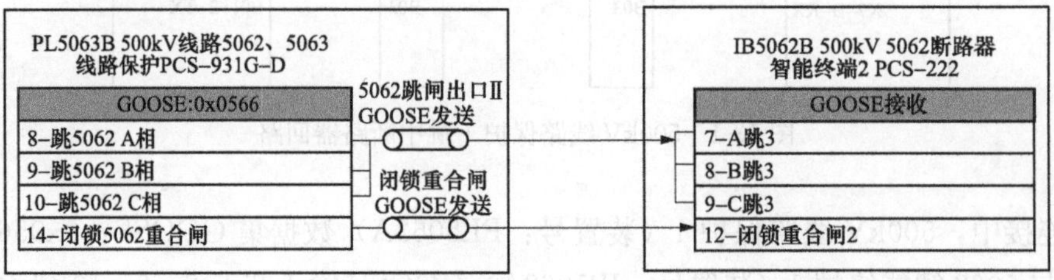


图13-4　500kV线路保护2跳中断路器虚端子连接

# 第二节　500kV母差保护跳闸回路

## 一、500kV母差保护1跳边断路器回路

500kV Ⅰ段母线母差保护1（BP-2C-D）发出跳5061断路器GOOSE命令，且跳5061智能终端1 GOOSE发送软连接片投入，通过本装置1n8板光口2-TX发送跳闸报文，报文经光纤直送至5061 PCS-222智能终端1 B01板2-RX光口，5061智能终端1接收报文后按照内部逻辑进行动作。500kV母差保护1跳边断路器回路如图13-5所示。

逻辑连接中，500kV Ⅰ段母差保护1（装置号：PM5001A）数据集GOOSE：0x051D节

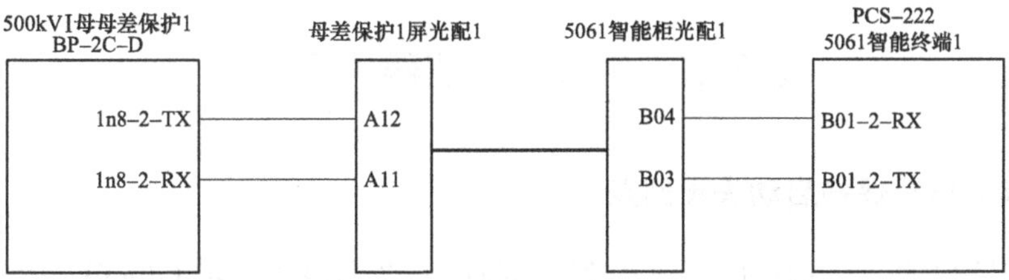


图 13-5　500kV 母差保护 1 跳边断路器回路

点 6 与 5061 智能终端 1（装置号：IB5061A）GOOSE 输入节点 7 建立虚端子连接，实现 500kV Ⅰ段母线差保护 1 动作令 5061 智能终端 1 向 5061 断路器发送闭锁重合闸三跳命令的功能。500kV 母差保护 1 跳边断路器虚端子连接如图 13-6 所示。

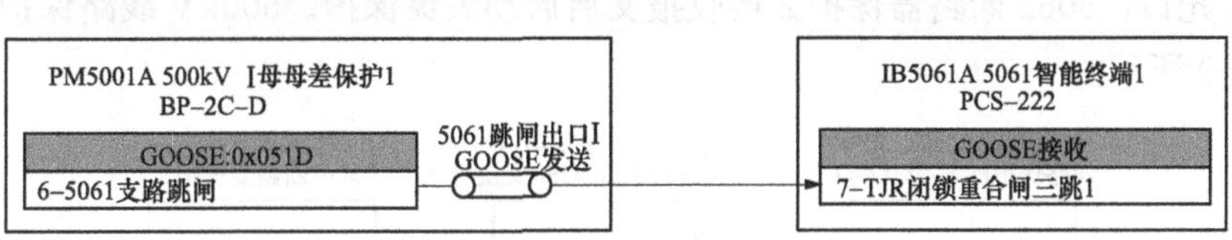


图 13-6　500kV 母差保护 1 跳边断路器虚端子连接

## 二、500kV 母差保护 2 跳边断路器回路

500kV Ⅰ段母线母差保护 2（PCS-915-GD-D）发出跳 5061 断路器 GOOSE 命令，且跳 5061 智能终端 2 GOOSE 发送软连接片投入，通过本装置 B07 板光口 6-TX 发送跳闸报文，报文经光纤直送至 5061 PCS-222 智能终端 2 B01 板 2-RX 光口，5061 智能终端 2 接收报文后按照内部逻辑进行动作。500kV 母差保护 2 跳边断路器回路如图 13-7 所示。

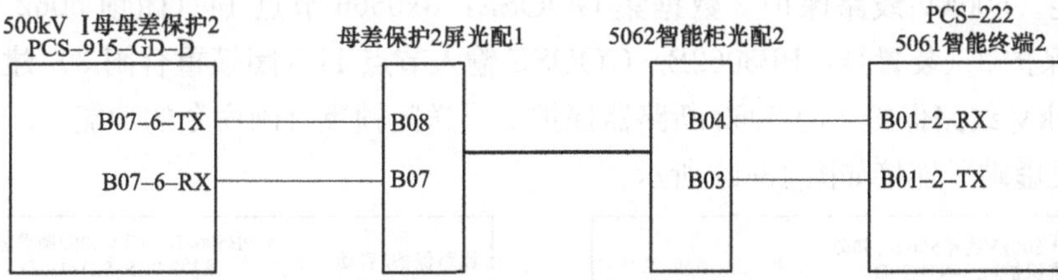


图 13-7　500kV 母差保护 2 跳边断路器回路

逻辑连接中，500kVⅠ段母线母差保护 2（装置号：PM5001B）数据集 GOOSE：0x051F 节点 6 与 5061 智能终端 2（装置号：IB5061B）GOOSE 输入节点 6 建立虚端子连接，实现 500kV Ⅰ段母线母差保护 2 动作令 5061 智能终端 2 向 5061 开关发送闭锁重合闸三跳命令的功能。500kV 母差保护 2 跳边断路器虚端子连接如图 13-8 所示。

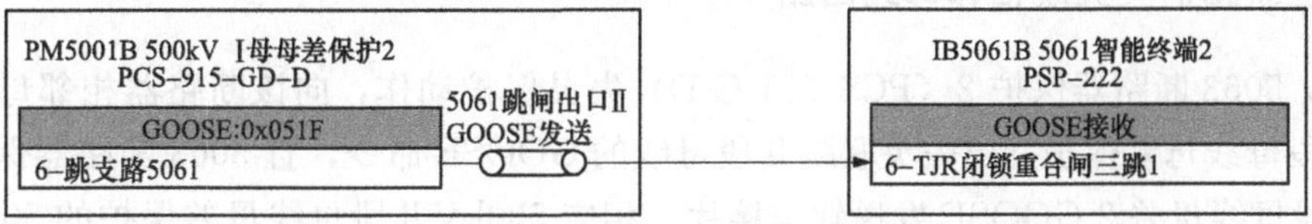


图 13-8　500kV 母差保护 2 跳边断路器虚端子连接

# 第三节 500kV 断路器失灵回路

## 一、500kV 线路保护启动失灵回路

500kV 线路保护 2（PCS-931-G-D）发出启动 5062 断路器失灵 GOOSE 命令，且线路保护的启动 5062 失灵ⅡGOOSE 发送软连接片和相应断路器保护的线路保护 2 启动 5062 失灵Ⅱ GOOSE 接收软连接片投入，通过本装置 B07 板光口 6-TX 发送启动失灵 GOSSE 报文，报文经光纤送至 500kV 3 号小室第六串 B 网过程层 GOOSE 交换机 8-RX 光口，再由 500kV 3 号小室第六串 B 网过程层 GOOSE 交换机 10-TX 光口经光纤送至 5062 PCS-221G-D 断路器保护 2 B07 板 5-RX 光口，5062 断路器保护 2 接收报文后启动失灵保护。500kV 线路保护 2 启动失灵回路如图 13-9 所示。

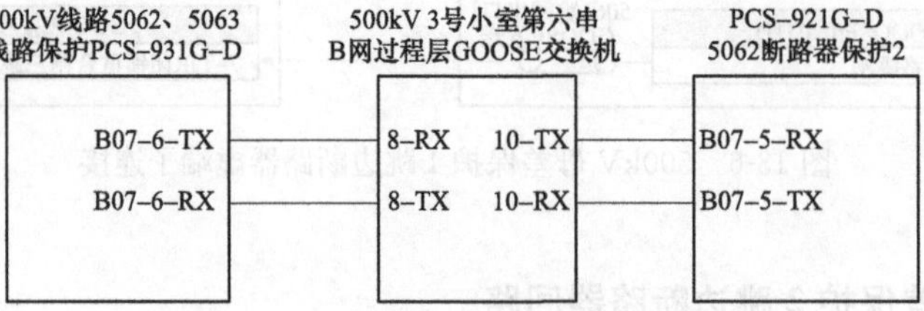


图 13-9 500kV 线路保护 2 启动失灵回路

逻辑连接中，500kV 线路保护 2（PCS-931-G-D）（装置号：PL5063B）数据集 GOOSE：0x0566 节点 11、12、13 分别与 5062 断路器保护 2（装置号：PB5062B）GOOSE 输入节点 8、9、10 建立虚端子连接，实现 500kV 线路保护 2 启动 5062 断路器保护 2 A 相、B 相、C 相失灵保护的功能。500kV 线路保护 2 数据集 GOOSE：0x0566 节点 14（闭锁 5062 重合闸）与 5062 断路器保护 2（装置号：PB5062B）GOOSE 输入节点 11（闭锁重合闸 3）建立虚端子连接，实现 500kV 线路保护 2 向 5062 断路器保护 2 发送闭锁重合闸命令的功能。500kV 线路保护 2 启动失灵虚端子连接如图 13-10 所示。

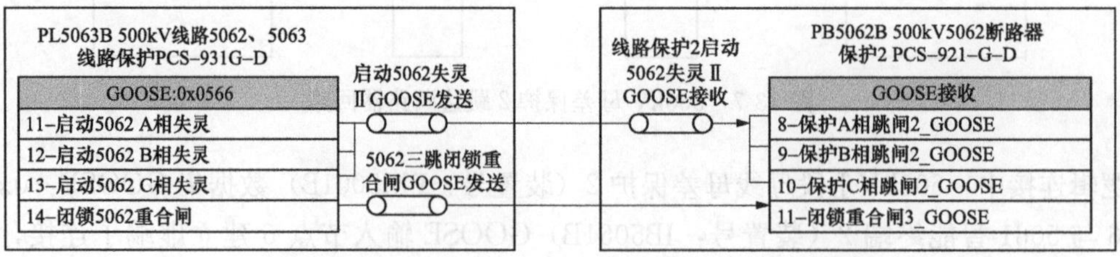


图 13-10 500kV 线路保护 2 启动失灵虚端子连接

## 二、边断路器失灵跳相邻母线回路

500kV 5063 断路器保护 2（PCS-921-G-D）失灵保护动作，向该断路器相邻母线对应的 500kV Ⅱ段母线母差保护发出失灵联跳Ⅱ段母线的 GOOSE 命令，且 5063 断路器保护 2 的失灵启动Ⅱ段母线母差 2 GOOSE 发送软连接片、相应 500kVⅡ段母线母差保护的 5063 失灵启动Ⅱ GOOSE 接收软连接片以及 500kVⅡ段母线母差保护的失灵经母差跳闸软连接片均在投

入位置，通过本装置 B07 板光口 5-TX 发送失灵联跳Ⅱ段母线 GOSSE 报文，报文经光纤送至 500kV 3 号小室第六串 B 网过程层 GOOSE 交换机 11-RX 光口，再由 500kV 3 号小室第六串 B 网过程层 GOOSE 交换机 G1-TX 光口经光纤送至 500kV 2 号小室过程层中心交换机 B 网 GOOSE 交换机 1/4-RX 光口，再由 500kV 2 号小室过程层中心交换机 B 网 GOOSE 交换机 4/3-TX 光口送至 500kV Ⅱ段母线母差保护 2 B05 板 1-RX 光口，500kV Ⅱ段母线母差保护 2 接收报文后，经 500kV Ⅱ段母线母差保护 2 跳边断路器回路，跳开边断路器相邻母线。500kV 母线保护跳边断路器回路如前文所示。500kV 边断路器保护向 500kV 母线保护发失灵联跳相邻母线 GOOSE 报文的 5063 断路器失灵跳相邻母线回路如图 13-11 所示。

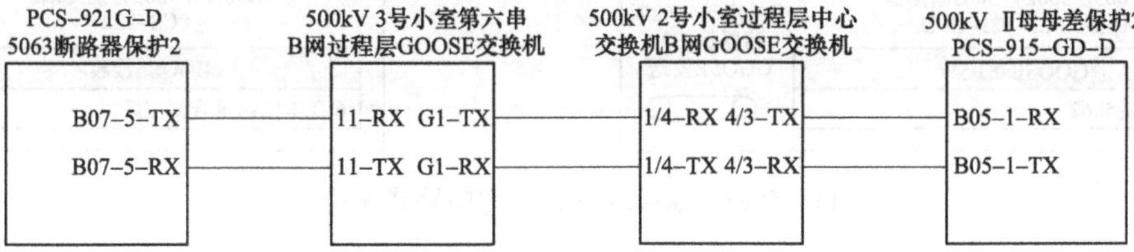


图 13-11　5063 断路器失灵跳相邻母线回路

逻辑连接中，5063 断路器保护 2（装置号：PB5063B）数据集 GOOSE：0x055A 节点 6（失灵联跳Ⅱ段母线）与 500kV Ⅱ段母线母差保护 2（装置号：PM5002B）GOOSE 输入节点 2（支路 6 三跳 _ GOOSE）建立虚端子连接，实现 5063 断路器保护 2 失灵保护动作向 500kV Ⅱ段母线母差保护 2 发送失灵联跳Ⅱ段母线 GOOSE 命令的功能。5063 断路器失灵跳相邻母线虚端子连接如图 13-12 所示。

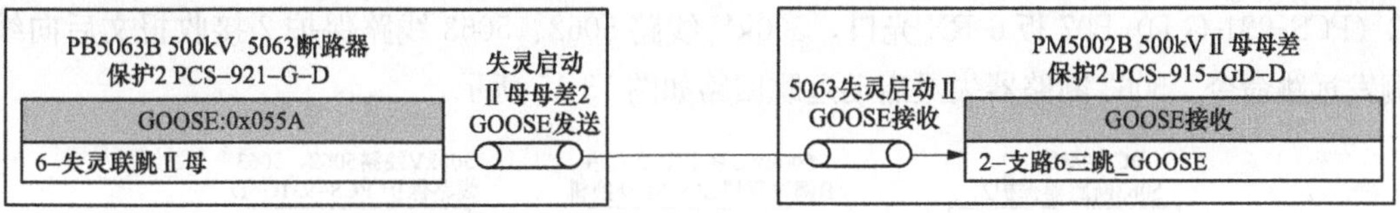


图 13-12　5063 断路器失灵跳相邻母线虚端子连接

## 三、断路器失灵跳相邻断路器回路

500kV 5063 断路器保护 2（PCS-921-G-D）失灵保护动作，向相邻 5062 断路器发出失灵跳 5062 的 GOOSE 命令，且 5063 断路器保护 2 的失灵启动 5062 断路器保护 2 GOOSE 发送软连接片在投入位置，通过本装置 B07 板光口 5-TX 发送失灵跳 5062 断路器 GOSSE 报文，报文经光纤送至 500kV 3 号小室第六串 B 网过程层 GOOSE 交换机 11-RX 光口，再由 500kV 3 号小室第六串 B 网过程层 GOOSE 交换机将报文经光纤送至 5062 PCS-222 智能终端 2 B01 板 6-RX 光口，5062 智能终端 2 接收报文后按照内部逻辑进行动作。5063 断路器失灵跳相邻断路器回路如图 13-13 所示。

逻辑连接中，500kV 5063 断路器保护 2（装置号：PB5063B）数据集 GOOSE：0x055A 节点 7 与 5062 智能终端 2（装置号：IB5062B）GOOSE 输入节点 6 建立虚端子连接，实现 500kV 5063 断路器保护 2 失灵动作令 5062 智能终端 2 向 5062 断路器发送闭锁重合闸三跳命令的功能。5063 断路器失灵跳断路器虚端子连接如图 13-14 所示。

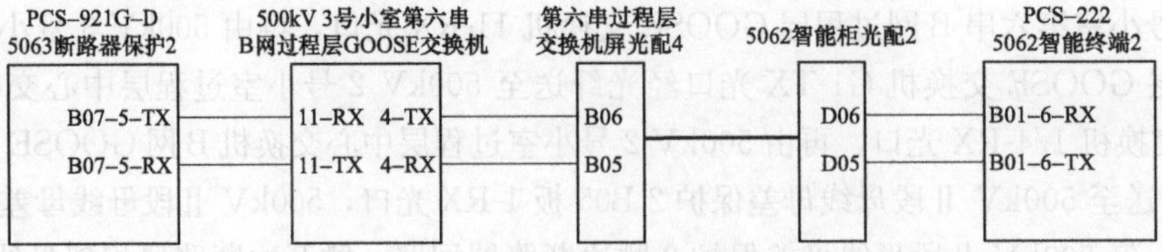


图 13-13　5063 断路器失灵跳相邻断路器回路

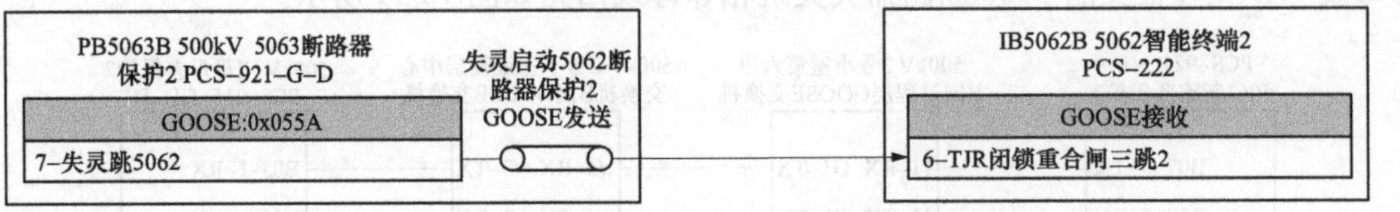


图 13-14　5063 断路器失灵跳相邻断路器虚端子连接

## 四、断路器失灵启动远跳回路

500kV 5063 断路器保护 2（PCS-921-G-D）失灵动作后发出失灵启动远跳 GOOSE 命令，且 5063 断路器保护的失灵启动线路远跳 2 GOOSE 发送软连接片和该断路器所属的线路保护2 5063 失灵启动Ⅱ GOOSE 接收软连接片投入，通过本装置 B07 板光口 5-TX 发送失灵启远跳 GOOSE 报文，报文经光纤送至 500kV 3 号小室第六串 B 网过程层 GOOSE 交换机 11-RX 光口，再由 500kV 3 号小室第六串 B 网过程层 GOOSE 交换机 8-TX 光口经光纤送至 500kV 线路 5062、5063 线路保护 2（PCS-931-G-D）B07 板 6-RX 光口，500kV 线路 5062、5063 线路保护 2 接收报文后向线路对侧发远跳命令。5063 断路器失灵启动远跳回路如图 13-15 所示。

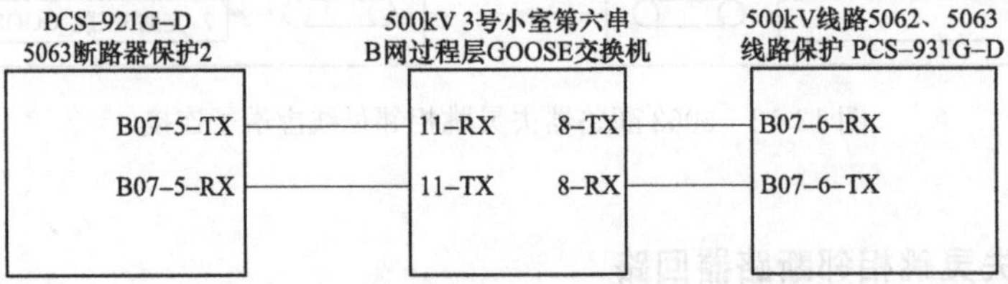


图 13-15　5063 断路器失灵启动远跳回路

逻辑连接中，5063 断路器保护 2（装置号：PB5063B）数据集 GOOSE：0x055A 节点 8（失灵启动远跳）与 500kV 线路保护 2（装置号：PL5063B）GOOSE 输入节点 7（发远传命令）建立虚端子连接，实现 5063 断路器保护 2 失灵保护动作令 500kV 线路保护 2 向线路对侧发远跳的功能。5063 断路器失灵启动远跳虚端子连接如图 13-16 所示。

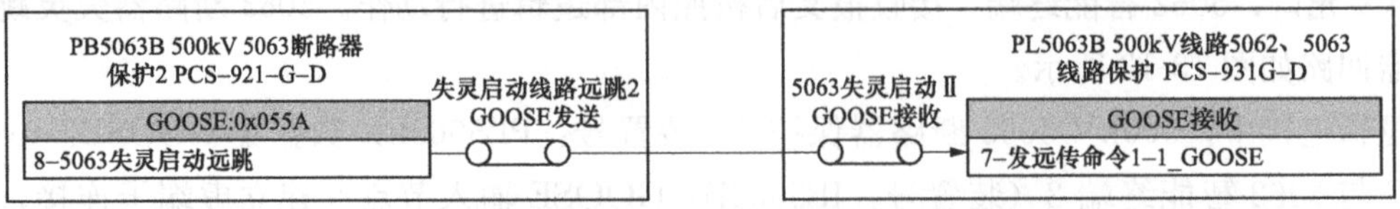


图 13-16　5063 断路器失灵启动远跳虚端子连接

## 第四节 500kV 断路器保护跳闸回路及重合闸回路

### 一、500kV 断路器保护跳闸及重合闸回路

1. 500kV 断路器保护跳闸回路

500kV 5063 断路器保护 2（PCS-921-G-D）装置内部逻辑判断，发出跳 5063 断路器 GOOSE 命令，且 5063 跳闸出口Ⅱ GOOSE 发送软连接片投入，通过本装置 B07 板光口 2-TX 发送跳闸报文，报文经光纤直送至 5063 PCS-222 智能终端 2 B01 板 2-RX 光口，5062 智能终端 2 接收报文后按照内部逻辑进行动作。

2. 500kV 断路器保护重合闸回路

与跳闸回路相同，500kV 5063 断路器保护 2（PCS-921-G-D）装置内部逻辑判断，发出 5063 断路器重合 GOOSE 命令，且重合闸出口Ⅱ GOOSE 发送软连接片投入，通过本装置 B07 板光口 2-TX 发送跳闸报文，报文经光纤直送至 5063 PCS-222 智能终端 2 B01 板 2-RX 光口，5062 智能终端 2 接收报文后按照内部逻辑进行动作。5063 断路器保护跳闸及重合闸回路如图 13-17 所示。

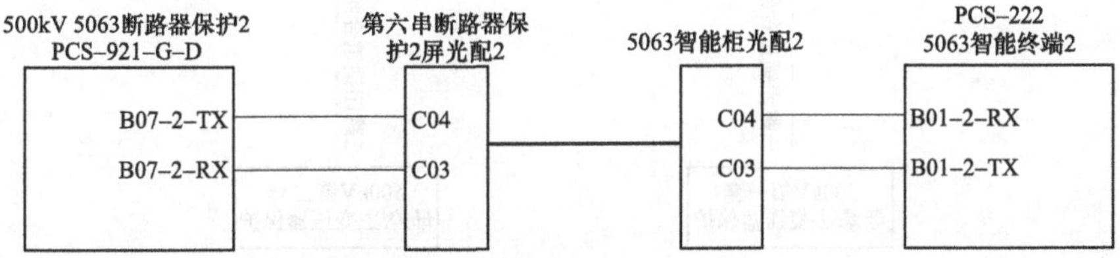


图 13-17 5063 断路器保护跳闸及重合闸回路

逻辑连接中，500kV 5063 断路器保护 2（装置号：PB5063B）数据集 GOOSE：0x055A 节点 1、2、3 分别与 5063 智能终端 2（装置号：IB5063B）GOOSE 输入节点 1、2、3 建立虚端子连接，实现 500kV 5063 断路器保护 2 动作令 5063 智能终端 2 向 5063 开关发跳 A 相、B 相、C 相命令的功能。500kV 5063 断路器保护 2 数据集 GOOSE：0x055A 节点 5（5063 重合闸）与 5063 智能终端 2（装置号：IB5063B）GOOSE 输入节点 4（重合 1）建立虚端子连接，实现 500kV 5063 断路器保护 2 动作令 5063 智能终端 2 向 5063 断路器发重合闸命令的功能，5063 断路器保护跳闸及重合闸虚端子连接如图 13-18 所示。

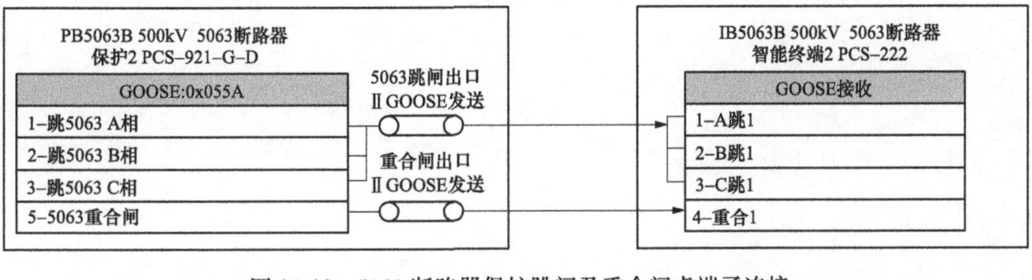


图 13-18 5063 断路器保护跳闸及重合闸虚端子连接

## 二、500kV 断路器闭锁重合闸回路

500kV 各保护与相应智能终端的闭锁重合闸回路连接与虚端子连接与前文中的跳闸回路相同。各保护之间闭锁重合闸回路的配合以及两套智能终端之间的闭锁重合闸回路配合示意图如图 13-19 所示。

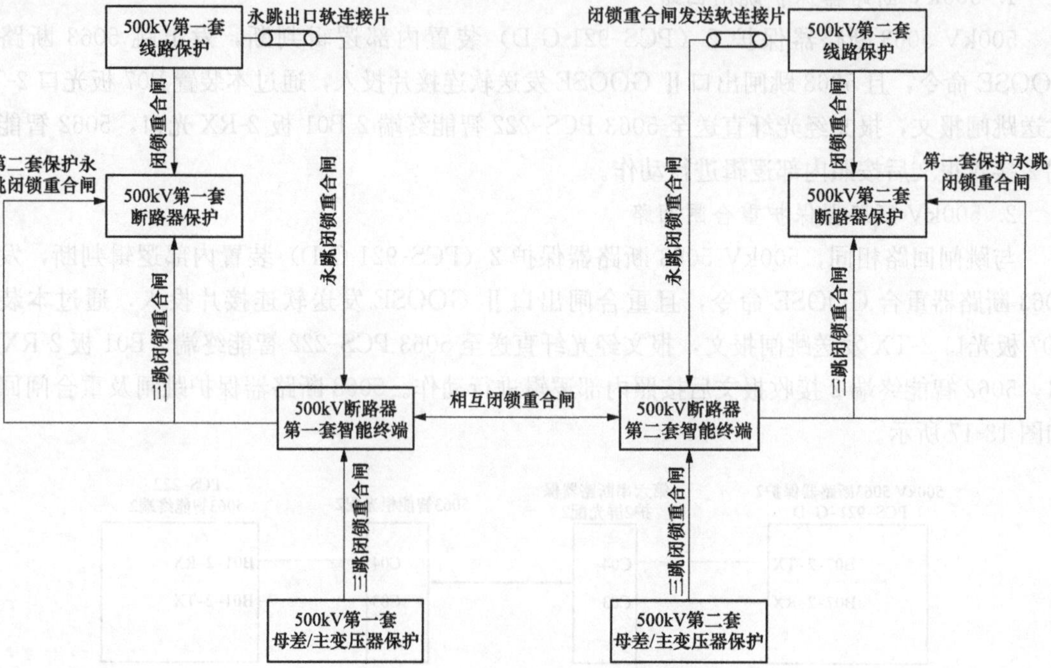


图 13-19　闭锁重合闸回路配合示意图

500kV 断路器重合闸由相应的断路器保护实现。当母差保护、主变压器保护、短引线保护等不允许断路器重合的保护动作时，保护装置直接向相应智能终端发送三跳闭锁重合闸命令，智能终端执行闭锁重合闸三跳命令的同时，向对应的断路器保护发送闭锁重合闸 GOOSE 命令。当线路保护发生相间故障或重合于永久故障后，向对应智能终端发送永跳闭锁重合闸 GOOSE 命令，与此同时向本套断路器保护发送闭锁重合闸命令，从而实现闭锁重合闸功能。另外，两套智能终端之间通过硬触点连接可以实现相互闭锁重合闸，防止相应断路器在保护跳闸后重合闸多次动作出口。

# 第十四章 500kV智能变电站220kV保护二次回路

本章主要对智能变电站220kV线路保护三跳、220kV保护跳闸及单相重合闸、220kV线路保护闭锁重合闸、断路器失灵及远跳以及220kV母差保护跳闸二次回路进行分析。

智能变电站220kV系统二次设备数据流链路示意图，以220kV第一套线路保护和第一套母差保护为例，如图14-1所示。

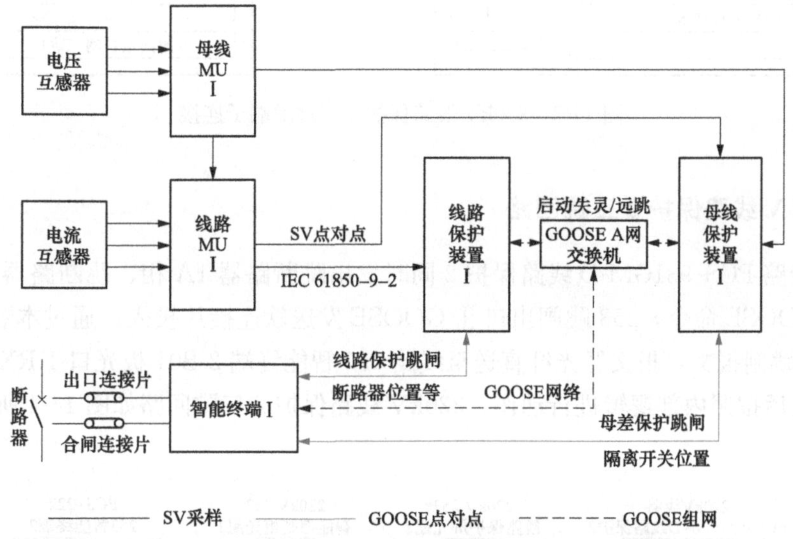


图14-1 220kV第一套线路保护和第一套母差保护数据流链路示意图

## 第一节 220kV线路保护三跳回路

### 一、220kV线路保护1三跳回路

220kV线路CSC-103B/E线路保护1发出三相跳闸GOOSE命令，253跳闸出口I GOOSE发送软连接片投入，通过本装置X7板通道B的TX光口发送跳闸报文，报文经光纤直送至线路253智能终端1 B01板光口1-RX，253智能终端1接收报文后按照内部逻辑进行动作，220kV线路保护1三跳回路如图14-2所示。

逻辑连接中，220kV线路CSC-103B/E线路保护1（装置号：PL2253A）数据集GOOSE：0x0325节点5（永跳）与253智能终端1（装置号：IL2253A）GOOSE输入节点

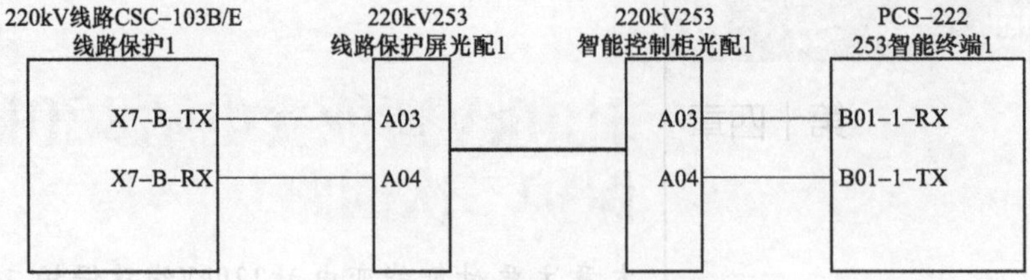


图 14-2　220kV 线路保护 1 三跳回路

5（TJR 闭锁重合闸三跳 1）建立虚端子连接，实现 220kV 线路 253 线路保护 1 动作令 253 智能终端 1 向 253 开关发闭锁重合闸三跳命令的功能。220kV 线路保护 1 三跳虚端子连接如图 14-3 所示。

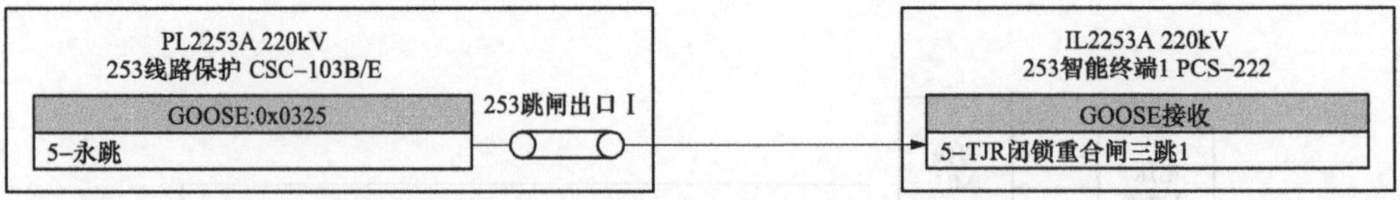


图 14-3　220kV 线路保护 1 三跳虚端子连接

## 二、220kV 线路保护 2 三跳回路

220kV 线路 PCS-931GM-D 线路保护 2 同时发出跳断路器 1A 相、跳断路器 1B 相、跳断路器 1C 相 GOOSE 命令，253 跳闸出口Ⅱ GOOSE 发送软连接片投入，通过本装置 B07 板光口 2-TX 发送跳闸报文，报文经光纤直送至线路 253 智能终端 2 B01 板光口 1-RX，253 智能终端 2 接收报文后按照内部逻辑进行动作，220kV 线路保护 2 三跳回路如图 14-4 所示。

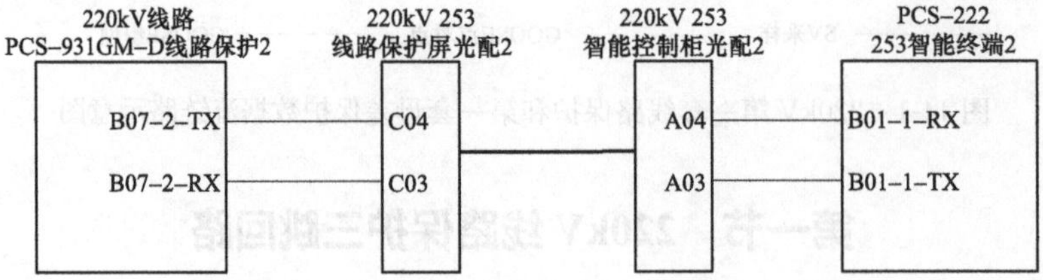


图 14-4　220kV 线路保护 2 三跳回路

逻辑连接中，220kV 线路 PCS-931GM-D 线路保护 2（装置号：PL2253B）数据集 GOOSE：0x0260 节点 1（跳断路器 1A 相）、节点 2（跳断路器 1B 相）、节点 3（跳断路器 1C 相）分别与 253 智能终端 2（装置号：IL2253B）GOOSE 输入节点 1（A 跳 1）、节点 2（B 跳 1）、节点 3（C 跳 1）建立虚端子连接，实现 220kV 线路 253 线路保护 2 动作令 253 智能终端 2 向 253 开关发三跳命令的功能。220kV 线路保护 2 三跳虚端子连接如图 14-5 所示。

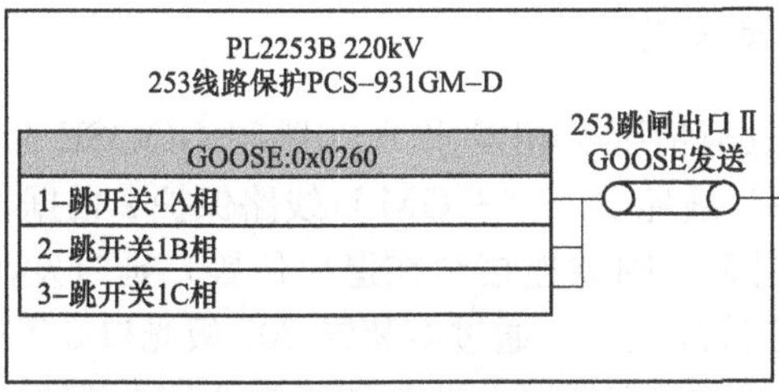

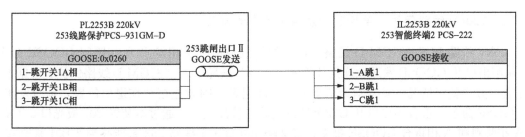


图 14-5　220kV 线路保护 2 三跳虚端子连接

# 第二节　220kV 保护单相跳闸及单相重合闸二次回路

## 一、220kV 线路保护 1 单相跳闸及单相重合闸回路

以单跳 A 相为例，220kV 线路 CSC-103B/E 线路保护 1 根据故障情况选相发出 A 相跳闸 GOOSE 命令，253 跳闸出口 I GOOSE 发送软连接片投入，220kV 线路 CSC-103B/E 线路保护 1 根据本装置重合闸方式整定情况（重合闸为单重方式、停用重合闸软连接片在退出位置）延时发出重合 GOOSE 命令，重合闸出口 I GOOSE 发送软连接片投入，通过该装置 X7 板通道 B 的 TX 光口发送 A 相跳闸和 A 相重合 GOOSE 报文，报文经光纤直送至线路 253 智能终端 1 B01 板光口 1-RX，253 智能终端 1 接收报文后按照内部逻辑进行动作，220kV 线路保护 1 单相跳闸及单相重合闸回路如图 14-6 所示。

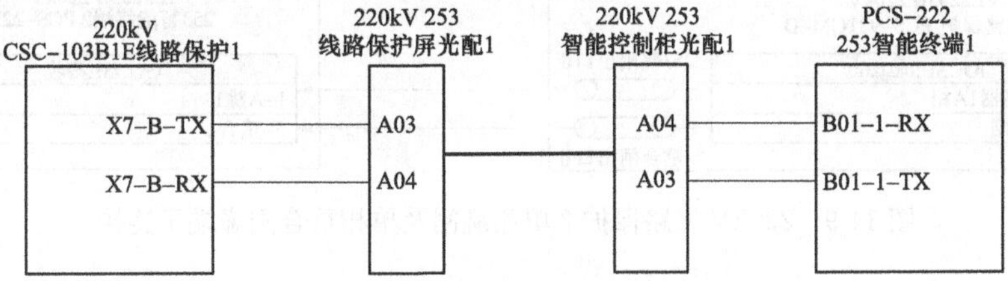


图 14-6　220kV 线路保护 1 单相跳闸及单相重合闸回路

逻辑连接中，220kV 线路 CSC-103B/E 线路保护 1（装置号：PL2253A）数据集 GOOSE：0x0325 节点 1（跳 A 相）、节点 19（合闸出口）与 253 智能终端 1（装置号：IL2253A）GOOSE 输入节点 1（A 跳 1）、节点 4（重合 1）建立虚端子连接，实现 220kV 线路 253 线路保护 1 动作令 253 智能终端 1 向 253 开关单相跳闸后延时单相重合命令的功能。220kV 线路保护 1 单相跳闸及单相重合闸虚端子连接如图 14-7 所示。

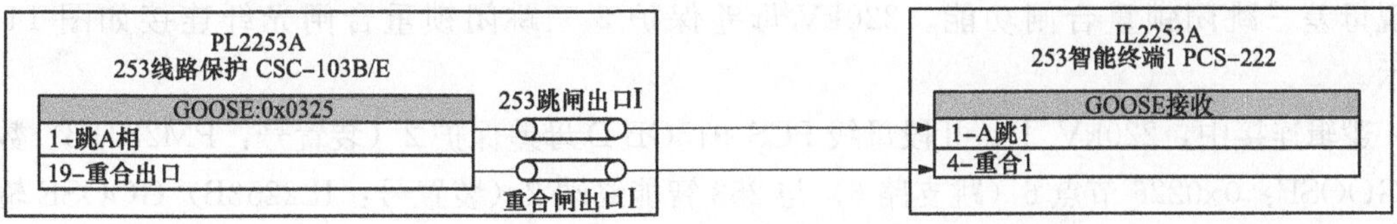


图 14-7　220kV 线路保护 1 单相跳闸及单相重合闸虚端子连接

## 二、220kV线路保护2单相跳闸及单相重合闸回路

220kV线路PCS-931GM-D线路保护2根据故障情况选相发出A相跳闸GOOSE命令，253跳闸出口Ⅱ GOOSE发送软连接片投入，220kV线路PCS-931GM-D线路保护2根据本装置重合闸方式整定情况（重合闸为单重方式、停用重合闸软连接片在退出位置）延时发出重合GOOSE命令，重合闸出口Ⅱ GOOSE发送软连接片投入，通过本装置B07板光口2-TX发送A相跳闸和A相重合GOOSE报文，报文经光纤直送至线路253智能终端2 B01板光口1-RX，253智能终端2接收报文后按照内部逻辑进行动作，220kV线路保护2单相跳闸及单相重合闸回路如图14-8所示。

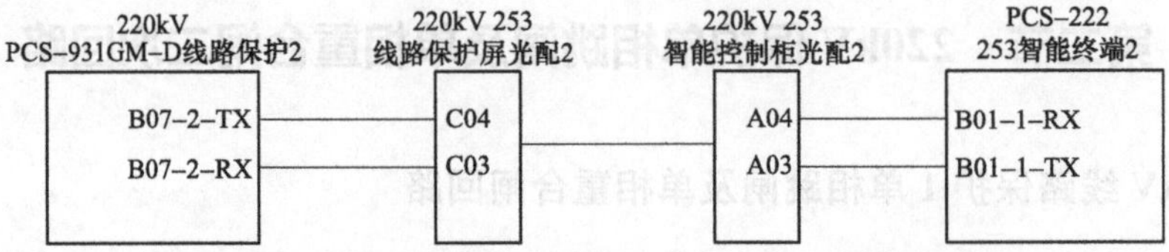


图14-8　220kV线路保护2单相跳闸及单相重合闸回路

逻辑连接中，220kV线路PCS-931GM-D线路保护2（装置号：PL2253B）数据集GOOSE：0x0260节点1（跳断路器1A相）、节点16（重合闸）与253智能终端2（装置号：IL2253B）GOOSE输入节点1（A跳1）、节点5（重合1）建立虚端子连接，实现220kV线路253线路保护2动作令253智能终端2向253断路器单相跳闸后延时单相重合命令的功能。220kV线路保护2单相跳闸及单相重合闸虚端子连接如图14-9所示。

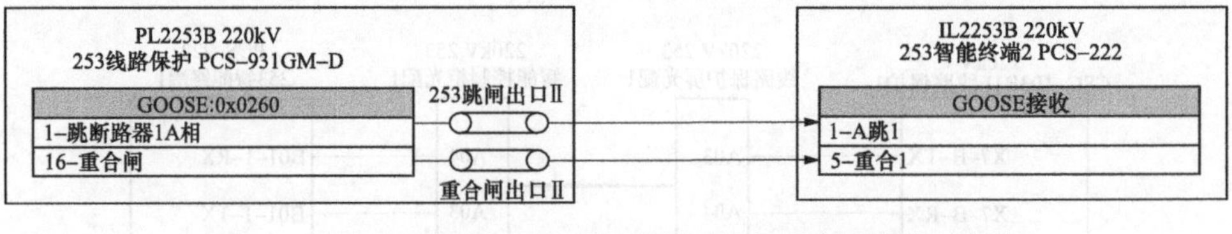


图14-9　220kV线路保护2单相跳闸及单相重合闸虚端子连接

# 第三节　220kV线路保护闭锁重合闸回路

## 一、220kV母差保护跳闸闭锁重合闸回路

以南瑞继保PCS-915GB-D型保护装置为例，220kV第二套母差保护（PCS-915GB-D）发三跳闭锁重合闸信号到220kV线路智能终端2，220kV线路智能终端2收到三跳闭锁重合闸信号后直接向该线路第二套线路保护（PCS-931GM-D）发母差三跳闭锁重合闸信号，实现母差三跳闭锁重合闸功能。220kV母差保护2三跳闭锁重合闸光纤连接如图14-10所示。

逻辑连接中，220kV Ⅰ、Ⅱ段母线PCS-915GB-D母差保护2（装置号：PM2201B）数据集GOOSE：0x0226节点6（跳支路6）与253智能终端2（装置号：IL2253B）GOOSE输入节点6（TJR闭锁重合闸三跳1）建立虚端子连接，实现220kV Ⅰ、Ⅱ段母线PCS-915GB-D母差保护2动作令253智能终端2向253断路器发三跳命令且启动发送闭锁重合闸信号令，

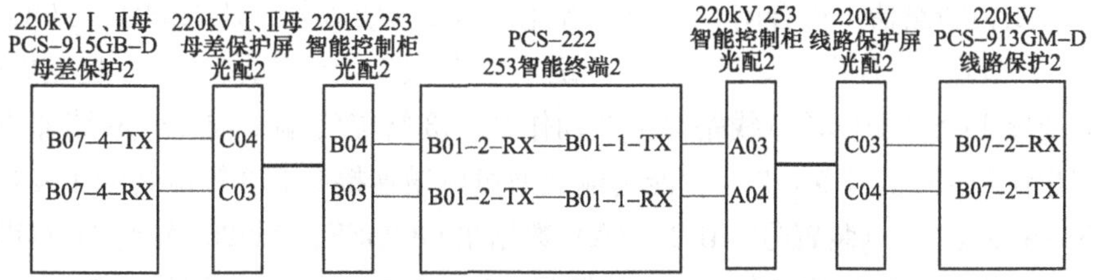


图 14-10　220kV 母差保护 2 三跳闭锁重合闸光纤连接

253 智能终端 2（装置号：IL2253B）数据集 GOOSE：0x0264 节点 31（闭锁重合闸）与 220kV 线路 PCS-931GM-D 线路保护 2（装置号：PL2253B）GOOSE 输入节点 4（闭锁重合闸 1）建立虚端子连接，实现 253 智能终端 2 闭锁 220kV 线路 PCS-931GM-D 线路保护 2 重合闸功能，220kV 母差保护 2 三跳闭锁重合闸虚端子连接如图 14-11 所示。

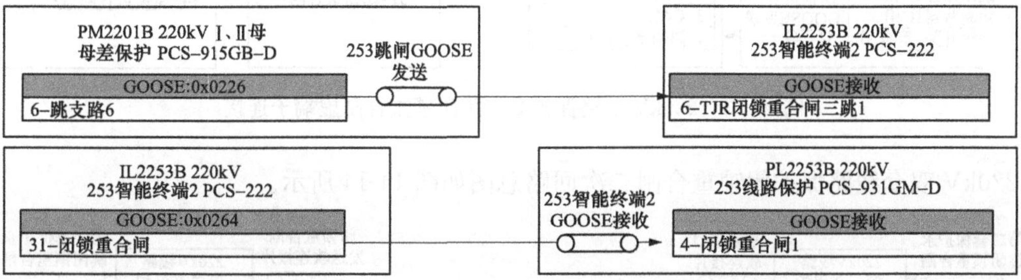


图 14-11　220kV 母差保护 2 三跳闭锁重合闸虚端子连接

## 二、220kV 线路保护 2 三跳闭锁重合闸回路

以南瑞继保 PCS-931GM-D 型保护装置为例，220kV 线路保护 2（PCS-931GM-D）发三跳闭锁重合闸信号到 220kV 线路智能终端 2，220kV 线路智能终端 2 收到三跳闭锁重合闸信号后通过电缆硬接线（也有在两套智能终端硬接线上设置硬连接片进行相互闭锁重合闸功能投退的）将闭锁重合闸信号发送到 220kV 线路智能终端 1，220kV 线路智能终端 1 再将闭锁重合闸信号发至 220kV 线路保护 1（CSC-103B/E），实现线路保护三跳闭锁重合闸功能，防止一套线路保护动作三跳，另一套保护重合（三重或综重方式）或两套保护重合闸都出口，导致断路器重合于故障又重合的事件发生，220kV 线路保护 2 三跳闭锁重合闸回路如图 14-12 所示。

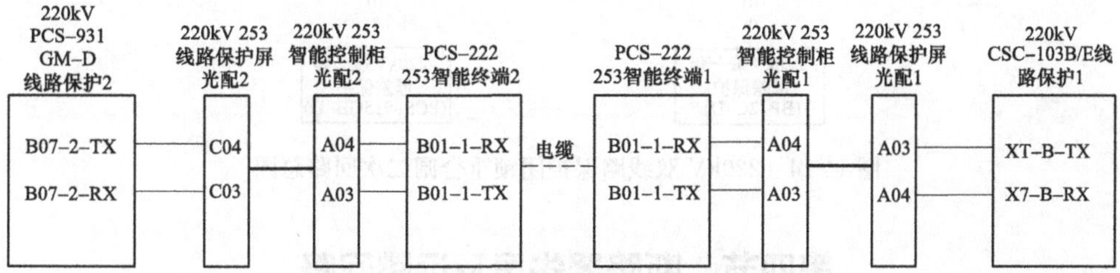


图 14-12　220kV 线路保护 2 三跳闭锁重合闸回路

逻辑连接中，220kV 线路 PCS-931GM-D 线路保护 2（装置号：PL2253B）数据集 GOOSE：0x0260 节点 1（跳断路器 1A 相）、节点 2（跳断路器 1B 相）、节点 3（跳断路器 1C

相）、节点7（闭锁断路器1重合闸）与253智能终端2（装置号：IL2253B）GOOSE输入节点1（A跳1）、节点2（B跳1）、节点3（C跳1）、节点4（闭锁重合闸1）建立虚端子连接，实现220kV线路PCS-931GM-D线路保护2动作令253智能终端2向253断路器发三跳命令且启动发送闭锁重合闸信号令，253智能终端2通过电缆连接向253智能终端1发送闭锁重合闸信号，253智能终端1（装置号：IL2253A）数据集GOOSE：0x025f节点31（闭锁重合闸）与220kV线路CSC-103B/E线路保护1（装置号：PL2253A）GOOSE输入节点4（闭锁重合闸点对点）建立虚端子连接，实现253智能终端1闭锁220kV线路CSC-103B/E线路保护1重合闸功能，220kV线路保护2三跳闭锁重合闸虚端子连接如图14-13所示。

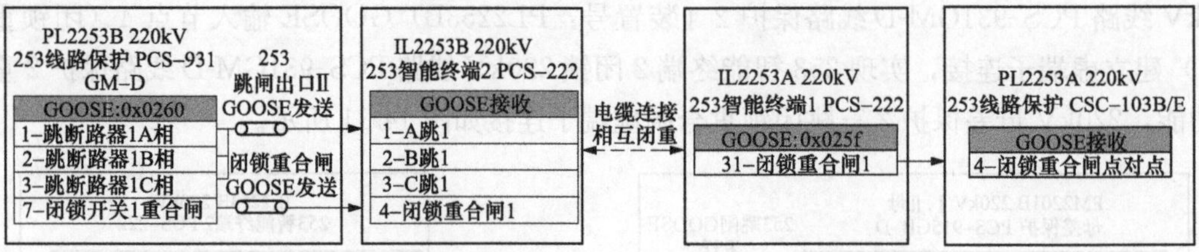


图14-13　220kV线路保护2三跳闭锁重合闸虚端子连接

220kV双套线路保护闭锁重合闸二次回路总图如图14-14所示。

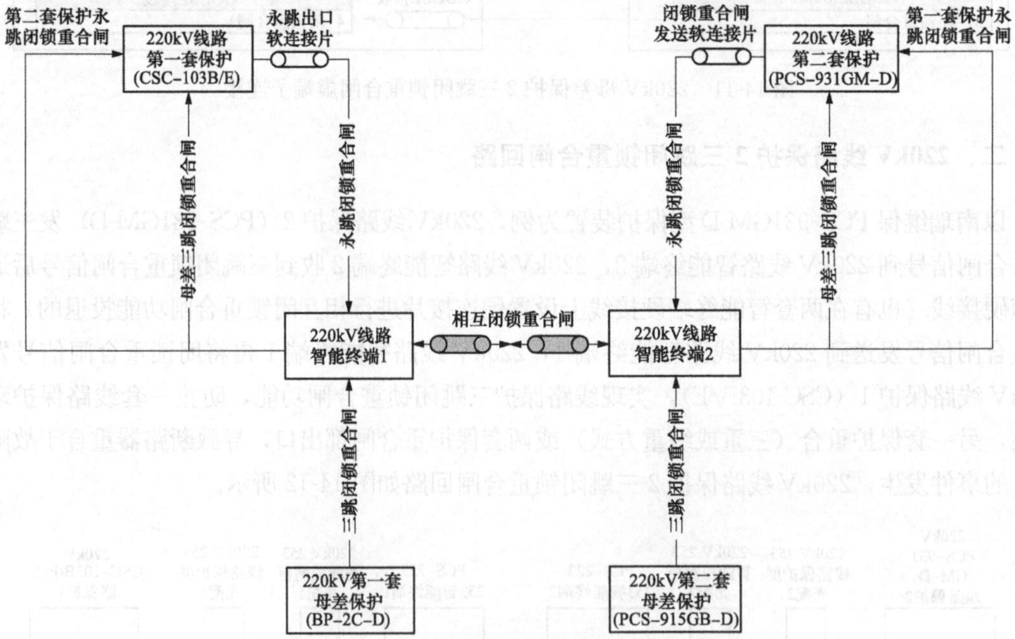


图14-14　220kV双线路保护闭锁重合闸二次回路总图

## 第四节　断路器失灵及远跳回路

### 一、220kV断路器失灵回路

220kV线路PCS-931GM-D线路保护2装置动作后，由该线路保护发出启动失灵的

GOOSE 命令，通过线路 253 过程层 B 网交换机将启动失灵信息发至 220kV 1 号保护小室过程层中心交换机，再由中心交换机将启动失灵信息发至 220kV Ⅰ、Ⅱ段母线 PCS-915GB-D 母差保护 2，母差保护再根据 220kV 线路电流判断是否让失灵保护动作，220kV 线路保护 2 断路器失灵回路如图 14-15 所示。

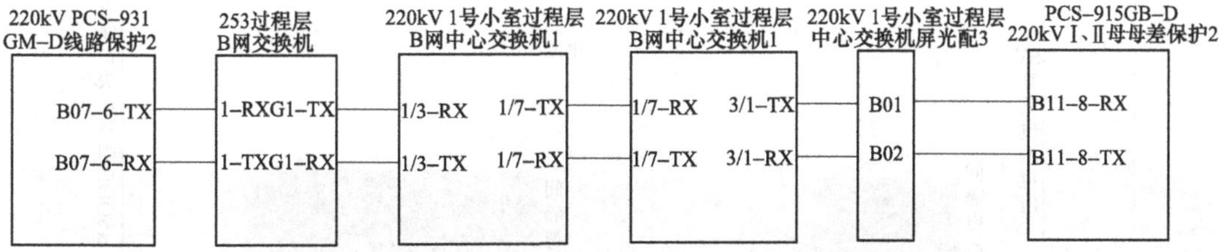


图 14-15 220kV 线路保护 2 断路器失灵回路

逻辑连接中，220kV 线路 PCS-931GM-D 线路保护 2（装置号：PL2253B）数据集 GOOSE：0x0260 节点 4（启动断路器 1A 相失灵）、节点 5（启动断路器 1B 相失灵）、节点 5（启动断路器 1C 相失灵）与 220kV 1、2 母 PCS-915GB-D 母差保护 2（装置号：PM2201B）GOOSE 输入节点 32（支路 6 跳 A _ GOOSE）、节点 33（支路 6 跳 B _ GOOSE）、节点 34（支路 6 跳 C _ GOOSE）建立虚端子连接，实现线路保护动作启动母差保护失灵功能，母差保护根据自身失灵判据决定是否让自身失灵保护动作，220kV 线路保护 2 断路器失灵虚端子连接如图 14-16 所示。220kV 线路保护断路器失灵二次回路图如图 14-17 所示。

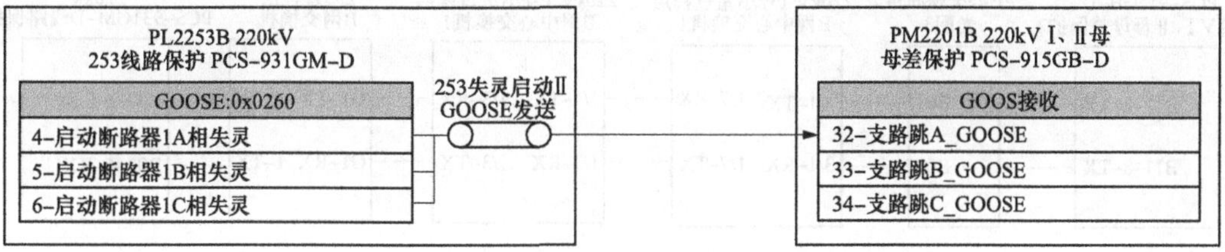


图 14-16 220kV 线路保护 2 断路器失灵虚端子连接

## 二、220kV 母差远跳及远传回路

以 220kV B 网为例，220kV Ⅰ、Ⅱ段母线母差保护 2 经 220kV 1 号小室过程层 B 网中心交换机、253 过程层 B 网交换机向 220kV 线路 PCS-931GM-D 线路保护 2 发送远方跳闸 GOOSE 报文，通过该线路保护通道向对侧线路保护发送远方跳闸命令，220kVⅠ、Ⅱ段母线母差保护 2 远跳及远传回路如图 14-18 所示。

逻辑连接中，220kV Ⅰ、Ⅱ段母线 PCS-915GB-D 母差保护 2（装置号：PM2201B）数据集 GOOSE：0x0226 节点 6（跳支路 6）与 220kV 线路 PCS-931GM-D 线路保护 2（装置号：PL2253B）GOOSE 输入节点 6（发远传命令 1-1 _ GOOSE）、节点 7（发远方跳闸 1 _ GOOSE）建立虚端子连接，实现母差保护向线路保护发送远方跳闸信号功能，220kVⅠ、Ⅱ段母线母差保护 2 远跳及远传虚端子连接如图 14-19 所示。

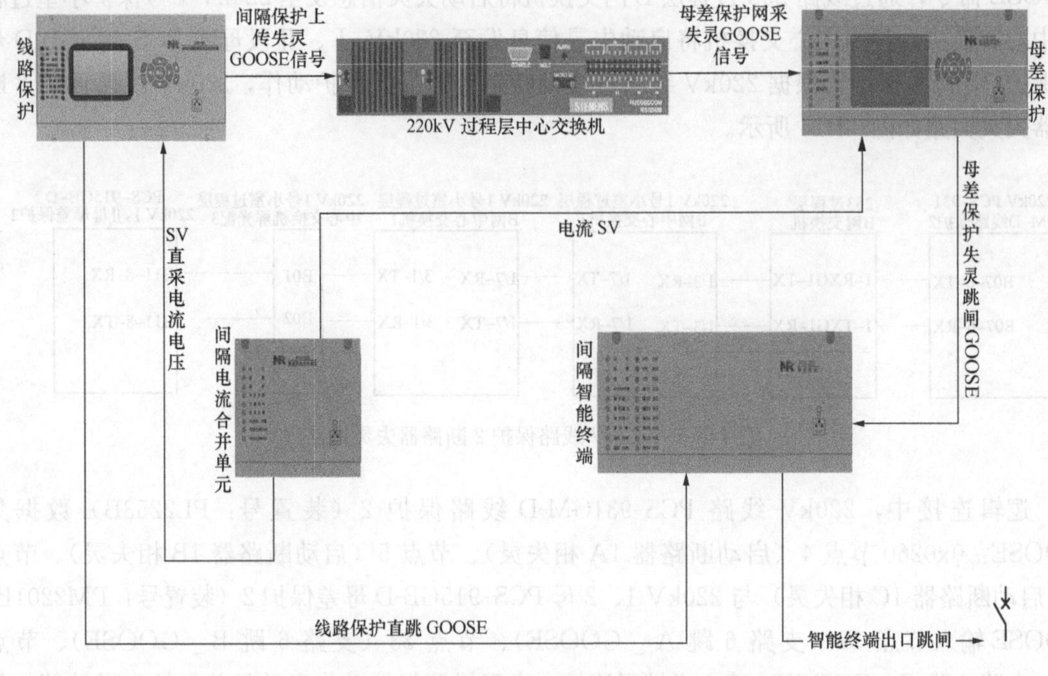


图 14-17　220kV 线路保护断路器失灵二次回路

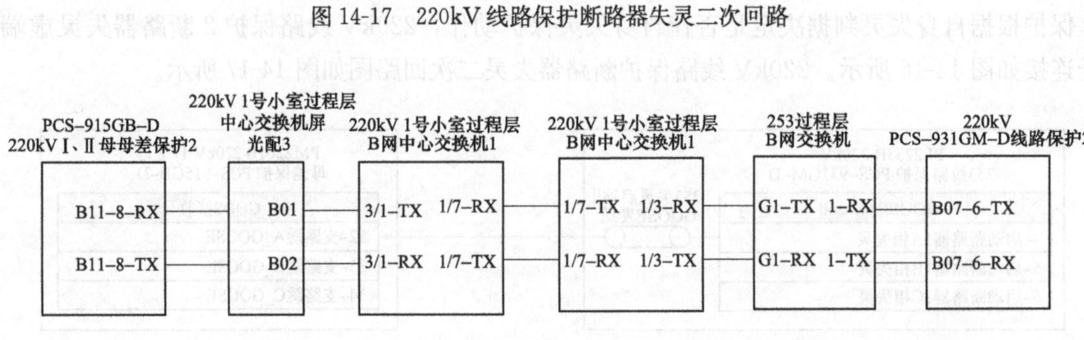


图 14-18　220kVⅠ、Ⅱ段母线母差保护 2 远跳及远传回路

图 14-19　220kVⅠ、Ⅱ段母线母差保护 2 远跳及远传虚端子连接

## 第五节　220kV 母差保护跳闸二次回路

### 一、220kV 母差保护 1 三跳回路

220kV Ⅰ、Ⅱ段母线 BP-2C-D 母差保护 1 发出跳闸 GOOSE 命令，253 跳闸 GOOSE 发

送软连接片投入，通过本装置 1n8 的 TX3 光口发送跳闸报文，报文经光纤直送至线路 253 智能终端 1 B01 板光口 2-RX，253 智能终端 1 接收报文后按照内部逻辑进行动作，220kV 母线保护 1 三跳回路如图 14-20 所示。

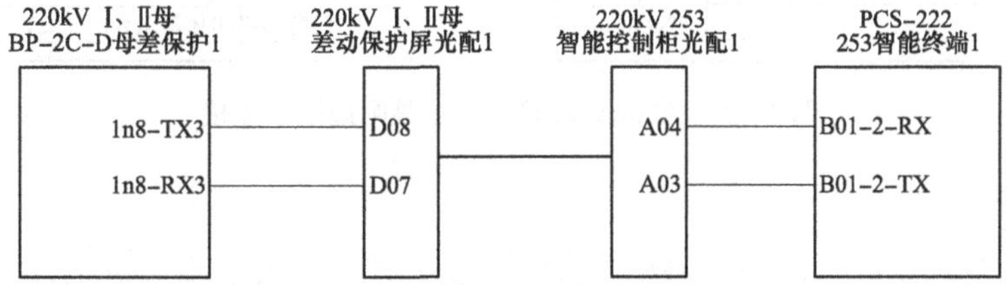


图 14-20 220kV 母差保护 1 三跳回路

逻辑连接中，220kV Ⅰ、Ⅱ段母线 BP-2C-D 母差保护 1（装置号：PM2201A）数据集 GOOSE：0x021A 节点 7（07 支路跳闸 _ GOOSE）与 220kV 线路智能终端 1（装置号：IL2253A）GOOSE 输入节点 6（TJR 闭锁重合闸三跳 2）建立虚端子连接，实现母差保护跳闸信号功能，220kV 母差保护 1 三跳虚端子连接如图 14-21 所示。

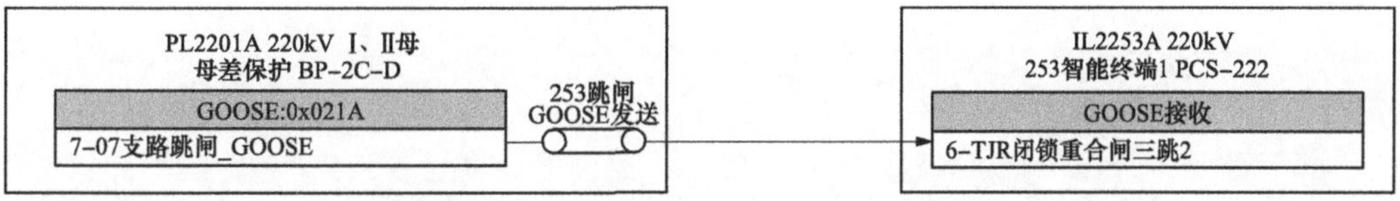


图 14-21 220kV 母差保护 1 三跳虚端子连接

## 二、220kV 母差保护 2 三跳回路

220kV Ⅰ、Ⅱ段母线 PCS-915GB-D 母差保护 2 发出跳闸 GOOSE 命令，253 跳闸 GOOSE 发送软连接片投入，通过本装置 B07 板光口 4-TX 发送跳闸报文，报文经光纤直送至线路 253 智能终端 2 B01 板光口 2-RX，253 智能终端 2 接收报文后按照内部逻辑进行动作，如 220kV 母差保护 2 跳闸光纤连接如图 14-22 所示。

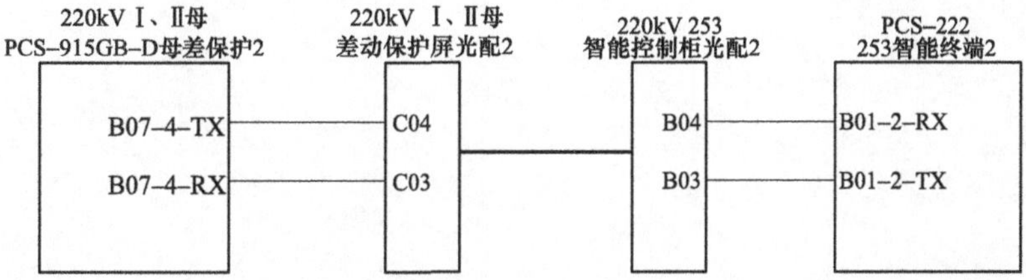


图 14-22 220kV 母差保护 2 跳闸光纤连接

逻辑连接中，220kV Ⅰ、Ⅱ段母线 PCS-915GB-D 母差保护 2（装置号：PM2201B）数据集 GOOSE：0x0226 节点 6（跳支路 6）与 220kV 线路智能终端 2（装置号：IL2253B）GOOSE 输入节点 6（TJR 闭锁重合闸三跳 1）建立虚端子连接，实现母差保护跳闸信号功能，

具体 220kV 母差保护 2 跳闸虚端子连接图如图 14-23 所示。

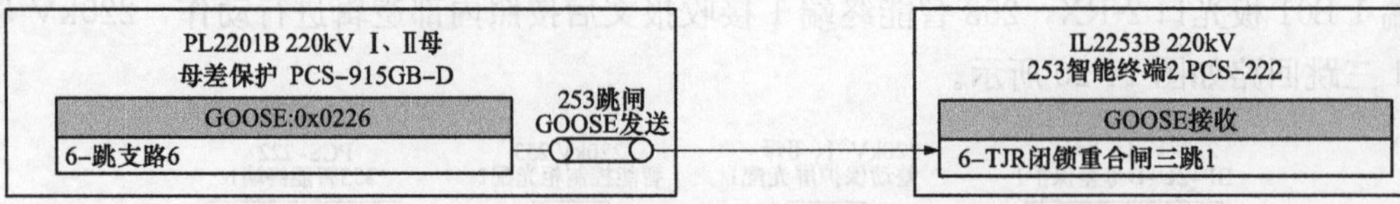


图 14-23 220kV 母差保护 2 跳闸虚端子连接

# 第十五章 500kV智能变电站主变压器保护二次回路

本章主要对智能化变电站500kV主变压器保护直跳三侧开关回路、网跳中压侧母联、分段回路、主变压器保护启动高、中压侧失灵及高中压侧反向失灵联跳回路进行分析。

## 第一节 主变压器保护直跳三侧开关回路

### 一、主变压器保护1跳高压侧边断路器回路

以2号主变压器跳5031断路器回路（链路）为例，2号主变压器PST1200U主变压器保护1发出跳5031断路器GOOSE命令，且装置跳闸矩阵中跳5031位置1、5031跳闸出口Ⅰ GOOSE发送软连接片投入，通过本装置4X板光口3-TX发送跳闸报文，报文经光纤直送至5031 PCS-222智能终端1 B01板1-RX光口，5031智能终端1接收报文后按照内部逻辑进行动作。2号主变压器保护1跳高压侧边断路器回路如图15-1所示。

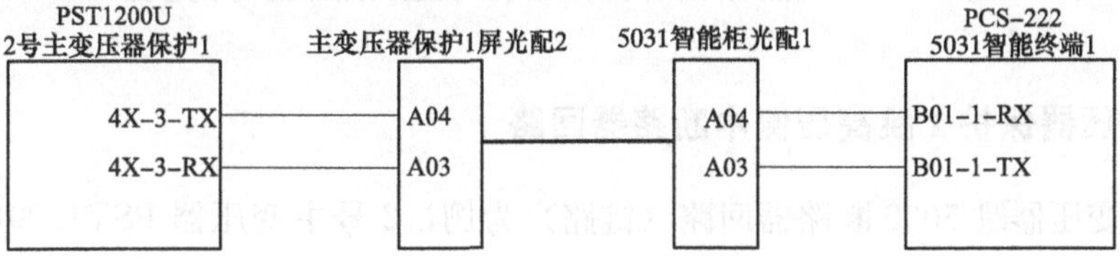


图15-1　2号主变压器保护1跳高压侧边断路器回路

逻辑连接中，2号主变压器保护1（装置号：PT5002A）数据集GOOSE：0x0591节点1（G_跳高压侧5031）与5031智能终端1（装置号：IB5031A）GOOSE输入节点30（TJR闭锁重合闸三跳4）建立虚端子连接，实现2号主变压器保护1动作令5031智能终端1向5031开关发闭锁重合闸三跳命令的功能。2号主变压器保护1跳高压侧边断路器虚端子连接如图15-2所示。

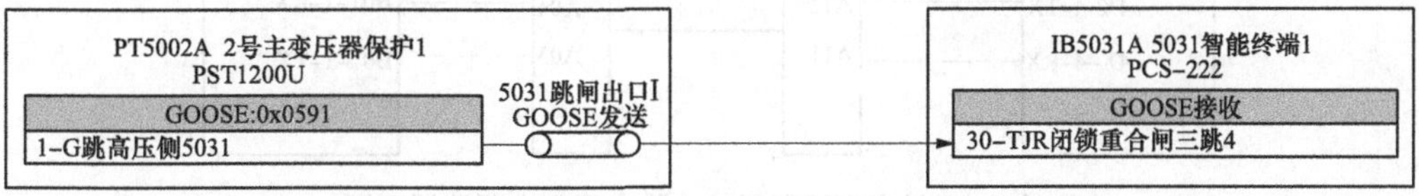


图15-2　2号主变压器保护1跳高压侧边断路器虚端子连接

### 二、主变压器保护2跳高压侧边断路器回路

以2号主变压器跳5031断路器回路（链路）为例，2号主变压器PCS-978T5主变压器保

护2发出跳5031断路器GOOSE命令，且装置跳闸矩阵中跳5031位置1、5031跳闸出口Ⅱ GOOSE发送软连接片投入，通过本装置B09板光口6-TX发送跳闸报文，报文经光纤直送至5031 PCS-222智能终端2 B01板1-RX光口，5031智能终端2接收报文后按照内部逻辑进行动作。2号主变压器保护2跳高压侧边断路器回路如图15-3所示。

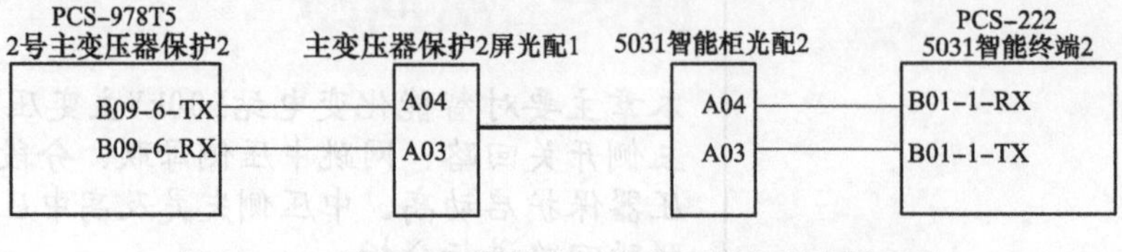


图15-3　2号主变压器保护2跳高压侧边断路器回路

逻辑连接中，2号主变压器保护2（装置号：PT5002B）数据集GOOSE：0x0505节点1（跳高压侧5031）与5031智能终端2（装置号：IB5031B）GOOSE输入节点6（TJR闭锁重合闸三跳3）建立虚端子连接，实现2号主变压器保护2动作令5031智能终端2向5031断路器发闭锁重合闸三跳命令的功能。2号主变压器保护2跳高压侧边断路器虚端子连接如图15-4所示。

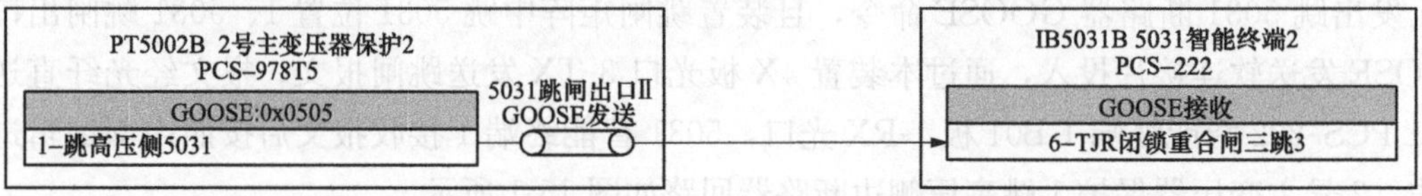


图15-4　2号主变压器保护2跳高压侧边断路器虚端子连接

## 三、主变压器保护1跳高压侧中断路器回路

以2号主变压器跳5032断路器回路（链路）为例，2号主变压器PST1200U主变压器保护1发出跳5032断路器GOOSE命令，且装置跳闸矩阵中跳5032位置1、5032跳闸出口Ⅰ GOOSE发送软连接片投入，通过本装置4X板光口4-TX发送跳闸报文，报文经光纤直送至5032 PCS-222智能终端1 B01板1-RX光口，5032智能终端1接收报文后按照内部逻辑进行动作。2号主变压器保护1跳高压侧中断路器回路如图15-5所示。

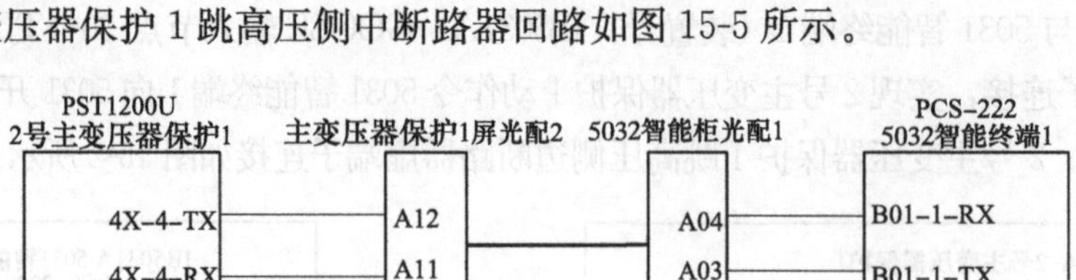

图15-5　2号主变压器保护1跳高压侧中断路器回路

逻辑连接中，2号主变压器保护1（装置号：PT5002A）数据集GOOSE：0x0591节点4（G_跳高压侧5032）与5032智能终端1（装置号：IB5031A）GOOSE输入节点30（TJR闭锁重合闸三跳4）建立虚端子连接，实现2号主变压器保护1动作令5032智能终端1向

5032 断路器发闭锁重合闸三跳命令的功能。2 号主变压器保护 1 跳高压侧中断路器虚端子连接如图 15-6 所示。

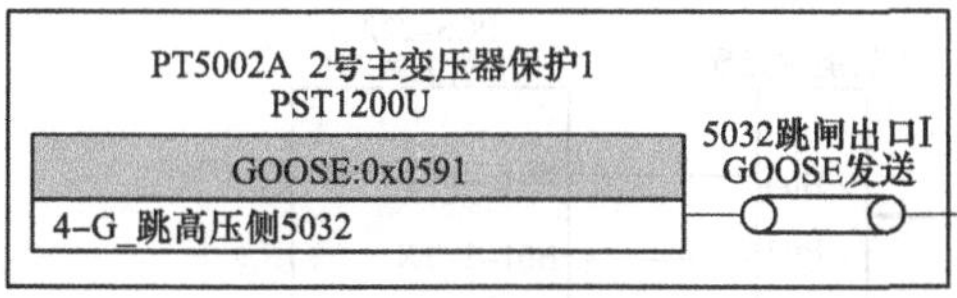


图 15-6　2 号主变压器保护 1 跳高压侧中断路器虚端子连接

## 四、主变压器保护 2 跳高压侧中断路器回路

以 2 号主变压器跳 5032 断路器回路（链路）为例，2 号主变压器 PCS-978T5 主变压器保护 2 发出跳 5032 断路器 GOOSE 命令，且装置跳闸矩阵中跳 5032 位置 1、5032 跳闸出口Ⅱ GOOSE 发送软连接片投入，通过本装置 B09 板光口 7-TX 发送跳闸报文，报文经光纤直送至 5032 PCS-222 智能终端 2 B01 板 1-RX 光口，5032 智能终端 2 接收报文后按照内部逻辑进行动作。2 号主变压器保护 2 跳高压侧中断路器回路如图 15-7 所示。

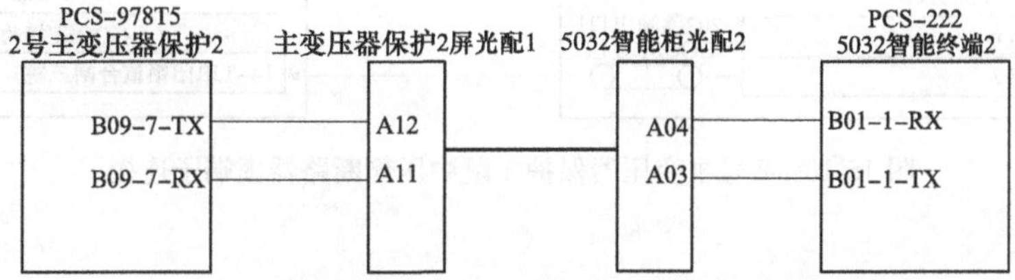


图 15-7　2 号主变压器保护 2 跳高压侧中断路器回路

逻辑连接中，2 号主变压器保护 2（装置号：PT5002B）数据集 GOOSE：0x0505 节点 2（跳高压侧 5032）与 5032 智能终端 2（装置号：IB5032B）GOOSE 输入节点 6（TJR 闭锁重合闸三跳 3）建立虚端子连接，实现 2 号主变压器保护 2 动作令 5032 智能终端 2 向 5032 断路器发闭锁重合闸三跳命令的功能。2 号主变压器保护 2 跳高压侧中断路器虚端子连接如图 15-8 所示。

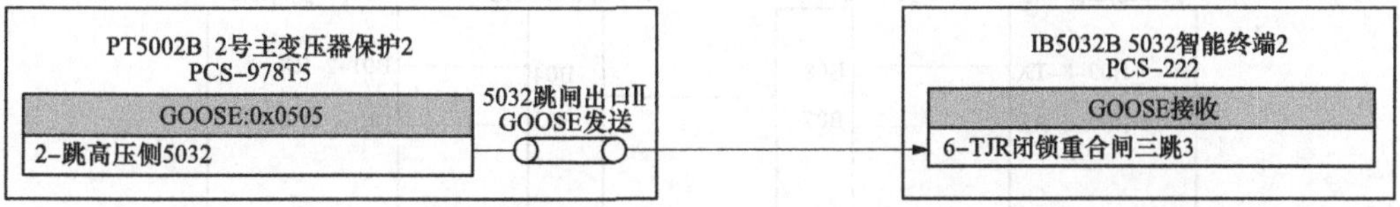


图 15-8　2 号主变压器保护 2 跳高压侧中断路器虚端子连接

## 五、主变压器保护 1 跳中压侧断路器回路

以 2 号主变压器跳 202 断路器回路（链路）为例，2 号主变压器 PST1200U 主变压器保护 1 发出跳 202 断路器 GOOSE 命令，且装置跳闸矩阵中跳 202 位置 1、202 跳闸出口 I GOOSE 发送软连接片投入，通过本装置 4X 板光口 5-TX 发送跳闸报文，报文经光纤直送至 202 PCS-

222 智能终端 1 B01 板 2-RX 光口，202 智能终端 1 接收报文后按照内部逻辑进行动作。2 号主变压器保护 1 跳中压侧断路器回路如图 15-9 所示。

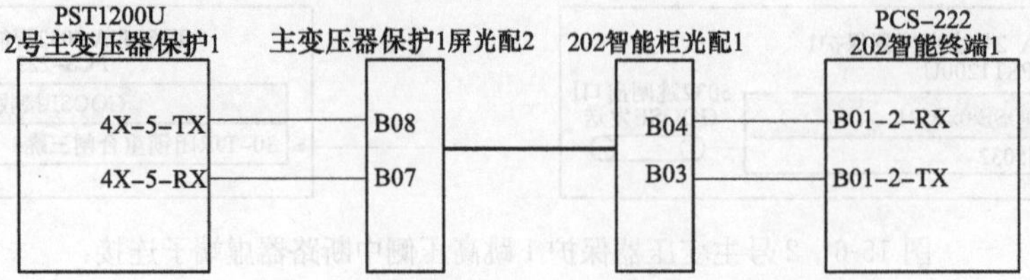


图 15-9　2 号主变压器保护 1 跳中压侧断路器回路

逻辑连接中，2 号主变压器保护 1（装置号：PT5002A）数据集 GOOSE：0x0591 节点 7（G_跳中压侧 202）与 202 智能终端 1（装置号：IT2202A）GOOSE 输入节点 14（TJR 闭锁重合闸三跳 1）建立虚端子连接，实现 2 号主变压器保护 1 动作令 202 智能终端 1 向 202 断路器发闭锁重合闸三跳命令的功能。2 号主变压器保护 1 跳中压侧断路器虚端子连接如图 15-10 所示。

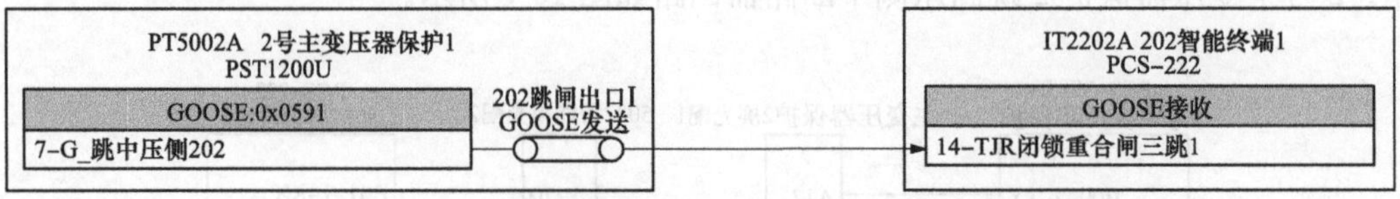


图 15-10　2 号主变压器保护 1 跳中压侧断路器虚端子连接

## 六、主变压器保护 2 跳中压侧断路器回路

以 2 号主变压器跳 202 断路器回路（链路）为例，2 号主变压器 PCS-978T5 主变压器保护 2 发出跳 202 断路器 GOOSE 命令，且装置跳闸矩阵中跳 202 位置 1、202 跳闸出口Ⅱ GOOSE 发送软连接片投入，通过本装置 B09 板光口 8-TX 发送跳闸报文，报文经光纤直送至 202 PCS-222 智能终端 2 B01 板 2-RX 光口，202 智能终端 2 接收报文后按照内部逻辑进行动作。2 号主变压器保护 2 跳中压侧断路器回路如图 15-11 所示。

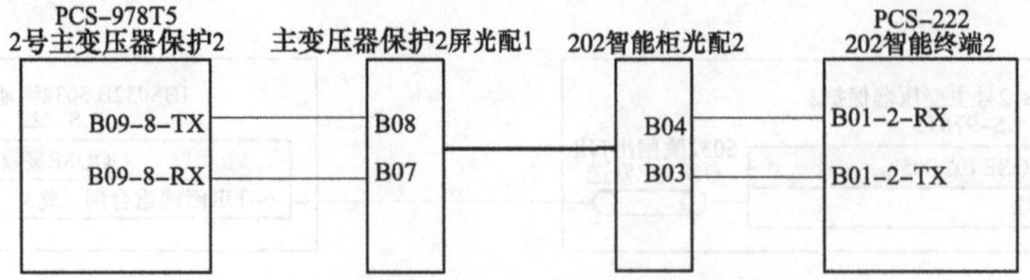


图 15-11　2 号主变压器保护 2 跳中压侧断路器回路

逻辑连接中，2 号主变压器保护 2（装置号：PT5002B）数据集 GOOSE：0x0505 节点 5（跳中压侧 202）与 202 智能终端 2（装置号：IT2202B）GOOSE 输入节点 2（TJR 闭锁重合闸三跳 1）建立虚端子连接，实现 2 号主变压器保护 2 动作令 202 智能终端 2 向 202 断路器发闭锁重合闸三跳命令的功能。2 号主变压器保护 2 跳中压侧断路器虚端子连接如图 15-12

所示。

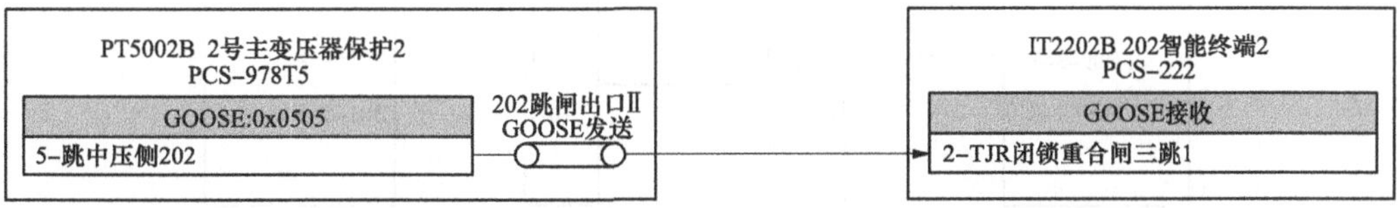


图 15-12　2 号主变压器保护 2 跳中压侧断路器虚端子连接

## 七、主变压器保护 1 跳低压侧断路器回路

以 2 号主变压器跳 602 断路器回路（链路）为例，2 号主变压器 PST1200U 主变压器保护 1 发出跳 602 断路器 GOOSE 命令，且装置跳闸矩阵中跳 602 位置 1、602 跳闸出口 I GOOSE 发送软连接片投入，通过本装置 4X 板光口 6-TX 发送跳闸报文，报文经光纤直送至 602 PCS-222 智能终端 1 B01 板 2-RX 光口，602 智能终端 1 接收报文后按照内部逻辑进行动作。2 号主变压器保护 1 跳低压侧断路器回路如图 15-13 所示。

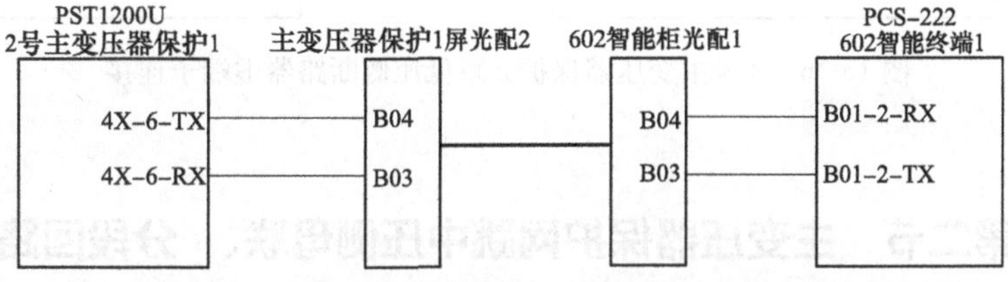


图 15-13　2 号主变压器保护 1 跳低压侧断路器回路

逻辑连接中，2 号主变压器保护 1（装置号：PT5002A）数据集 GOOSE：0x0591 节点 14（G _ 跳中压侧 602）与 602 智能终端 1（装置号：IT6602A）GOOSE 输入节点 8（闭锁重合闸跳闸 1）建立虚端子连接，实现 2 号主变压器保护 1 动作令 602 智能终端 1 向 602 断路器发闭锁重合闸三跳命令的功能。2 号主变压器保护 1 跳低压侧断路器虚端子连接如图 15-14 所示。

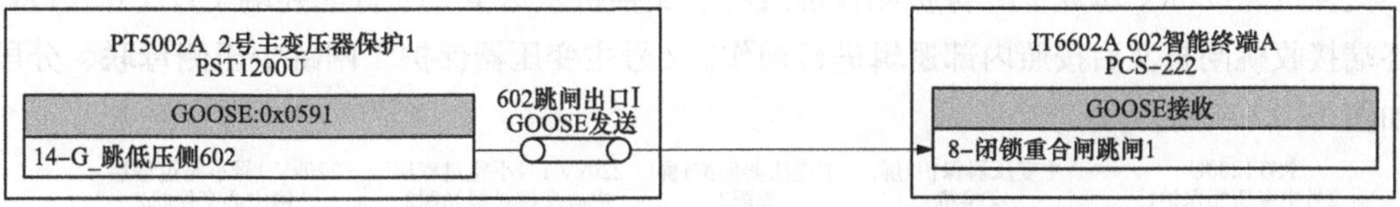


图 15-14　2 号主变压器保护 1 跳低压侧断路器虚端子连接

## 八、主变压器保护 2 跳低压侧断路器回路

以 2 号主变压器跳 602 断路器回路（链路）为例，2 号主变压器 PCS-978T5 主变压器保护 2 发出跳 602 断路器 GOOSE 命令，且装置跳闸矩阵中跳 602 位置 1、602 跳闸出口 Ⅱ GOOSE 发送软连接片投入，通过本装置 B09 板光口 3-TX 发送跳闸报文，报文经光纤直送至 602 PCS-222 智能终端 2 B01 板 2-RX 光口，602 智能终端 2 接收报文后按照内部逻辑进行动作。2 号主变压器保护 2 跳低压侧断路器回路如图 15-15 所示。

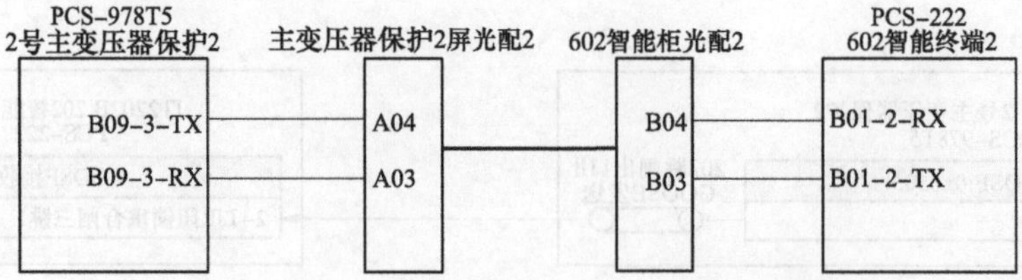


图 15-15　2 号主变压器保护 2 跳低压侧断路器回路

逻辑连接中，2 号主变压器保护 2（装置号：PT5002B）数据集 GOOSE：0x0505 节点 11（跳中压侧 602）与 602 智能终端 2（装置号：IT6602B）GOOSE 输入节点 1（闭锁重合闸跳闸 1）建立虚端子连接，实现 2 号主变压器保护 2 动作令 602 智能终端 2 向 602 断路器发闭锁重合闸三跳命令的功能。2 号主变压器保护 2 跳低压侧断路器虚端子连接如图 15-16 所示。

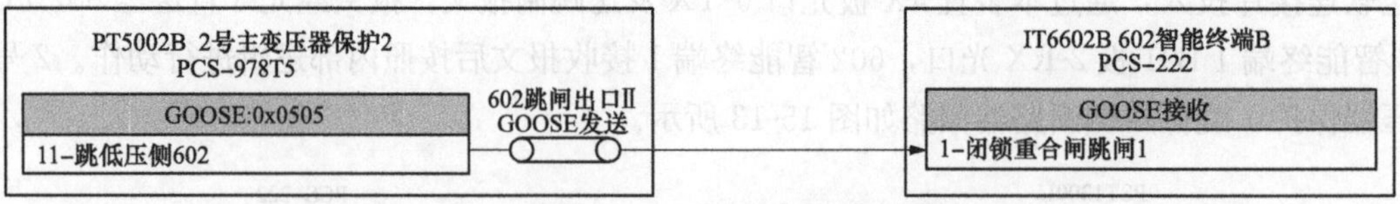


图 15-16　2 号主变压器保护 2 跳低压侧断路器虚端子连接

## 第二节　主变压器保护网跳中压侧母联、分段回路

### 一、主变压器保护 1 跳中压侧母联、分段断路器回路

以 2 号主变压器保护 1 跳 212 断路器回路（链路）为例。主变压器后备保护动作，若跳闸矩阵配置为跳中压侧母联、分段且相关跳闸出口软连接片投入，跳闸报文通过主变压器保护 GOOSE 组网口 4X-2-TX 输出，经主变压器保护屏过程层交换机、220kV 1 号保护小室过程层中心交换机、220kV 母联 212 保护测控屏过程层交换机发送至 212 智能终端 1 B01-6 光口，智能终端接收跳闸报文后按照内部逻辑进行动作。2 号主变压器保护 1 网跳中压侧母联、分段回路如图 15-17 所示。

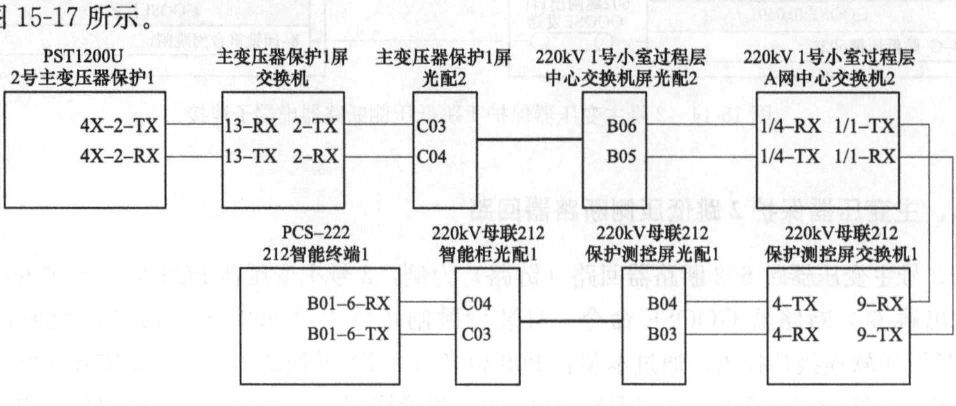


图 15-17　2 号主变压器保护 1 网跳中压侧母联、分段回路

逻辑连接中，2 号主变压器保护 1（装置号：PT5002A）数据集 GOOSE：0x0591 节点 10（跳中压侧母联 212）与 212 智能终端 1（装置号：IT2212A）GOOSE 输入节点 13（TJR 闭锁重合闸三跳 3）建立虚端子连接，实现 2 号主变压器保护 1 后备动作令 212 智能终端 1 向 212 断路器发闭锁重合闸三跳命令的功能。2 号主变压器保护 1 网跳中压侧母联、分段虚端子连接如图 15-18 所示。

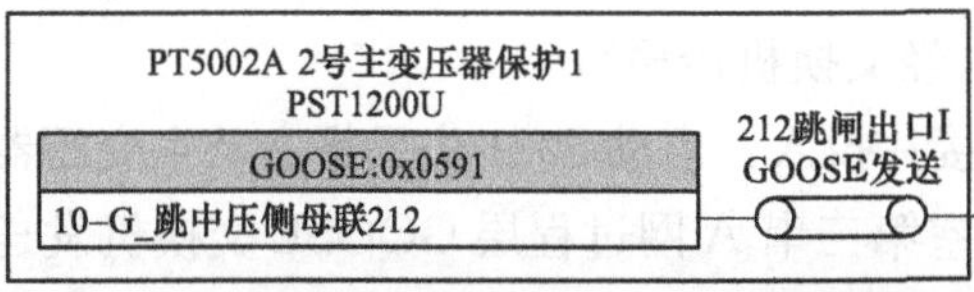

图 15-18　2 号主变压器保护 1 网跳中压侧母联、分段虚端子连接

## 二、主变压器保护 2 跳中压侧母联、分段断路器回路

以 2 号主变压器保护 2 跳 212 断路器回路（链路）为例。主变压器后备保护动作，若跳闸矩阵配置为跳中压侧母联、分段且相关跳闸出口软连接片投入，跳闸报文通过主变压器保护 GOOSE 组网口 B07-2 输出，经主变压器保护屏过程层交换机、220kV 1 号保护小室过程层中心交换机、220kV 母联 212 保护测控屏过程层交换机发送至 212 智能终端 2 B01-6 光口，智能终端接收跳闸报文后按照内部逻辑进行动作。2 号主变压器保护 2 网跳中压侧母联、分段回路如图 15-19 所示。

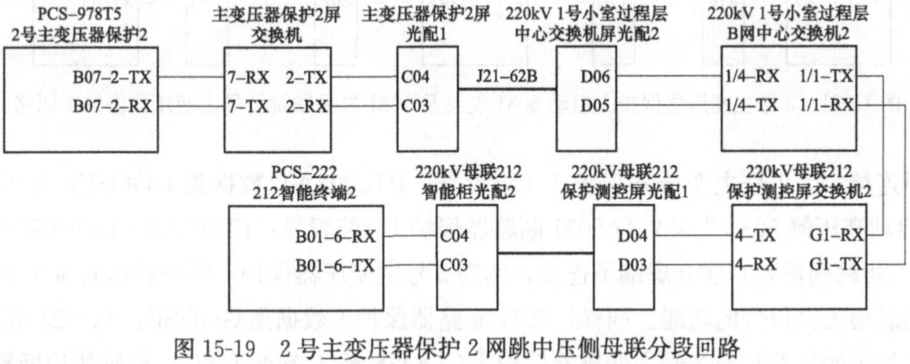


图 15-19　2 号主变压器保护 2 网跳中压侧母联分段回路

逻辑连接中，2 号主变压器保护 2（装置号：PT5002B）数据集 GOOSE：0x0505 节点 7（跳中压侧母联 212）与 212 智能终端 2（装置号：IT2212B）GOOSE 输入节点 4（TJR 闭锁重合闸三跳 3）建立虚端子连接，实现 2 号主变压器保护 2 后备动作令 212 智能终端 2 向 212 断路器发闭锁重合闸三跳命令的功能。2 号主变压器保护 2 网跳中压侧母联分段虚端子连接如图 15-20 所示。

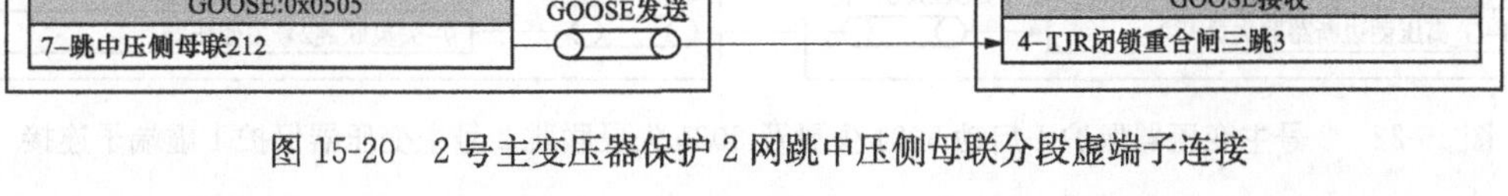

图 15-20　2 号主变压器保护 2 网跳中压侧母联分段虚端子连接

## 第三节 启动高压侧失灵及高压侧失灵联跳主变压器回路

### 一、主变压器保护1启动边断路器失灵及边断路器失灵联跳主变压器保护1回路

以2号主变压器保护1启动5031失灵及5031失灵联跳2号主变压器三侧回路（链路）为例，启动失灵信号及失灵联跳命令均为网传形式（经交换机传输）。

主变压器保护1动作，且启动5031失灵软连接片投入，启动5031失灵报文从主变压器保护1 GOOSE组网口4X-1输出，经500kV 2号小室第三串A网过程层GOOSE交换机发送至5031断路器保护1 X7光口，5031断路器保护1接收启动失灵报文后按照内部逻辑进行动作，失灵动作后的跳闸信息传输参见本章500kV断路器保护回路分析。

失灵联跳回路物理连接与启动失灵一致，信息流方向相反，当5031断路器保护1失灵动作时，失灵联跳主变压器三侧报文由5031断路器保护1输出并最终发送至2号主变压器保护1，主变压器保护1接收失灵联跳报文后按照内部逻辑进行动作。2号主变压器保护1启动5031失灵及5031失灵联跳2号主变压器保护1回路如图15-21所示。

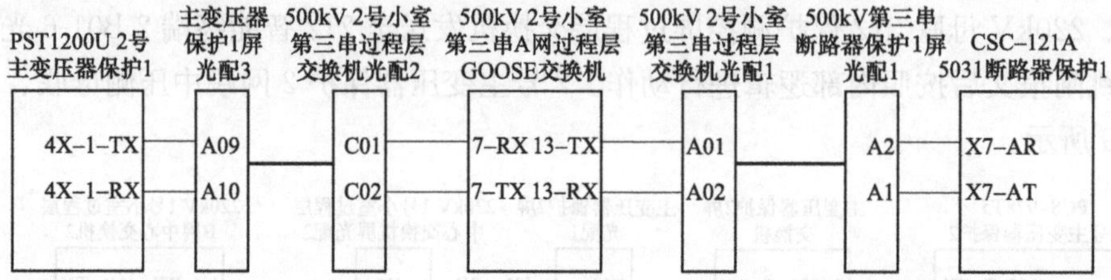


图15-21 2号主变压器保护1启动5031失灵及5031失灵联跳2号主变压器保护1回路

逻辑连接中，2号主变压器保护1（装置号：PT5002A）数据集GOOSE：0x0591节点2（G_启动高压侧5031失灵）与5031断路器保护1（装置号：PB5031A）GOOSE输入节点8（保护三相跳闸输入）建立虚端子连接，实现2号主变压器保护1保护动作向5031断路器保护1发送启动失灵信号的功能。同样，5031断路器保护1数据集GOOSE：0x0523节点7（失灵联跳2号主变压器）与2号主变压器保护1 GOOSE输入节点1（G_高压侧边断路器失灵开入）建立虚端子连接，实现5031断路器保护1失灵动作向2号主变压器保护1发送失灵联跳信号的功能。2号主变压器保护1启动5031失灵及5031失灵联跳2号主变压器保护1虚端子连接如图15-22所示。

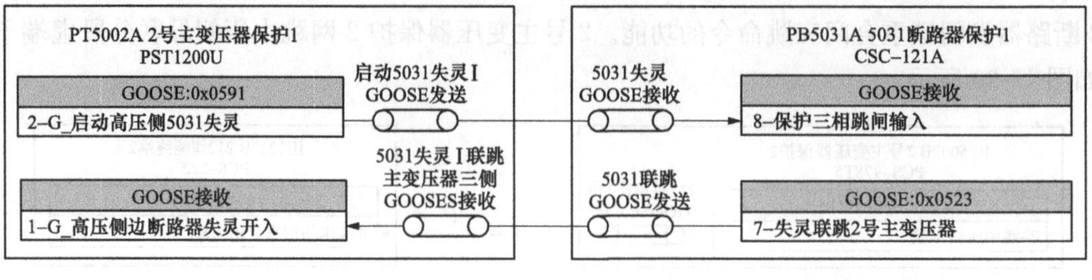


图15-22 2号主变压器保护1启动5031失灵及5031失灵联跳2号主变压器保护1虚端子连接

## 二、主变压器保护 2 启动边断路器失灵及边断路器失灵联跳主变压器保护 2 回路

以 2 号主变压器保护 2 启动 5031 失灵及 5031 失灵联跳 2 号主变压器三侧回路（链路）为例，启动失灵信号及失灵联跳命令均为网传形式（经交换机传输）。

主变压器保护 2 动作，且启动 5031 失灵软连接片投入，启动 5031 失灵报文从主变压器保护 2 GOOSE 组网口 B07-1 输出，经 500kV 2 号小室第三串 B 网过程层 GOOSE 交换机发送至 5031 断路器保护 2 B07-5 光口，5031 断路器保护 2 接收启动失灵报文后按照内部逻辑进行动作，失灵动作后的跳闸信息传输参见第十三章第四节 500kV 断路器保护跳闸回路及重合闸回路。

失灵联跳回路物理连接与启动失灵一致，信息流方向相反，当 5031 断路器保护失灵动作时，失灵联跳主变压器三侧报文由 5031 断路器保护 2 输出并最终发送至 2 号主变压器保护 2，主变压器保护 2 接收失灵联跳报文后按照内部逻辑进行动作。2 号主变压器保护 2 启动 5031 失灵及 5031 失灵联跳 2 号主变压器保护 2 回路如图 15-23 所示。

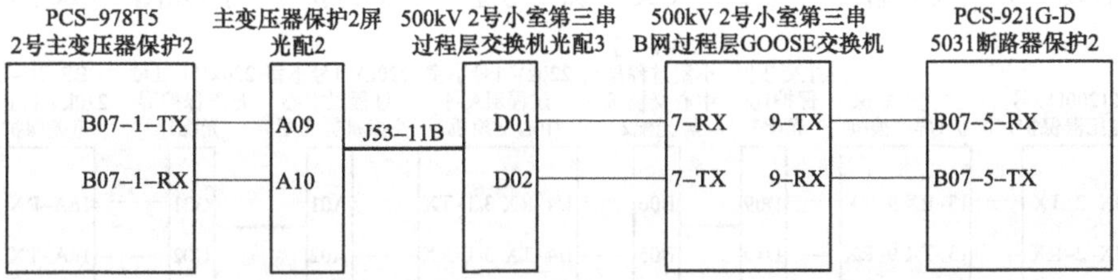


图 15-23　2 号主变压器保护 2 启动 5031 失灵及 5031 失灵联跳 2 号主变压器保护 2 回路

逻辑连接中，2 号主变压器保护 2（装置号：PT5002B）数据集 GOOSE：0x0505 节点 2（启高压侧 5031 失灵）与 5031 断路器保护 2（装置号：PB5031B）GOOSE 输入节点 8（保护三相跳闸-3）建立虚端子连接，实现 2 号主变压器保护 2 保护动作向 5031 断路器保护 2 发送启动失灵信号的功能；同样，5031 断路器保护 2 数据集 GOOSE：0x0528 节点 8（失灵联跳 2 号主变压器）与 2 号主变压器保护 2 GOOSE 输入节点 1（高压 1 侧失灵联跳开入）建立虚端子连接，实现 5031 断路器保护 2 失灵动作向 2 号主变压器保护 2 发送失灵联跳信号的功能。2 号主变压器保护 2 启动 5031 失灵及 5031 失灵联跳 2 号主变压器保护 2 虚端子连接如图 15-24 所示。

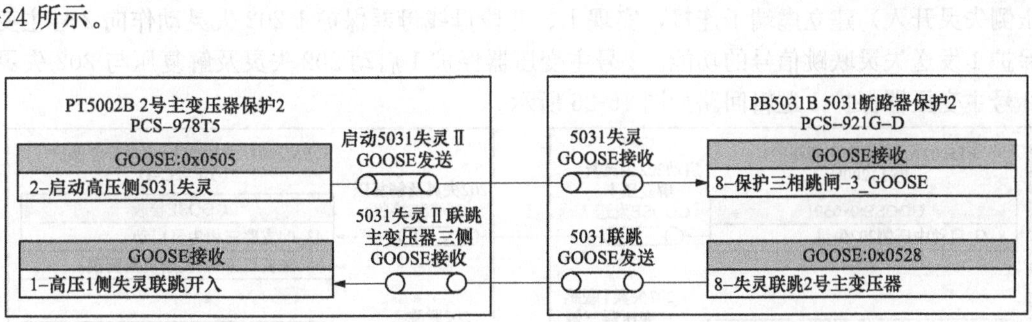


图 15-24　2 号主变压器保护 2 启动 5031 失灵及 5031 失灵联跳 2 号主变压器保护 2 虚端子连接

# 第四节　主变压器保护启动中压侧失灵回路

## 一、主变压器保护1启动中压侧失灵及解复压与中压侧失灵联跳主变压器保护1回路

以2号主变压器保护1启动202失灵与202失灵联跳2号主变压器三侧回路（链路）为例，主变压器保护1动作，且启动202失灵软连接片投入，启动202失灵及解复压报文从主变压器保护1 GOOSE组网口4X-2输出，经主变压器保护1屏交换机、220kV 1号小室A网过程层中心交换机发送至220kV Ⅰ、Ⅱ段母线母差保护1 1nA光口，母差保护1接收启动失灵及解复压报文后按照内部逻辑进行动作，失灵动作后的跳闸信息传输参见第十四章第五节220kV母差保护跳闸二次回路。

失灵联跳回路物理连接与启动失灵一致，信息流方向相反，当220kVⅠ、Ⅱ段母线母差保护1 202失灵动作时，失灵联跳主变压器三侧报文由220kVⅠ、Ⅱ段母线母差保护1输出并最终发送至2号主变压器保护1，主变压器保护1接收失灵联跳报文后按照内部逻辑进行动作。2号主变压器保护1启动202失灵及解复压与202失灵联跳2号主变压器保护1回路如图15-25所示。

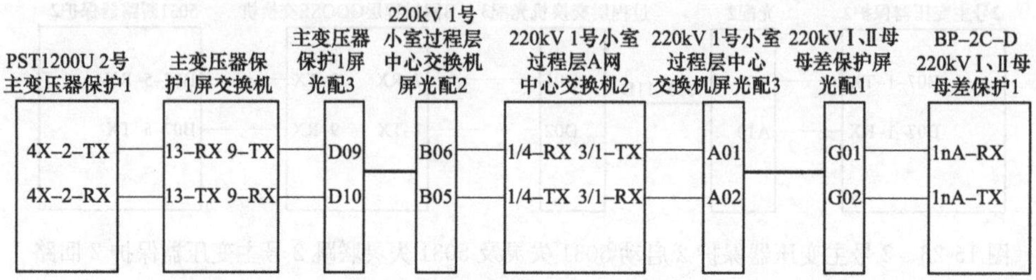


图15-25　2号主变压器保护1启动202失灵及解复压与202失灵联跳2号主变压器保护1回路

逻辑连接中，2号主变压器保护1（装置号：PT5002A）数据集GOOSE：0x0591节点8（G_启动中压侧202失灵）与220kV Ⅰ、Ⅱ段母线母差保护1（装置号：PM2201A）GOOSE输入节点43（04支路三相失灵启动）及节点44（主变压器1失灵解复压闭锁）建立虚端子连接，实现2号主变压器保护1保护动作向Ⅰ、Ⅱ段母线母差保护1发送启动202失灵信号及解除母差复压闭锁的功能。同样，Ⅰ、Ⅱ段母线母差保护1数据集GOOSE：0x021A节点24（主变压器1失灵跳三侧_GOOSE）与2号主变压器保护1 GOOSE输入节点3（G_中压侧失灵开入）建立虚端子连接，实现Ⅰ、Ⅱ段母线母差保护1 202失灵动作向2号主变压器保护1发送失灵联跳信号的功能。2号主变压器保护1启动202失灵及解复压与202失灵联跳2号主变压器保护1逻辑回路如图15-26所示。

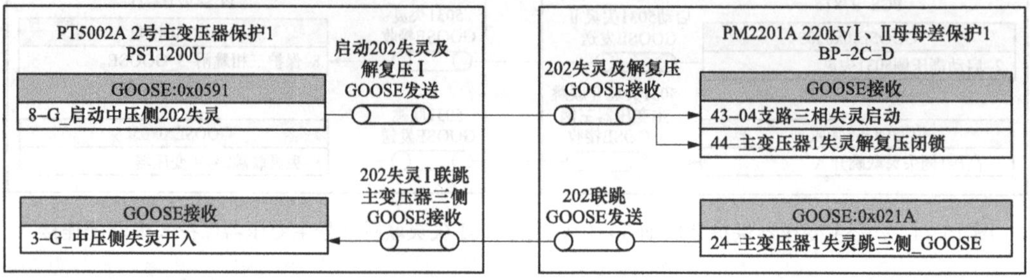

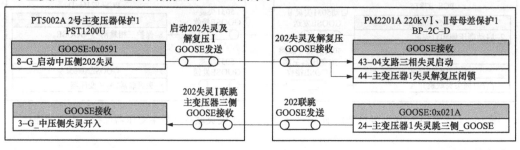


图15-26　2号主变压器保护1启动202失灵及解复压与202失灵联跳2号主变压器保护1逻辑回路

## 二、主变压器保护 2 启动中压侧失灵及解复压与中压侧失灵联跳主变压器保护 2 回路

以 2 号主变压器保护 2 启动 202 失灵与 202 失灵联跳 2 号主变压器保护 2 三侧回路（链路）为例，主变压器保护 2 动作，且启动 202 失灵软连接片投入，启动 202 失灵及解复压报文从主变压器保护 2 GOOSE 组网口 B07-2 输出，经主变压器保护 2 屏交换机、220kV 1 号小室 B 网过程层中心交换机发送至 220kV Ⅰ、Ⅱ段母线母差保护 2 B11-8 光口，母差保护 2 接收启动失灵及解复压报文后按照内部逻辑进行动作，失灵动作后的跳闸信息传输参见第十四章第五节 220kV 母差保护跳闸二次回路。

失灵联跳回路物理连接与启动失灵一致，信息流方向相反，当 220kV Ⅰ、Ⅱ段母线母差保护 2 启动 202 失灵动作时，失灵联跳主变压器三侧报文由 220kV Ⅰ、Ⅱ段母线母差保护 2 输出并最终发送至 2 号主变压器保护 2，主变压器保护 2 接收失灵联跳报文后按照内部逻辑进行动作。2 号主变压器保护 2 启动 202 失灵及解复压与 202 失灵联跳 2 号主变压器保护 2 回路如图 15-27 所示。

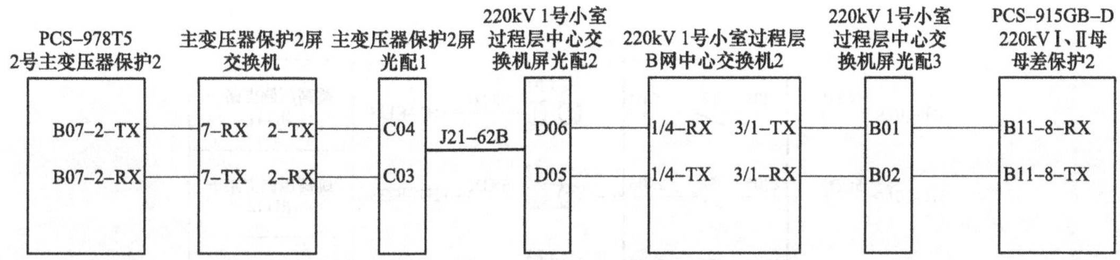


图 15-27 2 号主变压器保护 2 启动 202 失灵及解复压与 202 失灵联跳 2 号主变压器保护 2 回路

逻辑连接中，2 号主变压器保护 2（装置号：PT5002B）数据集 GOOSE：0x0505 节点 6（启动中压侧 202 失灵）与 220kV Ⅰ、Ⅱ段母线母差保护 2（装置号：PM2201B）GOOSE 输入节点 26（支路 9 三跳）及节点 27（支路 9 解除复压闭锁）建立虚端子连接，实现 2 号主变压器保护 2 保护动作向Ⅰ、Ⅱ段母线母差保护 2 发送启动 202 失灵信号及解除母差复压闭锁的功能。同样，Ⅰ、Ⅱ段母线母差保护 2 数据集 GOOSE：0x0225 节点 3（支路 9 联跳）与 2 号主变压器保护 2 GOOSE 输入节点 3（中压侧失灵联跳开入）建立虚端子连接，实现Ⅰ、Ⅱ段母线母差保护 2 202 失灵动作向 2 号主变压器保护 2 发送失灵联跳信号的功能。2 号主变压器保护 2 启动 202 失灵及解复压与 202 失灵联跳 2 号主变压器保护 2 虚端子连接如图 15-28 所示。

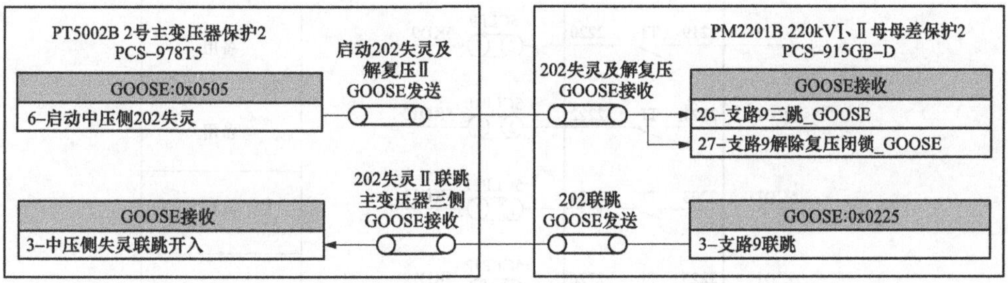


图 15-28 2 号主变压器保护 2 启动 202 失灵及解复压与 202 失灵联跳 2 号主变压器保护 2 虚端子连接

## 第五节　主变压器非电量回路

目前，智能变电站非电量保护跳主变压器三侧回路与常规变电站类似，仅将操作继电器箱替换为智能终端，非电量保护与智能终端的联系仍为电缆连接，详细介绍见主变压器非电量保护二次回路部分，这里仅介绍与智能终端相关回路。

以 2 号主变压器非电量保护跳主变压器三侧断路器回路为例，主变压器非电量保护跳闸出口连接片采用硬连接片形式，跳高、中、低压侧连接片编号为 5CLP1-5CLP7，分别对应跳高压侧两台断路器四个跳闸出口、跳中压侧断路器两个跳闸出口及跳低压侧断路器一个跳闸出口，跳闸出口电缆编号为 H1-F133、H1-F233、H2-F133、H2-F233、M-F133、M-F233、L-F133。其中，H1-F133、H1-F233 连接 5031 智能终端 1、5031 智能终端 2；H2-F133、H2-F233 连接 5032 智能终端 1、5032 智能终端 2；M-F133、M-F233 连接 202 智能终端 1、202 智能终端 2；L-F133 连接 602 智能终端 1。智能终端与各侧断路器连接回路见第十三、十四章。PCS-974 非电量保护开出连接如图 15-29 所示。

图 15-29　PCS-974 非电量保护开出连接

PCS974 非电量保护开入连接如图 15-30 所示。

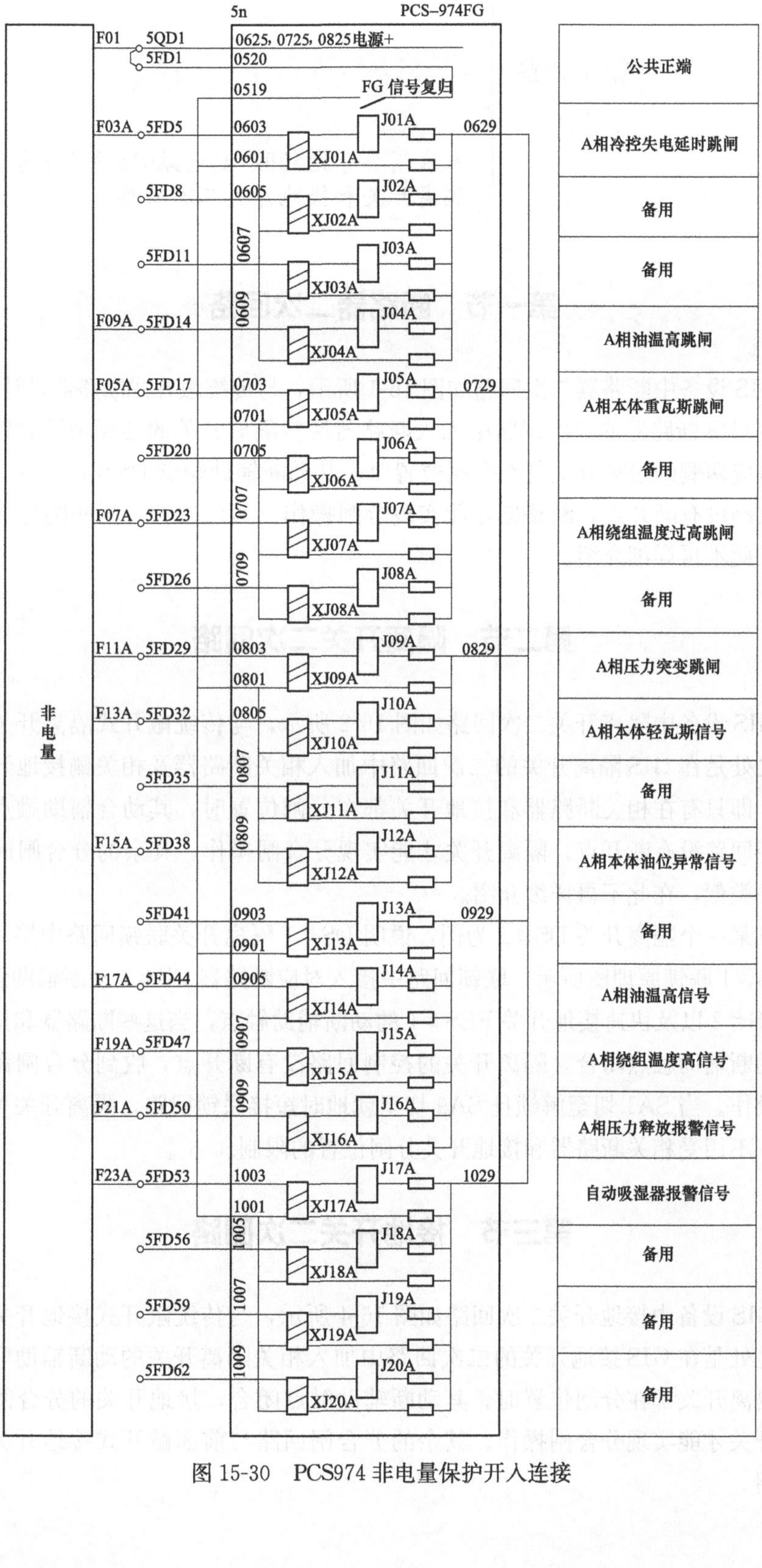


图 15-30　PCS974 非电量保护开入连接

# 第十六章 GIS设备二次回路

本章简要介绍500kV变电站GIS设备中断路器、隔离开关和接地开关二次回路。

## 第一节 断路器二次回路

500kV GIS设备中断路器二次回路如图16-1所示，与传统敞开式断路器设计原理相类似，不同之处是在GIS断路器的二次回路中加入断路器两侧隔离开关的动断辅助联锁触点，即只有在断路器对应两侧的隔离开关都在合闸位置时，其动断辅助触点DS＃1和DS＃2闭合，断路器的合闸回路没有断开点，断路器才能实现合闸操作。其余的分合闸回路与前面敞开式断路器类似，在此不再详细介绍。

## 第二节 隔离开关二次回路

500kV GIS设备中隔离开关二次回路如图16-2所示，与传统敞开式隔离开关设计原理相类似，不同之处是在GIS隔离开关的二次回路中加入相关断路器及相关侧接地开关的动断辅助联锁触点，即只有在相关断路器和接地开关都在分闸位置时，其动合辅助触点闭合，隔离开关的分合闸回路没有断开点，隔离开关才能实现分合闸操作。其余的分合闸回路与前面敞开式隔离开关类似，在此不再详细介绍。

以线路侧某一个隔离开关DS＃1为例，说明DS＃1隔离开关联锁回路中接入的内容，如图16-3中DS＃1联锁原理图所示，联锁回路中接入对应断路器CB＃1动断辅助触点，接地开关ES＃1、ES＃2以及快速接地开关FES＃1的动断辅助触点，当这些断路器和接地开关在分闸位置时，动断辅助触点闭合，隔离开关的控制回路没有断开点，收到分合闸命令后，可以进行分合闸操作。当SA1切至解锁且SA9切至就地时短接联锁回路，隔离开关可以直接进行分合闸操作，不用受相关断路器和接地开关分闸位置的限制。

## 第三节 接地开关二次回路

500kV GIS设备中接地开关二次回路如图16-4所示，与传统敞开式接地开关设计原理相类似，不同之处是在GIS接地开关的二次回路中加入相关隔离开关的动断辅助联锁触点，即只有在相关隔离开关都在分闸位置时，其动断辅助触点闭合，接地开关的分合闸回路没有断开点，接地开关才能实现分合闸操作。其余的分合闸回路与前面敞开式接地开关类似，在此不再详细介绍。

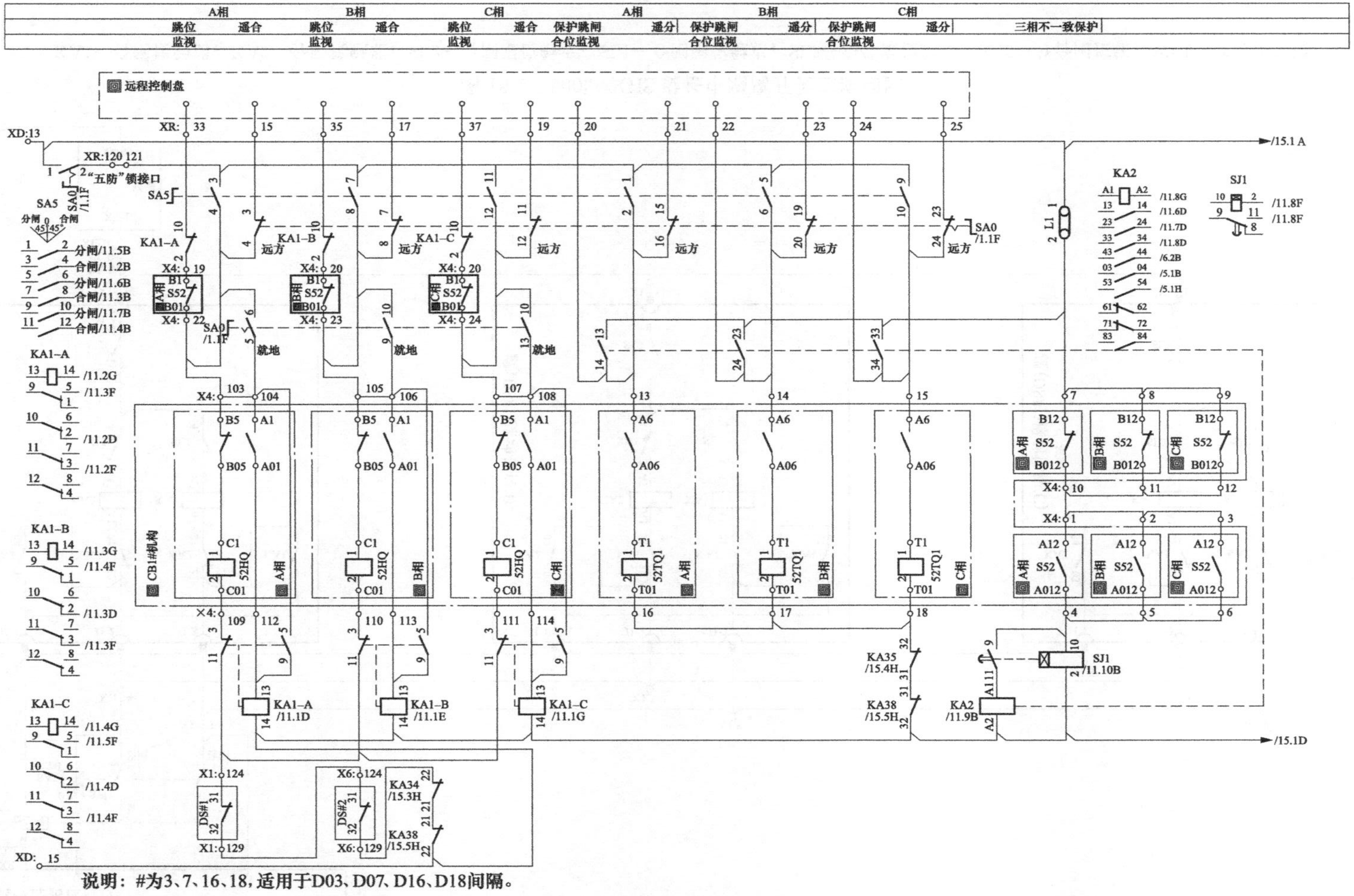


图 16-1　500kV GIS 设备中断路器二次回路

SA5—分合闸按钮；52YC—合闸线圈；52YR1—跳闸线圈 1；S52—断路器辅助触点；KT1—非全相时间继电器；KA2—非全相跳闸继电器；KA1-A（或 KA1-B 或 KA1-C）—A（或 B 或 C）相防跳继电器；KA34—闭锁合闸继电器；KA35—闭锁分闸 1 继电器；KA38—$SF_6$ 闭锁分合闸继电器

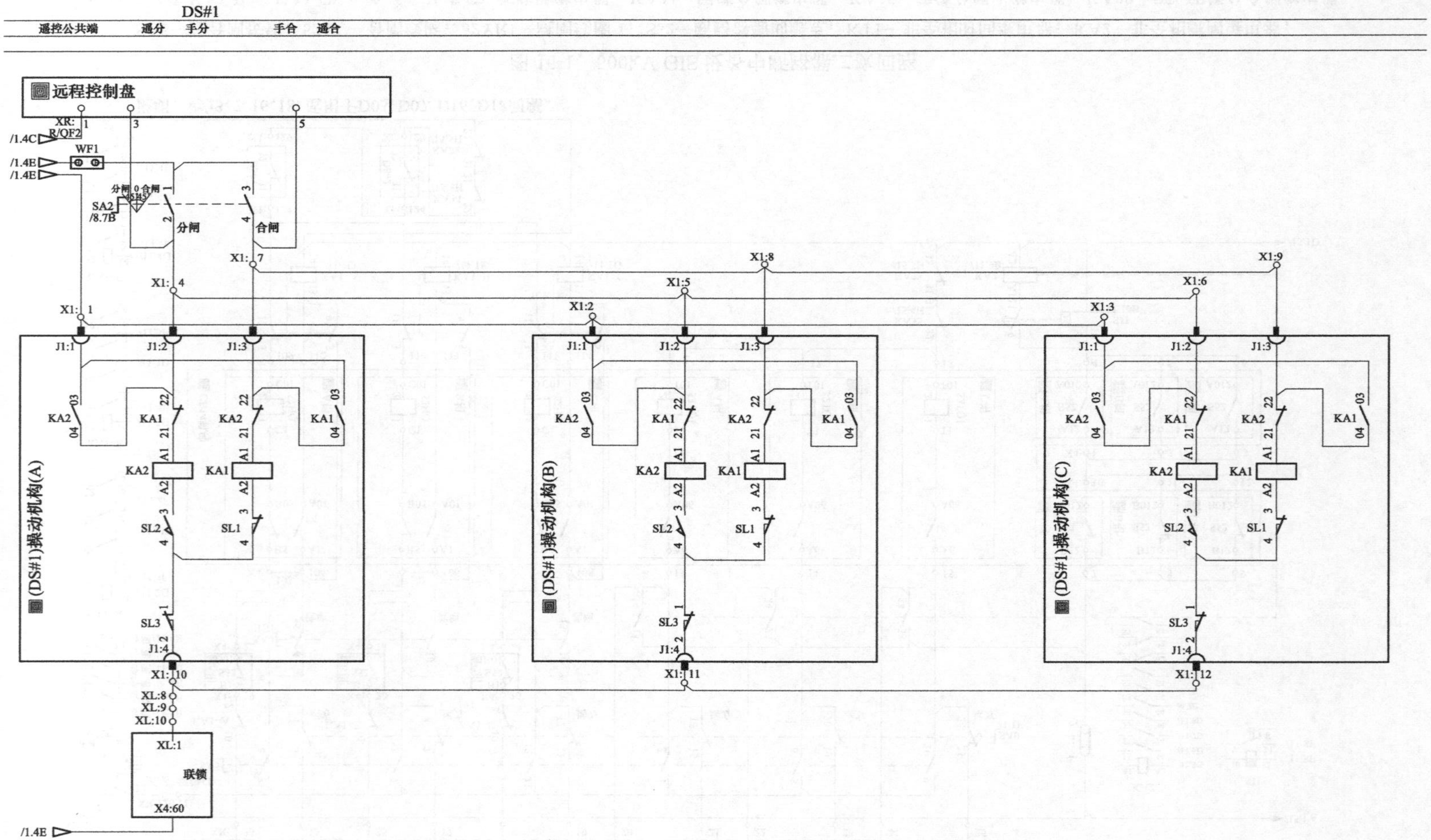


图 16-2　500kV GIS 设备中隔离开关二次回路

KA1—合闸接触器；KA2—分闸接触器；SL2—分闸限位触点；SL1—合闸限位触点；SL3—急停限位触点；SA2—分合闸按钮；WF1—“五防”锁

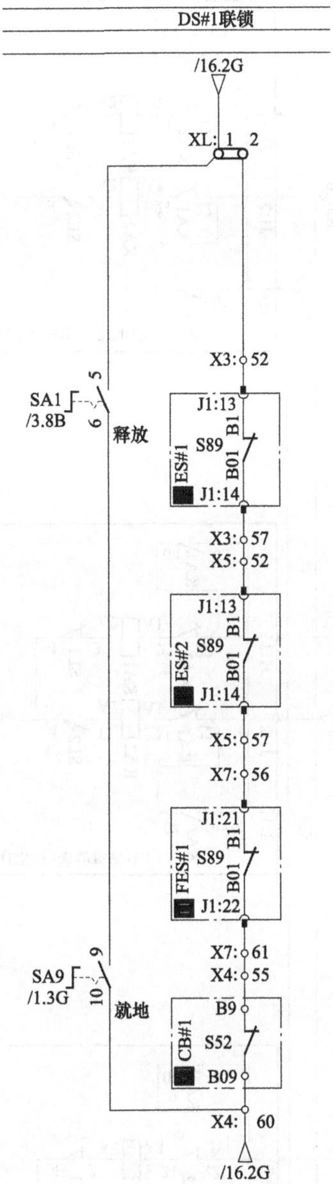


图 16-3　DS＃1 联锁原理图

ES＃1—DS＃1 对应接地开关；ES＃2—DS＃2 对应接地开关；

FES＃1—线路对应快速接地开关；CB＃1—DS＃1 对应断路器；

SA1—联锁/解锁选择把手；SA9—远方/就地选择把手

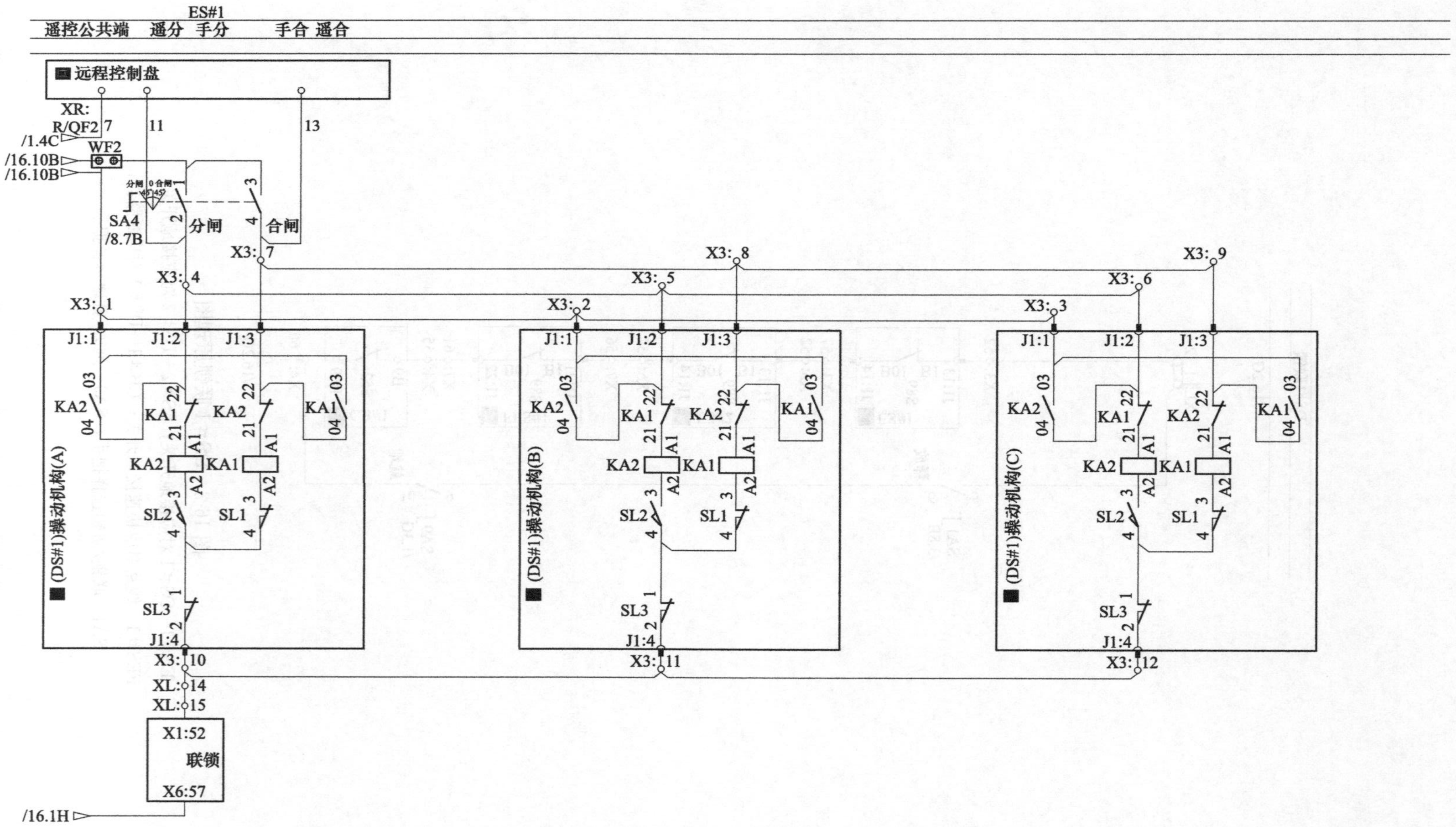


图 16-4　500kV GIS设备中接地开关二次回路

KA1—合闸接触器；KA2—分闸接触器；SL2—分闸限位触点；SL1—合闸限位触点；SL3—急停限位触点；SA4—分合闸按钮；WF2—“五防”锁

以线路侧某一个接地开关ES＃1为例，说明ES＃1接地开关联锁回路中接入的内容，如图16-5中ES＃1联锁原理图所示，联锁回路中接入相关隔离开关DS＃1和DS＃2的动断辅助触点，当隔离开关DS＃1和DS＃2在分闸位置时，其动断触点闭合，接地开关ES＃1收到分合闸命令后，可以进行分合闸操作。当SA1切至解锁且SA9切至就地时短接联锁回路，接地开关可以直接进行分合闸操作，不用受相关隔离开关分闸位置的限制。

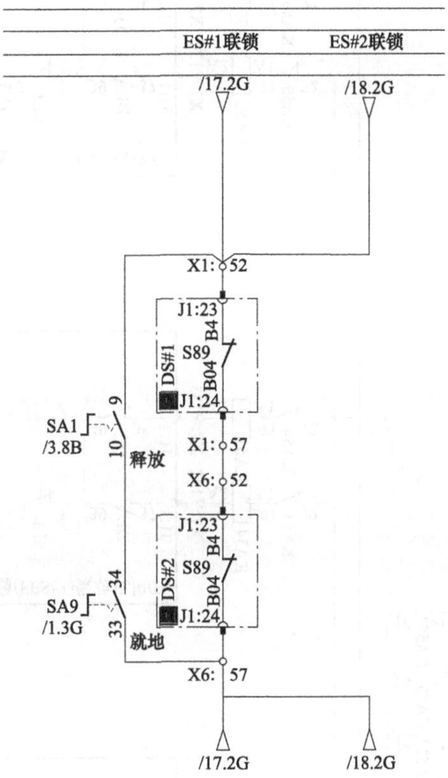


图16-5 ES＃1联锁原理图

DS＃1—ES＃1对应隔离开关；DS＃2—ES＃2对应隔离开关；

SA1—联锁/解锁选择把手；SA9—远方/就地选择把手

## 第四节 快速接地开关二次回路

500kV GIS设备中快速接地开关二次回路如图16-6所示，其与传统敞开式快速接地开关设计原理相类似，不同之处是在GIS快速接地开关的二次回路中加入相关隔离开关的动断辅助联锁触点、带电显示装置或者其他“五防”逻辑上的联锁内容，即只有在这些联锁触点都满足要求后，快速接地开关的分合闸回路没有断开点，快速接地开关才能实现分合闸操作。其余的分合闸回路与前面敞开式快速接地开关类似，在此不再详细介绍。

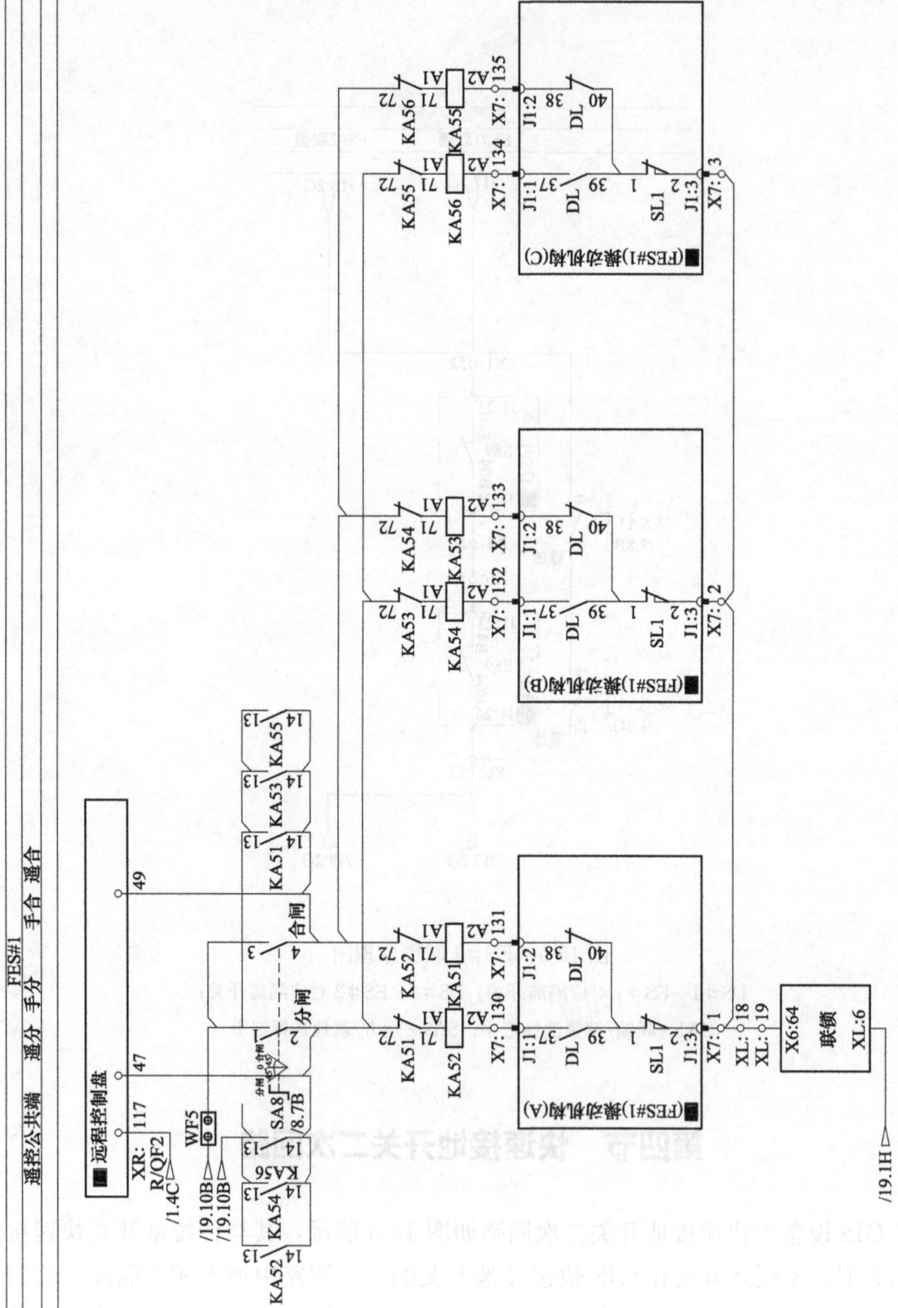


图 16-6 500kV GIS设备中快速接地开关二次回路

KA51、KA53、KA55—合闸接触器；KA52、KA54、KA56—分闸接触器；SL1—急停限位触点；SA8—分合闸按钮；WF5—“五防”锁以线路某一个快速接地开关 FES♯1 为例，说明 FES♯1 快速接地开关联锁回路中接入的内容，如图 16-7 中 FES♯1 联锁原理图所示，将与该接地开关有“五防”联锁的全部隔离开关、带电显示装置、线路“五防”验电等接入联锁回路中。当 SA1 切至解锁且 SA9 切至就地时短接联锁回路，快速接地开关可以直接进行分合闸操作，不用受相关隔离开关分闸位置、带电显示装置和“与 &”联锁等的限制。

其中，“与 &”联锁可以是线路电压互感器二次电压互感器验电等回路。

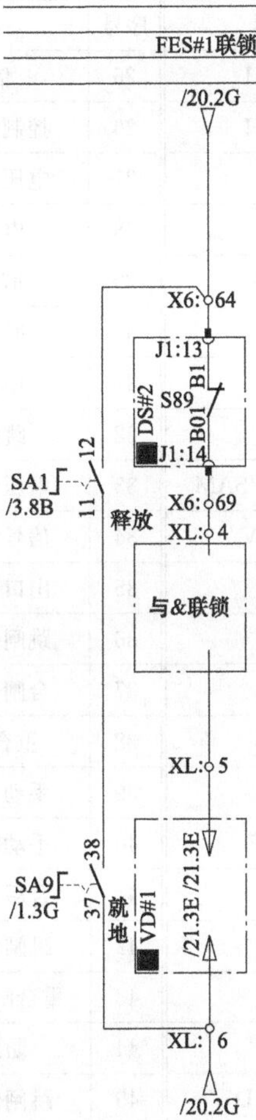


图 16-7　FES♯1 联锁原理图

DS♯2—FES♯1 对应隔离开关；VD♯1—FES♯1 对应带电显示装置；与 & 联锁—与 FES♯1 相关的联锁触点；SA1—联锁/解锁切换把手；SA9—远方/就地切换把手

# 附录A 常用电气设备文字符号对照表

常用电气设备文字符号对照表见表A.1。

表A.1 常用电气设备文字符号对照表

| 序号 | 中文名称 | 新符号 | 旧符号 | 序号 | 中文名称 | 新符号 | 旧符号 |
|---|---|---|---|---|---|---|---|
| 1 | 电流互感器 | TA | CT/LH | 25 | 信号母线 | WS | XM |
| 2 | 电压互感器 | TV | PT/YH | 26 | 控制（小）母线 | WC（L） | KM（L） |
| 3 | 断路器 | QF | DL | 27 | 电压（小）母线 | WV（L） | YM（L） |
| 4 | 隔离开关 | QS | G | 28 | 电压继电器 | KV | YJ |
| 5 | 接地开关 | QE | G/QG | 29 | 信号继电器 | KS | XJ |
| 6 | 控制开关 | SA | KK | 30 | 时间继电器 | KT | SJ |
| 7 | 自动空气开关 | Q | ZK | 31 | 中间继电器 | KM | ZJ |
| 8 | 刀开关 | QK | DK | 32 | 跳闸继电器 | KT | TJ |
| 9 | 转换开关 | ST | QSH/KSH/SAM | 33 | 电压切换继电器 | KVT | YQJ |
| 10 | 避雷器/放电间隙 | F | JRD/FV | 34 | 信号中间继电器 | KSM | XZJ |
| 11 | 熔断器 | FU | F | 35 | 出口中间继电器 | KOM | CKJ |
| 12 | 插座 | XS | CZ | 36 | 跳闸位置继电器 | KCT | TWJ |
| 13 | 端子 | X | D | 37 | 合闸位置继电器 | KCC | HWJ |
| 14 | 交流端子 | X | JLD | 38 | 重合闸继电器 | KRC | ZHJ |
| 15 | 计数器 | PC | P/BN | 39 | 手动合闸继电器 | KHC | SHJ |
| 16 | 闭锁器件 | YB | BS/WF | 40 | 手动跳闸继电器 | KHT | STJ |
| 17 | 连接片 | XB | LP | 41 | 合后位置继电器 | KSA | KKJ/HHJ |
| 18 | 切换片 | XS | QP | 42 | 跳闸信号继电器 | KTS | TXJ |
| 19 | 跳闸线圈 | YT | TQ | 43 | 重合闸信号继电器 | KRS | ZXJ |
| 20 | 合闸线圈 | YC | HQ | 44 | 防跳继电器 | KCF | TBJU/TBJV |
| 21 | 信号灯 | HL | JG/E/XD | 45 | 跳闸保持继电器 | KTL | TBJ |
| 22 | 绿灯 | HG | LD | 46 | 合闸保持继电器 | KCL | HBJ |
| 23 | 红灯 | HR | HD | 47 | 重动继电器 | KMR | ZJ |
| 24 | 白灯 | HW | BD | 48 | 跳位重动继电器 | KTR | TZJ |